EUL VERLAG

Corporate Life Cycle Management · Band 3

Herausgegeben von Prof. Dr. Klaus Nathusius

Dr. Patrick Simon

Frühindikatoren der wirtschaftlichen Entwicklung von Jungunternehmen

Eine empirische Untersuchung von Businessplänen

Mit einem Geleitwort von Prof. Dr. Klaus Nathusius, Universität Göttingen

EUL VERLAG

Bibliografische Information der Deutschen Nationalbibliothek

Die Deutsche Nationalbibliothek verzeichnet diese Publikation in der Deutschen Nationalbibliografie; detaillierte bibliografische Daten sind im Internet über <http://dnb.d-nb.de> abrufbar.

Dissertation, Universität Kassel, 2011, unter dem Titel: Empirische Untersuchung von Businessplänen auf Frühindikatoren der wirtschaftlichen Entwicklung von Jungunternehmen

Fachbereich Wirtschaftswissenschaften
Disputation am 16. November 2011

ISBN 978-3-8441-0162-1
1. Auflage Juli 2012

JOSEF EUL VERLAG GmbH
Brandsberg 6
53797 Lohmar
Tel.: 0 22 05 / 90 10 6-6
Fax: 0 22 05 / 90 10 6-88
http://www.eul-verlag.de
info@eul-verlag.de

Bei der Herstellung unserer Bücher möchten wir die Umwelt schonen. Dieses Buch ist daher auf säurefreiem, 100% chlorfrei gebleichtem, alterungsbeständigem Papier nach DIN 6738 gedruckt.

Geleitwort

Das Thema der von Herrn Simon erstellten Dissertation ist dem Teilbereich der „Entrepreneurial Finance“ als Unterdisziplin der Finanzierungsforschung und der Entrepreneurship Forschung zuzuordnen. Die Arbeit bezieht sich auf den Themenkomplex der Eigenkapitalfinanzierung unter besonderer Berücksichtigung der Bewertung von Businessplänen im Rahmen der Due Diligence Prüfungen durch Beteiligungsfinanziers, Banken und andere Finanzinstitutionen.

Obwohl in den letzten drei Jahrzehnten in Deutschland eine Vielzahl von Veröffentlichungen zu Fragen der Zielsetzungen, Strukturierungen, Politiken, Instrumente und Prozesse von Finanzierungsformen für Gründungs- und junge Unternehmen erarbeitet worden ist, ist die Frage nach der Bewertung von Businessplänen als Grundlage von Finanzierungsentscheidungen und als Erfolgsfaktor in den ersten Entwicklungsphasen junger Unternehmen kaum behandelt worden. Dies verwundert umso mehr, da die Nutzung des Businessplans als Planungsinstrument für Gründerteams und als Analyseinstrument durch Finanziers allgemein anerkannt wird.

Herr Simon hat mit seiner Arbeit das Thema als einen Ansatz aufgegriffen, der an Hand von Frühindikatoren der wirtschaftlichen Entwicklung junger Unternehmen eine Beurteilung und Bewertung von Businessplänen ermöglicht. Zielsetzung war dabei, auf der Basis von 96 Businessplänen Frühindikatoren der erwarteten wirtschaftlichen Entwicklung von Jungunternehmen zu identifizieren und diese dann anhand der realisierten Unternehmensentwicklung der jungen Unternehmen zu beurteilen. Der Fokus lag auf den Businessplänen von fünf Quellen: dem NUK Neues Unternehmertum Rheinland, dem High-Tech Gründerfonds, dem Netzwerk Nordbayern und dem

Cyberone Award. Zusätzlich sind auch die Businesspläne einer deutschen Venture Capital Gesellschaft einbezogen worden.

Die Datenerhebung als Voraussetzung der statistischen Analyse erfolgte durch eine Inhaltsanalyse, bezogen auf 96 Businesspläne, die aus dem Grundsample der fünf kooperierenden Organisationen in Deutschland ausgewählt wurden. Herr Simon hat als zentrale abhängige Variable und Kennziffer für den Unternehmenserfolg und -misserfolg die Abweichung zwischen dem geplanten und dem realisierten Jahresergebnis nach drei Jahren ab Datum des Businessplans identifiziert.

Herr Simon geht in seinen Ausführungen zur Definition eines neuen „Messkonzepts" für unternehmerischen Erfolg bei Jungunternehmen einen weiteren Schritt. Er misst die Abweichung zwischen der unternehmerischen Erwartung - bzw. Planung - und der Realität. Damit umgeht er die Messung von absoluten Größen, wie z. B. des Jahresergebnisses, und vergleicht stattdessen die geplante Performance des Unternehmens mit der realisierten Performance. Es ergibt sich damit ein dimensionsloses Maß für den Zielerreichungsgrad von Unternehmensgründungen.

Voraussetzung für die Ermittlung einer Differenz zwischen den unternehmerischen Erwartungen lt. Businessplan und den Ergebnissen der Unternehmensentwicklung über 3 Jahre hinweg ist das Vorhandensein einer zuverlässigen Datenquelle. Herr Simon hat sich die Angaben des seit einigen Jahren installierten elektronischen Bundesanzeigers zu Hilfe genommen.

Herr Simon präsentiert dann die Ergebnisse des Hypothesentests, bezogen auf die Indikatoren. Die Ergebnisse werden nach den Obergruppen übersichtlich in Tabellen dargestellt. Es erfolgt bei jedem Indikator der Hinweis, ob die Hypothese abgelehnt oder angenommen wurde. Die Auswertung der erhobenen empirischen Daten kommt zu dem Ergebnis, dass nur drei Hypothesen angenommen wurden.

Als Fazit stellt Herr Simon fest, dass die Prognosefähigkeit von Businessplänen begrenzt ist und Businesspläne als Informationsquelle Defizite aufweisen. Hier spielen Fragen der Repräsentativität des Datenmaterials, die Wahl des Zeitablaufs zwischen der Erstellung des Businessplans und Überprüfung der Zielerreichung sowie Probleme der Wahl der dichotomen Zuordnung von erfolgreichen und nicht erfolgreichen Unternehmensentwicklungen eine Rolle. Hilfreich sind die weitergehenden Ausführungen zu den Zusammenhängen innerhalb der Indikatorenbasis und zu den Ergebnissen der Faktorenanalyse. Bei der Faktorenanalyse wurden 27 Indikatoren auf 8 zentrale Faktoren reduziert. Damit konnten verschiedene Zusammenhänge zwischen den Indikatoren offengelegt werden.

Herr Simon hat mit dieser empirischen Erhebung eine Pionierleistung erbracht. Er konnte trotz der typischerweise strengen Vertraulichkeit der Businesspläne ein Sample von 96 Unternehmen identifizieren und im Detail auf die ausgewählten 27 Indikatoren analysieren und mit Hilfe der Hypothesen testen. Dadurch konnten eindrucksvolle Ergebnisse erarbeitet werden. Herr Simon hat zur empirischen Gründungsforschung einen wesentlichen Beitrag geleistet.

Die erarbeiteten Ergebnisse haben einen Neuigkeitscharakter, der sich dadurch auszeichnet, dass bei etlichen Standarderkenntnissen der Gründungsforschung zu hinterfragen ist, ob die bisherigen Erklärungsmuster ausreichend sind oder ausreichend fundiert sind. Herr Simon hat mit den von ihm erarbeiteten Ergebnissen eine Anzahl von potenziell erfolgsrelevanten Indikatoren in Frage gestellt und damit ein Signal für weitere wissenschaftliche Beschäftigung der Entrepreneurship Forschung gesetzt.

Herr Simon hat es verstanden, die Indikatoren für die Bewertung von Businessplänen zu identifizieren. Er hat die wesentlichen Einflussparameter analysiert und hinsichtlich ihres potenziellen Erfolgsbeitrages und hinsichtlich der Nutzung für die Beurteilung der zukünftigen Entwicklung von Unternehmensgründungen und jungen Unternehmen bewertet. Dabei ist es ihm gelungen, den bisherigen Erkenntnisstand der Entrepreneurship Forschung zur Beurteilung von Businessplänen durch Frühindikatoren fortzuschreiben und mit bemerkenswerten neuen Erkenntnissen zu vervollständigen.

Kassel, im März 2012 Prof. Dr. Klaus Nathusius

Vorwort

Die vorliegende Arbeit wurde im November 2011 von der wirtschaftswissenschaftlichen Fakultät der Universität Kassel als Dissertation angenommen. Ohne die Unterstützung zahlreicher Personen wäre die erfolgreiche Durchführung meines Dissertationsvorhabens nicht möglich gewesen. Diesen Personen möchte ich im Folgenden danken. An erster Stelle sei mein Doktorvater, Herr Prof. Dr. Klaus Nathusius, genannt. Herr Prof. Nathusius konnte sich für das von mir vorgeschlagene Thema genauso begeistern wie ich und stand auch kurzfristig jederzeit als Gesprächspartner zur Verfügung. Für die erfolgreiche Zusammenarbeit, die gewährten Freiheitsgrade sowie den anregenden Gedankenaustausch danke ich herzlichst.

Der Zugang zu Businessplänen war Voraussetzung für Entwicklung und empirische Überprüfung der in dieser Dissertation vorgestellten Hypothesen. Von mehr als 20 angeschriebenen Businessplan-Wettbewerben und Venture-Capital-Gesellschaften in Deutschland waren letztendlich vier Organisationen bereit, mir das notwendige Vertrauen entgegen zu bringen und mir Einsicht in ihre Businessplan-Archive zu gewähren.

In diesem Zusammenhang möchte ich zunächst Herrn Dr. Alexander von Frankenberg, Geschäftsführer des High-Tech Gründerfonds in Bonn, sowie Guido Schlitzer, CFO des High-Tech Gründerfonds, für den gewährten Zugang zum Businessplan-Archiv des Fonds sowie die wertvolle Diskussion über die Erfolgsfaktoren von Jungunternehmen danken. Zudem gilt mein Dank Herrn Stephan Bruns, Projektleiter des NUK e. V. in Köln, sowie Frau Judith Mertens, Büroleiterin des NUK e. V. in Köln, für den Zugang zum Businessplan-Archiv des Wettbewerbs sowie die wertvollen Anregungen über die

Bewertung von Businessplänen. Des Weiteren danke ich Frau Dr. Benedikte Hatz, Geschäftsführerin der Netzwerk Nordbayern GmbH in Nürnberg, sowie Alexander Becker, Projektleiter der Netzwerk Nordbayern GmbH, für die Bereitstellung von Businessplänen sowie die Einladung zur Preisverleihung des Wettbewerbs im Jahr 2009 aus der sich wertvolle Diskussionen mit Gründern und Juroren ergeben haben. Darüber hinaus danke ich Herrn Dr. Andreas Findeis, Projektleiter des Cyberone Businessplan-Wettbewerbs in Stuttgart, für den Zugang zum Businessplan-Archiv des Wettbewerbs sowie die freundliche Betreuung während meiner Zeit in Stuttgart.

Mein besonderer Dank gilt auch den rund 25 Experten aus Forschung und Praxis, die sich im Rahmen der Dissertation für Interviews zur Verfügung gestellt haben. Für die interviewten Wissenschaftler sei beispielhaft William Sahlman, Professor an der Harvard Business School und Experte für die Bewertung von Businessplänen, sowie Amar Bhidé, Professor an der Columbia University und Pionier der Gründungsforschung, gedankt. Für die interviewten Experten aus der Praxis danke ich Ray Gilmartin, ehemaliger CEO von Merck, aktuelles Aufsichtsratsmitglied von Microsoft und Experte für nachhaltiges Wachstum, sowie John Fisher, Gründer der Venture-Capital-Gesellschaft Draper Fisher Jurvetson und Pionier der Venture-Capital-Szene im Silicon Valley.

Abschließend möchte ich insbesondere auch meiner Familie und meinen engsten Freunden für die vielfältige Unterstützung während des Erstellungsprozesses dieser Dissertation danken.

Kassel, im März 2012 Patrick Simon

Inhaltsübersicht

Inhaltsverzeichnis

Abbildungsverzeichnis

Tabellenverzeichnis

Abkürzungsverzeichnis

Abb.	Abbildung
BA	Berufsabschluss
bspw.	beispielsweise
bwcon	Baden-Württemberg: Connected e. V.
BWL	Betriebswirtschaftslehre
bzw.	beziehungsweise
CF	Cash Flow
c. p.	ceteris paribus
Diss.	Dissertation
d. Verf.	der Verfasser/des Verfassers
EBIT	Earnings before Interest and Tax
et al.	et alii
etc.	und weitere
FH	Fachhochschule
FHSR	Fachhochschulreife
GbR	Gesellschaft bürgerlichen Rechts
ggf.	gegebenenfalls
GmbH	Gesellschaft mit beschränkter Haftung
HGB	Handelsgesetzbuch
HTGF	High-Tech Gründerfonds
i. d. R.	in der Regel
IuK	Informations- und Kommunikationstechnologie
KG	Kommanditgesellschaft
MA	Mitarbeiter
Mrd.	Milliarden
Mio.	Millionen
NNB	Netzwerk Nordbayern

NUK	Neues Unternehmertum Rheinland e. V.
OHG	Offene Handelsgesellschaft
ROA	Return on Assets
ROE	Return on Equity
ROI	Return on Investment
Stdabw	Standardabweichung
Tab.	Tabelle
u. a.	unter anderem
USA	Vereinigte Staaten von Amerika
usw.	und so weiter
VC	Venture Capital
VCG	Venture-Capital-Gesellschaft
vgl.	vergleiche
z. B.	zum Beispiel

1. Einführung in die Themenstellung

1.1. Überblick

Im ersten Kapitel der vorliegenden Arbeit werden zunächst Themenstellung und Zielsetzung der Untersuchung eingeführt. Hierzu wird auf ein klassisches Problem der Gründungsforschung eingegangen, nämlich die Identifikation von Frühindikatoren des Erfolges von Jungunternehmen und die hiermit einhergehende Bewertung von Geschäftskonzepten. Ausgehend von dieser Grundproblematik, wird die Zielsetzung der Studie diskutiert. Darüber hinaus werden der Gang der Untersuchung sowie das methodische Vorgehen zusammengefasst. Die Einführung schließt mit einer Abgrenzung der vorliegenden Studie zu anderen Arbeiten der Gründungsforschung.

1.2. Grundlegende Problematik

Businesspläne sind heute zu einem allgegenwärtigen und unbestritten wichtigen Instrument für die Unternehmensgründung geworden. Sie erfüllen eine Vielzahl von Aufgaben: Zum einen können sie durch die Vorlage bei Investoren der Kapitalbeschaffung dienen, zum anderen nutzen Gründer sie als Planungs- und Organisationsinstrument. Dementsprechend hoch ist auch die Zahl der jährlich veröffentlichten Geschäftskonzepte. So geht Gumpert (2002) davon aus, dass pro Jahr rund 10 Mio. Businesspläne geschrieben werden.[1] Schätzungsweise 20.000 dieser Businesspläne landen Jahr für

[1] Vgl. Gumpert, D. (2002): *Burn Your Business Plan.* Needham, MA: Lauson Publishing, S. 14 ff.

Jahr auf den Tischen deutscher Venture-Capital-Geber (VCG) und Business Angels.[2] Entsprechend groß ist der Bedarf, die Erfolgschancen von Jungunternehmen anhand der Identifikation von Frühindikatoren in Businessplänen bewerten zu können. Aktuell ist die Evaluation von Geschäftskonzepten noch weitestgehend der Intuition und Erfahrung des Lesers überlassen. Laut Zacharakis und Meyer (2000) nutzen lediglich 24% aller VCGs[3] eine Checkliste beim Lesen von Businessplänen.[4] Ansätze, die sich auf empirisch nachweisbare Zusammenhänge stützen und dem Leser eines Businessplans als Entscheidungshilfe dienen, kommen in der Praxis so gut wie gar nicht zum Einsatz. Vor dem Hintergrund der wachsenden Bedeutung von Businessplänen ist der geringe Systematisierungsgrad der Bewertung somit überraschend.[5] Zwar wurden im Rahmen der Erfolgsfaktorenforschung immer wieder einzelne Elemente von Businessplänen als mögliche Indikatoren der Unternehmensentwicklung identifiziert. Eine holistische empirische Überprüfung von Businessplänen auf mögliche Frühindikatoren der wirtschaftlichen Entwicklung von Jungunternehmen blieb bisher jedoch aus.

---

[2] Hierbei handelt es sich um eine Schätzung des Verfassers der Studie. Die Schätzung basiert auf Expertengesprächen sowie Erfahrungswerten deutscher VCGs wie beispielsweise des High-Tech Gründerfonds. Ein Schätzwert von 20.000 Businessplänen ist vergleichsweise konservativ. Im Vergleich hierzu gehen Karlsson und Honig (2009) beispielsweise davon aus, dass alleine in Schweden jedes Jahr rund 10.000 Businesspläne erstellt werden. Vgl. hierzu Karlsson, T. und Honig, B. (2009): *Judging a Business by Its Cover: An Institutional Perspective on New Ventures and the Business Plan. Journal of Business Venturing*, 24, Nr. 1, S. 27–45.

[3] Für eine detaillierte Diskussion der Begrifflichkeit des „Venture-Capital-Gebers“ (VCG) wird auf Brettel, M. (2004): *Der informelle Beteiligungskapitalmarkt. Eine empirische Analyse.* Wiesbaden: Gabler, S. 8, sowie Albach, H., Hunsdiek, D. und Kokalj, L. (1986): *Finanzierung mit Risikokapital.* Stuttgart: Poeschel, S. 166 ff., und Schmidtke, A. (1985): *Praxis des Venture Capital-Geschäfts.* Landsberg am Lech: Verlag Moderne Industrie, S. 32, verwiesen.

[4] Vgl. Zacharakis, A. und Meyer, G. (2000): *The Potential of Actuarial Decision Models: Can They Improve the Venture Capital Investment Decision? Journal of Business Venturing*, 15, Nr. 4, S. 323–346.

[5] Vgl. hierzu auch Mainprize, B. et al. (2003): *Caprice Versus Standardization in Venture Capital Decision Making. Journal of Private Equity*, 7, Nr. 1, S. 15–25, sowie Zacharakis und Meyer (2000), a. a. O., S. 323–346.

Aufgrund der Flut an Businessplänen verwenden VCGs im Durchschnitt gerade mal 8 bis 12 Minuten auf die Durchsicht eines Geschäftskonzeptes.[6] 40% aller eingereichten Businesspläne überleben diesen Schnelldurchlauf einer ersten Bewertung nicht.[7] Fast jedes zweite Geschäftskonzept wird somit in den ersten Minuten der Bewertung aussortiert.[8] Am Ende des Auswahlprozesses erhalten nur rund 1–4% aller Gründungsvorhaben eine Finanzierung durch VCGs.[9] Angesichts steigender Anzahlen neuer Businesspläne ist davon auszugehen, dass die durchschnittliche Zeit für die Durchsicht eines Businessplans heute noch geringer ausfällt. VCGs fällen somit binnen weniger Minuten ein Urteil über ein Geschäftskonzept, ohne auf empirisch überprüfte Zusammenhänge zwischen Elementen der Businesspläne und der späteren Unternehmensentwicklung zurückgreifen zu können. Zweifelsohne kann ein Investor in diesem Zeitrahmen nur die allerwichtigsten Eckpunkte eines Konzepts überprüfen. Der Großteil der im Businessplan vorhandenen Informationen fließt somit nicht in seine Entscheidung mit ein und geht faktisch verloren. Statistisch relevante und empirisch überprüfbare Zusammenhänge bleiben außen vor. Ein Grund hierfür liegt sicherlich in der Vielfalt an Faktoren, die die Entwicklung eines Jungunternehmens positiv oder negativ beeinflussen können. So unterliegt der unternehmerische Erfolg sowohl internen Einflüssen, wie etwa den Fähigkeiten des Gründerteams oder dem verfügbaren Kapital, als auch externen Einflüssen, wie etwa dem Wachstum des Mark-

[6] Vgl. hierzu Zacharakis und Meyer (2000), a. a. O., S. 324; Mancuso, J. (1983): *How to read and write a business plan.* Eaglewood Cliffs: Amacom, S. 2, sowie Hall, J. und Hofer, C. (1993): *Venture Capitalists' Decision Criteria in New Venture Evaluation. Journal of Business Venturing*, 8, Nr. 1, S. 25–42.

[7] Vgl. Franke, N. et al. (2004): *Die Bewertung von Gründerteams durch Venture-Capital-Geber. Die Betriebswirtschaft*, 64, Nr. 6, S. 651–670.

[8] Diese Beobachtungen werden auch durch Bartelt und Brandts (2002) bestätigt. Die Autoren gehen davon aus, dass in einem ersten, zehnminütigen Screening 40 bis 50% aller Businesspläne aussortiert werden; Bartelt, N. und Brandts, S. (2002): *Anforderungen und Gestaltungskriterien eines integrativen Geschäftskonzeptes.* In Hommel, U. und Knecht, T.C. (Hrsg.): Wertorientiertes Start-Up Management. München: Verlag Vahlen, S. 59–84.

[9] Vgl. Franke et al. (2004): Die Betriebswirtschaft, a. a. O., S. 651–670. Vgl. hierzu auch Abschnitt 2.2.3.

tes oder auch der Wettbewerbslandschaft.[10] Auch die vorliegende Arbeit behauptet nicht, dass aus Businessplänen Frühindikatoren der wirtschaftlichen Entwicklung abgeleitet werden können. Vielmehr sollen Businesspläne auf das Vorhandensein solcher Frühindikatoren detailliert untersucht werden.

Die Bewertung neuer Geschäftsideen stellt ein klassisches Problem der Gründungsforschung dar. Wegen der meist nur kurzen Unternehmenshistorie eignen sich hierzu traditionelle Methoden der Unternehmensbewertung, wie etwa die Berechnung des Kapitalwertes einer Investition, nur sehr bedingt.[11] Daten aus der Vergangenheit können kaum genutzt werden, um Aussagen über die Zukunft eines Unternehmens zu machen. Umso wichtiger ist es, einen Beitrag zur Identifikation möglicher Frühindikatoren mit einer hohen Prognosefähigkeit für die Entwicklung von Jungunternehmen zu leisten. Der Businessplan stellt hierbei eine reichhaltige Quelle an Informationen dar, die von Investoren angesichts einer ersten Bewertungsphase von nur wenigen Minuten nur unzureichend ausgenutzt wird.

Aus diesen Erkenntnissen ergibt sich ein klarer Bedarf, den Bewertungsprozess von Businessplänen durch die Einbindung statistisch valider Erkenntnisse über Frühindikatoren der Unternehmensentwicklung zu unterstützen. Dieser Herausforderung widmet sich die vorliegende Arbeit. Hierbei wird nicht der Anspruch erhoben, dass die Komplexität der Unternehmensentwicklung in einem statistischen Modell abgebildet werden kann. Vielmehr handelt es sich um eine empirische Überprüfung, ob es Frühindikatoren gibt und selbige aus Businessplänen abgeleitet werden können.

---

[10] Vgl. hierzu auch Sahlman, W. (1997): *How to Write a Great Business Plan. Harvard Business Review*, 75, Nr. 4, S. 98–108.

[11] Vgl. hierzu bspw. Tallau, C. (2007): *Bewertung von Venture-Capital-Investitionen – Verfahren der Unternehmensbewertung und Beteiligungsquotenbestimmung unter Berücksichtigung der Finanzierungsstrukturierung.* Books on Demand, S. 2, sowie Cossin, D., Leleux, B. und Saliasi, E. (2002): *Understanding the Economic Value of Legal Covenants in Investment Contracts: A Real Options Approach to Venture Equity Contracts.* Lausanne, S. 1, und Sahlman, W. (2003): *A Method for Valuing High Risk, Long-Term Investments: The Venture Capital Method.* Boston: Harvard Business School (288-006). – Technischer Bericht, S. 1.

1.3. Zielsetzung der Untersuchung

Die vorliegende Arbeit verfolgt mehrere Zielsetzungen. In erster Linie soll ein Erkenntnisbeitrag über Frühindikatoren der Unternehmensentwicklung geleistet werden. Insbesondere soll hierbei der Frage nachgegangen werden, ob sich aus einem Businessplan aussagekräftige Indikatoren des unternehmerischen Erfolges ableiten lassen. Es geht somit nicht um eine allgemeine Identifizierung von Erfolgsfaktoren. Vielmehr beschränkt sich die Untersuchung auf Informationen, die in Businessplänen enthalten sind. Somit kommen nur solche Frühindikatoren in Frage, die unmittelbar aus einem Businessplan abgeleitet werden können.

Unmittelbar verknüpft mit dieser Zielsetzung ist auch die Frage, inwiefern Businesspläne hinsichtlich der Entwicklung eines Unternehmens über eine Prognosefähigkeit verfügen, die für Investoren im Zuge der Bewertung von Geschäftskonzepten relevant ist. Zweifelsohne wären Frühindikatoren, deren Prognosefähigkeit im Rahmen der Untersuchung als statistisch signifikant belegt werden kann, von großem Interesse nicht nur für die Forschung, sondern auch für die Praxis. Ausgehend von den Ergebnissen der Untersuchung, sollen somit direkte Implikationen für die praktische Bewertung von Businessplänen im Rahmen von VCG-Bewertungen, aber auch Businessplan-Wettbewerben diskutiert werden. Selbstverständlich setzt dies voraus, dass im Rahmen der empirischen Analyse auch statistisch signifikante Zusammenhänge zwischen dem Inhalt von Businessplänen und der späteren Unternehmensentwicklung nachgewiesen werden können.

Ausgehend von diesen Zielsetzungen, lässt sich somit folgende Forschungsfrage formulieren: Inwiefern lassen sich aus Businessplänen Frühindikatoren der wirtschaftlichen Entwicklung von Jungunternehmen ableiten? Über welche Prognosefähigkeit verfügen etwaige Indikatoren und welche Implikationen ergeben sich für Praxis und Forschung?

Die Forschungsfrage gliedert sich somit in zwei Teile. Zum einen soll zunächst geklärt werden, ob aus Businessplänen überhaupt aussagekräftige Frühindikatoren der Unternehmensentwicklung abgeleitet werden können. Entsprechend dem Resultat dieser empirischen Untersuchung, sollen dann Implikationen für Forschung und Praxis diskutiert werden. Insbesondere soll hierbei darauf eingegangen werden, ob sich für VCG eine Einbindung möglicher Frühindikatoren für den Bewertungsprozess lohnt oder ob die Bewertung von Geschäftskonzepten doch nach wie vor der Expertise und subjektiven Einschätzung des Lesers eines Businessplans überlassen bleiben soll.

1.4. Methodisches Vorgehen

Im Zentrum des methodischen Vorgehens steht die statistische Analyse möglicher Zusammenhänge zwischen Indikatoren aus Businessplänen und der spätere Entwicklung eines Gründungsvorhabens. Hierzu werden die Businesspläne von 96 Unternehmensgründungen in Deutschland untersucht. Pro Businessplan werden ca. 50 verschiedene Indikatoren erhoben, denen einen Prognosefähigkeit für den unternehmerischen Erfolg unterstellt wird. Die Wahl der Indikatoren wird sowohl durch bisherige Erkenntnisse aus der Gründungsforschung, als auch durch Experteninterviews unterstützt. Mithilfe statistischer Methoden werden die Indikatoren mit der eigentlichen Unternehmensentwicklung verknüpft. Hierdurch kann festgestellt werden, ob bestimmte Indikatoren die Erfolgsaussichten eines Gründungsvorhabens signifikant beeinflussen.

Die Messung der Unternehmensentwicklung erfolgt hierbei über einen Zeitraum von drei Jahren nach Herausgabe des Businessplans. Für die Bewertung der Unternehmensentwicklung wird die Abweichung zwischen unternehmerischer Erwartung und Realität gemessen. Die Erwartungen der Gründer werden aus der Finanzplanung im Businessplan entnommen, die eigentliche Entwicklung des Unternehmens aus öffentlichen Daten im elektronischen Bundesanzeiger. Hierdurch ergibt sich ein objektives Maß, das eine quantitative Bewertung der Unternehmensentwicklung ermöglicht.

Die ausgewählten Indikatoren beschränken sich hierbei weitestgehend auf Merkmale, die im Folgenden als „objektiv messbar“ bezeichnet werden. Hierbei handelt es sich um Indikatoren, deren Erhebung nicht dem Werturteil des Lesers eines Businessplans unterliegt, sondern die objektiv gemessen werden können. So kann die Berufserfahrung eines Gründers beispielsweise in Jahren gemessen und somit „objektiv" aus den biografischen Daten im Businessplan bestimmt werden. Im Gegensatz hierzu unterliegt die Einschätzung der Wettbewerbsreaktion auf die Einführung eines neuen Produktes einem hochgradig subjektiven Urteil des Lesers. In aller Regel können Einschätzungen dieser Art nur von Experten und ausgewiesenen Branchenkennern vorgenommen werden. Darüber hinaus können subjektive Werturteile nur bedingt im Rahmen einer empirischen Analyse durch ein standardisiertes Modell abgebildet werden. Aus diesem Grund wurde auf die Erhebung entsprechender Indikatoren weitestgehend verzichtet. „Objektiv messbare" Indikatoren eignen sich hingegen für eine empirische Überprüfung ihrer Aussagefähigkeit im Hinblick auf den zukünftigen Unternehmenserfolg. Die Bewertung objektiv nicht messbarer Elemente von Gründungsvorhaben wird somit nach wie vor der Intuition und Beurteilung des Lesers überlassen.

An dieser Stelle sei auch angemerkt, dass die Angaben in den Businessplänen durch den Autor der vorliegenden Studie nicht korrigiert wurden. Alle Angaben in den Businessplänen wurden somit unverändert in die Datenbasis für die statistische Analyse übernommen. Dieses Vorgehen wurde bewusst gewählt, da die Prognosefähigkeit von Businessplänen unter realistischen Bedingungen überprüft werden soll. Eine Korrektur der Angaben in den Businessplänen hätte hier zweifelsohne zu einer Verzerrung der Ergebnisse geführt. Ähnlich wie bei einer Befragung von Untersuchungsteilnehmern dürfen die Rohdaten nicht verändert werden.[12]

Die Untersuchung beschränkt sich auf Unternehmensgründungen im deutschen Raum. Diese geografische Begrenzung hat unterschiedliche Gründe. Zum einen unterscheiden sich Businesspläne verschiedener Herkunftsländer hinsichtlich Form und Inhalt.[13] Zum anderen erfüllen Businesspläne im internationalen Vergleich unterschiedliche

[12] Vgl. hierzu auch Bortz, J. (2005): *Statistik für Human- und Sozialwissenschaftler.* Heidelberg: Springer Verlag, S. 10 ff.

[13] Vgl. hierzu Rauch, A., Frese, M. und Sonnentag, S. (2000): *Cultural Differences in Planning-Success Relationships: A Comparison of Small Enterprises in Ireland, West Germany and East Germany. Journal of Small Business Management*, 38, Nr. 4, S. 28–41, sowie Honig, B. und Karlsson, T. (2004): *Institutional Forces and the Written Business Plan. Journal of Management*, 30, Nr. 1, S. 29–48.

Aufgaben und Funktionen, was die Vergleichbarkeit und statistische Auswertung der Dokumente erschwert hätte.[14] Dem Planungsprozess haftet somit ein kultureller Kontext an, der nicht ignoriert werden darf.[15] Um diesem Kontext gerecht zu werden, wurde der Untersuchungsraum auf Deutschland begrenzt.

1.5. Abgrenzung der Themenstellung

Die gewählte Themenstellung enthält einige Begrifflichkeiten, die einer kurzen Erklärung bedürfen.[16] Im Zentrum der Untersuchung steht der *Businessplan*, also das Geschäftskonzept, das von Jungunternehmen meist während der Gründungsphase schriftlich festgehalten wird.[17] Funktion, Aufgabe und Struktur des Businessplans werden detailliert in Kapitel 2 der vorliegenden Arbeit erläutert.

Mit Businessplänen als zentralem Untersuchungsobjekt soll *empirisch untersucht* werden, ob aus selbigen *Frühindikatoren der wirtschaftlichen Entwicklung von Jungunternehmen* abgeleitet werden können. Die vorliegende Studie ist somit in erster Linie *empirischer* Natur. Erkenntnisse werden somit nicht nur aus theoretischen Überlegungen, sondern primär aus der strukturierten Analyse von Daten gewonnen.[18]

[14] Vgl. hierzu Schneider, S. und De Meyer, A. (1991): *Interpreting and Responding to Strategic Issues: The Impact of National Culture. Strategic Management Journal*, 12, Nr. 4, S. 307–320, sowie Reynolds, P. et al. (2000): *Global Entrepreneurship Monitor.* Wellesley: Blank Center for Entrepreneurship, S. 1–59.

[15] Vgl. hierzu Schneider und De Meyer (1991), a. a. O., S. 307–320, sowie Brettel, M. (2002): *Entscheidungskriterien von Venture Capitalists – Eine empirische Analyse im internationalen Vergleich. Die Betriebswirtschaft*, 62, Nr. 3, S. 305–325.

[16] Erklärungsbedürftige Begriffe aus der Themenstellung werden in den folgenden Abschnitten durch *kursive* Schrift hervorgehoben.

[17] Vgl. hierzu auch Karlsson und Honig (2009), a. a. O., S. 29–48, sowie Brinckmann, J., Grichnik, D. und Kapsa, D. (2010): *Should Entrepreneurs Plan or Just Storm the Castle? A Meta-Analysis on Contextual Factors Impacting the Business Planning–Performance Relationship in Small Firms. Journal of Business Venturing*, 25, Nr. 1, S. 24–40.

[18] Vgl. hierzu Bortz (2005), a. a. O., S. 107 ff., sowie Bortz, J. und Döhring, N. (2006): *Forschungsmethoden und Evaluation für Human- und Sozialwissenschaftler.* Berlin: Springer, S. 4 ff.

Im Vordergrund steht hierbei die Erhebung und Analyse von Daten aus Businessplänen. Anhand der empirischen Analyse sollen *Frühindikatoren* identifiziert werden.[19] Im Kontext der vorliegenden Studie werden Frühindikatoren als Hinweise, Anzeichen und Merkmale definiert, die bereits in der Anfangsphase eines Gründungsvorhabens Schlüsse über die zukünftige Entwicklung eines Unternehmens zulassen. Hierbei soll vor allem die quantitativ messbare *wirtschaftliche Entwicklung* der Gründungsvorhaben bewertet werden. Zugrundegelegt wird die finanzielle Entwicklung des Unternehmens in den ersten drei Jahren nach Erstellung des Businessplans.

Die Analyse bezieht sich hierbei nicht auf etablierte Unternehmen, die bereits seit vielen Jahren existieren, sondern lediglich auf die Bewertung von *Jungunternehmen*.[20] Als Jungunternehmen werden hierbei alle Unternehmen bezeichnet, die zum Zeitpunkt der Erstellung des Businessplans nicht älter als zwei Jahre sind.[21] Durch die Beschränkung der Untersuchung auf Jungunternehmen soll die Validität des methodischen Vorgehens sichergestellt werden. Da die Ausgangssituation von Jungunternehmen und etablierten Unternehmen kaum vergleichbar ist, hätte die gleichzeitige Untersuchung beider Unternehmensformen möglicherweise zu einer Verzerrung der Ergebnisse geführt.[22]

[19] Der Begriff des „Indikators" stammt aus der Volkswirtschaftslehre. Als Indikator werden Messgrößen bezeichnet, die eine Aussage über die zukünftige konjunkturelle Entwicklung einer Volkswirtschaft zulassen. Das Konzept kann analog auf den Zusammenhang von Unternehmensgründungen übertragen werden. Vgl. zum Indikatorbegriff auch das Stichwort „Konjunkturindikator" in Gabler (2010): *Gabler Wirtschaftslexikon.* 17. Auflage. Wiesbaden, 2010, S. 1744.

[20] Hierzu sei angemerkt, dass auch etablierte Unternehmen in einigen Fällen Businesspläne erstellen und diese sogar als Beitrag bei Businessplan-Wettbewerben einreichen.

[21] Vgl. auch die Ausführungen in Abschnitt 2.4.2.7 für eine Herleitung des Schwellenwertes von zwei Jahren.

[22] Hinzu kommt auch, dass die Bewertung etablierter Unternehmen primär auf einer Analyse der vergangenen Unternehmensentwicklung basiert. Da Jungunternehmen aber über keine bzw. nur eine sehr kurze Unternehmenshistorie verfügen, entfällt diese Möglichkeit. Vgl. hierzu auch Schmidt, A. (2002): *Indikatoren für Erfolg und Überlebenschancen junger Unternehmen. Zeitschrift für Betriebswirtschaft*, 72, Nr. 5, S. 21–53.

1.6. Aktueller Stand der Forschung

Als eigenständiges Teilgebiet der Gründungsforschung widmet sich die Erfolgsfaktorenforschung seit Jahren der Suche nach aussagekräftigen Indikatoren des Unternehmenserfolges.[23] Die Untersuchung von Roure und Keeley (1990) hat als eine der ersten Arbeiten den Businessplan als Untersuchungsgegenstand zur Identifizierung von Erfolgsfaktoren genutzt.[24] Unter anderem konnten die Autoren einen Zusammenhang zwischen der praktischen Erfahrung der Gründer und der späteren Unternehmensentwicklung nachweisen. Wie auch in der vorliegenden Studie diente der Businessplan hierbei als einzige Datenquelle. Zudem wurden zahlreiche Studien veröffentlicht, die einen Zusammenhang zwischen der Erstellung eines Businessplans und der späteren Unternehmensentwicklung herstellen. In der jüngeren Gründungsforschung sind hierbei vor allem die Arbeiten von Kirsch und Gera (2009), Hindle und Mainprize (2006) sowie Perry (2001) zu nennen.[25] Für den deutschsprachigen Raum weist Willer (2007) zudem nach, dass es einen positiven Zusammenhang zwischen Vollständigkeit eines Businessplans und späterer Unternehmensentwicklung gibt.[26]

Im Rahmen eines metaanalytischen Ansatzes vergleichen zudem Brinckmann und Kapsa (2010) zahlreiche Untersuchungen der letzten Jahre über den Einfluss der

---

[23] Vgl. hierzu bspw. Klandt, H. (1984): *Aktivität und Erfolg des Unternehmensgründers. Eine empirische Analyse unter Einbeziehung des mikro-sozialen Umfeldes.* Bergisch Gladbach: Eul Verlag; Schmidt (2002), a. a. O., S. 21–53, sowie Brüderl, J., Preisendörfer, P. und Ziegler, R. (1998): *Der Erfolg neugegründeter Betriebe: Eine empirische Studie zu den Chancen und Risiken von Unternehmensgründungen.* 2. Auflage. Berlin: Duncker & Humblot, S. 13 ff.

[24] Vgl. Roure, J. und Keeley, R. (1990): *Predictors of Success in New Technology Based Ventures. Journal of Business Venturing*, 5, Nr. 4, S. 201–220.

[25] Vgl. Kirsch, D., Goldfarb, B. und Gera, A. (2009): *Form or Substance: The Role of Business Plans in Venture Capital Decision Making. Strategic Management Journal*, 30, Nr. 5, S. 487–515; Hindle, K. und Mainprize, B. (2006): *Is the Quality of Entrepreneurial Business Plans Related to the Outcome of a New Venture?* In Regional Frontiers of Entrepreneurship Research., S. 760–777, sowie Perry, S. (2001): *The Relationship between Written Business Plans and the Failure of Small Businesses in the U.S. Journal of Small Business Management*, 39, Nr. 3, S. 201–208.

[26] Vgl. Willer, P. (2007): *Businessplan und Markterfolg eines Geschäftskonzepts.* Wiesbaden: Deutscher Universitäts-Verlag, S. 115 ff.

Planung auf die Entwicklung von Jungunternehmen.[27] Darüber hinaus untersuchen zahlreiche Arbeiten einzelne Aspekte von Gründungsvorhaben hinsichtlich ihrer Aussagefähigkeit für die Unternehmensentwicklung. Zu nennen sind beispielsweise die Studien von Stuart und Abetti (1987), Laitinen (1992), Gartner und Bhat (1999) sowie Smalibone (1990).[28] Die systematische Analyse einer Vielzahl von Frühindikatoren auf Basis einer empirischen Untersuchung von Businessplänen fehlt aber nach wie vor. Ein Grund hierfür liegt in der Schwierigkeit, die Entwicklung von Jungunternehmen ex-post objektiv beurteilen zu können. Kennzahlen wie Umsatz- oder Gewinnentwicklung sind entweder nicht öffentlich verfügbar oder eignen sich nicht für die Bewertung eines Gründungsvorhabens.[29]

In Abgrenzung zum aktuellen Stand der Gründungsforschung leistet die vorliegende Arbeit daher drei zentrale Beiträge:

- *Umfang der untersuchten Frühindikatoren:* Die Untersuchung der Businesspläne auf mögliche Frühindikatoren soll umfassend und möglichst vollständig erfolgen. Anstatt die Untersuchung auf ein bestimmtes Themengebiet zu begrenzen, wird daher der Anspruch erhoben, alle objektiv messbaren Aspekte eines Gründungsvorhabens durch die Erhebung aussagekräftiger Indikatoren in einem Modell abzubilden. Im Gegensatz hierzu fokussieren sich viele Studien

[27] Vgl. Brinckmann und Kapsa (2010), a. a. O., S. 24–40.

[28] Vgl. Stuart, R. und Abetti, P. (1987): *Start-Up Ventures: Towards the Prediction of Initial Success. Journal of Business Venturing*, 2, Nr. 3, S. 215–230; Laitinen, E. (1992): *Prediction of Failure of a Newly Founded Firm. Journal of Business Venturing*, 7, Nr. 4, S. 323–340; Gartner, W., Starr, J. und Bhat, S. (1999): *Predicting New Venture Survival: An Analysis of "Anatomy of a Start-Up." Cases from Inc. Magazine. Journal of Business Venturing*, 14, Nr. 2, S. 215–232, sowie Smalibone, D. (1990): *Success and Failure in New Business Start-Ups. International Small Business Journal*, 8, Nr. 2, S. 34–37. Vgl. hierzu auch Duchesneau, D. und Gartner, W. (1990): *A Profile of New Venture Success and Failure in an Emerging Industry. Journal of Business Venturing*, 5, Nr. 5, S. 297–312; Gatewood, E., Shaver, K. und Gartner, W. (1995): *A Longitudinal Study of Cognitive Factors Influencing Start-Up Behaviors and Success at Venture Creation. Journal of Business Venturing*, 10, Nr. 5, S. 371–391, sowie Cooper, A. (1993): *Challenges in Predicting New Firm Performance. Journal of Business Venturing*, 8, Nr. 3, S. 241–253.

[29] Vgl. hierzu auch die Ausführungen in Kapitel 4.

der Gründungsforschung nur auf einen bestimmten Aspekt eines Gründungsvorhabens, wie beispielsweise das Gründerteam oder die Marktanalyse.[30] Im Vergleich hierzu erhebt die vorliegende Studie eine Vielzahl von Indikatoren.

- *Neuer Ansatz zur Messung der Unternehmensentwicklung:* Seit 2005 sind alle Kapitalgesellschaften in Deutschland zur Veröffentlichung des Jahresabschlusses im elektronischen Bundesanzeiger verpflichtet.[31] Dies eröffnet bisher nicht dagewesene Möglichkeiten, die Entwicklung von Unternehmensgründungen ex-post beurteilen zu können. Durch den Abgleich von Finanzplanung im Businessplan und tatsächlicher Unternehmensentwicklung kann der Zielerreichungsgrad von Gründungsvorhaben quantitativ erhoben und objektiv gemessen werden. Im Gegensatz zu vielen anderen Studien der Gründungsforschung kann auf eine Befragung der Gründer, die häufig zu einer sehr subjektiven Einschätzung des Gründungserfolges führt, somit verzichtet werden. Darüber hinaus wird mit der Abweichung ein viel differenzierteres Maß der Entwicklung erhoben, als dies normalerweise der Fall ist. So trennen viele Untersuchungen lediglich zwischen Unternehmen, die am Markt noch existieren, und solchen, die den Geschäftsbetrieb eingestellt haben.[32] Wie sich jedoch zeigt, ist diese diskrete Unterscheidung in Erfolg und Misserfolg nicht immer zutreffend.[33]

- *Untersuchung im deutschen Kontext:* Die überwiegende Mehrheit empirischer Untersuchungen von Businessplänen beschränkt sich auf den angloamerikanischen Raum. Wie in Abschnitt 1.4 bereits erläutert wurde, sind die Ergebnisse

[30] Vgl. hierzu bspw. Chowdhury, S. (2005): *Demographic Diversity for Building an Effective Entrepreneurial Team: Is It Important? Journal of Business Venturing*, 20, Nr. 6, S. 727–746.

[31] Vgl. hierzu auch das „Gesetz über elektronische Handelsregister und Genossenschaftsregister" (EHUG) vom 10. November 2006; Bundesjustizministerium (2006): *Gesetz über elektronische Handelsregister und Genossenschaftsregister sowie das Unternehmensregister (EHUG). Bundesgesetzblatt*, 58, Nr. 52, S. 1–34.

[32] Vgl. hierzu auch Brüderl und Ziegler (1998), a. a. O., S. 92.

[33] Vgl. hierzu auch die Ausführungen in Abschnitt 4.2. Eine kritische Betrachtung des Überlebensmaßes als Indikator für den Gründungserfolg findet sich auch in Headd, B. (2003): *Redefining Business Success: Distinguishing Between Closure and Failure. Small Business Economics*, 21, Nr. 1, S. 51–64.

dieser Untersuchungen jedoch nur bedingt auf den Kontext deutscher Gründungen übertragbar. Die vorliegende Arbeit leistet somit einen Erkenntnisgewinn hinsichtlich der Bewertung von Businessplänen deutscher Unternehmensgründungen. Hierzu wurden speziell mit deutschen Businessplan-Wettbewerben und VCGs Kooperationen eingegangen, durch die der Zugang zu Businessplänen von deutschen Unternehmen sichergestellt wurde. Im deutschen Kontext ist die vorliegende Studie, auch was den Umfang der verfügbaren Businesspläne angeht, ein Novum.

Die vorangegangenen Ausführungen bieten nur einen kurze Überblick über das weite Feld der Erfolgsfaktorenforschung. Eine Literaturübersicht mit detaillierten Angaben über den aktuellen Stand der Forschung ist in die Hypothesenbildung in Kapitel 3 integriert.

1.7. Adressatenkreis der Studie

Die vorliegende Untersuchung richtet sich sowohl an Praktiker wie auch an Wissenschaftler. Das Fehlen empirischer Erkenntnisse über Frühindikatoren, die aus Businessplänen abgeleitet werden können, stellt vor allem für den Bewertungsprozess von VCGs eine relevante Problematik dar.[34] Daher orientiert sich die Untersuchung möglichst nah am praktischen Vorgehen von Investoren. Unter anderem wurde dies auch durch zahlreiche Interviews mit Experten aus der Venture-Capital-Branche sichergestellt.[35] Durch die Verknüpfung eines neuen wissenschaftlichen Ansatzes mit einem bekannten Problem aus der Praxis sind die Ergebnisse der Untersuchung somit für alle Personen relevant, die mit der Bewertung von Businessplänen zu tun haben. Hierbei handelt es sich nicht nur um Investoren und Business Angels, sondern auch um Businessplan-Wettbewerbe.

[34] Vgl. Zacharakis und Meyer (2000), a. a. O., S. 323–346.

[35] Für eine vollständige Liste aller geführten Experteninterviews siehe Tabelle B.1 in Anhang B.

Darüber hinaus sind die Ergebnisse aber auch für Gründer relevant. So wird im Detail diskutiert, welche Kriterien aus Sicht von Investoren ausschlaggebend für eine mögliche Beteiligung sind. Anders als in vielen Untersuchungen werden diese Kriterien nicht nur sachlogisch analysiert, sondern auch anhand einer rigorosen statistischen Analyse auf ihre Aussagefähigkeit hin überprüft. Diese Erkenntnisse können Gründern bei der Entwicklung eines Geschäftskonzepts oder Erstellung eines Businessplans von Nutzen sein. Die Untersuchung schließt an bisherige Forschungserkenntnisse an und soll somit auch einen Beitrag zum theoretischen Erkenntnisgewinn der Erfolgsfaktorenforschung leisten. Daher ist die Studie für Personen aus der Forschung genauso relevant wie für Personen aus der Praxis. Unter anderem wird ein neuartiger Ansatz zur Bewertung der Unternehmensentwicklung vorgestellt, der auch für andere Untersuchungen der Gründungsforschung von Relevanz ist.

1.8. Aufbau der Arbeit und Gang der Untersuchung

Die vorliegende Untersuchung gliedert sich in acht Kapitel. Nach der Einführung in die Themenstellung im *ersten Kapitel* widmet sich das *zweite Kapitel* dem eigentlichen Untersuchungsgegenstand der Studie, nämlich dem Businessplan. Hierzu wird zunächst auf Aufgabe und Funktion von Businessplänen als Planungsinstrument im Kontext von Unternehmensgründungen eingegangen. Darüber hinaus wird erläutert, wie der Zugang zu einer kritischen Masse an Businessplänen im Rahmen dieser Untersuchung sichergestellt werden konnte. Hierzu werden die wichtigsten Kooperationspartner der Studie kurz vorgestellt. Das Kapitel schließt mit der Herleitung einer konsolidierten Formalstruktur für Businesspläne, an der sich die Indikatorenerhebung orientiert.

Im *dritten Kapitel* erfolgt die eigentliche Hypothesenbildung sowie Herleitung der Frühindikatoren der Unternehmensentwicklung. Hierzu werden insgesamt 27 Zusammenhänge zwischen möglichen Frühindikatoren und der späteren Unternehmensentwicklung formuliert. Für jeden Indikator wird erläutert, wie dieser aus einem

Businessplan abgeleitet werden kann. Der aktuelle Stand der Forschung ist in die Bildung der Hypothesen integriert.

Im *vierten Kapitel* wird die Erschließung der Unternehmensentwicklung als abhängige Variable der statistischen Analyse diskutiert. Hierzu wird ein neuartiger Ansatz zur Messung der Unternehmensentwicklung vorgestellt. Dieser Ansatz berechnet die Abweichung zwischen unternehmerischer Erwartung und Realität drei Jahre nach Erstellung des Businessplans. Als maßgebliche Quellen für die Berechnung des Abweichungsmaßes dienen die Finanzplanung im Businessplan sowie die veröffentlichten Jahresabschlüsse im elektronischen Bundesanzeiger. Das neue Messkonzept wird unter Gesichtspunkten der Informationsökonomik kritisch auf seine Tauglichkeit für die hier vorgestellte Untersuchung überprüft. Zudem werden weitere Erfolgsmaße der Unternehmensentwicklung, wie etwa die Gesamt- oder Eigenkapitalrendite, diskutiert und später als weitere abhängige Variablen in die Modellierung mit einbezogen.

Noch vor der Zusammenfassung der statistischen Analyse werden im *fünften Kapitel* zentrale deskriptive Erkenntnisse über die untersuchte Grundgesamtheit zusammengefasst. Hierzu zählt beispielsweise eine detaillierte Dokumentation über Zusammensetzung und Hintergrund der Gründerteams. Darüber hinaus wird auf weitere Aspekte des Gründungsgeschehens eingegangen, wie beispielsweise die ursprünglichen Erwartungen der Gründer.

Im *sechsten Kapitel* werden schließlich die zentralen Ergebnisse der statistischen Analyse diskutiert. Die statistische Analyse gliedert sich in drei maßgebliche Teile. Zunächst werden die Hypothesen durch die Anwendung verschiedener Korrelationsmaße getestet. Aus den Ergebnissen der Hypothesentests lässt sich bereits erkennen, ob sich aus Businessplänen statistisch signifikante Frühindikatoren der wirtschaftlichen Entwicklung von Jungunternehmen ableiten lassen. Im zweiten Teil der statistischen Analyse werden Zusammenhänge innerhalb der Indikatorenbasis aufgedeckt. Eine Verknüpfung mit der Unternehmensentwicklung bleibt hierbei aus. Im dritten Teil erfolgt im Rahmen einer Faktorenanalyse eine Reduktion der Indikatorenbasis von 27 Variablen auf 8 maßgebliche Faktoren. Durch die Anwendung der Faktorenanalyse können ebenfalls zahlreiche Zusammenhänge zwischen Merkmalen des Gründungsgeschehens offen gelegt werden.

Die Dissertation schließt im *siebten Kapitel* mit einer kritischen Diskussion des gewählten Untersuchungsansatzes sowie der wichtigsten Untersuchungsergebnisse. Zudem werden die gewonnen Erkenntnisse zusammengefasst und ein Ausblick auf verschiedene Implikationen für Praxis, Forschung und Gründungsförderung gewagt.

2. Der Businessplan als Untersuchungsobjekt

2.1. Einführung

Der Businessplan ist das zentrale Untersuchungsobjekt der vorliegenden Studie. Erst durch die Inhaltsanalyse einer kritischen Anzahl an Businessplänen kann geprüft werden, ob sich aus selbigen aussagekräftige Frühindikatoren der Unternehmensentwicklung ableiten lassen. Aus diesem Grund wird im folgenden Kapitel auf Begriff und Funktion des Businessplans im Kontext von Unternehmensgründungen eingegangen. Hierzu werden verschiedene Strukturen von Businessplänen vorgestellt, der Zusammenhang zwischen Planung und unternehmerischem Erfolg diskutiert sowie auf die Bewertung von Businessplänen durch Kapitalgeber eingegangen.

Darüber hinaus wird erläutert, wie der Zugang zu Businessplänen durch die Zusammenarbeit mit verschiedenen Kooperationspartnern ermöglicht wurde. Um die Gefahr möglicher Verzerrungen zu qualifizieren, wird insbesondere auf den Selektionsprozess der Businesspläne und die Bildung der eigentlichen Grundgesamtheit eingegangen. Das Kapitel schließt mit der Entwicklung einer konsolidierten Formalstruktur der unterschiedlichen Businessplanformate der Kooperationspartner. Die Bildung der Hypothesen und Erhebung der Indikatoren in Kapitel 3 orientiert sich an dieser Formalstruktur, wodurch sichergestellt wird, dass alle relevanten Inhalte eines Businessplans in der statistischen Analyse ausreichend berücksichtigt werden.

2.2. Der Businessplan im Kontext der Unternehmensgründung

2.2.1. Begriff und Funktion des Businessplans

Der Begriff „Businessplan“ bezeichnet im Allgemeinen einen schriftlich niedergelegten „Geschäftsplan“, in dem die Gründer eines Unternehmens die wichtigsten Elemente ihres Geschäftsvorhabens darlegen. Hierzu zählen beispielsweise das eigentliche Geschäftsmodell, die Produkt- oder Dienstleistungsidee, eine Analyse des Wettbewerbs wie auch Ausführungen über die Zusammensetzung des Gründerteams.[1] Im angloamerikanischen Raum hat sich der Businessplan bereits in den 1980er Jahren als Planungsinstrument durchgesetzt.[2] In Europa wird der Businessplan seit Ende der 1980er Jahre verwendet.[3] In der Fachliteratur wird der Begriff „Businessplan“ uneinheitlich verwendet. Eine allgemeingültige Definition hat sich bisher noch nicht durchgesetzt.[4] Aus diesem Grund werden in Tabelle 2.1 einige gängige Definitionen des Begriffs „Business-

---

[1] Vgl. hierzu bspw. Elsenmüller, B. und Grampp, M. (2002): *Aufgabe und Struktur des Businessplans.* In Hommel, U. und Knecht, T. C. (Hrsg.): Wertorientiertes Start-Up Management. München: Verlag Vahlen, S. 86; Volkmann, C. und Tokarski, K. (2006): *Entrepreneurship – Gründung und Wachstum von jungen Unternehmen.* Stuttgart: Lucius & Lucius, S. 100; Kuratko, D. und Welsch, H. (2004): *Strategic Entrepreneurial Growth.* Mason: Thomson, S. 247, sowie Klandt, H. (2006): *Gründungsmanagement – Der integrierte Unternehmensplan.* München: Oldenburg Verlag, S. 141.

[2] Vgl. Gibb, A. (2007): *Creating the Entrepreneurial University: Do We Need a Wholly Different Model of Entrepreneurship?* In Fayolle, A. (Hrsg.): Handbook of Research in Entrepreneurship Education. Cheltenham: Edward Elgar Publishing, S. 72.

[3] Vgl. hierzu Ripsas, S., Zumholz H. und Kolata, C. (2008): *Der Businessplan als Instrument der Gründungsplanung – Möglichkeiten und Grenzen.* Berlin, S. 9, sowie Nathusius, K. (1989): *Gründungsplanung.* In Szyperski, N. (Hrsg.): Handwörterbuch der Planung. Stuttgart: Poeschel, S. 610–618.

[4] Vgl. Ripsas und Kolata (2008), a. a. O., S. 7.

plan" dargestellt.[5] Zusammenfassend lässt sich festhalten: Ein Businessplan ist eine schriftliche Zusammenfassung eines Geschäftskonzepts, die die wesentlichen Faktoren für eine erfolgreiche Gründung und Unternehmensentwicklung verständlich darstellt.[6]

Businesspläne erfüllen vier maßgebliche Funktionen:[7]

- *Planungsfunktion*: Die Planungsfunktion von Businessplänen unterstützt die Systematisierung und Strukturierung von Gründungsvorhaben. Das Erstellen eines Businessplans zwingt die Gründer dazu, Details der Planung zu durchdenken und schriftlich festzuhalten.[8] Durch das schriftliche Niederlegen der Unternehmensziele wird ein formaler Konsens im Unternehmerteam erzwungen, der für die weitere Planung und erfolgreiche Umsetzung des Gründungsvorhabens von großer Bedeutung ist.[9] Aus diesen Gründen erstellen viele Gründer einen Businessplan zunächst für sich selbst. Im Rahmen des Erstellungspro-

[5] Vgl. hierzu weiterführend auch Hahn, D. (1993): *Planung in der Unternehmenspraxis*. In Hauschildt, J. und Grün, O. (Hrsg.): Ergebnisse empirischer betriebswirtschaftlicher Forschung – Zu einer Realtheorie der Unternehmung (Festschrift für Eberhard Witte). Stuttgart: Schäffer-Poeschel, S. 773–796; Block, Z. und MacMillan, I. (1985): *Milestones for Successful Venture Planning. Harvard Business Review*, 63, Nr. 5, S. 84–90, sowie Zider, B. (1998): *How Venture Capital Works. Harvard Business Review*, 77, Nr. 4, S. 131–139.

[6] Vgl. hierzu auch die Monographien über Businesspläne von Stutely, R. (2006): *Der professionelle Businessplan. Der Praxisleitfaden für Manager und Unternehmensgründer.* 2. Auflage. München: Pearson Studium; Bischof, F. (2000): *Der professionelle Businessplan – Geschäftsideen erfolgreich umsetzen.* München: Koch Media; Herzberg, U. (2007): *Mein Businessplan – Strategisch planen, erfolgreich präsentieren.* Freiburg: Haufe Verlag; Blancke, W. (2000): *Der Businessplan – Leitfaden einer Unternehmensgründung.* Schmalkaden: fhs-prints, sowie Hisrich, R. und Peters, M. (1995): *Entrepreneurship – Starting, Developing, and Managing a New Enterprise.* Chicago: McGraw-Hill. Diese Quellen führen in das Thema ein und bieten einen guten Leitfaden für die Erstellung von Businessplänen.

[7] Vgl. Elsenmüller und Grampp (2002), a. a. O., S. 88 ff., sowie Willer, P. (2007): *Businessplan und Markterfolg eines Geschäftskonzepts.* Wiesbaden: Deutscher Universitäts-Verlag, S. 7.

[8] Vgl. hierzu Schwetje, G. und Vaseghi, S. (2004): *Der Businessplan – Wie Sie Kapitalgeber überzeugen.* Berlin: Springer, S. 8.

[9] Vgl. Schwetje und Vaseghi (2004), a. a. O., S. 5.

zesses versuchen sie, Klarheit über kritische Erfolgsfaktoren sowie zentrale Herausforderungen des Gründungsvorhabens zu erhalten.[10]

Quelle	Verwendete Definition
Dowling (2002), S. 240	„Ein Businessplan fasst die kritischen Annahmen eines neu zu gründenden Unternehmens in einem Dokument zusammen, enthält eine Beschreibung der Idee plus ihrer Umsetzbarkeit und letztendlich eine Zusammenfassung des Finanzierungsbedarfs."
Elsenmüller und Grampp (2002), S. 86	„Der Businessplan beschreibt detailliert die Unternehmensidee inklusive des Unternehmenskonzepts, beleuchtet den Markt, in dem dieses Unternehmen aktiv werden will, erläutert das Marketingkonzept, die Personalplanung und die aufzuwendenden finanziellen Ressourcen."
Schwetje und Vaseghi (2004), S. 1	„Der Businessplan kann als Dokument verstanden werden, das ein Geschäftsvorhaben als Ganzes vermarktet, also an potentielle Kapitalgeber wie auch externe Ansprechpartner, auf deren Unterstützung die Unternehmensgründer angewiesen sind, gerichtet ist."
Vockel (2001), S. 7	„Der Businessplan ist die systematische Darstellung der wichtigsten wirtschaftlichen, oft funktionellen Zusammenhänge in einem Unternehmen oder einer anderen wirtschaftlichen Einheit."
Volkmann (2006), S. 100	„Der Businessplan oder Geschäftsplan ist der strukturierte systematische Überblick über das Gründungsvorhaben in schriftlicher Form mit einem Planungshorizont von drei bis fünf Jahren."

Tabelle 2.1.: Gängige Definitionen des Begriffs „Businessplan"

[10] Vgl. Dowling, M. (2002): *Businesspläne.* In Dowling, M. und Drumm, H.-J. (Hrsg.): Gründungsmanagement – Vom erfolgreichen Unternehmensstart zu dauerhaftem Wachstum. Berlin: Springer, S. 219–225. Gemäß den Autoren ist der eigentliche Erstellungsprozess eines Businessplans oftmals wichtiger als das fertige Endprodukt. Vgl. hierzu auch Cooper, A. (1979): *Strategic Management: New Ventures and Small Business.* In Schendel, D. E. und Hofer, C. W. (Hrsg.): Strategic Management. Boston: Little Brown, S. 321.

- *Informationsfunktion*: Dem Businessplan kommt eine wichtige Informationsfunktion zu. Vor allem im Zusammenhang mit der Beschaffung von Kapital nutzen Unternehmensgründer Businesspläne, um mögliche Investoren von ihrer Geschäftsidee zu überzeugen. Mit einem schlüssigen Businessplan können Informationsasymmetrien zwischen Gründern und Investoren abgebaut werden. Aus Sicht von VCGs, Banken oder Business Angels verhält sich ein Gründungsvorhaben ähnlich wie ein „Erfahrungsgut".[11] So kann die Entwicklung einer Unternehmensgründung meist erst lange nach der Investition abschließend beurteilt werden.[12] Aus diesem Grund versuchen Investoren, bereits vorab möglichst viele Informationen über die Gründer und ihr Geschäftsvorhaben zu erhalten. Dem Businessplan kommt hierbei eine zentrale Rolle zu.[13] Seine Qualität, Schlüssigkeit und formale Konsistenz können für eine Investitionsentscheidung ausschlaggebend sein.[14] Aus diesem Grund investieren viele VCGs nur in solche Unternehmen, die einen umfassenden Businessplan vorlegen.[15] Ähnliches gilt zunehmend auch für die Prüfung der Kreditwürdigkeit von Jungunternehmen durch Banken. Immer häufiger verlangen Banken von Jungunternehmen schriftlich niedergelegte Geschäftskonzepte, bevor sie Kredite bewilligen.[16] Darüber hinaus kann der Businessplan auch strategischen Kunden oder Lieferanten zur Einsicht zur Verfügung gestellt werden, insbesondere wenn es sich hierbei um Beziehungen von großer Wichtigkeit handelt.[17]

---

[11] Vgl. hierzu auch Brinckmann und Kapsa (2010), a. a. O., S. 24–40, sowie Castrogiovanni, G. (1996): *Pre-Startup Planning and the Survival of New Small Businesses: Theoretical Linkages. Journal of Management*, 22, Nr. 6, S. 801–822.

[12] Vgl. hierzu Elsenmüller und Grampp (2002), a. a. O., S. 87.

[13] Vgl. hierzu Theis, M. (1995): *Finanzierung mit Beteiligungsgesellschaften.* In Henerkes und Brun-Hagen (Hrsg.): Unternehmenshandbuch Familiengesellschaften. Köln: Verlag Heymanns, S. 155, sowie Wupperfeld, U. (1994): *Strategien und Management von Beteiligungsgesellschaften im deutschen Seed-Capital-Markt.* Karlsruhe: Fraunhofer Institut, S. 28 ff.

[14] Vgl. Elsenmüller und Grampp (2002), a. a. O., S. 88.

[15] Vgl. Schwetje und Vaseghi (2004), a. a. O., S. 32, sowie Dowling (2002), a. a. O., S. 220.

[16] Vgl. hierzu Schwetje und Vaseghi (2004), a. a. O., S. 3.

[17] Vgl. Volkmann (2006), a. a. O., S. 103, sowie Schwetje und Vaseghi (2004), a. a. O., S. 4.

- *Entscheidungsfunktion*: Zudem leistet der Businessplan eine Unterstützungsfunktion bei wichtigen unternehmerischen Entscheidungen.[18] Der schriftlich festgelegte Geschäftsplan fungiert als Leitfaden für die Unternehmensentwicklung. Die Gründer können somit die Richtigkeit operativer wie auch strategischer Entscheidungen anhand der im Businessplan festgelegten Ziele überprüfen.[19]

- *Kontrollfunktion*: Schließlich kommt dem Businessplan auch eine Kontrollfunktion zu.[20] Anhand der Finanzplanung im Businessplan kann ex-post die Abweichung zwischen unternehmerischer Erwartung und Realität bewertet werden. Somit kann festgestellt werden, wie gut oder schlecht sich das Unternehmen relativ zur Planung entwickelt hat. Basierend auf dieser Analyse, können unternehmerische Entscheidungen getroffen und die strategische Ausrichtung des Unternehmens angepasst werden.[21]

Trotz dieser Funktionen verzichten viele Jungunternehmen auf die Nutzung des Businessplans als Instrument der Unternehmenssteuerung, sobald eine ausreichende Finanzierung durch Kapitalgeber sichergestellt ist.[22] Der Forderung von Scarborough und Zimmerer (2003), mit der voranschreitenden Entwicklung des Unternehmens den Businessplan kontinuierlich zu aktualisieren, kommen somit nur wenige Gründer nach.[23] Dies liegt wohl auch daran, dass die kontinuierliche Aktualisierung

---

[18] Vgl. Voigt, K.-I. (2002): *Der Businessplan als Controlling-Instrument.* In Männel, W. (Hrsg.): Controlling in mittelständischen Unternehmen. Lauf a. d. Pegnitz, S. 49–59.

[19] Vgl. Kirsch, W. und Trux, W. (1981): *Perspektiven eines strategischen Managements.* In Kirsch, W. (Hrsg.): Unternehmenspolitik: Von der Zielforschung zum Strategischen Management. München: Verlag Barbara Kirsch, S. 290–396.

[20] Vgl. Vockel, J. (2004): *Der Business Plan – Kern des Controllings.* Köln: PapyRossa Verlag, S. 9.

[21] Vgl. Vockel (2004), a. a. O., S. 10.

[22] Vgl. Ripsas und Kolata (2008), a. a. O., S. 9 ff.

[23] Vgl. Scarborough, N. und Zimmerer, T. (2003): *Effective Small Business Management – An Entrepreneurial Approach.* New Jersey: Prentice Hall, S. 202 ff.

von Businessplänen einen nicht unerheblichen Aufwand erfordert, dem ausgelastete Gründerteams nicht immer nachkommen können.[24]

2.2.2. Businesspläne und der Gründungserfolg

In der Gründungsforschung wird die Bedeutung des Businessplans für die Entwicklung von Jungunternehmen kontrovers diskutiert.[25] Die Bandbreite an unterschiedlichen Meinungen und Erkenntnissen über den Zusammenhang zwischen Planung und Erfolg ist groß.[26] In der Fachliteratur haben sich im Rahmen der Diskussion zwei maßgebliche Perspektiven durchgesetzt:[27] Zum einen gibt es Experten, die einen starken Zusammenhang zwischen fundierter Planung eines Gründungsvorhabens und der späteren Unternehmensentwicklung sehen. In der Gründungsforschung wird diese Perspektive auch als die „Planende Schule" („Planning School") bezeichnet.[28] Im Gegensatz hierzu empfiehlt die sogenannte „Learning School", die auch als „Just do it" Schule bekannt ist, Gründern den direkten Einstieg in die Unternehmensgründung, ohne vorher einen Businessplan zu erstellen.[29] Hier wird somit kein positiver Zusammenhang zwischen Planung und Unternehmensentwicklung gesehen.

Im Rahmen der planenden Schule sprechen zahlreiche Veröffentlichungen dem Businessplan einen wichtigen Stellenwert für die erfolgreiche Entwicklung von Gründungen

[24] Vgl. hierzu Vesper, K. (1993): *New Venture Mechanics*. Englewood Cliffs: Prentice Hall, sowie Jung, V. (2004): *Markteintrittsgestaltung neugegründeter Unternehmen – Situationsspezifische und erfolgsbezogene Analyse*. Frankfurt a. M.: Peter Lang Verlag.

[25] Vgl. Sahlman (1997): Harvard Business Review, a. a. O., S. 98–108.

[26] Vgl. hierzu Ansoff, H. (1991): *Critique of Henry Mintzberg's "The Design School: Reconsidering the Basic Premises of Strategic Planning". Strategic Management Journal*, 12, Nr. 6, S. 449–461, sowie Mintzberg, H. und Waters, J. (1985): *Of Strategies, Deliberate and Emergent. Strategic Management Journal*, 6, Nr. 3, S. 257–272.

[27] Vgl. hierzu Brinckmann und Kapsa (2010), a. a. O., S. 24–40.

[28] Vgl. hierzu Lange, J. et al. (2005): *Business plans and Post Start-Up Performance: A Study of 116 New Ventures*. In Zahra, L. (Hrsg.): Frontiers of Entrepreneurship Research – Proceedings of the Twenty-Fifth Annual Entrepreneurship Research Conference. Wellesley: Babson College, S. 1–20.

[29] Vgl. hierzu Wiltbank, R. et al. (2006): *What to do next? The case for non-predicitve strategy. Strategic Management Journal*, 27, Nr. 10, S. 981–998.

zu.[30] So konnten verschiedene empirische Studien einen positiven Zusammenhang zwischen Planung und Unternehmenserfolg nachweisen.[31] Brinckmann und Kapsa (2010) zeigen zudem, dass die Vorteile gegenüber dem notwendigen Ressourceneinsatz der Planung überwiegen.[32]

Auch Perry (2001) beobachtet eine grundsätzlich höhere Erfolgswahrscheinlichkeit von Gründungsvorhaben, die über einen Businessplan verfügen.[33] Willer (2007) belegt darüber hinaus einen positiven Zusammenhang zwischen formaler Vollständigkeit eines Businessplans und dem späteren Geschäftserfolg eines Unternehmens.[34] Des Weiteren sieht Jung (2004) im eigentlichen Erstellungsprozess von Businessplänen zahlreiche Vorteile. Unter anderem werden die Gründer durch die Erstellung eines Businessplans gezwungen, Details der Unternehmensgründung zu durchdenken und das eigene Leistungsangebot zu schärfen.[35] Faltin (2010) schließt sich dieser Beobachtung an.[36] Demnach ist ein Businessplan bereits „überholt, sobald er aus dem Drucker kommt“. Nicht im fertigen Endprodukt, sondern im Erstellungsprozess liegt demnach der eigentliche Erkenntniswert für die Unternehmer. Entscheidend ist das

[30] Vgl. hierzu Volkmann (2006), a. a. O., S. 10; Scarborough und Zimmerer (2003), a. a. O., S. 158; Cooper, A., Woo, C. und Crosbie, P. (1989): *Survival and Failure: A longitudinal study. Frontiers of Entrepreneurship Research*, 8, S. 225–237, sowie Wickham, P. (2001): *Strategic Entrepreneurship: A Decision-Making Approach to New Venture Creation and Management.* Harlow: Pearson.

[31] Vgl. hierzu Schwenk, C. und Shrader, C. (1993): *The Effects of Formal Strategic Planning on Financial Perforamnce in Small Firms: A Meta-Analysis. Entrepreneurship: Theory and Practice*, 17, Nr. 1, S. 53–64, sowie Weihe, J., Laufner, W. und Schüler, S. (2001): *Bedingungen erfolgreicher Existenzgründungen - Ergebnisse einer Längsschnittuntersuchung im Landkreis Lüneburg.* In Merz, J. (Hrsg.): Existenzgründung 2 - Erfolgsfaktoren und Rahmenbedingungen. Baden-Baden: Nomos Verlag, S. 113–134, und Delmar, F. und Shane, S. (2003): *Does Businessplanning Facilitate the Development of New Ventures? Strategic Management Journel*, 24, Nr. 12, S. 1165–1185.

[32] Vgl. Brinckmann und Kapsa (2010), a. a. O., S. 24–40.

[33] Vgl. Perry (2001), a. a. O., S. 201–208.

[34] Vgl. Willer (2007), a. a. O., S. 115 ff.

[35] Vgl. Jung (2004), a. a. O., S. 55 ff.

[36] Vgl. hierzu Faltin, Günter (2010): *Kopf schlägt Kapital. Die ganz andere Art, ein Unternehmen zu gründen. Von der Lust, ein Entrepreneur zu sein.* München: Hanser Verlag, S. 150.

Geschäftsmodell bzw. das treffende „Entrepeneurial Design“. Der Businessplan kann bei der Entwicklung eines solchen eine wichtige Hilfestellung liefern.[37]

Im Gegensatz hierzu gibt es Stimmen, die der Bedeutung von Businessplänen für die Unternehmensentwicklung deutlich kritischer gegenüberstehen.[38] So hält Backhaus (2000) Angaben und Finanzprognosen in Businessplänen für wenig überprüfbar. Er stellt zudem fest, dass selbst die Gründer nur selten an ihre eigene Planung glauben, sondern diese an den Renditezielen möglicher Kapitalgeber ausrichten.[39] Auch Kirsch und Gera (2009) kommen in ihrer Untersuchung von 700 gescheiterten Jungunternehmen aus den USA zu dem Schluss, dass Businesspläne keinen bzw. nur einen sehr begrenzten Einfluss auf die Unternehmensentwicklung haben.[40] Zu einem ähnlichen Ergebnis kommen auch Lange et al. (2007). Sie schließen aus ihrer Analyse von 116 Gründungen im deutschsprachigen Raum, dass sich Gründungen mit Businessplan nicht erfolgreicher entwickeln als solche ohne.[41] Gleichzeitig wird kritisiert, dass die Erstellung eines Businessplans viele Ressourcen bindet, die aus Sicht von Kritikern besser in die eigentliche Unternehmensentwicklung investiert werden sollten.[42] Zahlreiche Studien diskutieren darüber hinaus, ob die formale Qualität eines Businessplans einen positiven Einfluss auf die Entwicklung eines Gründungsvorhabens hat. Auch hier hat sich in der Gründungsforschung noch

---

[37] Vgl. hierzu die Kritik an Businessplänen von Faltin (2010), a. a. O., S. 150–153.

[38] Vgl. hierzu bspw. Hannon, P. und Atherton, A. (1997): *Small Firm Success and the Art of Orienteering: The Value of Plans, Planning, and Strategic Awareness in the Competitive Small Firm. Journal of Small Business and Enterprise Development*, 5, Nr. 2, S. 102–119, sowie Vesper (1993), a. a. O., S. 47 ff.

[39] Vgl. Backhaus, K. (2000): *Viel Papier, wenig Wissen. Manager Magazin*, 30, Nr. 12, S. 253.

[40] Vgl. Kirsch und Gera (2009), a. a. O., S. 487–515.

[41] Vgl. Lange, J. et al. (2007): *Pre-start-up Formal Business Plans and Post-start-up Performance: A Study of 116 New Ventures. Venture Capital*, 9, Nr. 4, S. 237–256.

[42] Vgl. Bhide, A. (2000): *The Origin and Evolution of New Business.* New York: Oxford University Press, S. 53 ff.

kein Konsens gebildet.[43] Zudem wird häufig auf bekannte Beispiele erfolgreicher Unternehmensgründungen hingewiesen, die ohne Businessplan vollzogen wurden. Als prominenteste Beispiele sind etwa Pizza Hut, Reebok, Dell oder auch Microsoft zu nennen.[44] In diesem Zusammenhang belegt eine Untersuchung von Bhide (2000), dass immerhin 41% aller amerikanischen Unternehmen in Wachstumsbranchen ohne Businessplan gegründet wurden.[45]

Unabhängig von der Bedeutung für die Unternehmensentwicklung nehmen Businesspläne einen wichtigen Stellenwert im heutigen Gründungsgeschehen ein.[46] Viele Experten sehen in der Erstellung eines Businessplans einen obligatorischen Schritt für jedes Gründungsvorhaben.[47] So verlangen Kapitalgeber in aller Regel ein schriftlich niedergelegtes Geschäftskonzept. Gleiches gilt selbstverständlich auch für die Teilnahme an Businessplan-Wettbewerben, die sich auch in Deutschland immer stärker als Instrument der Gründungsförderung durchsetzen. Vermutlich wird die Diskussion über die Bedeutung von Businessplänen für die Unternehmensentwicklung noch anhalten. Für die vorliegende Studie ist der Zusammenhang zwischen Planung und

---

[43] Vgl. hierzu bspw. Robinson Jr., R. und Pearce III., J. (1983): *The Impact of Formalized Strategic Planning on Financial Performance in Small Organizations. Strategic Management Journal*, 4, Nr. 3, S. 197 – 207; Pearce, J., Freeman, E. und Robinson, R. (1987a): *The Tenuous Link between Formal Strategic Planning and Financial Performance. Academy of Management Review*, 12, Nr. 4, S. 658–675; Jungbauer-Gans, M. und Preisendörfer, P. (1991): *Verbessern eine gründliche Vorbereitung und sorgfältige Planung die Erfolgschancen neugegründeter Betriebe? Schmalenbachs Zeitschrift für betriebswirtschaftliche Forschung*, 43, Nr. 11, S. 987–996, sowie Pearce, J., Robbins, K. und Robinson, R. (1987b): *The Impact of Grand Strategy and Planning Formality on Financial Performance. Strategic Management Journal*, 8, Nr. 2, S. 125–134.

[44] Vgl. hierzu Bhide (2000), a. a. O., S. 54 ff., sowie Gruber, M. und Harhoff, D. (2002a): *Generierung und nachhaltige Sicherung komparativer Wetttbewerbsvorteile.* In Hommel, U. und Knecht, T. (Hrsg.): Wertorientiertes Start-Up Management. München: Verlag Vahlen, S. 320–334.

[45] Vgl. Bhide (2000), a. a. O., S. 55 ff.

[46] Vgl. hierzu bspw. Gruber, M. (2002c): *Planen. Planen? Planen! ...für die Unternehmensgründung.* In Gruber, M., Henkel, J. und Witzler, R. (Hrsg.): Gründungsmanagement – Wie Jungunternehmer Ideen finden, Strategien entwickeln und Wachstum erzielen. Frankfurt: F.A.Z. Buch.

[47] Vgl. hierzu Witt, P. (2003): *Grundlagen der Businessplan-Erstellung in der Net Economy.* In Kollmann, T. (Hrsg.): E-Venture-Management. Wiesbaden: Gabler Verlag, S. 192, sowie Freiling, J. (2006): *Entrepreneurship.* München: Verlag Vahlen, S. 224.

Entwicklung insofern relevant, als das überprüft wird, ob sich aus einem Businessplan aussagekräftige Indikatoren für den Erfolg eines Gründungsvorhabens ableiten lassen.

2.2.3. Die Bewertung von Businessplänen durch Venture-Capital-Geber

Die Bewertungsprozesse der meisten VCGs ähneln sich in ihrer wesentlichen Struktur. Dies bezieht sich nicht nur auf die wichtigsten Kriterien, sondern auch auf den chronologischen Ablauf der Beteiligungsprüfung.[48] Aus Sicht von Investoren stehen zwei maßgebliche Fragen im Vordergrund: Zum einen gilt es zu klären, ob die personellen, technologischen sowie finanziellen Ressourcen des Gründungsvorhabens ausreichen, um ein erfolgreiches Unternehmen zu entwickeln.[49] Besonderes Augenmerk wird hierbei auf Zusammensetzung und Qualität des Gründerteams gelegt. Noch vor der eigentlichen Geschäftsidee nimmt das Gründerteam häufig den wichtigsten Stellenwert im Bewertungsprozess der Kapitalgeber ein. Zum anderen werden die Validität der eigentlichen Geschäftsidee sowie zentrale Merkmale des Zielmarktes überprüft.[50]

Wie aus Abbildung 2.1 hervorgeht, lässt sich der typisierte Bewertungsprozess eines Gründungsvorhabens in fünf konsekutive Schritte unterteilen.[51] Im ersten Schritt, der sogenannten „Screening-Phase“, wird das Geschäftskonzept zunächst in einem zehnminütigen Verfahren auf seine Stichhaltigkeit hin überprüft. Im Rahmen dieses

[48] Vgl. hierzu Bartelt und Brandts (2002), a. a. O., S. 82; Roberts, E. (1991b): *High Stakes for High-Tech Entrepreneurs: Understanding Venture Capital Decision Making. Sloan Management Review*, 32, Nr. 2, S. 11 ff., sowie Schröder, C. (1992): *Strategien und Management von Beteiligungsgesellschaften: Ein Einblick in Organisationsstrukturen und Entscheidungsprozesse von institutionellen Eigenkapitalinvestoren.* Baden-Baden: Nomos.

[49] Vgl. Bartelt und Brandts (2002), a. a. O., S. 82 ff.

[50] Vgl. Bartelt und Brandts (2002), a. a. O., S. 83. Auf die einzelnen Bewertungskriterien von VCGs wird detailliert im Rahmen der Hypothesenbildung in Kapitel 3 eingegangen.

[51] Vgl. hierzu Roberts (1991b): Sloan Management Review, a. a. O., S. 9–20, sowie Franke, N. et al. (2004): *Die Bewertung von Gründerteams durch Venture-Capital-Geber. Die Betriebswirtschaft*, 64, Nr. 6, S. 651–670.

ersten „Pre-Screenings“ werden bereits rund 20% aller Businesspläne aussortiert. Hiernach erfolgt eine detailliertere Screening-Phase, die wenige Stunden bis hin zu mehreren Tagen andauern kann. Nur rund 40% aller Pläne überstehen diese ersten beiden Phasen des Bewertungsprozesses. Im nächsten Schritt, dem persönlichen Kontakt mit den Gründern, wird die Validität des Geschäftskonzepts in ersten Interviews überprüft. Hierbei achten Kapitalgeber insbesondere auch auf den „Personal Fit“ mit den Gründern und bewerten die Qualität und Zusammensetzung des Gründerteams. Weitere 10% der Gründungsvorhaben scheiden in diesem Schritt aus. Erst danach beginnt die eigentliche Phase der „Due Diligence“, die bis zu mehreren Wochen dauern kann.[52] Während dieser Phase werden detaillierte Analysen über Chancen und Risiken des Geschäftskonzepts, Markt und Wettbewerb sowie den Entwicklungsstand des Gründungsvorhabens erstellt. Nur rund 5–7% der eingereichten Businesspläne schaffen es schließlich in die eigentliche Verhandlungsphase. Am Ende des Prozesses erhalten 1–4% der eingereichten Geschäftskonzepte eine Finanzierung durch VCGs.[53]

Das schriftliche Geschäftskonzept nimmt eine entscheidende Stellung im Bewertungsprozess von Kapitalgebern ein. Rund 60% aller Geschäftskonzepte werden nur auf Basis des Businessplans aussortiert. Umso wichtiger ist es, bereits von Anfang an Frühindikatoren der Unternehmensentwicklung aus den Businessplänen ableiten zu können.

---

[52] Der Begriff der „Due Diligence“ bezeichnet die gebotene „Sorgfaltspflicht“, die notwendig ist, um potenzielle Risiken und Gefahren von Beteiligungsmöglichkeiten noch vor der eigentlichen Investition zu erkennen und zu überprüfen. Vgl. hierzu auch Gabler (2010), a. a. O., S. 774.

[53] Vgl. hierzu auch Jantz, W. (2002): *Venture Capital und Business Angels.* In Dowling, M. und Drumm, H.-J. (Hrsg.): Gründungsmanagement – Vom erfolgreichen Unternehmensstart zu dauerhaftem Wachstum. Berlin: Springer, S. 104. Hiernach finanzieren VCGs im Durchschnitt lediglich 1–2% aller vorgelegten Businesspläne. Das von Jantz (2002) beobachtete hohe Maß der Selektion deckt sich somit mit den Erkenntnisse von Roberts (1991b): Sloan Management Review, a. a. O..

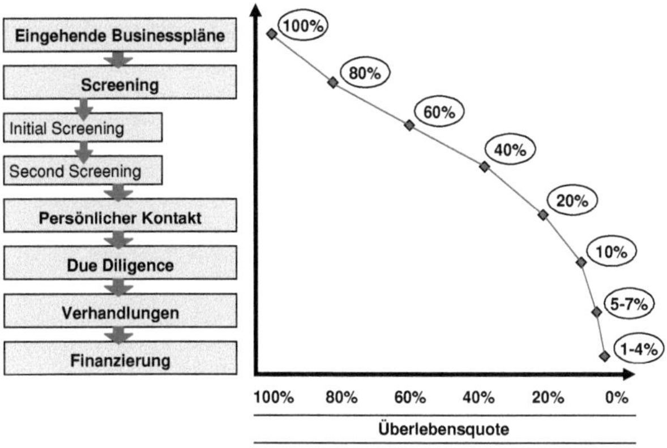

Abbildung 2.1.: Bewertungsprozess von Businessplänen durch Kapitalgeber

2.3. Struktur und Aufbau von Businessplänen

2.3.1. Überblick

In den vergangenen Jahren hat sich eine Vielfalt unterschiedlicher Businessplanformate entwickelt. Eine bestimmte Struktur oder Gliederung hat sich noch nicht durchgesetzt.[54] Dennoch sollte jeder Businessplan gewisse Pflichtbereiche abdecken, ohne die eine schlüssige Bewertung eines Geschäftskonzeptes wohl kaum möglich ist.[55] Aufgrund der Wichtigkeit des Businessplans als Untersuchungsgegenstand für die vorliegende Studie soll daher im Folgenden auf die wichtigsten Elemente eines gehaltvollen Businessplans eingegangen werden. Als Grundlage hierfür wird eine von Elsenmüller und Grampp (2002) vorgeschlagene Gliederung genutzt, die durch weitere

---

[54] Vgl. hierzu Struck, U. (2001): *Geschäftspläne für erfolgreiche Expansions- und Gründungsfinanzierung.* 3. Auflage. Stuttgart: Schäffer-Poeschel, S. 2 ff.

[55] Vgl. hierzu bspw. Gruber, M. (2002b): *Business Planning – Aber richtig!* In Gruber, M., Henkel, J. und Witzler, R. (Hrsg.): Gründungsmanagement – Wie Jungunternehmer Ideen finden, Strategien entwickeln und Wachstum erzielen. Frankfurt: F.A.Z. Buch.

Quellen ergänzt und vervollständigt wird.[56] Für einen typisierten Businessplan ergibt sich demnach eine Gliederung in neun Kapitel:[57]

- Executive Summary
- Produkt oder Dienstleistung
- Markt und Wettbewerb
- Strategie
- Marketing
- Unternehmerteam
- Geschäftssystem und Organisation
- Chancen und Risiken
- Finanzplanung und Finanzierung

Im Folgenden werden die einzelnen Kapitel erläutert und ihre Bedeutung für die Aussagekraft eines Businessplans diskutiert.

2.3.2. Executive Summary

Das „Executive Summary" soll als Zusammenfassung des Businessplans das Interesse externer Adressaten wecken.[58] Insbesondere vor dem Hintergrund einer wachsenden Anzahl an Businessplänen gehört eine schlüssige und aussagekräftige Kurzfassung

[56] Vgl. Elsenmüller und Grampp (2002), a. a. O., S. 89 ff.

[57] Vgl. hierzu auch Timmons, J. (1999): *New Venture Creation.* Boston: McGraw Hill; Dowling (2002), a. a. O., S. 239 ff.; Willer (2007), a. a. O., S. 35 ff., sowie Schwetje und Vaseghi (2004), a. a. O., S. 12; Volkmann (2006), a. a. O., S. 105, führen als eigenständiges Kapitel noch das Thema „Beschaffung und Produktion" auf, das aber in anderen Gliederungsvorschlägen nicht als eigenständiges Kapitel Erwähnung findet.

[58] Vgl. hierzu bspw. Gruber, M. et al. (2002): *Business-Planning in Start-Ups: Wissenschaftliche Erkenntnisse und praktische Erfahrungen. Internationales Gewerbearchiv*, 50, S. 217–237.

der Geschäftsidee zu den wichtigsten Teilen eines Businessplans. Häufig lesen Investoren die Executive Summary nicht nur zuerst, sondern als einzigen Teil eines Businessplans. Sie sollte daher eine schlüssige Übersicht über alle wichtigen Aspekte des Gründungsvorhabens bieten. In aller Regel sollte die Executive Summary einen Umfang von 1 bis 2 Seiten nicht überschreiten.

2.3.3. Produkt oder Dienstleistung

Zweifelsohne ist die Erläuterung von Produkt- oder Dienstleistungsidee ein zentrales Element eines jeden Businessplans. Unter anderem wird erwartet, dass der Kundennutzen des neuen Produktes eingehend analysiert wird. Investoren möchten hierbei vor allem verstehen, ob die Geschäftsidee ein bisher noch nicht befriedigtes Bedürfnis abdeckt. Falls dies nicht so ist, sollten die Autoren darstellen, inwiefern sich das Gründungsvorhaben vom Wettbewerb unterscheidet. Idealerweise sollte das Unternehmen auf Wettbewerbsvorteile zurückgreifen können, die auch langfristig, etwa durch Patente oder andere Schutzrechte, verteidigt werden können.

Hinzu kommt eine Erläuterung des Umsatzmodells. Hierbei sollte zwischen einem direkten Umsatzmodell, wie etwa im Fall des Verkaufs von Produkten, und einem indirekten Umsatzmodell, das sich beispielsweise über Werbeeinnahmen finanziert, unterschieden werden. Darüber hinaus sollte auch auf den aktuellen Entwicklungsstand von Produkt oder Dienstleistung eingegangen werden. Viele Unternehmen verfügen bei Gründung zwar über einen ersten Prototypen, sind von der Serienreife des Produktes aber noch weit entfernt und benötigen gerade hierfür Kapital. Auch wenn ein Prototyp aus Sicht von Investoren ein positives Signal darstellt, so sollte dennoch auf zentrale Meilensteine bis zum Erreichen der Marktreife von Produkt oder Dienstleistung eingegangen werden.[59]

[59] Vgl. hierzu auch Riquelme, H. und Rickards, T. (1992): *Hybrid Conjoint Analysis: An Estimation Probe in New Venture Decisions. Journal of Business Venturing*, 7, Nr. 3, S. 505–518.

2.3.4. Markt und Wettbewerb

Um ein Gründungsvorhaben erfolgreich umsetzen zu können, sollten Gründer über Markt und Wettbewerb umfassend informiert sein. Um Investoren von den Erfolgsaussichten eines Gründungsvorhabens zu überzeugen, müssen die Gründer im Businessplan deutlich machen, dass sie die Markt- und Wettbewerbslandschaft detailliert analysiert haben. Hierzu gehört eine Abschätzung der wichtigsten Kennzahlen des Zielmarktes, wie etwa des Marktwachstums und der eigentlichen Marktgröße. Zudem sollten die Gründer das Leistungsangebot der wichtigsten Wettbewerber kennen. Aus Sicht von Investoren sind diese Informationen unabdingbar, um festzustellen, ob sich ein Markteintritt lohnt. Für die Branchenstrukturanalyse in Businessplänen hat sich das von Porter (1980) eingeführte Modell der „Five Forces“ etabliert.[60] Laut Porter (1980) wird die Rivalität der Wettbewerber im Markt demnach vor allem durch die Macht von Kunden und Lieferanten sowie die Bedrohung durch neue Wettbewerber und mögliche Substitute bestimmt.[61] Die Analyse von Markt und Wettbewerb stellt viele Gründer vor große Herausforderungen, da insbesondere in jungen Wachstumsbranchen häufig nur wenige Informationen verfügbar sind. Die Generierung eigener Marktdaten ist jedoch meist zu teuer. Dennoch ist eine umfassende Branchenstrukturanalyse in jedem Fall notwendig, da sich hieraus unmittelbar Handlungsempfehlungen für die Produkt- und Vertriebsstrategie des Gründungsvorhabens ableiten lassen.

2.3.5. Strategie

Im Kapitel über die Strategie soll dargestellt werden, wie das Unternehmen nachhaltig wachsen und sich am Markt dauerhaft etablieren kann. Porter (1980) unterscheidet hierbei zwischen drei generischen Strategien:[62]

[60] Vgl. Porter, M. E. (1980): *Competitive Strategy: Techniques for Analyzing Industries and Competitors*. New York: Free Press, S. 126 ff.

[61] Vgl. hierzu auch die Ausführungen in Abschnitt 3.7.

[62] Vgl. Porter (1980), a. a. O., S. 39.

- Kostenführerschaft
- Differenzierung und
- Fokussierte Segmentstrategie

Im Fall der Kostenführerschaft bietet ein Unternehmen ein bestimmtes Produkt zum günstigsten Preis am Markt an. Hierdurch können in aller Regel besonders preissensible Kunden für das Produktangebot gewonnen werden.[63] Im Gegensatz hierzu basiert die Differenzierungsstrategie auf einer Abhebung vom Wettbewerb durch bessere oder andersartige Produkte. Hierdurch kann ein vergleichsweise höherer Preis erzielt werden, sofern der Kunde bereit ist, für die Differenzierung mehr zu zahlen.[64] Bei der fokussierten Segmentstrategie spezialisiert sich das Unternehmen auf eine bestimmte Nische und richtet sein Leistungsangebot vollständig auf die Bedürfnisse dieses Zielsegments aus. Das Unternehmen kann sich somit einen Vorteil gegenüber größeren Wettbewerbern erarbeiten, für die das Zielsegment ggf. zu klein ist oder die nicht im gleichen Maße segmentspezifische Kompetenzen aufbauen können. Aus der Wahl der Strategie ergeben sich unmittelbar Konsequenzen für Aufbau und Organisation des Unternehmens.[65] Die Wahl der Strategie stellt somit den vielleicht wichtigsten langfristigen Aspekt des Businessplans dar.

2.3.6. Marketing und Vertrieb

Ein durchdachtes Marketingkonzept ist für einen erfolgreichen Markteintritt in aller Regel unabdingbar. Insbesondere für Kapitalgeber stellt die Marketing- und Vertriebsstrategie somit einen kritischen Erfolgsfaktor für die Validität eines Geschäfts-

[63] Vgl. hierzu bspw. Simon, H. und Fassnacht, M. (2009): *Preismanagement*. Wiesbaden: Gabler, S. 38.

[64] Vgl. hierzu bspw. Nieschlag, R., Dichtl, E. und Hörschgen, H. (2002): *Marketing*. Berlin: Duncker & Humblot, S. 190.

[65] Vgl. hierzu bspw. Gierl, H. und Helm, R. (2002): *Marktexploration, Marketingstrategien und Preisfindung*. In Dowling, M. und Drumm, H.-J. (Hrsg.): Gründungsmanagement – Vom erfolgreichen Unternehmensstart zu dauerhaftem Wachstum. Berlin: Springer, S. 51–68.

konzeptes dar. Für die Entwicklung der Marketingstrategie greifen viele Gründer auf die bekannten vier Elemente des Marketing-Mixes zurück:[66]

- Produktpolitik (Product)
- Preispolitik (Price)
- Distributionspolitik (Place)
- Kommunikationspolitik (Promotion)

Auf eine Erläuterung der unterschiedlichen Elemente des Marketing-Mixes wird an dieser Stelle verzichtet, da auf selbige in Abschnitt 3.8.2 detailliert eingegangen wird. Die Gründer sollten zudem darlegen, wie die Marketingmaßnahmen finanziert werden können. Insbesondere in der Anfangsphase können sich viele Jungunternehmen breit angelegte Marketingkampagnen noch nicht leisten. Bei der Entwicklung des Marketingkonzeptes ist somit ein realistisches Vorgehen gefragt.

2.3.7. Unternehmer- und Gründerteam

Zusammensetzung und Qualität des Gründerteams stellen für Kapitalgeber oft das wichtigste Kriterium der Investitionsentscheidung dar.[67] So würden viele Investoren eher in ein erstklassiges Team mit einer zweitklassigen Geschäftsidee investieren als in ein zweitklassiges Team mit einer erstklassigen Geschäftsidee.[68] So werden die Ausführungen über das Gründerteam meist direkt nach der „Executive Summary“ gelesen.[69] Zur Beschreibung des Gründerteams gehört eine möglichst umfassende

[66] Die vier Elemente sind auch als die „4P“ bekannt, da die englischen Ausdrucke alle mit einem „P“ beginnen. Für eine detaillierte Diskussion der einzelnen Elemente wird auf Kotler, P., Keller, K. und Bliemel, F. (2007): *Marketing-Management: Strategien für wertschaffendes Handeln.* München: Pearson Studium, S. 3 ff., verwiesen.

[67] Vgl. hierzu bspw. Sandberg, W. (1986): *New Venture Performance – The Role of Strategy and Industry Structure.* Lexington, MA: Lexington Books, S. 8.

[68] Vgl. Bygrave, W. (1997): *The Entrepreneurial Process.* In Roberts, M. J. und Bhidé, A. (Hrsg.): The Entrepreneurial Venture. Boston: Harvard Business School Press, S. 1–26.

[69] Vgl. Bruns, Stephan (2008): *Handbuch – NUK-Businessplan-Wettbewerb 2009.* 9. Auflage. Köln: NUK Neues Unternehmertum Rheinland e. V., 2008, S. 33.

Darstellung des Werdegangs der Gründer. Hierbei soll nicht nur auf Ausbildung und Studium eingegangen werden, sondern vor allem auch auf relevante praktische Erfahrungen der Gründer, die für die Unternehmensentwicklung von Bedeutung sind.[70] Darüber hinaus sollte die personelle Besetzung der wichtigsten Schlüsselpositionen im Unternehmen dargestellt werden. Bei unvollständigen Gründerteams sollte darauf eingegangen werden, wie das Team mit voranschreitender Unternehmensentwicklung weiter ergänzt werden kann.[71] Dies gilt insbesondere dann, wenn das Team zum Zeitpunkt der Gründung nur wenige komplementäre Kompetenzen aufweist.

2.3.8. Geschäftssystem, Unternehmensform und Organisation

Das Geschäftssystem umfasst alle Aktivitäten des Unternehmens, die zur eigentlichen Leistungserbringung, also der Herstellung und Lieferung von Produkt oder Dienstleistung, notwendig sind.[72] Hierzu bietet sich eine Darstellung von Aufbau- und Ablauforganisation an. Die Aufbauorganisation beschreibt die hierarchische Anordnung der unterschiedlichen Unternehmenseinheiten mit der Geschäftsführung an der Spitze der Organisation.[73] Wichtige Funktionen, wie etwa Forschung & Entwicklung, Produktion und Vertrieb sollten in die Aufbauorganisation eingebettet sein. Im Gegensatz hierzu stellt die Ablauforganisation die zur Leistungserbringung notwendigen Schritte als konsekutiven Prozess dar. Neben organisatorischen Aspekten sollte zudem auf die eigentliche Rechtsform des Unternehmens eingegangen werden. Auch bestehende Kooperationen oder Vertragsbeziehungen mit Dritten sollten in diesem Kapitel erläutert werden.

---

70 Vgl. hierzu bspw. Volkmann (2006), a. a. O., S. 121 ff.

71 Vgl. Blancke (2000), a. a. O., S. 34 ff.

72 Vgl. Elsenmüller und Grampp (2002), a. a. O., S. 100.

73 Vgl. Voigt, K.-I. (2008): *Handbuch zur Businessplan-Erstellung*. 6. Auflage. Nürnberg: Netzwerk Nordbayern und Universität Erlangen-Nürnberg, 2008, S. 78.

2.3.9. Chancen und Risiken

In diesem Kapitel soll auf unternehmens- und marktspezifische Chancen und Risiken des Geschäftsmodells eingegangen werden.[74] Hierzu bietet sich bspw. eine SWOT-Analyse an.[75] Die Autoren sollten eine realistische Perspektive hinsichtlich der Chancen des Gründungsvorhabens einnehmen und auch Risiken und Bedrohungen des Geschäftsmodells offen ansprechen. Es sollten auch präventive Maßnahmen diskutiert werden, um mögliche Risiken im Ernstfall effektiv abwehren zu können. Im Rahmen einer Szenarioanalyse können zudem unterschiedliche Entwicklungspfade des Unternehmens aufgezeigt werden.

2.3.10. Finanzplanung und Finanzierung

Für die Finanzplanung wird in aller Regel ein Planungshorizont von drei bis fünf Jahren zugrunde gelegt. Sie umfasst drei zentrale Komponenten:

- Liquiditätsplanung
- Gewinn- und Verlustrechnung
- Planbilanz

Im Rahmen der Liquiditätsplanung sollen vor allem mögliche Zahlungsengpässe identifiziert werden. Somit kann rechtzeitig frische Liquidität zugeführt und eine mögliche Zahlungsunfähigkeit des Unternehmens abgewendet werden. Wie auch im Fall der Gewinn- und Verlustrechnung sollte die Liquiditätsplanung in den ersten ein bis zwei Jahren monatlich erfolgen. Danach kann auf eine quartalsweise oder jährliche Betrachtung umgestellt werden. In der Gewinn- und Verlustrechnung wird das

[74] Vgl. Welge, M. und Al-Laham, A. (2008): *Strategisches Management*. Wiesbaden: Gabler, S. 14 u. 33.

[75] Das Akronym SWOT steht für Strengths (Stärken), Weaknesses (Schwächen), Opportunities (Chancen) und Threats (Bedrohungen). Stärken und Schwächen beziehen sich auf die unternehmensinterne Ebene, während sich Chancen und Bedrohungen auf die unternehmensexterne Ebene beziehen.

Jahresergebnis des Unternehmens durch eine Gegenüberstellung von Erträgen und Aufwendungen berechnet. Je nachdem ob ein Jahresüberschuss oder -fehlbetrag vorliegt, kommt es zu einer Mehrung bzw. Minderung des bilanzierten Eigenkapitals.[76] In der Finanzplanung können auch die im Kapitel „Chancen und Risiken“ entwickelten Szenarien quantitativ abgebildet werden. Aus der mehrjährigen Ergebnisrechnung sollte auch hervorgehen, wann das Unternehmen zum ersten Mal Gewinn erwirtschaftet, also den Break-Even von Ertrag und Aufwand erreicht. In der Planbilanz werden schließlich Herkunft und Verwendung des eingesetzten Kapitals dokumentiert. Aus diesem Kapitel sollte außerdem der Finanzierungsbedarf des Gründungsvorhabens hervorgehen. Dieser lässt sich aus den verschiedenen Planungsinstrumenten ableiten. Anhand von Finanzplanung und Finanzierungsbedarf kann ein Investor dann zu einer ersten Renditeabschätzung einer möglichen Investition kommen.[77]

2.4. Bildung der Grundgesamtheit

2.4.1. Zentrale Kooperationspartner der Studie

Die empirische Analyse der vorliegenden Arbeit bedingt zunächst, dass eine ausreichende Anzahl an Businessplänen zur Verfügung steht, um Gründungsvorhaben durch die Erhebung von Indikatoren fundiert abbilden zu können. Der Zugang zu Businessplänen stellte sich jedoch von Anfang an als eine Herausforderung dar. Dies liegt in erster Linie wohl daran, dass Businesspläne wichtige Geschäftsgeheimnisse der Gründungsvorhaben enthalten. Somit gewähren Unternehmen meistens nur einem ausgewählten Kreis von Personen Einsicht, häufig sogar nur möglichen Kapitalgebern. Dies wurde auch durch den Versuch bestätigt, zu Beginn der Studie 50 Unternehmen zu kontaktieren und diese im Rahmen der Untersuchung direkt um Einsicht in die jeweiligen Businesspläne zu bitten. Von den 50 angeschriebenen Unternehmen erklärte

[76] Vgl. Gabler (2010), a. a. O., S. 745.
[77] Vgl. Elsenmüller und Grampp (2002), a. a. O., S. 102–103.

sich schließlich keines bereit, den eigenen Businessplan für eine Studie zur Verfügung zu stellen. Zu groß waren die Bedenken, dass Informationen aus den Businessplänen an Dritte gelangen oder für anderweitige Zwecke verwendet werden könnten. Der Zugang zu einer kritischen Masse an Businessplänen konnte schließlich durch die Kooperation mit vier Businessplan-Wettbewerben sowie einem VCG sichergestellt werden. Erst durch diese Zusammenarbeit konnte die Erhebung der Indikatoren überhaupt gelingen. Die Kooperationen beschränken sich dabei bewusst auf den deutschen Raum, um die Vergleichbarkeit der makroökonomischen Bedingungen der Gründungsvorhaben sicherzustellen.[78] Dementsprechend stammen alle Kooperationspartner aus Deutschland. Die Kooperationspartner haben sich bereit erklärt, dem Autor der vorliegenden Studie vor Ort in ihren Räumlichkeiten Einsicht in die Businesspläne vergangener Jahre zu gewähren. Wegen ihrer zentralen Bedeutung für die Untersuchung werden die Kooperationspartner an dieser Stelle kurz vorgestellt:

- *High-Tech Gründerfonds (HTGF):* Der HTGF mit Standort in Bonn ist ein staatlich initiierter VCG, der über ein Gesamtinvestitionsvolumen von € 272 Mio. verfügt. In erster Linie investiert der HTGF in die Anschubfinanzierung von jungen Technologieunternehmen. Bisher wurden rund € 190 Mio. in 180 abgeschlossene Beteiligungen sowie 140 Anschlussfinanzierungen investiert. Der HTGF erhält jährlich rund 1.000 Geschäftskonzepte. Das Gesamtarchiv umfasst mittlerweile rund 4.000 Businesspläne.[79]

- *NUK Neues Unternehmertum Rheinland e. V. (NUK):* Der NUK mit Standort in Köln ist ein Unterstützungsnetzwerk für Unternehmensgründer und richtet seit 1998 jährlich den NUK Businessplanwettbewerb aus. Jedes Jahr reichen rund 200 Teilnehmer einen Businessplan ein, so dass das NUK Archiv ca.

[78] Weitere Gründe für eine geografische Begrenzung der Grundgesamtheit im Rahmen von Studien der Gründungsforschung finden sich u. a. auch in Beckman, C., Burton, D. und O'Reilly, C. (2007): *Early Teams: The Impact of Team Demography on VC Financing and Going Public. Journal of Business Venturing*, 22, Nr. 2, S. 147–173.

[79] Vgl. High-Tech Gründerfonds: *Über Uns.* ⟨URL: `http://www.high-tech-gruenderfonds.de`⟩ – Zugriff am 09. Juni 2010.

2.500 Businesspläne umfasst. Eine schwerpunktmäßige Ausrichtung auf eine bestimmte Branche ist hierbei nicht zu beobachten. Der NUK fördert primär Unternehmensgründungen im Rheinland, engagiert sich vereinzelt aber auch bei Gründungsvorhaben in anderen Bundesländern.[80]

- *Netzwerk Nordbayern GmbH (NNB):* Das NNB mit Standort in Nürnberg fördert Unternehmensgründungen im Raum Franken. Unter anderem wird die Initiative vom Land Bayern sowie Siemens und zahlreichen weiteren Firmen getragen. Seit 1999 richtet das NNB einen Businessplan-Wettbewerb aus, an dem jährlich rund 150 Gründerteams teilnehmen. Das Archiv umfasst rund 1.600 Businesspläne. Teilnehmen können Unternehmen aus allen Branchen.[81]

- *Cyerbone Award:* Der Cyberone Award mit Standort in Stuttgart ist ein seit 1999 jährlich stattfindender Businessplan-Wettbewerb, der primär vom Land Baden-Württemberg getragen wird. Jedes Jahr nehmen rund 100 Unternehmen an dem Wettbewerb teil. Das Archiv des Wettbewerbs umfasst rund 1.500 Businesspläne. Anders als im Fall von NUK und NNB beschränkt sich die Teilnahme am Wettbewerb weitestgehend auf Technologieunternehmen.[82]

Darüber hinaus beteiligte sich ein deutscher VCG an der Studie, der aber im Weiteren nicht genannt werden möchte. Das betreffende Unternehmen investiert seit 2001 in innovative Jungunternehmen. Sein Archiv umfasst rund 5.000 Businesspläne aus den Jahren 2001 bis 2009.

---

[80] Vgl. Bruns (2008), a. a. O., S. 7 ff.

[81] Vgl. F.U.N. Netzwerk Nordbayern GmbH: *Wer sind wir.* ⟨URL: `http://www.netzwerk-nordbayern.de`⟩ – Zugriff am 09. Juni 2010.

[82] Vgl. BW-Con e. V.: *Über Uns.* ⟨URL: `http://www.cyberone.de`⟩ – Zugriff am 09. Juni 2010.

2.4.2. Selektionsprozess der Businesspläne

2.4.2.1. Grundsätzliches Vorgehen

Insgesamt konnte durch die fünf Kooperationen der zeitlich begrenzte Zugang zu rund 14.000 Businessplänen sichergestellt werden. Aufgrund der Anforderungen der Studie konnte schlussendlich aber nur ein Bruchteil dieser Businesspläne für die Erhebung der Indikatoren genutzt werden. So wurden, wie aus Abbildung 2.2 hervorgeht, lediglich 96 der 14.000 Businesspläne in die Untersuchung aufgenommen. Damit eigneten sich weniger als 1% der zur Verfügung gestellten Businesspläne für die statistische Analyse. Die Grundgesamtheit liegt somit knapp unter dem vom Autor angestrebten Zielwert von 100 Businessplänen. An dieser Stelle sei darauf hingewiesen, dass empirische Studien über Businesspläne häufig eine Fallzahl von deutlich unter 100 aufweisen. Nur selten verfügen Studien über eine Stichprobe von mehr als 100 Businessplänen. Auch hieran wird erneut die Schwierigkeit deutlich, einen Zugang zu einer kritischen Anzahl an verwertbaren Businessplänen herzustellen.

Wie aus Abbildung 2.2 ersichtlich wird, sind die Gründe für die Ablehnung der Businesspläne vielfältig. Beispielsweise konnten nur solche Unternehmen berücksichtigt werden, die ihren Jahresabschluss im elektronischen Bundesanzeiger veröffentlicht haben. Darüber hinaus waren viele Businesspläne so unvollständig, dass eine sinnvolle Erhebung von Indikatoren kaum möglich war. Im Folgenden wird detailliert auf die einzelnen Elemente und Kriterien des Selektionsprozesses eingegangen. Hierdurch soll vorab eruiert werden, ob die Selektion der Businesspläne zu einer Verzerrung der statistischen Analyse führen könnte.

2.4.2.2. Erstellungsjahr des Businessplans

Erst im Jahr 2005 hat der Gesetzgeber die Veröffentlichung des Jahresabschlusses im elektronischen Bundesanzeiger für alle Kapitalgesellschaften zur Pflicht gemacht.[83]

[83] Vgl. Bundesjustizministerium (2006), a. a. O., S. 1–34.

Zum Zeitpunkt der Datenerhebung für diese Studie lagen somit nur vier Jahrgänge mit veröffentlichten Jahresabschlüssen vor, nämlich die Jahre 2005 bis 2008.[84] Die Verknüpfung mit dem elektronischen Bundesanzeiger ist für die vorliegende Studie unabdingbar, da erst damit die Unternehmensentwicklung im Sinne der Abweichung zwischen Finanzplanung und unternehmerischer Realität berechnet werden kann. Um einen Messzeitraum der Unternehmensentwicklung von drei Jahren einhalten zu können, kamen somit nur solche Unternehmen für die Erhebung in Frage, deren Businessplan in den Jahren 2002 bis 2006 erstellt wurde. Unternehmen, deren Businessplan vor oder nach diesem Zeitraum herausgegeben wurde, mussten konsequenterweise von der Untersuchung ausgeschlossen werden. Immerhin traf dies auf rund 40% aller Businesspläne zu, so dass die Anforderung an das Erstellungsjahr die Anzahl verwertbarer Businesspläne fast halbiert hat.

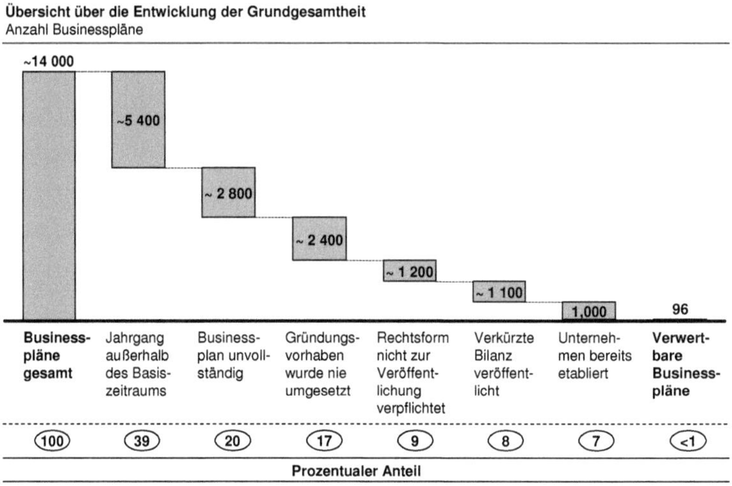

Abbildung 2.2.: Grundgesamtheit und Bildung der Stichprobe

[84] Zum Zeitpunkt der Datenerhebung waren Jahresabschlüsse aus dem Jahr 2009 noch nicht im elektronischen Bundesanzeiger veröffentlicht.

Eine mögliche Verzerrung der statistischen Ergebnisse ist hierdurch jedoch nicht zu erwarten. Zweifelsohne setzt dies voraus, dass Unternehmensgründungen unterschiedlicher Jahrgänge bezüglich ihrer Erfolgsfaktoren miteinander zu vergleichen sind. Hierbei ist zu beachten, dass die Gründungszeitpunkte der Unternehmen maximal drei Jahre auseinanderliegen. Da sich die makroökonomischen Bedingungen in der Bundesrepublik in den Jahren 2002 bis 2006 nicht wesentlich geändert haben, kann durchaus eine Vergleichbarkeit der Jahrgänge unterstellt werden.

2.4.2.3. Rechtsform des Unternehmens

Ein Großteil der verfügbaren Businesspläne stammt von Unternehmen, die als Personengesellschaft gegründet wurden und sich somit der Veröffentlichungspflicht im Bundesanzeiger entziehen. Hierbei handelt es sich primär um Gründungen als Gesellschaft bürgerlichen Rechts sowie Kommanditgesellschaft (KG), vereinzelt aber auch als Offene Handelsgesellschaft (OHG). In diesen Fällen kann die wirtschaftliche Entwicklung der Unternehmen anhand des elektronischen Bundesanzeigers nicht nachvollzogen werden. Lediglich Unternehmen, die als Kapitalgesellschaft gegründet werden, sind zur Veröffentlichung des Jahresabschlusses verpflichtet. Die Businesspläne der betreffenden Personengesellschaften konnten somit nicht berücksichtigt werden. Da in der vorliegenden Studie aber lediglich Erkenntnisse über Kapitalgesellschaften gewonnen werden sollen, kann eine Verzerrung der statistischen Ergebnisse in diesem Fall definitorisch ausgeschlossen werden.

2.4.2.4. Unvollständigkeit des Businessplans

In die Grundgesamtheit konnten nur solche Businesspläne aufgenommen werden, die zumindest ein gewisses Maß an Vollständigkeit aufweisen. Die verfügbaren Businesspläne unterscheiden sich auffallend deutlich hinsichtlich ihrer Vollständigkeit. Dies ist unter anderem eine Konsequenz aus der Phasenstruktur der Businessplan-Wettbewerbe. Diese gliedern sich in aller Regel in mehrere Phasen. So gibt es im Fall von NNB und NUK drei Phasen, bevor der Gewinner eines Wettbewerbs prämiert wird. Während in Phase 1 des Wettbewerbs lediglich ein Grobkonzept verlangt wird, wird für Phase 3 ein vollständig ausgearbeiteter Businessplan benötigt. In jeder Phase werden die Geschäftskonzepte von Juroren bewertet. Diese Bewertung entscheidet, ob ein Konzept in die nächste Phase eintreten darf. Unter den 14.000 zur Verfügung gestellten Businessplänen befinden sich viele, die es nie über die erste Phase des Wettbewerbs hinaus geschafft haben. Diese Businesspläne liegen nur in einer Grobstruktur vor. Sie sind weitestgehend unvollständig und somit für die statistische Analyse nicht zu gebrauchen.

Um zu verhindern, dass zu viele „Missing Values" (fehlende Werte) in die Untersuchung eingehen, wurden daher nur Pläne berücksichtigt, die ein gewisses Mindestmaß an Informationen beinhalten. In erster Linie handelt es sich bei diesen Informationen um die Finanzplanung, eine umfassende Beschreibung des Gründerteams sowie eine hinreichende Darstellung der eigentlichen Geschäftsidee. Eine Verzerrung der statistischen Analyse durch dieses Vorgehen ist nicht vollkommen auszuschließen. Im vorliegenden Fall ist die getroffene Auswahl der Businesspläne ein Resultat der Untersuchungsmethodik. Ohne detaillierte Informationen in den Businessplänen können statistisch verwertbare Ergebnisse kaum erzielt werden. Insofern kann eine mögliche Verzerrung als notwendiges Übel des Untersuchungsansatzes gesehen werden.

2.4.2.5. Fehlende Veröffentlichung im Bundesanzeiger

Kleine Kapitalgesellschaften sind von der Veröffentlichung des Jahresergebnisses im elektronischen Bundesanzeiger befreit.[85] Alternativ können kleine Kapitalgesellschaften eine verkürzte Bilanz offenlegen.[86] Diese enthält jedoch nur Angaben über den Bilanzgewinn bzw. -verlust. Selbiger ist als Kennzahl für die Bewertung von Unternehmen jedoch ungeeignet, da das Bilanzergebnis leicht durch eine Veränderung

[85] Vgl. hierzu Bundesjustizministerium (2006), a. a. O., S. 2 ff.

[86] Vgl. hierzu auch die Ausführungen in Abschnitt 4.3.3.

der Rücklagen beeinflusst werden kann.[87] Hinzu kommt, dass vom Bilanzergebnis nicht auf den Jahresüberschuss geschlossen werden kann. Somit kann die Abweichung zwischen Plan und Ist im Fall einer verkürzten Bilanz nicht berechnet werden. Aus diesem Grund müssen Unternehmen mit einer verkürzten Bilanz von der Untersuchung ausgeschlossen werden. Eine Verzerrung der statistischen Analyse wird hierdurch nicht erwartet, denn es ist nicht davon auszugehen, dass sich Unternehmen aufgrund „unterschiedlicher" Veröffentlichungstaktiken auch in Bezug auf andere Merkmale unterscheiden.

2.4.2.6. Gründungsvorhaben wurde nie umgesetzt

In die Untersuchung wurden nur solche Businesspläne aufgenommen, die auch tatsächlich zu einer Gründung geführt haben. Insbesondere im Fall der Wettbewerbe wurden viele Gründungsvorhaben jedoch nie realisiert. So blieben schätzungsweise 20% aller Geschäftskonzepte Ideen auf Papier. Natürlich kann die Entwicklung eines Gründungsvorhabens nur dann beurteilt werden, wenn dieses auch tatsächlich in die Realität umgesetzt wird.

Im Rahmen des methodischen Vorgehens wird hierdurch keine Beeinflussung der Ergebnisse befürchtet. Natürlich ist davon auszugehen, dass die tendenziell erfolgversprechenderen Geschäftsideen zur Umsetzung gekommen sind. Allerdings gibt es im vorgelegten Untersuchungsansatz keine Möglichkeit, nicht gegründete Unternehmen zu berücksichtigen. An dieser Stelle stimmt die vorliegende Studie mit dem Vorgehen zahlreicher anderer Veröffentlichungen überein. Im Zusammenhang mit der deutschsprachigen Gründungsforschung sind an dieser Stelle beispielsweise die Studien von Hunsdiek und May-Strobl (1986) sowie Fritsch (1990) zu nennen. Beide Studien untersuchen ausschließlich Gründungsvorhaben, die auch realisiert wurden und zum

[87] Vgl. Heno, R. (2006): *Jahresabschluss nach Handelsrecht, Steuerrecht und internationalen Standards (ifrs)*. Berlin: Springer, S. 158 ff.

Zeitpunkt der Untersuchung noch existierten.[88] Zwar kritisieren Brüderl und Ziegler (1998) dieses Vorgehen, da durch den resultierenden „Survivor Bias“ womöglich ein zu positives Bild der Überlebenschance neugegründeter Betriebe gezeichnet wird.[89] Allerdings trifft dieses Argument im Fall der vorliegenden Studie nur bedingt zu.[90] So ist es nicht das Ziel, Überlebenschancen von Unternehmen zu analysieren, sondern vielmehr aus der Analyse noch existierender Unternehmen auf relevante Frühindikatoren des Erfolgs zu schließen. Insofern kann man im Umkehrschluss argumentieren, dass insbesondere die Analyse noch aktiver Unternehmen für diese Studie geeignet ist. Die Gefahr einer Verzerrung der statistischen Ergebnisse im Sinne von Brüderl und Ziegler (1998) wird somit nicht befürchtet.

2.4.2.7. Unternehmen ist bereits etabliert

Unternehmen, die zum Zeitpunkt der Erstellung des Businessplans bereits etabliert waren und sich nicht mehr in der Gründungsphase befanden, wurden aus der Untersuchung ausgeschlossen. Als „etabliert“ wurden hierbei alle Unternehmen gewertet, deren Gründung zum Zeitpunkt der Erstellung des Businessplans länger als zwei Jahre zurücklag. Die Situation etablierter Unternehmen unterscheidet sich einfach zu stark von Unternehmen der Gründungsphase, als dass eine Vergleichbarkeit beider erwartet werden kann.[91] In den Archiven der Kooperationspartner finden sich mitunter Unternehmen, die zum Zeitpunkt der Erstellung ihres Businessplans bereits mehr als 10 Jahre am Markt aktiv waren.

[88] Vgl. Hunsdiek, D. und May-Strobl, E. (1986): *Entwicklungslinien und Entwicklungsrisiken neugegründeter Unternehmen.* Stuttgart: Poeschel; Fritsch, K. (1990): *Arbeitsplatzentwicklung in Industriebetrieben.* Berlin: Gruyter; Vgl. hierzu auch Weitzel, G. (1986): *Beschäftigungswirkungen von Existenzgründungen.* München: Ifo-Institut für Wirtschaftsforschung sowie Picot, A., Laub, U. und Schneider, D. (1989): *Innovative Unternehmensgründungen. Eine ökonomisch empirische Analyse.* Springer.

[89] Der Begriff des „Survivor Bias“ unterstellt hierbei, dass die Beschränkung einer Untersuchung auf solche Unternehmen, die am Markt „überlebt“ haben, zu Verzerrungen in der Beurteilung möglicher Erfolgsfaktoren führen kann. Vgl. hierzu Brüderl und Ziegler (1998), a. a. O., S. 17.

[90] Vgl. Brüderl und Ziegler (1998), a. a. O., S. 17 ff.

[91] Vgl. hierzu auch Schmidt (2002), a. a. O., S. 21–53.

Der Schwellenwert von 2 Jahren orientiert sich hierbei an der von Hunsdiek und May-Strobl (1986) vorgeschlagenen Phasenentwicklung von Unternehmensgründungen.[92] Demnach ist der Gründungsprozess mit Beginn des dritten Geschäftsjahres abgeschlossen. Durch die Festlegung auf zwei Jahre wird die Grundgesamtheit somit auf Unternehmen beschränkt, die sich noch im Gründungsprozess befinden.[93]

Dieses Vorgehen führt nicht zu einer Verzerrung der Ergebnisse, sondern verhindert eben diese. So wäre die Vermischung etablierter und neuer Unternehmen aus sachlogischen Gründen kaum nachvollziehbar gewesen. Hinzu kommt, dass sich die Erfolgsfaktoren von reifen Unternehmen zweifelsohne von denen junger Unternehmen unterscheiden. Insofern ist eine Beschränkung der Grundgesamtheit auf Jungunternehmen auch im Sinner der Themenstellung der vorliegenden Arbeit unabdingbar.

2.4.2.8. Auswahl der Kooperationspartner

Die Auswahl der Kooperationspartner hat zwar nicht zu einer Minderung der verwertbaren Businesspläne beigetragen, soll aber als mögliche Quelle von Verzerrungen an dieser Stelle diskutiert werden. Hierzu sei zunächst gesagt, dass eine Vielzahl von VCGs wie auch Businessplan-Wettbewerben hinsichtlich einer möglichen Kooperation kontaktiert wurde. Schlussendlich haben sich aber nur die in Abschnitt 2.4.1 erwähnten Organisationen zu einer Zusammenarbeit bereiterklärt.[94]

Eine Verzerrung der statistischen Ergebnisse durch die Auswahl der Kooperationspartner ist final nicht auszuschließen. So beschränkt sich der High-Tech Gründerfonds, wie seinem Namen bereits zu entnehmen ist, auf die Förderung von Geschäftsvorhaben aus dem High-Tech-Bereich. Ein derartiger Fokus auf Technologieunternehmen kann die Aussagefähigkeit der Studie für andere Branchen mitunter beeinflussen. So sind

[92] Vgl. Hunsdiek und May-Strobl (1986), a. a. O., S. 37 ff.

[93] Vgl. hierzu auch die Ausführungen in Abschnitt 4.3.4.

[94] Unter anderem wurden alle deutschen Businessplanwettbewerbe angeschrieben (der Autor der vorliegenden Studie konnte insgesamt 23 verschiedene Wettbewerbe ermitteln) sowie verschiedene VCGs aus Deutschland und der Schweiz.

Merkmale wie die Patentfähigkeit eines Produktes für ein Technologieunternehmen augenscheinlich von größerer Bedeutung als für ein Dienstleistungsunternehmen. Des Weiteren fördert der High-Tech Gründerfonds vermehrt Unternehmen aus dem universitären Umfeld. Unter Umständen weisen diese Unternehmen andere Charakteristika auf als andere Gründungsvorhaben in Deutschland.

Durch die Kooperation mit Businessplan-Wettbewerben kann sich ein ähnlicher Effekt ergeben. So ist es wohl ein ganz bestimmter Typ von Unternehmen, der über die Teilnahme an einem Businessplan-Wettbewerb Ressourcen einwerben möchte. Mitunter kann davon ausgegangen werden, dass Wettbewerbsbeiträge vielversprechender sind als herkömmliche Gründungsvorhaben. Dies gilt zumindest dann, wenn man annimmt, dass sich die Teilnehmer eine grundsätzliche Chance auf den Gewinn des Wettbewerbs ausrechnen. In jedem Fall kann auch hier eine Verzerrung der Ergebnisse nicht vollkommen ausgeschlossen werden.

Letztendlich blieb die Zusammenarbeit mit Businessplan-Wettbewerben und VCGs jedoch alternativlos. Der Zugang zu einer kritischen Masse an verwertbaren Businessplänen hätte anders nicht hergestellt werden können. Im Vergleich zu anderen Untersuchungen steht die vorliegende Studie sogar auf einer relativ breiten Basis. So wurde der Zugang zu Businessplänen nicht durch eine, sondern durch fünf Kooperationen sichergestellt. Die Herkunft der Businesspläne ist somit vergleichsweise verteilt.

2.4.3. Abschließende Bewertung für die Aussagefähigkeit der Untersuchung

Zweifelsohne ist die Bildung der Grundgesamtheit aus den rund 14.000 verfügbaren Businessplänen somit eher dem Untersuchungsansatz als einer objektiven statistischen Überlegung zu schulden. Durch die Anforderungen der hier gewählten Methodik wurden viele Businesspläne von der Untersuchung ausgeschlossen. Aus diesem Grund wird im Folgenden auch nicht von einer Stichprobe im klassischen statistischen Sinn, sondern im Hinblick auf die 96 verwertbaren Businesspläne von einer Grundgesamtheit gesprochen. Es kann somit abschließend nicht gesagt werden, dass die vorliegenden Businessplänen nach einem zufälligen Stichprobenverfahren ausgewählt wurden.

Auch hier stimmt die vorliegende Arbeit mit veröffentlichten Untersuchungen überein. So ist die Bildung einer statistisch fundierten Stichprobe im Fall von Businessplänen meist nicht möglich. Um zu einer einwandfreien Stichprobe zu gelangen, müssten theoretisch alle in einem bestimmten Zeitraum gegründeten Unternehmen, die über einen Businessplan verfügen, als Grundgesamtheit gesehen werden. Aus dieser müsste die Stichprobe dann gezogen werden. Dieses Vorgehen ist aber praktisch nicht umsetzbar und findet somit auch in der Gründungsforschung kaum Verwendung. Grundsätzlich wäre hierfür eine bundesweite Statistik an Neugründungen erforderlich, die für jedes Unternehmen vermerkt, ob ein Businessplan erstellt wurde. Da es eine solche Statistik aber nicht gibt, ist das Ziehen einer statistisch sauberen Stichprobe kaum möglich. Zum gleichen Schluss kommen auch Brüderl und Ziegler (1998) sowie Dahremöller (1987), die das Fehlen einer bundesweiten Erhebung von Neugründungen beklagen.[95]

Gleichzeitig hat der Selektionsprozess jedoch gezeigt, dass durch die Auswahl der Businesspläne wohl keine ausgeprägten Verzerrungen der statistischen Analyse zu erwarten sind. So wurden die Kriterien des Auswahlprozesses sogar mit der Absicht gewählt, möglichen Verzerrungen entgegenzuwirken und die Vergleichbarkeit der untersuchten Gründungsvorhaben sicherzustellen. Beispiele hierfür sind die Kriterien des Gründungszeitpunkts sowie Entwicklungsstandes der Gründungsvorhaben. Eine Vermischung etablierter und neuer Unternehmen hätte zweifelsohne zu Problemen der Vergleichbarkeit geführt. Insofern kann der Selektionsprozess auch als ein Mechanismus interpretiert werden, der mögliche Verzerrungen nicht verstärkt, sondern vielmehr verhindert.

---

[95] Vgl. Brüderl und Ziegler (1998), a. a. O., S. 67; Dahremöller, A. (1987): *Existenzgründungsstatistik.* Stuttgart: Poeschel. Vgl. hierzu auch Szyperski, N. und Nathusius, K. (1977): *Probleme der Unternehmensgründung – Eine betriebswirtschaftliche Analyse unternehmerischer Startbedingungen.* Stuttgart: Schäffer-Poeschel.

2.5. Entwicklung einer konsolidierten Businessplanstruktur

2.5.1. Überblick

Die ausgewählten Businesspläne basieren auf einer Vielfalt unterschiedlicher Formate. Im Fall von Wettbewerbsbeiträgen orientieren sich die Businesspläne an den Gliederungsvorgaben der Organisatoren. Dies bedingt, dass noch vor der Erhebung der eigentlichen Indikatoren eine konsolidierte Businessplanstruktur entwickelt wird. Anhand dieser soll sichergestellt werden, dass durch die Indikatoren alle relevanten Bereiche eines Businessplans abgedeckt werden. Willer (2007) schlägt in seiner Arbeit ein ähnliches Vorgehen vor, um Businesspläne, die sich hinsichtlich Format und Struktur unterscheiden, formal konsolidieren und bewerten zu können.[96]

Ausgehend von den unterschiedlichen Strukturvorgaben der Kooperationspartner, wird daher in den folgenden Abschnitten eine konsolidierte Formalstruktur entwickelt. An dieser Formalstruktur orientiert sich auch die Bildung der Hypothesen und Erhebung der Indikatoren in Kapitel 3.[97] Die Konsolidierung ist auch deswegen notwendig, da sich die Strukturvorgaben der Kooperationspartner teils deutlich unterscheiden. So verlangt der NUK beispielsweise eine andere Gliederung als das Netzwerk Nordbayern. Im Folgenden werden die unterschiedlichen Vorgaben der Kooperationspartner kurz erläutert und dann zu einer einheitlichen Struktur verdichtet. Aufgrund gewisser Ähnlichkeiten zwischen den Vorgaben der Kooperationspartner und der in Abschnitt 2.3 vorgestellten Businessplanstruktur wird nur auf relevante Unterschiede zwischen den Strukturvorgaben eingegangen.

[96] Vgl. Willer (2007), a. a. O., S. 45.

[97] Der VCG als fünfter Kooperationspartner bleibt hierbei unberücksichtigt, da dieser keine Vorgaben hinsichtlich der Struktur von Businessplänen macht.

2.5.2. Gliederung der Businesspläne der Kooperationspartner

2.5.2.1. Strukturvorgabe des NUK

Die Vorgabe des NUK sieht eine Gliederung von Businessplänen in zehn Kapitel vor. Die Einhaltung dieser Struktur ist verpflichtend für alle Teilnehmer des Wettbewerbs, so dass die Businesspläne im Archiv des NUK nur unwesentlich von der folgenden Strukturvorgabe abweichen:[98]

1. Executive Summary
2. Geschäftsmodell
3. Produkt und Dienstleistung
4. Branche und Markt
5. Marketing
6. Management und Schlüsselpersonen
7. Wissensmanagement und Technologievorsprung
8. Chancen und Risiken
9. Fünfjahresplanung
10. Finanzbedarf

Der NUK folgt damit im Wesentlichen der von Elsenmüller und Grampp (2002) vorgeschlagenen Strukturierung für Businesspläne. Laut NUK sollen die Ausführungen über die Unternehmensstrategie mit in das zweite Kapitel zum Thema „Geschäftsmodell" integriert werden. Bei der Beschreibung von „Produkt oder Dienstleistung" soll insbesondere auf das Alleinstellungsmerkmal des Gründungsvorhabens eingegangen werden. Im Kapitel „Marketing" sollen die Markteintrittsstrategie, das Absatzkonzept sowie die unterschiedlichen Mittel der Absatzförderung erläutert werden. An siebter

[98] Zu allen Angaben in den folgenden Abschnitten vgl. Bruns (2008), a. a. O., S. 17 ff.

Stelle fügt der NUK ein Kapitel zum Thema „Wissensmanagement und Technologievorsprung“ ein. Dieses Kapitel soll darstellen, inwiefern sich die zu bewertende Technologie oder Geschäftsidee von anderen Lösungen abhebt und wie diese Differenzierung auch nachhaltig verteidigt werden kann. Für das neunte Kapitel, die Fünfjahresplanung, fordert der NUK eine detaillierte Personal-, Umsatz-, Liquiditäts- und Investitionsplanung. Darüber hinaus soll aus der geplanten Gewinn- und Verlustrechnung ersichtlich werden, ab wann das Unternehmen mit einem positiven Jahresergebnis rechnet. Der eigentliche Finanzbedarf soll separat im zehnten Kapitel des Businessplans hergeleitet werden.

Die Strukturvorgabe des NUK deckt somit alle in der Literatur für relevant befundenen Elemente schriftlicher Geschäftskonzepte ab. Hinsichtlich des Umfangs von Businessplänen gibt der NUK vor, dass eine Anzahl von 35 Seiten nicht deutlich unter- oder überschritten werden sollte.

2.5.2.2. Strukturvorgabe des High-Tech Gründerfonds

Prima facie ist die Strukturvorgabe des High-Tech Gründerfonds in weiten Teilen mit der des NUK identisch. Es ergibt sich folgende Gliederung in neun Kapitel:[99]

1. Executive Summary
2. Geschäftsmodell
3. Produkt und Dienstleistung
4. Branche und Markt
5. Marketing
6. Management und Schlüsselpersonen

[99] Die folgenden Ausführungen basieren auf Angaben, die der Homepage des HTGF entnommen wurden; vgl. hierzu High-Tech Gründerfonds: *Strukturvorgabe für Businesspläne.* ⟨URL: `http://www.high-tech-gruenderfonds.de/finanzierung/businessplan/`⟩ – Zugriff am 04. Mai 2010.

7. Wissensmanagement und Technologievorsprung

8. Chancen und Risiken

9. Finanzplanung und Finanzierung

Im Gegensatz zum NUK empfiehlt der HTGF zwar obige Struktur, macht sie für Kapitalsuchende aber nicht zur Pflicht. Aus diesem Grund ist im Archiv des HTGF eine größere Heterogenität an Businessplanformaten zu finden.

Wesentlicher Unterschied in der Strukturvorgabe des HTGF ist das Fehlen des 10. Kapitels, also der Herleitung und Angabe des Finanzbedarfs. Dieser Teil ist in der Struktur des HTGF in der Finanzplanung enthalten. Außerdem fordert der HTGF im Gegensatz zum NUK eine mehrjährige Planbilanz. Gleichzeitig wird auf die Angabe einer Investitions- und Abschreibungsplanung verzichtet. Auch was die inhaltlichen Schwerpunkte des Businessplans angeht, unterscheidet sich der HTGF vom NUK. Aufgrund des technologischen Fokus des HTGF nehmen die Kapitel „Produkt und Dienstleistung“ sowie „Wissensmanagement und Technologievorsprung“ einen besonderen Stellenwert ein. In Bezug auf das Kapitel „Management und Schlüsselpersonen“ weist der HTGF darauf hin, dass ein Gründerteam nicht notwendigerweise von Anfang an vollständig sein muss, sondern auch durch die Mithilfe des HTGF im Verlauf der Gründung und frühen Unternehmensentwicklung noch ergänzt werden kann. Darüber hinaus sind die Angaben von HTGF und NUK hinsichtlich der Erstellung eines Businessplans aber weitestgehend identisch.

2.5.2.3. Strukturvorgabe des Netzwerks Nordbayern

Die Strukturvorgabe des Netzwerks Nordbayern gliedert sich ebenfalls in neun Kapitel:[100]

[100] Die folgenden Ausführungen basieren auf den Angaben des Netzwerks Nordbayern in Voigt (2008): Handbuch zur Businessplan-Erstellung, a. a. O., S. 11 ff.

1. Executive Summary
2. Produkt und Dienstleistung
3. Markt und Wettbewerb
4. Marketing und Vertrieb
5. Geschäftsmodell, Geschäftssystem und Organisation
6. Unternehmerteam, Management und Personal
7. Realisierungsfahrplan
8. Chancen und Risiken
9. Finanzplanung und Finanzierung

Das NNB betont die Wichtigkeit des „Executive Summary“ für den Gesamteindruck des Businessplans. Durch eine ansprechende Zusammenfassung soll das Interesse des Lesers geweckt werden. Im Abschnitt „Produkt und Dienstleistung“ sollen die Autoren insbesondere auf den Kundennutzen eingehen. Im Kapitel „Markt und Wettbewerb“ wird eine detaillierte Analyse von Zielmarkt und Wettbewerbslandschaft erwartet. Erst im Kapitel „Geschäftsmodell, Geschäftssystem und Organisation“ soll die eigentliche Mechanik des Geschäftskonzepts erläutert werden. Im Fall des NUK wurde dieses Kapitel an zweiter Stelle aufgeführt. In diesem Kapitel sollen auch Angaben über die Unternehmensorganisation gemacht werden, wie etwa die Struktur der Aufbau- und Ablauforganisation. Als Nächstes fordert der NNB im Kapitel „Realisierungsfahrplan“ eine detaillierte Planung über die Umsetzung des Businessplans, die bis zu fünf Jahre betragen kann. Der NUK sieht hierfür kein eigenes Kapitel vor. Hinsichtlich der „Finanzplanung und Finanzierung“ sind NUK und NNB weitestgehend identisch. So fordert der NNB ebenfalls eine mehrjährige Umsatz-, Liquiditäts-, und Investitionsplanung wie auch eine Gewinn- und Verlustrechnung, verzichtet aber auf die Angabe einer Planbilanz.

2.5.2.4. Strukturvorgabe des Cyberone Awards

Die Strukturvorgabe des Cyberone Awards besteht aus neun Kapiteln:[101]

1. Management Summary
2. Management Team
3. Produkt
4. Markt und Wettbewerb
5. Marketing und Vertrieb
6. Geschäftsorganisation
7. Realisierungsfahrplan
8. Chancen und Risiken
9. Finanzplanung und Finanzierung

Als einziger Unterschied zu bisherigen Strukturvorgaben fällt beim Cyberone Award auf, dass die Beschreibung des Gründer- und Managementteams bereits an zweiter Stelle direkt nach der „Management Summary“ erfolgt. Demnach entspricht die Gliederung auch der Priorisierung, die Investoren bei der Durchsicht von Businessplänen vornehmen.[102]

2.5.3. Konsolidierung der Strukturvorgabem

Fügt man die einzelnen Strukturvorgaben der Kooperationspartner zusammen, so erhält man eine konsolidierte Formalstruktur, die alle wesentlichen Teile eines Businessplans abdeckt. Anhand dieser Formalstruktur können dann kapitelweise potentielle Frühindikatoren der Unternehmensentwicklung erhoben werden. Durch dieses

[101] Die folgenden Ausführungen basieren auf BW-Con e. V.: *Strukturvorgabe für Businesspläne.* ⟨URL: `http://www.cyberone.de/cms/fileadmin/download_files/Businessplanhandbuch2006.pdf`⟩ – Zugriff am 04. Mai 2010.

[102] Vgl. hierzu auch Bruns (2008), a. a. O., S. 33.

Vorgehen wird sichergestellt, dass die Indikatorenbasis alle relevanten Elemente eines Businessplans berücksichtigt. Tabelle 2.2 zeigt die einzelnen Strukturvorgaben der Kooperationspartner in der Übersicht.[103] Wie auch aus der bisherigen Diskussion deutlich wurde, gleichen sich die Strukturvorgaben der Kooperationspartner hierbei im Wesentlichen.

Da für alle Businesspläne die gleichen Indikatoren erhoben werden, muss sich die Formalstruktur jedoch am kleinsten gemeinsamen Nenner der Strukturvorgaben orientieren. Dies bedeutet, dass in die konsolidierte Struktur nur solche Kapitel aufgenommen werden können, die in den Strukturvorgaben aller Kooperationspartner enthalten sind. Themenbereiche, die nicht in allen Strukturvorgaben enthalten sind, müssen somit zwangsläufig von der Formalstruktur ausgeschlossen werden.

Im vorliegenden Fall betrifft dies die Kapitel „Wissensmanagement und Technologievorsprung“ sowie „Realisierungsfahrplan“. Ersteres ist nur in den Strukturvorgaben von NUK und HTGF enthalten, letzteres nur in den Strukturvorgaben von NNB und Cyberone Award. Durch die Verdichtung der einzelnen Strukturvorgaben ergibt sich somit eine konsolidierte Formalstruktur aus 8 Kapiteln:[104]

1. Executive Summary
2. Gründerteam
3. Produkt und Dienstleistung
4. Markt und Wettbewerb
5. Marketing und Vertrieb
6. Unternehmen und Organisation

[103] In der tabellarischen Darstellung wurde die Reihenfolge der Gliederungen angepasst, um thematisch ähnliche Kapitel gegenüberstellen zu können.

[104] Die Reihenfolge der Kapitel wurde in der konsolidierten Formalstruktur angepasst, um die wahrgenommene Wichtigkeit der einzelnen Themen aus der Sicht von VCGs angemessen widerzuspiegeln. Die Finanzplanung wird zuletzt aufgeführt, da diese nur für die Erhebung der abhängigen Variable relevant ist.

7. Chancen und Risiken

8. Finanzplanung und Finanzierung

Kapitel	NUK Köln e.V.	Hightech-Gründerfonds	Netzwerk Nordbayern	Cyberone Award
1	Executive Summary	Executive Summary	Executive Summary	Management Summary
2	Geschäftsmodell	Geschäftsmodell	Geschäftssystem und Organisation	Geschäfts-organisation
3	Produkt/ Dienstleistung	Produkt/ Dienstleistung	Produkt/ Dienstleistung	Produkt
4	Branche und Markt	Branche und Markt	Markt und Wettbewerb	Markt und Wettbewerb
5	Marketing	Marketing	Marketing und Vertrieb	Marketing und Vertrieb
6	Management und Schlüsselpersonen	Management und Schlüsselpersonen	Unternehmerteam, Mgmt. und Personal	Management Team
7	Wissensmgmt./ Technologie-vorsprung	Wissens-management	Technologie-vorsprung	
8			Realisierungs-fahrplan	Realisierungs-fahrplan
9	Chancen und Risiken	Chancen und Risiken	Chancen und Risiken	Chancen und Risiken
10	Fünf-Jahresplanung	Finanzplanung und Finanzierung	Finanzplanung und Finanzierung	Finanzplanung und Finanzierung
11	Finanzbedarf			

Tabelle 2.2.: Gegenüberstellung der Strukturvorgaben

Anhand dieser Formalstruktur kann nun die eigentliche Erhebung möglicher Frühindikatoren der Unternehmensentwicklung im folgenden Kapitel erfolgen. Bis auf das „Executive Summary“ sowie das Kapitel über „Chancen und Risiken“ werden alle

Kapitel durch die Erhebung geeigneter Indikatoren abgebildet. Weshalb die beiden genannten Kapitel nicht berücksichtigt werden können, wird in Abschnitt 3.10 im Detail erläutert.

2.6. Zusammenfassung

Unabhängig von ihrer Bedeutung für die Unternehmensentwicklung nehmen Businesspläne im heutigen Gründungsgeschehen einen hohen Stellenwert ein.[105] So sortieren VCGs bei Beteiligungsprüfungen fast 60% aller Geschäftskonzepte nur auf Basis des Businessplans aus. Schlüssigkeit und Qualität eines Businessplans sind entscheidend für das finanzielle Engagement von Investoren. Umso wichtiger ist es, aussagekräftige Frühindikatoren der Unternehmensentwicklung aus Businessplänen abzuleiten.

Um prüfen zu können, ob geeignete Indikatoren überhaupt existieren, musste zunächst der Zugang zu einer kritischen Anzahl an Businessplänen hergestellt werden. Insgesamt konnten 96 der 14.000 verfügbaren Businesspläne mit in die Untersuchung aufgenommen werden. Diese Fallzahl lässt nicht nur die Anwendung univariater, sondern auch multivariater statistischer Verfahren zu. Der geringe Anteil verwertbarer Businesspläne ist auf eine Vielzahl von Faktoren zurückzuführen, die primär dem gewählten Untersuchungsansatz zu schulden ist.

Im folgenden Kapitel wird nun entlang der konsolidierten Formalstruktur mit der Hypothesenbildung und Erhebung der Indikatoren fortgefahren. Hierzu werden insgesamt 27 Hypothesen formuliert, die jeweils einen Zusammenhang zwischen einem möglichen Frühindikator und der späteren Unternehmensentwicklung unterstellen.

[105] Vgl. hierzu bspw. Dowling (2002), a. a. O., S. 239.

3. Erschließung der Frühindikatoren als unabhängige Variablen

3.1. Einführung

Eine empirische Arbeit wie die vorliegende bedingt zunächst, dass geeignete Hypothesen sachlogisch hergeleitet werden. Erst somit können vermutete Zusammenhänge durch die Anwendung statistischer Methoden verifiziert bzw. falsifiziert werden.[1] Insbesondere in der Entrepreneurship-Forschung sollte es hierbei das Ziel sein, Hypothesen auch auf Basis existierender Theorien ausreichend zu fundieren.[2] Um diesem Anspruch gerecht zu werden, widmet sich der erste Teil dieses Kapitels der empirischen, vor allem aber auch der theoretischen Fundierung der Hypothesen. Zudem wird auf die geführten Experteninterviews eingegangen. Im zweiten Teil des Kapitels folgt die eigentliche Hypothesenbildung, die sich an der konsolidierten Businessplanstruktur aus Abschnitt 2.5.3 orientiert. Die Herleitung der Hypothesen gliedert sich dabei immer in zwei Teile: Zum einen wird der vermutete Zusammenhang zwischen Indikator und Unternehmensentwicklung sachlogisch begründet. Zum anderen wird erläutert, wie der relevante Indikator gemessen und aus dem Businessplan abgeleitet

---

[1] Vgl. hierzu auch Bortz (2005), a. a. O., S. 110.

[2] Brüderl und Ziegler (1998), a. a. O., S. 18, bescheinigen der Entrepreneurship-Forschung ein gewisses Theoriedefizit und eine zu starke Fokussierung auf Untersuchungen empirischer Natur. Auch aus diesem Grund soll in der vorliegenden Arbeit der empirische Untersuchungsansatz mit bekannten theoretischen Modellen verknüpft werden.

wird. Erst durch ein regelgeleitetes Messverfahren kann eine Hypothese operationalisiert und durch statistische Methoden überprüft werden. Das Kapitel schließt mit einer zusammenfassenden Darstellung aller Hypothesen.

3.2. Theoretische und empirische Fundierung

3.2.1. Überblick

Die Hypothesenbildung soll durch zahlreiche Quellen sachlogisch und empirisch umfassend fundiert werden. Entsprechend dieser Zielsetzung, wurde vom Autor zunächst eine umfassende Recherche der Fachliteratur durchgeführt. Hierbei wurden sowohl allgemeine Theorien aus der Gründungsforschung als auch Ergebnisse empirischer Untersuchungen mit einbezogen. Teilweise konnten für die in dieser Studie aufgestellten Hypothesen bereits erste Erkenntnisse aus der empirischen Gründungsforschung gefunden werden. Wo dies nicht der Fall ist, wird anhand theoretischer Überlegungen aus der Gründungsforschung argumentiert. Neben der Literaturrecherche wurden zudem zahlreiche Experteninterviews mit Investoren, Wissenschaftlern und Gründern aus Deutschland, den USA und der Schweiz durchgeführt.[3] Im Folgenden werden die einzelnen Bausteine der empirischen und theoretischen Fundierung der Hypothesen vorgestellt.

[3] Vgl. Tabelle B.1 in Anhang B für eine vollständige Liste aller Interviewpartner.

3.2.2. Theoretische Fundierung in der Literatur

3.2.2.1. Überblick

Die Gründungsforschung sieht sich dem Vorwurf ausgesetzt, empirische Ergebnisse und Hypothesen nicht ausreichend durch Theorien zu fundieren.[4] Auch aufgrund dieses Mangels an theoretischem Unterbau ist die theoriegeleitete Herleitung von Hypothesen in der Gründungsforschung nicht nur wünschenswert, sondern unbedingt notwendig.[5] Daher soll in den folgenden Abschnitten auf einige theoretische Grundlagen eingegangen werden, die maßgeblich zur Herleitung der Hypothesen beigetragen haben.[6] Die Darstellung der Theorien beschränkt sich aufgrund ihres Bekanntheitsgrades auf eine kurze Einführung sowie die Verknüpfung mit dem Untersuchungsgegenstand dieser Studie. An geeigneter Stelle wird der interessierte Leser auf weiterführende Quellen verwiesen.

3.2.2.2. Humankapitaltheorie

Die Humankapitaltheorie nimmt aufgrund der Relevanz des Gründerteams für den Unternehmenserfolg eine zentrale Rolle in der theoretischen Fundierung der Hypothesen ein.[7] Die Bedeutung des Humankapitals für die Produktivität einer Volkswirtschaft

---

[4] Vgl. hierzu Mugler, J. und Plaschka, G. (1987): *Stand und Perspektiven der empirischen Gründungsforschung in Österreich. Journal für Betriebswirtschaft*, 37, Nr. 2, S. 164–177, sowie Brüderl und Ziegler (1998), a. a. O., S. 18 ff.

[5] Vgl. hierzu Brüderl und Ziegler (1998), a. a. O., S. 18.

[6] Vgl. hierzu Brüderl und Ziegler (1998), a. a. O., S. 18 ff.

[7] Vgl. zur allgemeinen Bedeutung der Humankapitaltheorie in der Gründungsforschung auch Brüderl und Ziegler (1998), a. a. O., S. 49.

ist heute unbestritten.[8] Humankapital, das von Thurow (1970) als „produktive Fähigkeiten eines Individuums, einschließlich seines Könnens und seines Wissens“ definiert wird, ist zur zentralen Größe wichtiger volkwirtschaftlicher Modelle und Theorien geworden. Nicht zuletzt postuliert auch das neoklassische Wachstumsmodell von Solow (1956), dass Humankapital der einzige Faktor ist, der das Wachstum einer Volkswirtschaft langfristig garantieren kann.[9]

Grundlegende Annahme dieses und weiterer Modelle ist, dass sich gut ausgebildete Erwerbspersonen produktiver am Wertschöpfungsprozess einer Volkswirtschaft beteiligen, als schlecht ausgebildete Erwerbspersonen dies tun.[10] Formal geht die „Produktivitätsthese“ also davon aus, dass das Leistungspotential einer Erwerbsperson durch Investitionen in ihr Humankapital gesteigert werden kann, sich die Arbeitsproduktivität gemessen in Leistung pro Stunde also erhöht.[11] Wie in der

[8] Vgl. bspw. Schultz, T. (1963): *The Economic Value of Education. Studies in the Economics of Education.* Aldershot: Elgar Books; Becker, G. (1994): *Human Capital: A Theoretical and Empirical Analysis with Special Reference to Education.* Chicago: University of Chicago Press, sowie Marshall, A. (1947): *Principles of Economics.* London: Macmillan, und Leslie, L. und Brinkman, P. (1988): *The Economic Value of Higher Education.* New York: Macmillan, S. 12. Demnach ist rund die Hälfte des jährlichen Wirtschaftswachstums in den USA auf Investitionen in Humankapital und die hiermit verbundene Mehrung an produktiv einsetzbarem Wissen zurückzuführen. Ähnliches trifft vermutlich auch auf den Wirtschaftsstandort Deutschland zu.

[9] Vgl. hierzu Solow, R. (1956): *A Contribution to the Theory of Economic Growth. Quarterly Journal of Economics*, 70, Nr. 1, S. 65–94. Im neoklasschischen Wachstumsmodell gilt der technische Fortschritt als zentrale Einflussgröße. Dieser wiederum hängt von der Arbeitsproduktivität ab, die ihrerseits von Investitionen in Humankapital bestimmt wird. Humankapital wird somit indirekt zur zentralen Größe des Modells.

[10] Diese Überlegung findet sich auch in zahlreichen Ansätzen der Unternehmensbewertung wieder. So stellt das Humankapital als „Intangible Asset“ insbesondere im tertiären Sektor einen zentralen Werttreiber dar. Der Wert dieser Unternehmen kann nicht allein durch bilanzielle Analysen bestimmt werden. Auch Qualität und Produktivität der Mitarbeiter müssen berücksichtigt werden. Vgl. hierzu bspw. Gebauer, M. (2005): *Unternehmensbewertung auf der Basis von Humankapital.* Köln: EUL Verlag, S. 7 ff.

[11] Vgl. hierzu Timmermann, D. (1997): *Bildungsökonomie.* In Gabler Wirtschaftslexikon. Wiesbaden: Gabler Verlag, S. 644 f., sowie Grill, J. (2008): *Die strategische Bedeutung des Human Capital und seine Bewertung.* Dissertation, Universität Koblenz-Landau, Frankfurt am Main, S. 44.

Definition von Thurow (1970) zum Ausdruck kommt, zählen zum Humankapital nicht nur formalisiertes Wissen, sondern auch Fertigkeiten, Erfahrungen und Können.

Übertragen auf den Kontext von Unternehmensgründungen, bedeutet die Anwendung der Humankapitaltheorie, dass gut ausgebildete und erfahrene Unternehmensgründer eher in der Lage sind, ein erfolgreiches Unternehmen zu gründen, als solche, die weniger gut ausgebildet sind und über keine relevante Erfahrung verfügen.[12] In den nachfolgenden Hypothesen ist dies eine zentrale Annahme. So wird unterstellt, dass Erfahrungswerte genauso wie schulische und weiterführende Ausbildung einen positiven Einfluss auf den Erfolg einer Unternehmensgründung haben.[13] Genau wie im Fall der klassischen Modelle der Humankapitaltheorie wird also vorausgesetzt, dass sich die mit Ausbildung und Erfahrung verbundenen Produktivitätssteigerungen positiv auf die Entwicklung eines Jungunternehmens auswirken. Die Anwendung der Humankapitaltheorie auf den Kontext der Erfolgsfaktorenforschung ist hierbei aus zahlreichen Veröffentlichungen bekannt.[14] Das hier gewählte Vorgehen ist in der Entrepreneurship-Forschung somit weitestgehend etabliert.

Auch aufgrund der schwerpunktmäßigen Analyse der Gründerteams in der vorliegenden Studie spielt die Humankapitaltheorie eine entscheidende Rolle für die Bildung der Hypothesen. Durch eine möglichst detaillierte Dokumentation des Erfah-

[12] Vgl. hierzu auch Brüderl und Ziegler (1998), a. a. O., S. 49 ff. Die Autoren weisen ebenfalls darauf hin, dass ein Produktivitätseffekt durch Investitionen in Humankapital auch bei Selbstständigen zu beobachten ist.

[13] Vgl. hierzu auch Pfeiffer, F. und Falk, M. (1999): *Der Faktor Humankapital in der Volkswirtschaft: Berufliche Spezialisierung und Leistungsfähigkeit.* Baden-Baden: Nomos Verlag, S. 142; demnach steht die Anzahl an Mitarbeitern eines selbstständigen Unternehmers in einem positiven Zusammenhang zu dessen Ausbildung und Managementfähigkeiten. Dies kann als Indikator für den positiven Effekt des Humankapitals auf den Unternehmenserfolg gewertet werden.

[14] Vgl. hierzu bspw. Shrader, R. und Siegel, D. (2007): *Assessing the Relationship between Human Capital and Firm Performance: Evidence from Technology-Based New Ventures. Entrepreneurship: Theory & Practice*, 31, Nr. 6, S. 893–908, sowie Baum, J. und Silverman, B. (2004): *Picking Winners or Building Them? Alliance, Intellectual, and Human Capital as Selection Criteria in Venture Financing and Performance of Biotechnology Start-Ups. Journal of Business Venturing*, 19, Nr. 3, S. 411–436, und Preisendörfer, P. und Voss, T. (1990): *Organizational Mortality of Small Firms: The Effects of Entrepreneurial Age and Human Capital. Organization Studies*, 11, Nr. 1, S. 107–129.

rungshintergrundes der Gründer soll untersucht werden, welchen Einfluss bestimmte Erfahrungswerte der Gründer, wie etwa die Vertriebs- oder Führungserfahrung, auf die Entwicklung von Jungunternehmen haben. Darüber hinaus nimmt aber auch die schulische und weiterführende Ausbildung der Gründer eine wichtige Stellung ein. Insbesondere im Kontext technologieorientierter Gründungen ist Humankapital ein Motor von Innovationen.[15] Die Mehrzahl der für diese Studie untersuchten Gründer verfügt über einen Universitätsabschluss oder sogar eine Promotion.[16] Häufig sind die Gründer erst über die Investition von Geld und Zeit in ihr eigenes Humankapitalprofil zu der Möglichkeit gekommen, eine innovative Geschäftsidee zu entwickeln. Ohne eine entsprechende Ausbildung wäre dies in vielen Fällen nicht möglich gewesen. Die Hypothesenbildung trägt dieser Beobachtung entsprechend Rechnung.

3.2.2.3. Netzwerke und soziales Kapital

In der aktuellen Erfolgsfaktorenforschung werden Unternehmensgründer immer häufiger als Akteure innerhalb sozialer Netzwerke gesehen.[17] So plädieren Aldrich und Zimmer (1986) in ihrem „Network Approach to Entrepreneurship" beispielsweise dafür, dass Unternehmer nicht als isolierte Akteure, sondern als Protagonisten inner-

---

[15] Vgl. Fronja, G. (2000): *Humankapital, Innovation und Evolution: eine Analyse der theoretischen Grundlagen des Edukationssystems.* Berlin: Logos-Verlag.

[16] Vgl. hierzu auch Abschnitt 5.3.2.1.

[17] Vgl. hierzu Tamasy, C. (2005): *Determinanten des regionalen Gründungsgeschehens.* Berlin: Lit-Verlag, S. 50, sowie Wallisch, M. (2009): *Der informelle Beteiligungsmarkt in Deutschland – Rahmenbedingungen, Netzwerke und räumliche Investitionsmuster.* München: Herbert Utz Verlag. Abstrakt-technisch gesehen kann ein Netzwerk als eine Menge von Knoten definiert werden, die über Kanten miteinander verbunden sind. Überträgt man diese Definition auf den soziologischen Kontext, so stellen die Knoten Personen und die Kanten Beziehungen zwischen den Personen dar. Vgl. hierzu auch Neumann, K. und Morlock, M. (1993): *Operations Research.* München: Hansa Fachverlag, S. 168; Euler, M. (2006): *Soziales Kapital – Ein Brückenschlag zwischen Individuum und Gesellschaft.* Oldenburg: BIS, S. 71, sowie Dinter, S. (2001): *Netzwerke – Eine Organisationsform moderner Gesellschaften?* Marburg: Tectum Verlag, S. 25, und Jansen, D. (2003): *Einführung in die Netzwerkanalyse – Grundlagen, Methoden, Forschungsbeispiele.* Opladen: Leske + Budrich, S. 93.

halb von Netzwerken gesehen werden sollten.[18] Dieser Gedanke ist deshalb so wichtig für die Erfolgsfaktorenforschung, weil Unternehmer über ihre Netzwerke vielfältige Ressourcen mobilisieren können.[19] Die Gesamtheit dieser Ressourcen wird als soziales Kapital bezeichnet.[20] Insbesondere für Jungunternehmen kann der Umfang des sozialen Kapitals zu einem wichtigen Erfolgsfaktor für die Unternehmensentwicklung werden.[21]

Gründer mit einem starken Netzwerk genießen Vorteile. Brüderl und Ziegler (1998) führen hierzu drei maßgebliche Effekte an.[22] Zum einen können Netzwerke der *Informationsgewinnung* dienen.[23] Ein Gründer, der beispielsweise enge Kontakte zu seinen Lieferanten pflegt, ist vermutlich besser über mögliche Preisänderungen informiert als ein solcher, der auf eine entsprechende Kontaktpflege verzichtet. Zudem können Netzwerke für die *Kapitalbeschaffung* genutzt werden. Insbesondere im Fall von VCGs kommt der Kontakt zu Unternehmensgründern häufig erst nach der Empfehlung

[18] Vgl. Aldrich, H. und Zimmer, C. (1986): *Entrepreneurship through Social Networks.* Uppsala: University of Uppsala, S. 14; vgl. hierzu auch Brüderl und Ziegler (1998), a. a. O., S. 52, sowie Boissevain, J., Blaschke, J. und Grotenberg, H. (1990): *Ethnic Entrepreneurs and Ethnic Strategies.* In Waldinger, R., Aldrich, E. und Ward, R. (Hrsg.): Ethnic Entrepreneurs. Newbury Park: Sage.

[19] Zudem handeln Akteure in einem Netzwerk nicht nur aus Eigeninteresse, sondern agieren als Teil eines Gefüges und im Rahmen eines sozialen Kontextes. Vgl. hierzu Granovetter, M. (1985): *Economic Action and Social Structure: The Problem of Embeddedness. American Journal of Sociology*, 91, Nr. 3, S. 481–510.

[20] Der Begriff des sozialen Kapitals wurde von Bourdiue, P. (1983): *Ökonomisches Kapital – Kulturelles Kapital – Soziales Kapital.* In Kreckel, R. (Hrsg.): Soziale Ungleichheiten. Göttingen: Schwartz, S. 183–198, eingeführt. Hierbei handelt es sich um ein allgemeines soziologisches Konzept, das nicht nur auf den Kontext von Unternehmensgründungen beschränkt ist. Vgl. hierzu auch Leana, C. und Buren, H. van (1999): *Organizational Social Capital and Employment Practices. Academy of Management Review*, 24, Nr. 3, S. 538–555.

[21] Vgl. hierzu Preisendörder, P. (2007): *Sozialkapital und unternehmerisches Handeln: Das sozial Netzwerk von Unternehmensgründern als Erfolgsfaktor.* In Franzen, A. und Freitag, M. (Hrsg.): Sozialkapital – Grundlagen und Anwendungen. Wiesbaden: VS Verlag, S. 272–293.

[22] Vgl. Brüderl und Ziegler (1998), a. a. O., S. 52 ff.

[23] Vgl. hierzu auch Birley, S. (1985): *The Role of Networks in the Entrepreneurial Process. Journal of Business Venturing*, 1, Nr. 1, S. 107–117, sowie Shane, S. und Stuart, T. (2002): *Organizational Endowments and the Performance of University Start-Ups. Management Science*, 48, Nr. 1, S. 154–170.

durch eine dritten Person zustande. Tom Perkins, Gründer von Kleiner, Perkins, Caufield & Byers sagt hierzu, dass er noch nie ein Unternehmen finanziert hätte, dessen Businessplan er einfach per Postsendung erhalten hätte. Bisher habe er Geschäftskonzepte nur nach persönlicher Empfehlung eines Dritten näher begutachtet.[24] Darüber hinaus dienen Netzwerke der *Kundengewinnung*.[25] Ein Beispiel hierfür ist die klassische Mund-zu-Mund-Werbung. Tauschen sich die Akteure in einer Branche über das Produktangebot eines neu gegründeten Unternehmens aus, so können durch persönliche Empfehlungen Dritter weitere Kunden gewonnen werden. Dies gilt insbesondere dann, wenn sich die Akteure des Netzwerkes gegenseitig vertrauen. Neben diesen drei Effekten werden in der Literatur zahlreiche weitere Vorteile von Netzwerken und sozialem Kapital diskutiert. So kann soziales Kapital auch die Innovationskraft eines Unternehmens stärken, wenn beispielsweise Kontakte zu Forschungseinrichtungen unterhalten werden.[26] Zudem können Netzwerke zur allgemeinen Stabilität von Unternehmen beitragen.[27]

Burt (2000) bringt den Effekt von Netzwerken und sozialem Kapital auf eine einfache Formel: „Better connected people enjoy higher returns".[28] Oder wie bereits Karl Marx formulierte: „Der wirkliche Reichtum eines Menschen ist der Reichtum

---

[24] Vgl. hierzu Perkins, T. (2008): *Valley Boy: The Education of Tom Perkins*. New York: Gotham, S. 152.

[25] Vgl. hierzu auch Boegenhold, D. (1989): *Die Berufspassage in das Unternehmertum. Zeitschrift für Soziologie*, 18, Nr. 4, S. 263–281.

[26] Vgl. hierzu Fliaster, A. (2007): *Innovationen in Netzwerken: Wie Humankapital und Sozialkapital zu kreativen Ideen führen*. München: Rainer Hampp Verlag, S. 103, sowie Hargadon, A. (1999): *Group Cognition and Creativity in Organizations*. In Wageman, R., Neale, A. und Mannix, B. (Hrsg.): Research on Managing Groups and Teams: Groups in Context. Stamford: JAI Press, S. 149.

[27] Vgl. hierzu Stahlecker, T. (2006): *Regionale Bindungen im Gründungs- und Entwicklungsprozess wissensintensiver Dienstleistungsunternehmen*. Berlin: Lit-Verlag, S. 40.

[28] Vgl. Burt, R. (2000): *The Network Structure of Social Capital. Research in Organisational Behaviour*, 22, Nr. 1, S. 345–423; übersetzt ins Deutsche bedeutet das Zitat: „Besser vernetzte Personen erwirtschaften höhere Renditen."

seiner wirklichen Beziehungen.“[29] Die Bedeutung des sozialen Kapitals ist in der Gründungsforschung somit weitestgehend unbestritten. Auch in Businessplänen wird entsprechend detailliert auf wichtige Kontakte und Beziehungen des Gründerteams eingegangen. Nicht selten sind diese Kontakte sogar von zentraler Bedeutung für die Unternehmensstrategie. In einem Markt mit nur wenigen, aber großen Kunden kann der Kontakt zu potentiellen Abnehmern eines Produktes überlebenswichtig für ein neu gegründetes Unternehmen sein. Die Theorie des sozialen Kapitals kommt in der nachfolgenden Hypothesenbildung somit immer dann zum Tragen, wenn Gründer durch Beziehungen und Kontakte einen möglichen Vorteil für die Entwicklung ihres Unternehmens erfahren.

3.2.2.4. Theorie des „Organizational Imprinting“

Gemäß der Theorie des „Organizational Imprinting“[30] wird ein Unternehmen auch noch viele Jahre später von den Bedingungen und Gegebenheiten zum Zeitpunkt seiner Gründung geprägt.[31] Unternehmen tendieren dazu, die zum Gründungszeitpunkt festgelegten Strukturen, die wiederum als Resultat der Umweltbedingungen gesehen werden können, auch lange Zeit nach der Gründung noch beizubehalten. Die Einflussfaktoren zum Zeitpunkt der Gründung können dabei sowohl interner als

[29] Vgl. Marx, K. und Engels, F. (1990): *Marx-Engels-Werke: Band 3.* Berlin: Dietz, S. 37. Für die Bedeutung von Netzwerken im Kontext von Unternehmensgründungen siehe auch Picot und Schneider (1989), a. a. O., S. 112 ff.

[30] Ins Deutsche lässt sich der Begriff des „Organizational Imprinting“ am besten als „Organisatorische Prägung“ eines Unternehmens übersetzen.

[31] Vgl. hierzu Stinchcombe, A. (1965): *Social Structure and Organizations.* In March, J. G. (Hrsg.): Handbook of Organizations. Chicago: Rand McNally, sowie Tucker, D., Singh, J. und Meinhard, A. (1990): *Founding Characteristics, Imprinting, and Organizational Change.* In Singh, J. (Hrsg.): Organizational Evolution. New Directions. Newbury Park: Sage, S. 182–200. Der eigentliche Begriff des „Organizational Imprinting“ wurde laut Clausen (2004) von Boeker (1988), eingeführt. Vgl. hierzu Clausen, J. (2004): *Umsteuern oder Neugründen? Die Realisierung ökologischer Produktpolitik im Unternehmen.* Dissertation, Universität Bremen, Bremen, S. 94; Boeker, W. (1988): *Organizational Origins: Entrepreneurial and Environmental Imprinting at Time of Founding.* In Carroll, G. (Hrsg.): Ecological Models of Organizations. Cambridge: Ballinger.

auch externer Natur sein. Zu den internen Einflussfaktoren zählt beispielsweise das Gründerteam, zu den externen Einflussfaktoren der Markt, der Wettbewerb und die rechtlichen Gegebenheiten.

Insbesondere der Einfluss der Gründer lässt sich oft noch Generationen später in Unternehmen wiederfinden.[32] So sind Gründer in aller Regel maßgeblich für die Entwicklung der Unternehmenskultur verantwortlich. Viele Unternehmen fühlen sich auch noch nach dem Ableben des Gründers dessen Idealen und Zielen verpflichtet. Beispielsweise sieht sich die Unternehmensberatung McKinsey & Company auch heute noch den Werten der beiden Unternehmensgründer, James O. McKinsey und Marvin Bower, verpflichtet.[33] Ähnliches gilt auch für Unternehmen aus dem produzierenden Gewerbe, wie etwa die deutschen Unternehmen Porsche oder Bosch.[34]

Auch der Einfluss externer Gegebenheiten zum Zeitpunkt der Gründung ist oft noch lange Zeit später in Unternehmen zu spüren.[35] Unternehmen orientieren sich bei der Festlegung ihrer Organisation oft an den aktuellen Bedingungen ihrer Umwelt. Auch wenn sich die Bedingungen ändern, so bleiben die intern festgelegten Organisationsstrukturen jedoch oft gleich. Auch hier haben die Startbedingungen zum Gründungszeitpunkt also einen nachhaltigen Einfluss auf die spätere Entwicklung des Unternehmens.

Die Theorie des „Organizational Imprinting“ ist für die vorliegende Studie deshalb von so großer Bedeutung, weil sie die These unterstützt, dass Erfolg oder Misserfolg eines Unternehmens durchaus mit den Bedingungen und unternehmerischen Entscheidungen zum Gründungszeitpunkt verknüpft werden können. Die Annahme eines

---

[32] Vgl. hierzu Mintzberg, H. und Waters, J. (1982): *Tracking Strategy in an Entrepreneurial Firm. The Academy of Management Journal*, 25, Nr. 3, S. 465–499.

[33] Vgl. hierzu bspw. Edersheim, E. (2006): *McKinsey's Marvin Bower: Vision, Leadership, and the Creation of Management Consulting.* New Jersey: Wiley, S. 8 ff.

[34] Vgl. hierzu bspw. Dr. Ing. h.c. F. Porsche AG: *Über Uns.* ⟨URL: `http://www.porsche.com/germany/aboutporsche/porschehistory/milestones/`⟩ – Zugriff am 18. November 2010.

[35] Vgl. hierzu Bamford, C., Dean, T. und McDougall, P. (2000): *An Examination of the Impact of Initial Founding Conditions and Decisions upon the Performance of New Bank Start-Ups. Journal of Business Venturing*, 15, Nr. 3, S. 253–277.

kausalen Zusammenhangs zwischen den Bedingungen der Gründungsphase und der späteren Unternehmensentwicklung wird somit untermauert.

3.2.3. Empirische Fundierung in der Literatur

Untersuchungen empirischer Art bilden einen Schwerpunkt der Erfolgsfaktorenforschung.[36] Die Empirie ist für dieses Forschungsgebiet deshalb so wichtig, weil relevante Faktoren des Unternehmenserfolges a priori nur bedingt durch rein theoretische Überlegungen identifiziert werden können. Der Prozess unternehmerischer Wertschöpfung ist so komplex, dass er durch ein theoretisches Modell kaum erfasst werden kann. Die in diesem Kapitel aufgeführten Theorien leisten zwar einen Erklärungsbeitrag über den Erfolg von Unternehmensgründungen, können die Empirie als wichtigstes Instrument der Erfolgsfaktorenforschung aber nicht ersetzen. Insbesondere bei der Identifizierung konkreter Erfolgsfaktoren und der Ableitung praktischer Empfehlungen für Unternehmensgründer und Investoren hat sich die Empirie als das wirkungsvollere Instrument der Gründungsforschung erwiesen.[37]

Neben der theoretischen Fundierung basiert die Hypothesenbildung der vorliegenden Untersuchung somit primär auf den Erkenntnissen anderer empirischer Studien. Anstatt die relevanten empirischen Ergebnisse an dieser Stelle zusammenzufassen, wurden sie in die nachfolgende Herleitung der einzelnen Hypothesen integriert. Somit kann der Leser einen direkten Bezug zwischen bereits existierenden empirischen Befunden und den hier gebildeten Hypothesen herstellen. Zudem wird somit sichergestellt, dass aus der Vielfalt empirischer Ergebnisse nur solche ausgewählt wurden, die unmittelbar für die Hypothesenbildung relevant sind. Dem Leser, der auch darüber hinaus an einer Synthese der empirischen Erfolgsfaktorenforschung interessiert ist,

[36] Vgl. bspw. Schmidt (2002), a. a. O., S. 21–53, sowie Müller-Böling, D. und Klandt, H. (1993): *Unternehmensgründung.* In Hauschildt, J. und Grün, O. (Hrsg.): Ergebnisse empirischer betriebswirtschaftlicher Forschung – Zu einer Realtheorie der Unternehmung (Festschrift für Eberhard Witte). Stuttgart: Schäffer-Poeschel, S. 137 ff.

[37] Vgl. hierzu Müller-Böling und Klandt (1993), a. a. O., S. 138.

werden an dieser Stelle die Arbeiten von Müller-Böling und Klandt (1993) sowie Schmidt (2002) ans Herz gelegt.[38]

3.2.4. Experteninterviews

Für die Herleitung der Hypothesen wurden insgesamt 25 Interviews mit Experten aus Deutschland, den USA und der Schweiz geführt. Eine Liste der Interviewpartner findet sich in Anhang B. An dieser Stelle wird kurz auf die Methodik der Experteninterviews eingegangen, da diese eine zentrale Rolle in der Formulierung der Hypothesen einnehmen.

Bei den interviewten Experten handelt es sich sowohl um Personen aus der Praxis als auch aus der Forschung. Die interviewten Wissenschaftler sind in erster Linie Professoren des Fachbereichs Entrepreneurship an der Harvard Business School, der Kennedy School of Government der Harvard Universität, dem Babson College sowie der University of Maryland. Die interviewten Praktiker sind primär VCGs aus dem Silicon Valley in den USA als auch aus Deutschland. Bei der Mehrzahl der interviewten Experten handelt es sich um Personen, die über mehr als 15 Jahre Erfahrung in der Venture-Capital-Branche verfügen. Zudem wurden verschiedene Interviews mit Personen aus dem Umfeld der Businessplan-Wettbewerbe geführt, da diese ebenfalls über umfassende Erfahrung mit der Bewertung von Businessplänen verfügen.

Aus den langjährigen Erfahrungen der Experten konnten erste Zusammenhänge zwischen Frühindikatoren und Unternehmensentwicklung formuliert werden. Grundsätzlich liegt diesem Vorgehen die Annahme zu Grunde, dass die Aussagen von Experten fundiert sind und das Resultat langjähriger Erfahrung mit dem Untersuchungsgegenstand sind. Im wissenschaftlichen Kontext ist die Durchführung von

[38] Vgl. Müller-Böling und Klandt (1993), a. a. O., sowie Schmidt (2002), a. a. O., S. 21–53.

Experteninterviews ein weitestgehend etabliertes Verfahren und hat sich auch in der Erfolgsfaktorenforschung als effektives Instrument durchgesetzt.[39]

Die Interviews wurden entlang verschiedener Themenschwerpunkte gegliedert. Auf einen vorher fixierten Fragebogen wurde jedoch verzichtet, um individuell entsprechend dem Interviewpartner auf dessen spezifische Expertise eingehen zu können. Der inhaltliche Fokus lag bei allen Gesprächen auf der Erkennung von Frühindikatoren und wie selbige aus Businessplänen abgeleitet werden können. Die Dauer der Interviews betrug dabei in aller Regel 30–60 Minuten. Wo immer möglich wurden die Interviews vor Ort und nicht in telefonischer Form geführt. Die Erkenntnisse aus den Experteninterviews sind in die Herleitungen der einzelnen Hypothesen eingearbeitet. Auf eine zusammenfassende Darstellung an dieser Stelle wird daher verzichtet.

3.3. Methodik der Inhaltsanalyse

Der fundamentale Ansatz zur Datenerhebung in der vorliegenden Studie liegt in der Inhaltsanalyse von Businessplänen aus den Jahren 2002 bis 2006. Das hier gewählte Vorgehen basiert somit auf der Analyse von Dokumenten und nicht der Befragung von Unternehmensgründern. Der schriftlich niedergelegte Businessplan wird damit zur einzigen Quelle für die Erhebung der Frühindikatoren.[40] Beim hier gewählten Verfahren handelt es sich um eine Abwandlung der von Mayring (1989) vorgestellten „qualitativen Inhaltsanalyse".[41] In einem ersten Schritt werden mögliche Indikatoren des Unternehmenserfolges zunächst durch eine typisierende Strukturie-

---

[39] Vgl. hierzu bspw. Riquelme und Rickards (1992), a. a. O., S. 505–518, sowie Shepherd, D. und Zacharakis, A. (2002): *Venture Capitalists' Expertise: A Call for Research into Decision Aids and Cognitive Feedback. Journal of Business Venturing*, 17, Nr. 1, S. 1–20.

[40] Für eine Einführung in die Methodik der Inhaltsanalyse vgl. auch Bortz und Döhring (2006), a. a. O., S. 332.

[41] Vgl. hierzu Mayring, P. (1993): *Qualitative Inhaltsanalyse: Grundzüge und Techniken.* Weinheim: Deutscher Studien Verlag, S. 58.

rung bestätigt.[42] Hiermit ist gemeint, dass Indikatoren noch vor der systematischen Erhebung auf die Häufigkeit ihres Vorkommens in den Businessplänen hin überprüft werden.[43]

In einem zweiten Schritt werden die Merkmalsausprägungen der Indikatoren im Rahmen einer skalierenden Strukturierung in metrische bzw. ordinale Ratingskalen codiert, die später als Grundlage der statistischen Analyse dienen.[44] Im Fall der metrischen Skalierung werden die Daten ohne Veränderung aus dem Businessplan übernommen.[45] Im Fall der ordinalen Skalierung findet jedoch in aller Regel eine Transformation in eine 5-stufige Ratingskala, die im weiteren auch als Likert-Skala bezeichnet wird, statt.[46]

Inhaltsanalysen sehen sich nicht selten der Kritik der subjektiven Bewertung ausgesetzt, da das Auslesen relevanter Werte aus Dokumenten durch eine oder mehrere Personen durchgeführt wird und somit möglicherweise Ungenauigkeiten oder sogar Fehler mit sich bringen kann.[47] Daher muss insbesondere im Fall der Inhaltsanaly-

[42] Vgl. hierzu auch Mayring, P. (1989): *Qualitative Inhaltsanalyse.* In Jüttemann, G. (Hrsg.): Qualitative Forschung in der Psychologie. Heidelberg: Asanger Verlag, S. 187–211.

[43] Dies ist deswegen notwendig, weil sich nicht für alle wünschenswerten Indikatoren eine kritische Masse an Angaben in den Businessplänen ergeben hat. Aufgrund der großen Heterogenität der Inhalte in den Businessplänen musste somit zunächst ein „gemeinsamer Nenner“ an Indikatoren gefunden werden.

[44] Für eine weiterführende Diskussion der Methodik der Inhaltsanalyse wird auf Mayring (1993) verwiesen; Mayring (1993): Qualitative Inhaltsanalyse: Grundzüge und Techniken, a. a. O., S. 47 ff.

[45] Dies gilt beispielsweise für die Altersangaben der Gründer.

[46] Dies gilt beispielsweise für den Indikator „Patentfähigkeit von Produkt oder Dienstleistung“, der entlang einer Likert-Skala mit fünf Kategorien gemessen wird. Zur Methodik von Likert-Skalen vergleiche auch Likert, R. (1932): *A Technique for the Measurement of Attitudes. Archives of Psychology*, 22, Nr. 140, S. 1–55. An dieser Stelle sei zudem darauf hingewiesen, dass es sich bei der hier verwendeten Ratingmethode streng genommen nicht um eine Likert-Skalierung im eigentlichen Sinn handelt. Grundsätzlich werden durch eine Likert-Skala lediglich Ausprägungen eines einzigen Merkmals anhand der Erhebung bzw. Bewertung zahlreicher „Behauptungen“ gemessen. Der Begriff der Likert-Skala wird heute aber verallgemeinert für 5-stufige Rating-Skalen verwendet und in diesem Sinn auch in der vorliegenden Studie genutzt. Vgl. hierzu auch Bortz und Döhring (2006), a. a. O., S. 224.

[47] Vgl. hierzu Bortz und Döhring (2006), a. a. O., S. 334, sowie Müller-Böling und Klandt (1993), a. a. O., S. 147.

se darauf geachtet werden, das Auslesen relevanter Werte möglichst objektiv, also „intersubjektiv nachvollziehbar“,[48] zu gestalten.Bortz und Döhring (2006) fordern daher, dass der Grad der Subjektivität so weit wie möglich durch ein „regelgeleitetes und systematisches Durcharbeiten“[49] der Dokumente minimiert wird. Gerade aus diesem Grund soll im folgenden Kapitel möglichst genau erläutert werden, wie die für diese Studie relevanten Daten aufgezeichnet wurden.[50] Hierzu gehört jeweils eine sachlogische Herleitung relevanter Hypothesen als auch eine detaillierte Beschreibung der Messung der verschiedenen Indikatoren. Sollte bei der Erhebung eines Indikators die Gefahr einer subjektiven Färbung durch den Autor bestehen, so wird an entsprechender Stelle darauf hingewiesen.

3.4. Basisdaten des Unternehmens

Um die untersuchten Unternehmen zunächst statistisch sauber erfassen zu können, wurden verschiedene grundlegende Daten, die im Folgenden als „Basisdaten“ bezeichnet werden, aufgezeichnet. Hierzu zählen beispielsweise der Standort und das Gründungsjahr der Unternehmen. Der Vollständigkeit halber wird auf die Basisdaten an dieser Stelle kurz eingegangen. Mitunter werden die Basisdaten in Kapitel 6 für die Beschreibung der untersuchten Grundgesamtheit genutzt, finden aber darüber hinaus keine Berücksichtigung in der statistischen Analyse.

In einem ersten Schritt wurde zunächst der jeweilige Unternehmensname aufgezeichnet, wie er im Businessplan dokumentiert war. Der Name im Businessplan wurde schließlich durch Internetrecherche durch den Unternehmensnamen ergänzt, der zum Zeitpunkt der Unternehmensgründung in das Handelsregister eingetragen

[48] Vgl. Bortz und Döhring (2006), a. a. O., S. 335.
[49] Vgl. Bortz und Döhring (2006), a. a. O., S. 336.
[50] Auf die Notwendigkeit einer detaillierten Dokumentation der Datenerhebung in der Gründungsforschung weisen auch Brüderl und Ziegler (1998), a. a. O., S. 67, hin.

wurde.[51] Die entsprechende Namensfindung war notwendig, um später die Erfolgsmessung anhand von Daten aus dem elektronischen Bundesanzeiger durchführen zu können.

Zudem wurden die Standorte der Unternehmen zum Zeitpunkt der Erstellung des Businessplans dokumentiert. Es wurde davon ausgegangen, dass es sich im Fall noch nicht gegründeter Unternehmen hierbei auch um den Gründungsstandort handeln wird. Die Bedeutung des Gründungsstandortes für den möglichen Geschäftserfolg eines Unternehmens ist ein wichtiges Thema der Gründungsforschung.[52] Der Standort kann einen wichtigen Einfluss auf den Zugang zu Humankapital, finanziellen Mitteln, Technologie und anderen relevanten Produktionsfaktoren haben. Aus diesem Grund kann man sachlogisch argumentieren, dass ein Unternehmen mit einem entsprechend günstigen Standort bessere Erfolgschancen hat. Ähnliche Hypothesen wurden in der Entrepreneurship-Forschung in verschiedenen Studien getestet. Sicherlich wäre eine Überprüfung der Bedeutung des Gründungsstandorts auch in der vorliegenden Studie wünschenswert gewesen, die Datenlage ließ eine entsprechende Analyse aber nicht zu. Dies liegt in erster Linie am lokalen Kontext der Kooperationspartner, die bis auf den High-Tech Gründerfonds in der überwiegenden Mehrheit nur Businesspläne aus ihrer Region erhalten. So ergibt sich wie in Kapitel 5 deutlich wird eine schwerpunktmäßige Ansiedlung der untersuchten Unternehmen in den Ballungsräumen um Köln, Nürnberg und Stuttgart. Zwar hätte man diese drei Standorte miteinander vergleichen können, eine generelle Aussage und deutschlandweite Differenzierung über Standortvor- und -nachteile wäre aber kaum möglich gewesen. Aus diesem Grund wurde auf eine weitere Analyse der Bedeutung des Gründungsstandortes im Kontext der vorliegenden Studie verzichtet.

---

[51] Dies gilt mit Ausnahme der vom High-Tech Gründerfonds zur Verfügung gestellten Businesspläne, in denen aus datenschutzrechtlichen Gründen alle Unternehmensnamen vorher geschwärzt und das Auslesen der Erfolgsmaße aus dem elektronischen Bundesanzeiger durch einen Mitarbeiter des High-Tech Gründerfonds übernommen wurde.

[52] Vgl. hierzu beispielsweise Stearns, T. et al. (1995): *New Firm Survival: Industry, Strategy, and Location. Journal of Business Venturing*, 10, Nr. 1, S. 23–42.

Schließlich wurde auch das eigentliche Geschäftsvorhaben der untersuchten Unternehmen in Form einer Kurzbeschreibung von Produkt oder Dienstleistung erfasst. Ausgehend von dieser Beschreibung und den weiteren Details im Businessplan, wurde dann eine Zuordnung zu einer Haupt- und einer Unterbranche vorgenommen.[53]

Um den Messzeitraum der Unternehmensentwicklung festlegen zu können, wurden zudem verschiedene Jahresangaben dokumentiert. Zum einen wurden Eingangs- und Erstellungsdatum des Businessplans festgehalten, sofern dies möglich war. In aller Regel lagen beide Daten nicht weit auseinander. Falls dem nicht so war, wurde das Erstellungs- und nicht das Eingangsdatum des Businessplans als Datengrundlage für die Ermittlung des Beginns der Erfolgsmessung genommen.

In einem nächsten Schritt wurde dann das Alter der jeweiligen Unternehmen festgestellt. Dies war notwendig, um auszuschließen, dass etablierte Unternehmen mit in die Untersuchung aufgenommen werden. Das entsprechende Gründungsdatum der Unternehmen konnte entweder aus dem Businessplan oder in Einzelfällen auch aus dem Handelsregistereintrag des Unternehmens entnommen werden. Unternehmen, die zum Zeitpunkt der Erstellung des Businessplans älter als zwei Jahre waren, wurden wie in Abschnitt 2.4.2.7 erläutert, aus der Untersuchung ausgeschlossen. Darüber hinaus wurde noch das Teilnahmejahr des Unternehmens am entsprechenden Wettbewerb bzw. das Jahr der Bewerbung um Startkapital beim High-Tech Gründerfonds festgehalten. Dieses Jahr stimmte in fast allen Fällen mit dem Erstellungsjahr des Businessplans überein. Im Folgenden werden nun die eigentlichen für das statistische Modell relevanten Indikatoren vorgestellt.

[53] Für eine Übersicht über die entsprechenden Haupt- und Unterbranchen vgl. Abschnitt 3.5.3.4.

3.5. Das Gründerteam

3.5.1. Überblick

Die Bedeutung des Gründerteams für den Geschäftserfolg eines Jungunternehmens ist heute unbestritten.[54] Franke et al. (2004) zeigen in ihrer Analyse der Entscheidungsprozesse von VCGs, dass Qualität und Zusammensetzung des Gründerteams noch vor der eigentlichen Geschäftsidee das wichtigste Bewertungskriterium von VCGs sind.[55] Auch Muzyka und Leleux (1996) belegen, dass Kapitalgeber in erster Linie auf die Fähigkeiten und Kenntnisse des Managements blicken.[56] In ihrer Studie ermitteln sie, dass unter den acht wichtigsten Bewertungskriterien von VCGs sieben sind, die sich auf das Gründerteam eines Unternehmens beziehen.[57] Müller-Böling und Klandt (1993) erklären den starken Fokus auf das Gründerteam unter anderem damit, dass zum Zeitpunkt der Gründung das eigentliche Unternehmen naturgemäß

[54] Vgl. hierzu Weber, C. und Dierkes, M. (2002): *Risikokapitalgeber in Deutschland.* Berlin: edition Sigma Verlag; Sharma, S. und Mahajan, V. (1980): *Early Warning Indicators of Business Failure. Journal of Marketing*, 44, Nr. 4, S. 80–89, sowie Mischon, C. und Mortsiefer, H.-J. (1981): *Zum Stand der Insolvenzprophylaxe in mittelständischen Betrieben. Eine empirische Analyse.* Göttingen: Institut für Mittelstandsforschung. Demnach ist die Mehrzahl aller Unternehmenszusammenbrüche auf innerbetriebliches Fehlverhalten sowie Managementfehler zurückzuführen. Auch dies begründet, weshalb die Analyse des Gründerteams von so großer Bedeutung für die Erfolgsfaktorenforschung ist. Vgl. hierzu auch die Studien von Allen, K. (1995): *Launching New Ventures – An Entrepreneurial Approach.* Chicago: Upstart Publishing Company; Hodgetts, R. und Kuratko, D. (1995): *Effective Small Business Management.* New York: The Dryden Press, S. 209 ff.; Kharbanda, O. und Stallworthy, E. (1985): *Corporate Failure: Prediction, Panacea and Prevention.* London: McGraw-Hill, sowie Zimmerer, T. und Scarborough, N. (1994): *Essentials of Small Business Management.* New York: Macmillan College Publishing Company.

[55] Vgl. Franke et al. (2004): Die Betriebswirtschaft, a. a. O., S. 651–670; vgl. hierzu auch De Leon, D. und Guild, P. (2003): *Using Repertory Grids to Identify Intangibles in Business Plans. Journal Of Venture Capital*, 5, Nr. 2, S. 135–160, Sandberg (1986), a. a. O., S. 16, sowie Silva, J. (2004): *Venture Capitalists' Decision-Making in Small Equity Markets: A Case Study Using Participant Observation. Venture Capital*, 6, Nr. 2, S. 125–145.

[56] Vgl. Muzyka, D., Birley, S. und Leleux, B. (1996): *Trade-Offs in the Investment Decisions of European Venture Capitalists. Journal of Business Venturing*, 11, Nr. 2, S. 273–287; vgl. hierzu auch Boeker (1988), a. a. O., S. 33–51, sowie Baum und Silverman (2004), a. a. O., S. 411–436.

[57] Vgl. Muzyka und Leleux (1996), a. a. O., S. 281.

noch gar nicht existiert, eine Bewertung des Gründungsvorhabens also nicht selten durch eine Begutachtung des Gründers als wesentlichem Handlungsträger erfolgen muss.[58]

Diese Einschätzung konnte durch verschiedene Interviews des Autors der vorliegenden Studie mit VCGs bestätigt werden. Vor allem im angloamerikanischen Raum setzt sich immer stärker die Strategie durch, primär „in Menschen und nicht nur Ideen zu investieren", wie auch die Interviews mit Mark Fernandez, General Partner bei Sierra Ventures, und John Fisher, Gründer von Draper Fisher Jurvetson, bestätigen. In einer von Weber und Dierkes (2002) durchgeführten Befragung von VCGs in Deutschland halten 49% der befragten Investoren die Fähigkeiten des Gründer- und Managementteams für „sehr wichtig".[59] Die immense Bedeutung des Gründerteams für den Unternehmenserfolg wird auch durch Studien von Brüderl (2000) sowie Cooper und Crosbie (1989) bestätigt.[60]

Die Analyse von Gründerteams in der Entrepreneurship-Forschung geht auf die 60er Jahre zurück.[61] Die untersuchten Kriterien reichen von demographischen Faktoren, wie etwa der Geschlechter- oder Altersverteilung innerhalb eines Gründerteams, über das soziale Kapital, das Gründer mit in das Unternehmen einbringen.[62] Darüber

[58] Vgl. Müller-Böling und Klandt (1993), a. a. O., S. 142.

[59] Vgl. Weber und Dierkes (2002), a. a. O., S. 47 ff.; vgl. hierzu auch Wolken, P. (1984): *Erfahrungen mit Wagnisfinanzierung in den USA*. In Riesenhuber, H. (Hrsg.): Wagnisfinanzierung und technologieorientierte Unternehmensgründung. Melle: Verlag Ernst Knoth, S. 40.

[60] Vgl. Brüderl, J. und Preisendörfer, P. (2000): *Fast-Growing Businesses. International Journal of Sociology*, 30, Nr. 3, S. 45–70; Klandt (1984): Aktivität und Erfolg des Unternehmensgründers. Eine empirische Analyse unter Einbeziehung des mikro-sozialen Umfeldes, a. a. O.; Cooper und Crosbie (1989), a. a. O., S. 225–237; vgl. hierzu auch Bygrave (1997), a. a. O., S. 1–26, sowie Müller, C. und Gruber, M. (2001): *Synergiefelder bei Unternehmensgründungen: Managementteams und die Rolle von Universitäten. Journal für Management und Entwicklung*, 14, Nr. 6, S. 6–7 und 73–78. Beide Studien haben VCGs zur Bedeutung von Gründerteams befragt und kommen zu dem Schluss, dass Gründerteams noch vor anderen Kriterien den wichtigsten Stellenwert bei der Bewertung von Gründungsvorhaben einnehmen. Bei fehlender Qualifikation oder schwacher Besetzung des Gründerteams wurden demnach selbst sehr gute Geschäftsideen von VCGs abgelehnt.

[61] Vgl. Brüderl und Ziegler (1998), a. a. O., S. 122 ff.

[62] Vgl. hierzu Schmidt (2002), a. a. O., S. 21–53.

hinaus sind auch psychosoziale Merkmale und Wesenszüge des Gründers häufig Gegenstand von Untersuchungen.[63] Hierzu zählen beispielsweise das Streben nach Selbstständigkeit, die Leistungsbereitschaft oder auch der persönliche Ehrgeiz. Auch das persönliche Umfeld von Gründern ist in Studien analysiert worden. Untersuchungsgegenstand sind hierbei sowohl das familiäre als auch das berufliche Umfeld des Gründers.[64] Der Bedeutung des Gründerteams wird in der vorliegenden Arbeit durch eine detaillierte Analyse bereits bekannter als auch neuer Indikatoren Rechnung getragen. Hierdurch soll eine möglichst umfassende Begutachtung des Gründerteams erfolgen. Im Folgenden werden die relevanten Indikatoren erklärt und ihre Bedeutung für die Bewertung von Gründerteams erläutert. Hierzu beginnt die Hypothesenbildung mit Indikatoren, die sich auf den einzelnen Gründer beziehen, wie etwa das Alter eines Gründers oder dessen Berufserfahrung. In einem zweiten Schritt werden übergreifende Indikatoren der Teamzusammensetzung, wie etwa die Teamvollständigkeit und -interdisziplinarität, diskutiert.

3.5.2. Alter, Geschlecht und Nationalität der Gründer

Hypothesenbildung

Als zentrale demografische Merkmale der Gründer werden zunächst Geschlecht, Alter und Nationalität als mögliche Indikatorwerte erhoben. Die Erfolgsfaktorenforschung hat Alter und Geschlecht detailliert auf ihren Einfluss hinsichtlich des Gründungserfolges untersucht, kommt aber zu keinem Konsens hinsichtlich eines möglichen Wirkungszusammenhanges.[65]

Bezüglich des Alters der Gründer stellen Müller-Böling und Klandt (1993) fest, dass die Frage nach der Erfolgsrelevanz des Alters auch nach zahlreichen Studien aufgrund

[63] Vgl. hierzu Klandt, H. (1984): *Aktivität und Erfolg des Unternehmensgründers. Eine empirische Analyse unter Einbeziehung des mikro-sozialen Umfeldes*. Bergisch Gladbach: Eul Verlag.

[64] Vgl. hierzu Brüderl und Ziegler (1998), a. a. O., S. 34.

[65] Vgl. hierzu Brüderl und Ziegler (1998), a. a. O., S. 45 ff.

uneinheitlicher Ergebnisse offen bleibt.[66] Bates (1990) sowie Preisendörfer und Voss (1990) weisen hingegen nach, dass das Alter der Gründer in einem nichtlinearen Zusammenhang zum Gründungserfolg steht.[67] So sind Unternehmensgründungen besonders junger wie auch besonders alter Gründer anfällig für Misserfolg und Scheitern.[68] Headd (2003) argumentiert wiederum, dass der Gründungserfolg mit dem Alter des Gründers zunehmen sollte, da ein älterer Gründer c. p. auch über mehr Berufs- und Branchenerfahrung verfügt.[69]

Auch die geführten Interviews mit VCGs zeigen, dass die Bedeutung des Alters für den Gründungserfolg uneinheitlich bewertet wird. Während einige Investoren gerne in junge Unternehmer mit noch „unverbautem“ Blick investieren, konzentrieren sich andere, wie etwa Hank Plain, General Partner bei Morgenthaler Ventures, auf seniore Unternehmer, die über viele Jahre praktischer Erfahrung verfügen. Mitunter kann die Bedeutung des Alters auch abhängig von der Industrie sein. Aber auch hierfür hat sich im Vorfeld sachlogisch kein klares Bild ergeben.

Die Frage nach der Relevanz des Geschlechts der Gründer ist für die Erfolgsfaktorenforschung von ähnlich zentraler Bedeutung. In diesem Fall hat sich jedoch ein Konsens gebildet, dass das Geschlecht der Gründer keinen Einfluss auf den Gründungserfolg hat, wie beispielsweise Klandt (1984) nachweist.[70] Aus diesem Grund wird die Geschlechterverteilung im Gründerteam in der vorliegenden Studie nicht weiter untersucht. Die Erhebung des Geschlechts der Gründer dient somit ausschließlich Zwecken der deskriptiven Statistik. Gleiches gilt für die Nationalität der Gründer. Die Anzahl an Ausländern in der untersuchten Grundgesamtheit reicht

---

[66] Vgl. Müller-Böling und Klandt (1993), a. a. O., S. 135–178.

[67] Vgl. Bates, T. (1990): *Entrepreneur Human Capital Inputs and Small Business Longevity. Review of Economics and Statistics*, 72, Nr. 2, S. 551–559; Preisendörfer und Voss (1990), a. a. O., S. 107–129.

[68] Vgl. hierzu Preisendörfer und Voss (1990), a. a. O., sowie Bates (1990), a. a. O., S. 551–559.

[69] Vgl. Headd (2003), a. a. O., S. 51–64.

[70] Vgl. Klandt (1984): Aktivität und Erfolg des Unternehmensgründers. Eine empirische Analyse unter Einbeziehung des mikro-sozialen Umfeldes, a. a. O., S. 157.

nicht aus, um diese in der statistischen Analyse zu berücksichtigen. Die Erhebung der Nationalitäten erfolgt daher nur nur zu deskriptiven Zwecken.

Die Hypothesenbildung folgt der Beobachtung von Headd (2003), dass der Gründungserfolg eines Unternehmens mit dem Alter der Gründer zunimmt.[71] Eine Begründung für diese Hypothese findet sich auch in der Humankapitaltheorie. Aufgrund der c. p. umfassenderen Erfahrung älterer Gründer bringen diese wohl auch mehr Fähigkeiten und Kenntnisse in das Gründungsvorhaben ein, die sich positiv auf den Gründungserfolg auswirken können.[72] Zudem ist davon auszugehen, dass ältere Gründer über mehr Kontakte und ein umfassenderes Netzwerk verfügen. Dies kann dienlich sein. Natürlich ist die hier unterstellte Hypothese keine vollkommen monotone Funktion. Eine Person, die die Altersgrenze Erwerbsfähiger in Deutschland weit überschritten hat, mag der Belastung einer Unternehmensgründung nicht mehr gerecht werden können. In der untersuchten Grundgesamtheit kommt ein Gründer im entsprechenden Alter jedoch nicht vor. Für den Wertebereich der Altersangaben aus den vorliegenden Businessplänen wird somit in der Tat ein monotoner Zusammenhang zwischen Alter und Gründungserfolg vermutet. Dementsprechend ergibt sich folgende Hypothese:

H1: Für den Wertebereich der Altersangaben aus der untersuchten Grundgesamtheit gilt: Eine Unternehmensgründung ist umso erfolgreicher, je älter die Gründer sind.

Messansatz

Alter, Geschlecht und Nationalität der Gründer konnten unmittelbar aus den Angaben des Businessplans entnommen werden. Der Indikator des Geschlechts nimmt hierbei naturgemäß den dichotomen Wert „weiblich“ oder „männlich“ an. Die Altersangaben der einzelnen Gründer wurden auf Teamebene zu einem Durchschnittswert verdichtet. Gleiches gilt für die Geschlechterverteilung. Hier wurde als Merkmal der deskriptiven Statistik der Anteil weiblicher Gründer im Team erfasst. Der Indikator „Alter“ geht

[71] Vgl. Headd (2003), a. a. O., S. 51–64.

[72] Vgl. hierzu auch die Ausführungen über die Humankapitaltheorie in Abschnitt 3.2.2.2.

als verhältnisskaliertes Maß in die statistische Analyse ein. Auf eine Transformation in ein likertskaliertes Maß wurde verzichtet.

3.5.3. Humankapitalprofil der Gründer

3.5.3.1. Überblick

Zum Humankapitalprofil eines Gründers gehören nicht nur dessen schulische, praktische und womöglich universitäre Ausbildung, sondern auch der bisherige berufliche Werdegang. Die folgenden Indikatoren erheben den Anspruch, das Humankapitalprofil der Gründer möglichst umfassend aufzuzeichnen. Als Basis dienen hierzu wie im Fall der vorangegangen Ausführungen die im Businessplan enthaltenen biografischen Daten der Gründer. Die Erfassung der Humankapitalprofile gliedert sich hierbei in zwei Teile: Im ersten Teil wird das Ausbildungsniveau der Gründer anhand der erreichten schulischen und berufsbildenden Abschlüsse erfasst. Im zweiten Teil wird der berufliche Werdegang der Gründer anhand verschiedener Erfahrungswerte aufgezeichnet. Hierzu gehört auch die bisherige Gründungserfahrung.

3.5.3.2. Ausbildungsniveau der Gründer

Hypothesenbildung

Die Bedeutung des Ausbildungsniveaus für den Geschäftserfolg ist von großem Interesse für die Gründungsforschung. Bereits Hoad und Rosko (1964) argumentieren im US-amerikanischen Kontext, dass eine gute Ausbildung einen positiven Einfluss auf den Unternehmenserfolg hat.[73] In der jüngeren Gründungsforschung stellt auch Headd (2003) einen positiven Zusammenhang zwischen Ausbildungsniveau und Gründungs-

[73] Vgl. Hoad, W. und Rosko, P. (1964): *Management Factors Contributing to the Success and Failure of New Small Manufacturers*. Ann Arbor, MI: Bureau of Business Research.

erfolg fest.[74] Er argumentiert, dass Gründer mit einem hohen Ausbildungsniveau c. p. über mehr relevante Fähigkeiten und Kenntnisse verfügen, als schlecht ausgebildete Gründer dies tun.[75] Zudem sieht Schinkel (1980) in einer mangelnden Ausbildung der Gründer einen entscheidenden „Problemkomplex", der zum Misserfolg von Unternehmensgründungen führen kann.[76] Allerdings unterscheidet er hierbei zwischen Ausbildungsinhalten, die unmittelbar für eine Gründung relevant sind, und dem generellen Ausbildungsniveau der Gründer. Auch aus Sicht von VCGs ist die Ausbildung der Gründer ein wichtiges Bewertungskriterium, wie beispielsweise Sandberg (1986) feststellt.[77] Diese Einschätzung konnte auch durch verschiedene Interviews mit VCGs bestätigt werden.

Im Gegensatz hierzu gibt es auch kritische Stimmen hinsichtlich eines möglichen Zusammenhangs zwischen Ausbildungsniveau und Unternehmenserfolg. Lamont (1972) sowie Collins und Moore (1964) weisen auf inkonsistente Ergebnisse bei der Bewertung der Ausbildung für den Geschäftserfolg hin.[78] Im US-amerikanischen Kontext wurde zudem früh argumentiert, dass sich promovierte Gründer aufgrund ihrer ausgeprägten wissenschaftlichen Neigung womöglich nur bedingt als selbstständige Unternehmer eignen.[79]

Insgesamt wird die Bedeutung der Ausbildung für den Gründungserfolg also kontrovers diskutiert. In der vorliegenden Arbeit wird ein erneuter Versuch unternommen, sachlogisch für die Bedeutung der Ausbildung zu argumentieren. Hieran orientiert

---

[74] Vgl. Headd (2003), a. a. O., S. 51–64; vgl. hierzu auch Roberts, E. (1968): *A Basic Study of Innovators: How to Keep and Capitalize Their Talents. Research Management*, 11, S. 249–266, sowie Cooper, A. (1971): *The Founding of Technology-Based Firms*. Milwaukee, WI: Center for Venture Management.

[75] Vgl. Headd (2003), a. a. O., S. 59.

[76] Vgl. Schinkel, S. und Steiner, J. (1980): *Auswirkungen der Existenzgründungsprogramme – Erfahrungen der Betriebe in der Praxis*. Göttingen: Otto Schwanz.

[77] Vgl. Sandberg (1986), a. a. O., S. 9.

[78] Vgl. Lamont, L. (1972): *What Entrepreneurs Learn from Experience. Journal of Small Business Management*, 10, Nr. 3, S. 36–41; Collins, O. und Moore, D. (1964): *The Enterprising Man*. Lansing: Business Research.

[79] Vgl. hierzu bspw. Roberts (1968): Research Management, a. a. O., S. 249–266.

sich auch die Hypothesenbildung. Zunächst ist davon auszugehen, dass Gründer mit einem höheren Abschluss mehr Kenntnisse und Fähigkeiten erwerben als Gründer mit einem niedrigeren Abschluss. Dies gilt zumindest, wenn man annimmt, dass jemand, der *länger* lernt auch *mehr* lernt.[80] Die Hypothesenbildung folgt in diesem Punkt der Argumentation von Headd (2003), dass besser ausgebildete Gründer c. p. auch mehr Inhalte lernen, die für die Unternehmensentwicklung möglicherweise Relevanz haben. Gleichzeitig kann argumentiert werden, dass Gründer ab einem gewissen Ausbildungsniveau „zu gut ausgebildet sind“ und ihnen somit womöglich eine gewisse praktische Nähe zum Wirtschaftsgeschehen fehlt. Dennoch scheinen die positiven Effekte einer besseren Ausbildung die möglichen negativen Effekte zu überwiegen, woran sich auch die Hypothese anschließt:

H2: Eine Unternehmensgründung ist umso erfolgreicher, je höher das Ausbildungsniveau der Gründer ist.

Messansatz

Um dem Anspruch einer möglichst umfassenden indikatorbasierten Kodifizierung der schulischen und weiterführenden Ausbildung der Gründer gerecht zu werden, wurden die biografischen Daten der Gründer seit Eintritt in die 5. Klasse dokumentiert. Dies umfasst also die weiterführende Schulbildung der Gründer, etwa durch den Besuch des Gymnasiums mit Abschluss „Abitur“ oder „Fachabitur“, der Realschule mit Abschluss „Mittlere Reife“ sowie der Hauptschule mit „Hauptschulabschluss“.

Neben dem primären Schulabschluss der Gründer wurden weiterführende Abschlüsse aufgezeichnet. Hierzu zählen eine abgeschlossene Ausbildung, ein abgeschlossenes Fachhochschul- oder Universitätsstudium sowie Promotion und Habilitation. Für jeden Abschluss wurde zudem die Fachrichtung des Abschlusses dokumentiert. Da die Vergabe von Abschlüssen im deutschen System in aller Regel konsekutiv erfolgt, d. h. eine Habilitation eine vorhergegange Promotion bedingt, eine Promotion einen

[80] Unberücksichtigt hiervon bleibt allerdings die Frage nach der Relevanz der Ausbildungsinhalte, die zweifelsohne von Bedeutung ist. Ausgehend von den biografischen Daten der Gründer, kann die Relevanz ohne ein subjektives Werturteil des Autors aber kaum beurteilt werden.

vorhergegangen Universitätsabschluss, ein Universitätsabschluss das Abitur bzw. die allgemeine Hochschulreife, reicht die Feststellung des höchsten erreichten Abschlusses pro Gründer als Indikator des Ausbildungsniveaus aus. Dementsprechend ergeben sich für den Indikator „Ausbildungsniveau" die folgenden fünf Kategorien, die jeweils den höchsten erreichten Abschluss eines Gründers angeben:

1. Ausbildung/Lehre
2. Fachhochschulabschluss
3. Universitätsabschluss
4. Promotion
5. Habilitation

Innerhalb einer Kategorie wird aufgrund der Datenlage auf eine weitere Differenzierung des Ausbildungsniveaus verzichtet. Ein Gründer mit dem Abschluss des Dipl.-Kaufmanns wird somit der gleichen Kategorie zugeordnet wie ein Gründer mit dem Abschluss des Dipl.-Chemikers.[81] Formal betrachtet handelt es sich bei der „Habilitation" in Deutschland um keinen Abschluss eines Studiums.[82] Dennoch wurde diese Kategorie aufgrund ihres häufigen Vorkommens in der untersuchten Grundgesamtheit mit in die Erhebung des Indikators aufgenommen.

Nach Feststellung des höchsten Abschlusses pro Gründer wurde das Indikatormaß „Ausbildungsniveau" zu einem Durchschnittswert pro Team verdichtet und findet als ordinalskaliertes Maß Berücksichtigung in der statistischen Analyse. Den fünf

[81] Ausgehend von den Studien- bzw. Ausbildungszeiten, könnte man den Indikator auch als intervallskaliertes Maß interpretieren. Dies ergibt sich aus der durchschnittlichen Dauer bis zum Erreichen der einzelnen Abschlüsse. Eine Ausbildung dauert demnach 2 Jahre, ein FH-Studium im Durchschnitt 4 Jahre, ein Universitätsstudium 6 Jahre und die zusätzlichen Abschlüsse der Promotion und Habilitation jeweils noch mal 3 Jahre im Durchschnitt. So ergibt sich ein annähernd verhältnisskaliertes Maß, das aber aufgrund der vermutlich fehlenden Normalverteilung nicht weiter Eingang in die statistische Analyse findet.

[82] Vgl. Kisswin – Information und Beratung zur wissenschaftlichen Karriere: *Stichwort Habilitation.* ⟨URL: `http://www.kisswin.de/de/karrierewege/wege-zur-professur/habilitation.html`⟩ – Zugriff am 22. November 2010.

Kategorien wurden hierzu die Werte 1 (für die Kategorie „Ausbildung/Lehre") bis 5 (für die Kategorie „Habilitation") zugeordnet. Entsprechend konnte ein numerischer Durchschnittswert des Ausbildungsniveaus pro Gründerteam berechnet werden.

Zudem wurde anhand der biografischen Daten erfasst, ob ein Gründer eine Ausbildung oder ein Studium abgebrochen hat. Dies konnte jedoch nur in fünf Fällen festgestellt werden. Eine kritische Masse für die Erhebung des Indikators hat sich somit nicht ergeben. Sachlogisch hätte man sicherlich argumentieren können, dass ein abgebrochenes Studium ein Indikator für schlechte Planung oder fehlendes Durchhaltevermögen ist. Aus Sicht von Investoren sind dies wenig wünschenswerte Eigenschaften.[83] Mitunter ist davon auszugehen, dass der Anteil an Gründern mit abgebrochenem Studium höher ist als aus den biografischen Daten ersichtlich wird, da etwaige Fehlschläge vermutlich nicht erwähnt oder entsprechend kaschiert werden. Aufgezeichnet wurden zudem nicht nur der höchste Abschluss des Gründers, sondern alle erreichten Abschlüsse. Entsprechende Mehrfachqualifikationen wurden im Indikator „Ausbildungsniveau" jedoch nicht berücksichtigt, da die Messung ab einem gewissen Punkt willkürlich wird und sachlogisch kaum mehr nachvollziehbar gewesen wäre.

3.5.3.3. Berufserfahrung

Hypothesenbildung

Als grundlegendster Indikator des beruflichen Werdegangs der Gründer wird zunächst die eigentliche Berufserfahrung dokumentiert. Sachlogisch kann argumentiert werden, dass Gründer mit langer Berufserfahrung eher über Kenntnisse und Fähigkeiten verfügen, die für ein Gründungsvorhaben von Relevanz sind, als solche Gründer, die

[83] Vgl. bspw. die Interviews mit Jeffrey Bussgang, Gründungspartner von Flybridge Capital, sowie mit Andy Fillat, Gründungspartner von Leapfrog Ventures.

nur über wenig Erfahrung verfügen.[84] Selbstverständlich spielt hierbei eine Rolle, ob die vom Gründer erworbenen Kenntnisse für die Tätigkeit als Unternehmer von Relevanz sind. Ein Gründer, der vorher Berufserfahrung als selbstständiger Unternehmer gesammelt hat, mag besser für ein weiteres Gründungsvorhaben gewappnet sein, als ein solcher, der vorher als Angestellter tätig war. Trotz dieser Überlegungen soll im Indikator „Berufserfahrung“ zunächst nur die generelle Berufserfahrung der Gründer erfasst werden, also unabhängig davon, ob diese unmittelbar relevant ist für den Gründungserfolg.

Die Relevanz der generellen Berufserfahrung der Gründer für den Unternehmenserfolg wird in der Entrepreneurship-Forschung kontrovers diskutiert. Sandberg (1986) argumentiert, dass sich generelle berufliche Erfahrung nicht notwendigerweise positiv auf den Gründungserfolg auswirkt, da sich die Aufgaben eines Gründers deutlich von denen eines Angestellten unterscheiden.[85] Ähnlich argumentiert bereits Buchele (1967), der daraufhin weist, dass ein Gründer auf die in einem Großunternehmen typischen Unterstützungsleistungen verzichten muss. Im Fall einer Gründung wandelt sich das Arbeitsumfeld so stark, dass vorhergegangene Erfahrungen als Angestellter nur bedingt relevant für den Gründungserfolg sind.[86]

Im Gegensatz hierzu sehen Hoad und Rosko (1964) auch in einer nicht unmittelbar relevanten beruflichen Erfahrung einen wichtigen Faktor für den Gründungserfolg.[87] Ähnlich sieht Headd (2003) in der generellen beruflichen Erfahrung des Gründers

[84] Vgl. hierzu auch Checchi, D. (2006): *The Economics of Education.* Cambridge: Cambridge University Press, S. 187; demnach wirkt sich praktische Erfahrung positiv auf die Produktivität eines Arbeitnehmers aus, was wohl auch für Selbstständige gelten kann. Arrow (1962) misst der Berufserfahrung ebenfalls einen großen Stellenwert bei. Demnach erlernt der Arbeitnehmer einen Großteil seiner produktiven Fähigkeiten durch „Learning by Doing“ und nicht im Rahmen einer formalisierten Ausbildung. Arrow, K. (1962): *The Economic Implications of Learning by Doing. Review of Economic Studies*, 29, Nr. 2, S. 155–173.

[85] Vgl. Sandberg (1986), a. a. O., S. 37.

[86] Vgl. Buchele, R. (1967): *Business Policy in Growing Firms.* Scranton, PA: Chandler Publishing Company, S. 17.

[87] Vgl. Hoad, W. und Rosko, P. (1964): *Management Factors Contributing to the Success and Failure of New Small Manufacturers.* Ann Arbor, MI: Bureau of Business Research.

einen möglichen Indikator für den Unternehmenserfolg.[88] Die Hypothesenbildung der vorliegenden Studie folgt der Argumentation von Headd (2003) sowie Hoad und Rosko (1964).[89] Es wird somit davon ausgegangen, dass Gründer durch berufliche Erfahrung zumindest indirekt Kenntnisse und Fähigkeiten erwerben, die sie auf die Unternehmensgründung vorbereiten. Diese Beobachtung kann wiederum aus der Humankapitaltheorie abgeleitet werden. Dementsprechend ergibt sich für den Zusammenhang zwischen Berufserfahrung und Unternehmensentwicklung folgende Hypothese:

H3: Eine Unternehmensgründung ist umso erfolgreicher, je umfangreicher die praktische Berufserfahrung der Gründer ist.

Messansatz

In einem ersten Schritt wird die Berufserfahrung in Jahren der beruflichen Tätigkeit des Gründers gemessen.[90] Maßgebliche Quelle hierfür sind die biografischen Daten der Gründer in den Businessplänen. Als Konvention wurde hierzu festgelegt, dass sowohl die Jahre einer praktischen Ausbildung bzw. Lehre, als auch die Jahre während einer Promotion als Berufserfahrung gewertet werden. Während einer Lehre führt ein Erwerbstätiger bereits praktische Tätigkeiten aus und arbeitet in aller Regel schon in seinem späteren Beruf. Auch wenn diese Tätigkeiten möglicherweise durch Abschnitte in der Berufsschule unterbrochen werden, so ist die Erfahrung doch weitestgehend praktischer Natur und zählt somit zur Berufserfahrung. Ähnliches gilt in der vorliegenden Untersuchung auch für den Fall promovierter Gründer. Hier hat der überwiegende Teil der Gründer bereits während der Promotion praktische Erfahrung, etwa in Form von Forschungsprojekten für die Industrie, sammeln können. Hinzu kommt, dass viele Gründer nach der Promotion in der Forschung verbleiben

[88] Vgl. Headd (2003), a. a. O., S. 51–64.

[89] Vgl. Headd (2003), a. a. O., S. 56; Hoad und Rosko (1964), a. a. O., S. 44 ff.

[90] In der Entrepreneurship-Forschung hat sich die Angabe von Erfahrungswerten in Jahren durchgesetzt, während in der Praxis die Erfahrung der Gründer eher in einem „Track Record“ festgehalten wird, der subjektive wie objektive Maße vereint, vgl. hierzu auch Sandberg (1986), a. a. O., S. 73.

und sich ihr berufliches Tätigkeitsfeld somit nicht wesentlich von dem während der Promotion unterscheidet. Als Norm wurde somit festgelegt, auch die Jahre der Promotion als Berufserfahrung zu werten.

Basierend auf der Berufserfahrung der einzelnen Gründer, wurde in einem zweiten Schritt die durchschnittliche Berufserfahrung pro Gründerteam in Anzahl an Jahren berechnet. Der Indikator „Berufserfahrung“ ist somit wie auch die übrigen Erfahrungsindikatoren ein verhältnisskaliertes Maß und geht als solches in die statistische Analyse mit ein. Über den Durchschnittswert hinaus wären auch andere Indikatoren, wie etwa die Standardabweichung der Berufserfahrung oder die minimale bzw. maximale Berufserfahrung im Team etc. denkbar gewesen.[91] Selbige Indikatoren wurden in der folgenden Studie jedoch nur aus Zwecken der deskriptiven Statistik erhoben und gehen nicht in das statistische Modell mit ein. Grund hierfür ist mitunter eine schwache theoretische Fundierung und sachlogische Argumentation bezüglich des Einflusses solcher Indikatoren auf den unternehmerischen Erfolg.

3.5.3.4. Branchenerfahrung

Hypothesenbildung

Als Branchenerfahrung wird im Folgenden jede praktische Erfahrung des Gründers verstanden, die er in der Zielbranche des Gründungsvorhabens gesammelt hat. Die Branchenerfahrung ist von Bedeutung, da sich Branchen hinsichtlich Marktdynamik, Kundenverhalten, Lieferantenmacht und Eintrittsbarrieren zum Teil erheblich unterscheiden.[92] Kenntnisse branchenspezifischer Eigenheiten und Merkmale können somit von entscheidender Bedeutung für den Gründungserfolg eines Unternehmens sein.[93]

---

[91] Vgl. hierzu auch Riordan, C. (2000): *Relational demography within groups. Past developments, contradictions, and new directions.* In Ferris, G., Rowland K. (Hrsg.): Research in Personnel and Human Resources Management. Greenwich: JAI Press, S. 131–173.

[92] Vgl. hierzu bspw. Gadenne, D. (1998): *Critical Success Factors for Small Business: An Inter-industry Comparison. International Small Business Journal*, 17, Nr. 1, S. 36–56.

[93] Vgl. Buchele (1967), a. a. O., S. 24.

Daher ist die Branchenerfahrung auch seit langem Gegenstand der Entrepreneurship-Forschung. Buchele (1967) führt an, dass es der möglicherweise größte Fehler eines Entrepreneurs sei, ein Unternehmen in einer Branche zu gründen, ohne dass er in dieser bereits Erfahrung gesammelt hat.[94] Empirisch nachgewiesen hat Klandt (1984) die Bedeutung der Branchenerfahrung für den Umsatzerfolg eines Jungunternehmens.[95] Zu ähnlichen Ergebnissen kommen Roure und Maidique (1986) sowie Brüderl und Baumann (1991).[96] Gleichzeitig stellt Brettel (2002) fest, dass die Branchenerfahrung von allen Erfahrungswerten aus Sicht von VCGs den wichtigsten Stellenwert in der Bewertung des Gründerteams einnimmt.[97] Pichotta (1990) merkt jedoch an, dass zurückliegende Erfahrungen in stark wachsenden Branchen aufgrund des oftmals raschen Wandels nur bedingt von Bedeutung sind.[98]

Aufgrund der teilweise kontrovers geführten Diskussion über die Bedeutung der Branchenerfahrung soll die vorliegende Arbeit einen weiteren Beitrag zur Klärung der Relevanz der Branchenerfahrung leisten. Die Hypothese unterstellt ebenfalls einen positiven Zusammenhang zwischen Branchenerfahrung und Unternehmensentwicklung. Bestätigt wird diese Vermutung auch durch zahlreiche Experteninterviews mit VCGs. So sehen Ray Rothrock, General Partner bei Venrock Ventures, sowie Hank Plain, General Partner bei Morgenthaler Ventures, in der Branchenerfahrung eines Gründers einen der wichtigsten Indikatoren für den möglichen Gründungserfolg. Dementsprechend ergibt sich folgende Hypothese für den Zusammenhang zwischen Unternehmensentwicklung und Branchenerfahrung:

---

[94] Vgl. Buchele (1967), a. a. O., S. 26.

[95] Vgl. Klandt, H. (1984): *Aktivität und Erfolg des Unternehmensgründers. Eine empirische Analyse unter Einbeziehung des mikro-sozialen Umfeldes.* Bergisch Gladbach: Eul Verlag.

[96] Vgl. Roure, J. und Maidique, M. (1986): *Linking Prefunding Factors and High-Technology Venture Success: An Exploratory Study. Journal of Business Venturing*, 1, Nr. 3, S. 295–306; Brüderl, J., Preisendörfer, P. und Baumann, A. (1991): *Überlebenschancen neugegründeter Unternehmen. Die Betriebswirtschaft*, 51, Nr. 2, S. 499–509.

[97] Vgl. Brettel (2002): Die Betriebswirtschaft, a. a. O., S. 317.

[98] Vgl. Pichotta, A. (1990): *Die Prüfung der Beteiligungswürdigkeit von innovativen Unternehmungen durch Venture-Capital Gesellschaften.* Lohmar: EUL Verlag, S. 67.

H4: Eine Unternehmensgründung ist umso erfolgreicher, je umfangreicher die Branchenerfahrung der Gründer ist.

Messansatz

Die Feststellung der Branchenerfahrung erfolgt wie auch schon bei der Berufserfahrung über die biografischen Daten in den Lebensläufen der Gründer. Die Erfahrung wird hierbei pro Gründer in Jahren dokumentiert und in einem zweiten Schritt zu einem Durchschnittswert pro Gründerteam verdichtet, was ein verhältnisskaliertes Maß des Indikators ergibt. Sekundäre Indikatoren, wie etwa die Standardabweichung, wurden nur zu deskriptiven Zwecken erhoben und gehen nicht in das statistische Modell mit ein. Die korrekte Dokumentation der Branchenerfahrung bedingt zunächst, dass die Zielbranche des Gründungsvorhabens korrekt identifiziert und mit der bisherigen praktischen Erfahrung des Gründers abgeglichen wird. Hierzu wurde zunächst die bisherige Berufserfahrung der Gründer den folgenden sieben Branchen zugeordnet:[99]

- Informations- und Kommunikationstechnologie
- Life Sciences
- Hochtechnologie
- Industriegüter
- Handel
- Energietechnik

Bei der Branchenzuordnung der Unternehmen haben sich klassische Branchenklassifizierungen, wie etwa die nordamerikanische NAICS oder SIC Klassifizierung oder auch das von der UN und in Europa genutzte ISIC Klassifizierungsschema, als

[99] Die Branchenliste erhebt keinen Anspruch auf Vollständigkeit. Vielmehr enthält sie nur die Zielbranchen der 96 untersuchten Jungunternehmen. Andere Branchen, wie etwa die Automobilindustrie, fehlen somit in der Liste. Für ihre Nennung gibt es im Rahmen der vorliegenden Untersuchung keine Notwendigkeit.

wenig hilfreich erwiesen.[100] Dies liegt vor allem daran, dass bestehende Branchenklassifizierungen den innovativen Charakter vieler Unternehmen nur unzureichend abbilden und somit häufig veraltet sind. Aus diesem Grund wurde auf eine eigene Klassifizierung zurückgegriffen.

3.5.3.5. Funktionale Erfahrung

Hypothesenbildung

Die funktionale Erfahrung des Gründers umfasst alle vorherigen praktischen Tätigkeiten, die seinem Aufgabenfeld (also seiner Funktion) im neu gegründeten Unternehmen entsprechen. Ähnlich wie bei der Branchenerfahrung ist davon auszugehen, dass ein Gründer mit funktionaler Erfahrung seine Aufgabe im gegründeten Unternehmen besser ausfüllen wird als ein Gründer, der über keine funktionale Erfahrung verfügt. Ein Finanzvorstand in einem Jungunternehmen, der vorab schon im Finanzbereich eines Unternehmens gearbeitet hat, bringt mehr relevante Kenntnisse mit als ein Finanzvorstand, der vorher im Marketing gearbeitet hat. Die mit der funktionalen Erfahrung einhergehenden Fähigkeiten und Kenntnisse können auf Teamebene somit entscheidend zum Unternehmenserfolg beitragen.

Ähnliche Argumente und Erkenntnisse finden sich auch in der Entrepreneurship-Forschung. Roure und Keeley (1990) weisen empirisch nach, dass die funktionale Erfahrung der Gründer einen positiven Einfluss auf den Unternehmenserfolg hat.[101] Knight (1994) sowie Chotigeat und Kim (1997) identifizieren zudem die „funktionale Ausgewogenheit“ der Gründer, die implizit durch den Indikator der funktionalen

[100] Für weiterführende Informationen zu beiden Klassifizierungssystemen werden dem Leser die offiziellen Webseiten beider Organisationen empfohlen: NAICS: *North American Industry Classification System.* ⟨URL: `http://www.census.gov/eos/www/naics/`⟩ – Zugriff am 8. Februar 2010, sowie ISIC: *International Standard Industry Classification.* ⟨URL: `http://unstats.un.org/unsd/cr/registry/regct.asp`⟩ – Zugriff am 8. Februar 2010.

[101] Vgl. Roure und Keeley (1990), a. a. O., S. 201–220.

Erfahrung gemessen wird, als eine der wichtigsten Bewertungskriteren von VCGs.[102] Auch Opitz (1990) weist auf die große Bedeutung der funktionalen Erfahrung für die Investitionsentscheidung der Kapitalgeber hin, die zusammen mit der Branchen- und Führungserfahrung eine entscheidende Rolle einnimmt.[103]

Zu einem ähnlichen Schluss kommen auch die vom Autor dieser Studie geführten Interviews mit VCGs. Derrick Lee von Bessemer Ventures sowie Jeffrey Bussgang von Flybridge Capital sehen in funktional erfahrenen Teams einen klaren Vorteil. Diesen Beobachtungen entspricht auch die Hypothesenbildung:

H5: Eine Unternehmensgründung ist umso erfolgreicher, je umfangreicher die funktionale Erfahrung der Gründer ist.

Messansatz

Der Indikator „Funktionale Erfahrung" erfasst die praktische Erfahrung des Gründers, die er im gleichen Aufgabenfeld gesammelt hat, das er auch im neugegründeten Unternehmen übernimmt. Besetzt ein Gründer beispielsweise die Position des Produktionsvorstandes, so würden alle Jahre, die der Gründer vor der Gründung im Bereich der Produktion eines Unternehmens gearbeitet hat, als funktionale Erfahrung mit in die Wertung eingehen. Gleiches gilt für alle weiteren Positionen im Unternehmen. Für den Fall des Vorstandes für Forschung und Entwicklung könnten auch die Promotionsjahre als funktionale Erfahrung gewertet werden, wenn der Gründer in diesen Jahren entsprechend vergleichbare Forschungsleistungen erbracht hat. Für den besonderen Fall des Geschäftsführers oder Vorstandsvorsitzenden wird für die

[102] Vgl. Knight, R. (1994): *Criteria Used by Venture Capitalists: A Cross Cultural Analysis. International Small Business Journal*, 13, Nr. 1, S. 26–37; vgl. hierzu auch Chotigeat, T., Pandey, I. und Kim, D. (1997): *Venture Capital Investment Evaluation in Emerging Markets. Multinational Business Review*, 5, Nr. 2, S. 54–62.

[103] Vgl. Opitz, M. (1990): *Venture Capital: Pioniere gesucht. Harvard Business Manager*, 12, Nr. 1, S. 134; vgl. hierzu auch Guild, P. und Bachher, J. (1996): *Equity Investment Decisions for Technology Based Ventures. International Journal of Technology Management*, Special Issue on Resources for SME Innovation, Nr. 1, S. 792, sowie Timmons, J. et al. (1987): *Opportunity Recognition: The Core of Entrepreneurship.* In Frontiers of Entrepreneurial Research: Proceedings of the 1987 Annual Babson College Entrepreneurship Research Conference. Wellesley, S. 109.

funktionale Erfahrung gefordert, dass selbiger ein Unternehmen oder zumindest eine Abteilung geführt hat und somit in seinem Tätigkeitsfeld vergleichbare Aufgaben eines Geschäftsführers hatte. Die Bedeutung dieser „generalistischen“ Erfahrung des Geschäftsführers wurde im Vorfeld durch Interviews mit VCGs bestätigt und findet somit Berücksichtigung im statistischen Modell.[104]

Die Messung der funktionalen Erfahrung erfolgt in Jahren pro Gründer. In einem zweiten Schritt wird der Indikator wie zuvor zu einem Durchschnittswert auf Teamebene verdichtet und geht somit als verhältnisskaliertes Maß in die Analyse mit ein. Die Datengrundlage besteht wiederum aus den biografischen Angaben in den Businessplänen. Da sich aus den biografischen Daten nicht in allen Fällen ein klares Bild der funktionalen Erfahrung der Gründer ableiten ließ, wurde der Indikator häufiger als die Berufs- oder Branchenerfahrung als fehlender Wert dokumentiert. Sekundäre Indikatoren, wie etwa die Standardabweichung oder Spannweite der funktionalen Erfahrung im Team, bleiben bis auf deskriptive Zwecke unberücksichtigt.

3.5.3.6. Führungserfahrung

Hypothesenbildung

Die Gründung eines Unternehmens erfordert zweifelsohne Führungsqualitäten auf Seiten des Gründers. Die Gründer müssen das neu gegründete Unternehmen nicht nur leiten und steuern, sondern durch ihre Führung auch eine eigene Unternehmenskultur schaffen, die sich maßgeblich auf den Geschäftserfolg auswirken kann.[105] Neue Mitarbeiter erwarten von den Gründern klare Zielvorgaben und einen sicheren Managementstil. Gründer mit vorheriger Personalführung verfügen somit über wichtige Erfahrungen. Die für diese Studie untersuchten Unternehmen basieren häufig auf

[104] Vgl. hierzu das Interview mit Alexander von Frankenberg, Geschäftsführer des High-Tech Gründerfonds, vom 25. Juli 2009.

[105] Vgl. hierzu bspw. Drumm, H.-J. (2002): *Personalwirtschaft der Gründer.* In Dowling, M. und Drumm, H.-J. (Hrsg.): Gründungsmanagement – Vom erfolgreichen Unternehmensstart zu dauerhaftem Wachstum. Berlin: Springer, S. 219–238.

Innovationen, die in neu geschaffenen Wachstumsmärkten vermarktet werden sollen. Die Spielregeln dieser Märkte sind häufig noch nicht klar und befinden sich noch im Entstehen. Gerade in dieser Situation ist die Führungsqualität der Gründer gefragt. Sie gibt den Mitarbeitern Zuversicht und stärkt das Vertrauen in den Geschäftserfolg des Unternehmens.

In der Entrepreneurship-Forschung wird die Bedeutung der Führungserfahrung von Gründern dennoch kontrovers diskutiert. Laut Knight (1994) ist Führungserfahrung zwar aus Sicht von amerikanischen Investoren wichtig, nimmt speziell im Kontext deutscher Investoren jedoch einen geringeren Stellenwert ein.[106] Im Gegensatz hierzu argumentiert Drumm (2002), dass Gründer ein besonders hohes Maß an personen- wie auch aufgabenorientierter Führung zeigen müssen und sieht eine enge Verknüpfung von Führungsqualitäten und Unternehmensentwicklung.[107] Insbesondere durch starke Führung könne demnach ein positives Vertrauensverhältnis zwischen Gründern, Managern und Mitarbeitern geschaffen werden, das sich auf eine positive Unternehmenskultur und somit auf den Gründungserfolg auswirken kann.[108] Die Bedeutung der Führungserfahrung für den Geschäftserfolg wird auch durch die im Vorfeld geführten Interviews mit VCGs bestätigt.[109]

---

[106] Vgl. Knight (1994), a. a. O., S. 29; zu einem ähnlichen Schluss kommt auch Brettel (2002): Die Betriebswirtschaft, a. a. O., S. 312, der eine erstaunlich geringe Bedeutung der Führungserfahrung im Bewertungsvorgehen deutscher VCGs feststellt. Dennoch weist er empirisch nach, dass es empirisch einen positiven Zusammenhang zwischen Fähigkeiten in der Unternehmensführung und dem Geschäftserfolg einer Gründung gibt. Vgl. hierzu auch Brettel (2004): Der informelle Beteiligungskapitalmarkt. Eine empirische Analyse, a. a. O., S. 230.

[107] Vgl. Drumm (2002), a. a. O., S. 212; vgl. hierzu auch Beckman und O'Reilly (2007), a. a. O., S. 147–173.

[108] Vgl. Drumm (2002), a. a. O., S. 213.

[109] Zum hohen Stellenwert der Führungserfahrung als Bewertungskriterium von VCGs für die Beteiligungswürdigkeit von Jungunternehmen vgl. auch Dixon, R. (1991): *Venture Capitalists and the Appraisal of Investments. Omega*, 19, Nr. 5, S. 339, sowie Timmons et al. (1987), a. a. O., S. 109, Guild und Bachher (1996), a. a. O., S. 792, und Franke, N. et al. (2008): *Venture Capitalists' Evaluations of Start-Up Teams: Trade-Offs, Knock-Out Criteria, and the Impact of VC Experience. Entrepreneurship: Theory & Practice*, 32, Nr. 3, S. 459–483.

Die Hypothesenbildung folgt somit der Beobachtung, dass die Führungserfahrung der Gründer einen positiven Einfluss auf den Geschäftserfolg der Unternehmung hat.

H6: Eine Unternehmensgründung ist umso erfolgreicher, je umfangreicher die Führungserfahrnug der Gründer ist.

Messansatz

Die Führungserfahrung wurde in der vorliegenden Studie als Anzahl an Jahren, in denen der Gründer eine Position mit Personalführung innehatte, gemessen. Die entsprechenden Werte wurden aus den biografischen Daten der Gründer im Businessplan entnommen. In den allermeisten Fällen wurde die Führungserfahrung der Gründer prominent in den Lebensläufen positioniert. In Fällen, wo dies nicht so war, wurde im Umkehrschluss gefolgert, dass der Gründer noch keine Führungserfahrung gesammelt hatte. In Einzelfällen wurde auch praktische Erfahrung ohne direkte Personalverantwortung als Führungserfahrung gewertet. Dies traf beispielsweise dann zu, wenn ein Gründer ein besonders hohes finanzielles Budget, etwa für den Forschungsbetrieb eines Unternehmens, verwaltet hat. Wenn die Zuordnung des Budgets auf einzelne Forschungsprojekte in seinem Verantwortungsbereich lag, wurde dies als Tätigkeit mit Führungscharakter gesehen.

Im Fall der klassischen Personalführung wurde keine weitere Unterscheidung hinsichtlich der Anzahl der geführten Mitarbeiter getroffen. Zweifelsohne ist es so, dass die Führung vieler Mitarbeiter anspruchsvoller ist und somit womöglich eine intensivere Führungserfahrung mit sich bringt als die Führung weniger Mitarbeiter. Ein Versuch der Differenzierung misslang jedoch, da sich aus den biografischen Daten nur in wenigen Fällen genaue Mitarbeiterzahlen ablesen ließen und eine darüber hinaus gehende Schätzung der Mitarbeiterzahlen zu keinen fundierten Ergebnissen geführt hätte. Wie auch in den vorhergegangen Indikatoren wird die Führungserfahrung pro Gründer gemessen und in einem zweiten Schritt zu einem Durchschnittswert auf Teamebene verdichtet. Der Indikator ist somit ein verhältnisskaliertes Maß und findet dementsprechende Berücksichtigung im statistischen Modell.

3.5.3.7. Vertriebserfahrung

Hypothesenbildung

Ray Rothrock, General Partner bei Venrock Associates und ein Urgestein des Silicon Valley, bringt die Bedeutung der Vertriebserfahrung für den Gründungserfolg in einem für diese Arbeit geführten Interview auf einen einfachen Punkt: „In einem Unternehmen gibt es nur zwei Kernfunktionen: Ein Produkt muss hergestellt werden und es muss verkauft werden". Zu einer ähnlichen Einschätzung kommt Ajit Nazre, General Partner bei Kleiner, Perkins, Caufield & Byers, der SAP als Beispiel für die immense Bedeutung von Vertrieb und Marketing aufführt: „SAP ist die Erfolgsgeschichte zweier Männer: Hasso Plattner, der ein hervorragendes Produkt kreiert hat und Dietmar Hopp, der das Produkt verkauft hat."[110]

Die Bedeutung des Vertriebes und anderer kaufmännischer Funktionen im Unternehmen wird auch durch Gierl und Helm (2002) bestätigt. Sie weisen darauf hin, dass Gründer sich häufig zu sehr auf die funktional-technischen Aspekte ihres Produktes fokussieren anstatt von Anfang an den Zielmarkt und die dortigen Gesetzmäßigkeiten des Vertriebes im Auge zu haben.[111] In der empirischen Forschung liegen bisher nur wenige relevante Ergebnisse über den Zusammenhang zwischen Vertriebserfahrung und Erfolg eines Gründungsvorhabens vor. Gerade im deutschen Kontext scheint die empirische Untersuchung eines solchen Zusammenhangs angezeigt. So gelten deutsche Unternehmen zweifelsohne als Quelle von Innovationen, scheitern aber nicht selten an der Vermarktung selbiger und überlassen den eigentlichen Markterfolg anderen Unternehmen. Oft zitierte Beispiele hierfür sind der Fernseher oder auch das

[110] Ajit Nazre war mehrjähriger Vorstandsassistent von Hasso Plattner, weshalb SAP als Beispiel für die Bedeutung des Vertriebes für den Geschäftserfolg eines Unternehmens nahe liegt.

[111] Vgl. Gierl und Helm (2002), a. a. O., S. 51–68; vgl. hierzu auch Zemke, I. (1995): *Die Unternehmensverfassung von Beteiligungskapitalgesellschaften: Analyse des institutionellen Designs deutscher Venture Capital-Gesellschaften.* Wiesbaden: Deutscher Universitäts-Verlag, S. 270. Demnach sind technische Fähigkeiten für den Unternehmenserfolg mitunter weniger wichtig als betriebswirtschaftliche Kenntnisse.

Datenformat MP3, das vom Darmstädter Fraunhofer Institut entwickelt wurde.[112] In den oben genannten Fällen stammen die Innovationen aus Deutschland, haben aber für deutsche Firmen keinen nachhaltigen Markterfolg mit sich gebracht.

Ausgehend von den vorab geführten Interviews und der Relevanz des Vertriebes für den Markterfolg eines Unternehmens, unterstellt die Hypothesenbildung somit einen positiven Zusammenhang zwischen Vertriebserfahrung der Gründer und der Entwicklung des Gründungsvorhabens:

H7: Eine Unternehmensgründung ist umso erfolgreicher, je umfangreicher die Vertriebserfahrung der Gründer ist.

Messansatz

Wie auch die vorhergegangen Erfahrungsindikatoren wird die Vertriebserfahrung in Anzahl an Jahren gemessen, die ein Gründer im Vertrieb oder in einer vertriebsähnlichen Position verbracht hat. Grundsätzlich fallen darunter marktseitige Aufgabenfelder eines Unternehmens. Hierzu wurden auch Tätigkeiten im Marketing gerechnet, wenn davon ausgegangen werden konnte, dass der Gründer sich hierdurch wesentliche Kenntnisse über marktspezifische Vertriebsmöglichkeiten erworben hat. Die Berechnung des Durchschnittswertes auf Teamebene erfolgte analog zum Vorgehen der übrigen Erfahrungsindikatoren.

---

[112] Vgl. hierzu Fraunhofer Gesellschaft: *Geschichte des Datenformats mp3.* ⟨URL: `http://www.iis.fraunhofer.de/EN/bf/amm/products/mp3/mp3history/index.jsp`⟩ – Zugriff am 1. Dezember 2010.

3.5.3.8. Gründungserfahrung

Hypothesenbildung

Aus Sicht von VCGs gilt die vorherige Gründungserfahrung von Kapitalsuchenden als entscheidender Indikator für den möglichen Geschäftserfolg.[113] Investoren hoffen, dass erfolgreiche Unternehmer bei einer Neugründung zurückliegende Erfolge wiederholen.[114] Ohne Zweifel haben es Unternehmer ohne entsprechende Erfahrung heute schwerer, von VCGs eine Finanzierung zu erhalten. Die Bedeutung der Gründungserfahrung für den unternehmerischen Erfolg ist auch Gegenstand der Gründungsforschung. So argumentieren bereits Collins und Moore (1964), dass sich zurückliegende unternehmerische Erfahrung positiv auf ein neues Gründungsvorhaben auswirkt.[115] In der jüngeren Erfolgsfaktorenforschung weisen Schefczyk und Gerpott (2000) sowie Burton und Beckman (2002) einen empirischen Zusammenhang zwischen Gründungserfahrung und Unternehmensentwicklung nach.[116] Zudem argumentieren

[113] Als Gründer gilt jede Person, die aktiv an Aufbau und Führung eines neuen Unternehmens beteiligt ist und Anteile am Eigenkapital des Unternehmens hält. Vgl. hierzu auch Westhead, P., Ucbasaran, D. und Wright, M. (2005): *Experience and Cognition: Do Novice, Serial and Portfolio Entrepreneurs Differ? International Small Business Journal*, 23, Nr. 1, S. 72–98.

[114] Vgl. hierzu auch Sandberg (1986), a. a. O., S. 38, wonach befragte VCGs die unternehmerische Erfahrung des Gründers für mindestens genauso wichtig halten wie die Branchenerfahrung.

[115] Vgl. Collins und Moore (1964), a. a. O.; Lamont (1972), a. a. O., S. 36–41, zeigt in einer Studie von 24 Technologieunternehmen, dass sich die Unternehmen von Gründern mit entsprechender Erfahrung überdurchschnittlich bezüglich Umsatz, Gewinn und Anzahl der Mitarbeiter entwickeln.

[116] Vgl. Schefczyk, M. und Gerpott, T. (2000): *Qualifications and Turnover of Managers and Venture Capital-Financed Firm Performance: An Empirical Study of German Venture Capital Investments. Journal of Business Venturing*, 16, Nr. 2, S. 145–163; Burton, M., Sorensen, J. und Beckman, C. (2002): *Coming from Good Stock: Career Histories and New Venture Formation.* In Lounsbury, M. und Ventresca, M. (Hrsg.): Research in the sociology of organizations. Greenwich: JAI Press, S. 229–262; im Gegensatz hierzu weist Klandt (1984) empirisch nach, dass Gründungs- und Unternehmererfahrung negativ mit dem Umsatzerfolg eines neu gegründeten Unternehmens korreliert sind. In der Gründungsforschung scheint sich aber zunehmend ein Konsens zu bilden, dass vorherige Gründungserfahrung als positiver Indikator für die Qualität von Gründerteams gewertet werden kann.

verschiedene Autoren, dass erfahrene Gründer einen Vorteil bei der Identifizierung neuer und vielversprechender Geschäftsideen haben.[117]

In diesem Zusammenhang stellt sich zweifelsohne die Frage, ob Gründungserfahrung grundsätzlich als positiver Indikator gewertet werden kann, oder ob es vielmehr darauf ankommt, dass eine vorhergegangene Gründung auch erfolgreich war. Die Interviews mit VCGs aus dem Silicon Valley geben eine klare Antwort auf diese Frage. Alle 12 für diese Arbeit interviewten US-amerikanischen Investoren sehen auch in einer gescheiterten unternehmerischen Erfahrung einen positiven Indikator für den zukünftigen Geschäftserfolg. So argumentiert beispielsweise Eric Dunn, Gründer von Cardinal Venture Capital, dass er eher in einen vorher gescheiterten Unternehmer investieren würde als in einen Gründer ohne entsprechende Gründungserfahrung. Auch Mark Fernandez, Partner bei Sierra Ventures, hält unternehmerisches Scheitern für „völlig in Ordnung“ und sieht Misserfolg als eine wichtige Erfahrung im Leben eines Unternehmers. Den hier beobachteten Einstellungen liegt natürlich die Überlegung zu Grunde, dass ein gescheiterter Unternehmer von seinem Misserfolg gelernt hat und einmal begangene Fehler vermutlich nicht wiederholen wird. Hiermit ist auch die Hoffnung verbunden, dass er sorgfältiger mit ihm überlassenen finanziellen Mitteln umgehen wird. Den Ergebnissen aus dem Interviewprozess entsprechend, wird in der Hypothesenbildung somit auch ein positiver Zusammenhang zwischen Gründungserfahrung und zukünftiger Unternehmensentwicklung angenommen.

H8: Eine Unternehmensgründung ist umso erfolgreicher, je umfangreicher die Gründungserfahrung der Gründer ist.

Messansatz

Als Gründungserfahrung wird jede unternehmerische Erfahrung gewertet, bei der die betreffende Person als Gründer aufgetreten ist. Die Gründung des aktuellen und in die Untersuchung aufgenommenen Unternehmens zählt selbstverständlich nicht

[117] Vgl. hierzu bspw. Shane, S. und Khurana, R. (2003): *Bringing Individuals Back in: The Effects of Career Experience on New Firm Founding. Industrial and Corporate Change*, 12, Nr. 3, S. 519–544.

hierzu. Die entsprechenden Werte der Gründungserfahrung wurden ebenfalls aus den biografischen Daten der Businesspläne entnommen. Anders als im Fall der übrigen Erfahrungswerte wurde hierbei auf eine Messung in Jahren verzichtet und stattdessen lediglich gewertet, ob die betreffende Person vorab schon einmal ein Unternehmen gegründet hat oder nicht. Die Gründungserfahrung kann somit als dichotomes Maß nur den Wert „0“ (Gründer hat keine Gründungserfahrung) oder „1“ (Gründer hat Gründungserfahrung) annehmen. Der Indikator wurde dann auf Teamebene als Durchschnittswert verdichtet. Der resultierende Wert gibt somit den Anteil aller Gründungsmitglieder in einem Team an, die über Gründungserfahrung verfügen.

Aussagen über die Güte der Gründungserfahrung, also wie lange diese angedauert oder zu welchem Ergebnis sie geführt hat, gehen nicht in die Betrachtung mit ein. Auch wenn VCGs gescheiterte unternehmerische Versuche mitunter als positive Erfahrung sehen, so wäre eine Differenzierung zwischen erfolgreicher und nicht erfolgreicher Gründungserfahrung sicherlich wünschenswert gewesen. Die Datenlage in den Businessplänen lies eine entsprechende Unterscheidung aber nicht zu. So wurde verständlicherweise in keinem der Businesspläne auf eine gescheiterte frühere unternehmerische Aktivität eines Gründers hingewiesen. Auch die genaue Anzahl an Jahren, die Gründer vorher in der Selbstständigkeit verbracht haben, war in den meisten Fällen nicht genau zu ermitteln, weshalb auf ein dichotomes Maß zurückgegriffen wurde. Für deskriptive Zwecke wurde auch die Anzahl der vorher gegründeten Unternehmen pro Gründer ermittelt. Da es aber nur eine handvoll Gründer gab, die bereits mehr als ein Unternehmen im Vorfeld gegründet hatten, bot sich auch hier eine weitere Differenzierung des Indikators nicht an.

3.5.4. Indikatoren der Teamzusammensetzung

3.5.4.1. Überblick

Während sich die vorangegangenen Indikatoren primär auf personenzentrierte bzw. soziodemografische Merkmale der Gründer beziehen, soll im Folgenden das Gründerteam in seiner Gesamtheit analysiert werden. Die Zusammensetzung des Gründerteams wird hierbei anhand dreier Indikatoren erfasst: der eigentlichen Teamgröße, der Teamvollständigkeit und der Interdisziplinarität des Gründerteams. Anhand von Experteninterviews konnten diese drei Indikatoren im Vorfeld als zentrale Bewertungskriterien für die Zusammensetzung von Gründerteams identifiziert werden.

3.5.4.2. Größe des Gründerteams

Hypothesenbildung

Als erster und fundamentalster Indikator für die Zusammensetzung und Güte des Teams wird zunächst die Teamgröße an sich, also die Anzahl der Gründungsmitglieder, betrachtet. Die Frage nach der Bedeutung der Teamgröße für den Gründungserfolg gehört zu den klassischen Problemstellungen der Entrepreneurship-Forschung.[118] Von zentralem Interesse ist hierbei die Frage, ob Teamgründungen erfolgreicher sind als Einzelgründungen. Sachlogisch lassen sich für beide Gründungsformen mögliche positive wie negative Effekte finden.[119] Teamgründungen haben gegenüber der Einzelgründung den Vorteil, dass die unterschiedlichen Aufgaben der betriebswirtschaftlichen Wertschöpfungskette c. p. personell besser abgebildet werden können, sofern sich die Gründungsmitglieder in ihren Fähigkeiten und Erfahrungen ergänzen. Die Gründung im Team kann insbesondere im Fall der gemeinschaftlichen Gründung durch Kaufmänner und Techniker sinnvoll sein, da hierdurch eine besonders effektive gegenseitige Ergänzung der jeweiligen Humankapitalprofile erfolgt.[120] Durch die Kombination von kaufmännischem und technologischem Sachverstand wird unter anderem die unternehmerische Planung gestrafft und besser koordiniert.[121]

---

[118] Vgl. Hunsdiek, D. (1987): *Unternehmensgründungen als Folgeinnovation – Struktur, Hemmnisse und Erfolgsbedingungen der Gründung industriell innovativer Unternehmen.* Stuttgart: Poeschel.

[119] Vgl. Brüderl und Ziegler (1998), a. a. O., S. 188.

[120] Vgl. Szyperski, N. und Nathusius, K. (1977): *Probleme der Unternehmensgründung – Eine betriebswirtschaftliche Analyse unternehmerischer Startbedingungen.* Stuttgart: Schäffer-Poeschel.

[121] Vgl. Müller (2001), a. a. O., S. 73–78.

Aufgrund des im Team herrschenden Meinungspluralismus können die Gründer zu ausgewogeneren Entscheidungen kommen, die die Unternehmensentwicklung möglicherweise positiv beeinflussen.[122] Zudem sind Gründungsmitglieder oft hoch motiviert. Auch aufgrund ihrer Anteile, die sie am Unternehmen halten, sind sie an einer positiven Unternehmensentwicklung interessiert. Im Fall einer Teamgründung stehen dem Unternehmen somit von Anfang an tatkräftige Mitarbeiter zur Verfügung, die man sich ansonsten wohl kaum leisten könnte. Im Fall der Einzelgründung wird der Gründer es mitunter schwer haben, ähnlich qualifiziertes Personal, das nicht an der Unternehmung beteiligt ist, von Anfang an für sein Unternehmen zu gewinnen.

Gleichzeitig bringen Teamgründungen aber auch gewisse Risiken mit sich. Brüderl und Ziegler (1998) sehen im Meinungspluralismus eine Gefahr, da die Entscheidungs- und Handlungsfreiheit im Team im Vergleich zur Einzelgründung möglicherweise eingeschränkt wird.[123] Insbesondere wenn Entscheidungen im Kollektiv der Gründer getroffen werden, läuft die Unternehmensführung Gefahr, zu sehr von Kompromissen und nicht von einer stringenten Strategie geleitet zu werden. Zudem kann es zwischen den Gründern zu Streitigkeiten und Konflikten kommen, die zu Reibungsverlusten beim Aufbau des Unternehmens führen können.[124]

Trotz möglicher negativer Effekte sieht die überwiegende Mehrzahl empirischer Studien Teamgründungen im Vorteil. Zu diesem Schluss kommt letztendlich auch die Studie von Brüderl und Ziegler (1998).[125] Ähnliche Ergebnisse liefern Roberts (1991b), Hunsdiek (1987) sowie Picot und Schneider (1989), die den Vorteil von

[122] Vgl. hierzu auch Roure und Keeley (1990), a. a. O., S. 201–220.

[123] Vgl. Brüderl und Ziegler (1998), a. a. O., S. 191.

[124] Vgl. hierzu Brüderl und Ziegler (1998), a. a. O., S. 188.

[125] Vgl. Brüderl und Ziegler (1998), a. a. O., S. 188 ff.

Teamgründungen vor allem für den Fall von Technologieunternehmen empirisch nachweisen.[126]

Um den bisherigen empirischen Erkenntnissen ausreichend Rechnung zu tragen, geht die nachfolgende Hypothesenbildung von einem nichtlinearen Zusammenhang zwischen der Größe eines Gründerteams und der Unternehmensentwicklung aus:

H9: Der Gründungserfolg eines Unternehmens steigt mit der Anzahl der Gründungsmitglieder zunächst an, fällt ab einem gewissen Schwellenwert der Teamgröße aber wieder ab.

Messansatz

Die Anzahl der Gründungsmitglieder geht unmittelbar aus den Angaben im Businessplan hervor. Als Gründer gilt hierbei jeder, der zum Zeitpunkt der Firmengründung Mitglied des Gründungsteams ist und Anteile am Unternehmen hält.[127] Aus den Businessplänen konnte nicht in allen Fällen eindeutig geschlossen werden, ob ein Teammitglied zum Gründungszeitpunkt auch Anteilseigner war. In Fällen, wo kein eindeutiger Hinweis auf die Verteilung der Firmenanteile zu finden war, wurde angenommen, dass die im Businessplan genannten Gründungsmitglieder grundsätzlich auch Unternehmensanteile halten und somit der klassischen Definition des Gründers in der Literatur entsprechen.[128]

---

[126] Vgl. Roberts (1991b): Sloan Management Review, a. a. O., S. 9–20; Hunsdiek, D. (1987): *Unternehmensgründungen als Folgeinnovation – Struktur, Hemmnisse und Erfolgsbedingungen der Gründung industriell innovativer Unternehmen.* Stuttgart: Poeschel; Picot, A., Laub, U. und Schneider, D. (1989): *Innovative Unternehmensgründungen. Eine ökonomisch empirische Analyse.* Springer; vgl. hierzu auch Chandler, G. und Hanks, S. (1998): *An Examination of the Substitutability of Founders' Human and Financial Capital in Emerging Business Ventures. Journal of Business Venturing*, 13, Nr. 3, S. 353–369.

[127] Vgl. hierzu auch Beckman und O'Reilly (2007), a. a. O., S. 147–173.

[128] Diese Annahme ist wahrscheinlich, da in den Businessplänen in aller Regel nur die Gründungsmitglieder genannt werden. Erste Angestellte des Unternehmens werden meistens nicht namentlich erwähnt.

3.5.4.3. Vollständigkeit des Gründerteams

Hypothesenbildung

Der Indikator der „Teamvollständigkeit" erfasst, inwiefern ein Gründerteam zentrale betriebliche Funktionen personell abbilden kann. C. p. kann davon ausgegangen werden, dass ein vollständiges Gründerteam, in dem wichtige Funktionen, wie etwa die des Geschäftsführers und Technologievorstandes, von Anfang besetzt sind, erfolgreicher in ein Gründungsvorhaben startet als ein unvollständiges Team. Ein Gründerteam ohne Geschäftsführer tut sich wohl ähnlich schwer wie eine Fussballmannschaft ohne Torwart. Auch VCGs sehen in der Teamvollständigkeit einen wichtigen Indikator für eine positive Unternehmensentwicklung, wie beispielsweise das Interview mit Steve Krauzs von U.S. Venture Partners belegt. Häufig unterstützen VCGs Gründerteams auch bei der Suche nach Führungskräften oder zusätzlichen Gründungsmitgliedern. Nicht selten finden sie diese in ihrem persönlichen Netzwerk.

Die Bedeutung der Teamvollständigkeit für den Gründungserfolg konnte durch die Studie von Roure und Keeley (1990) auch empirisch nachgewiesen werden.[129] Neben der besseren personellen Abbildung der betrieblichen Funktionen bringen vollständige Teams in der Regel auch umfassendere Netzwerke und somit ein höheres soziales Kapital mit in die Gründung ein. Der Teamvollständigkeit werden somit ausschließlich positive Eigenschaften zugeschrieben. Basierend auf den sachlogischen Überlegungen und empirischen Erkenntnissen, wird demnach davon ausgegangen, dass der Unternehmenserfolg in einem positiven Zusammenhang zur Vollständigkeit der Gründermannschaft steht. Somit ergibt sich folgende Hypothese:

H10: Der Grad der Vollständigkeit eines Gründerteams zum Gründungszeitpunkt wirkt sich positiv auf die Unternehmensentwicklung aus.

---

[129] Vgl. Roure und Keeley (1990), a. a. O., S. 205.

Messansatz

Die Messung der Teamvollständigkeit ist mitunter nicht einfach, da sich Unternehmen bezüglich ihrer personellen Anforderungen stark unterscheiden können. Für ein Technologieunternehmen kann der Vorstandsposten für Forschung & Entwicklung von zentraler Bedeutung sein, während ein Handelsunternehmen gänzlich auf diesen Posten verzichten mag. Der Indikator der Teamvollständigkeit hängt somit zunächst von den individuellen personellen Anforderungen eines jeden Unternehmens ab. Prinzipiell hätte eine saubere statistische Erfassung der Teamvollständigkeit somit zunächst bedingt, dass für jedes Unternehmen ein individuelles personelles Anforderungsprofil erstellt wird. Aufgrund der Datenlage in den Businessplänen war dies jedoch nur in den seltensten Fällen möglich.

Aus diesem Grund wurde auf ein einfacheres Verfahren zur Feststellung der Teamvollständigkeit zurückgegriffen. Roure und Keeley (1990) schlagen in ihrer Studie vor, die Teamvollständigkeit über ein einfaches Abzählen der zum Gründungszeitpunkt besetzten Positionen zu bestimmen.[130] Hierbei werden lediglich die Positionen des Geschäftsführers und „Chief Operating Officers“ sowie die der Vorstände für Finanzen, Technologie und Marketing berücksichtigt.[131] Eine relative Bestimmung der Teamvollständigkeit in Abhängigkeit von den spezifischen personellen Anforderungen eines Unternehmens bleibt somit aus.

In der vorliegenden Studie wurde ein vergleichbares Vorgehen gewählt, das aber noch stärker die heute vorherrschende Heterogenität an betrieblichen Positionen mit einbezieht. Aus den Businessplänen wurden folgende Positionen abgeleitet:

- Geschäftsführer (gesamt)
- Vorstand/Leiter Technologie
- Vorstand/Leiter Forschung und Entwicklung

[130] Vgl. Roure und Keeley (1990), a. a. O., S. 208.

[131] Im Fall von Unternehmen mit zwei Kerntechnologien wird ein zweiter Technologievorstand mit in die Zählung aufgenommen. Vgl. hierzu Roure und Keeley (1990), a. a. O., S. 209.

- Vorstand/Leiter Finanzen und Controlling
- Vorstand/Leiter Vertrieb und Marketing
- Vorstand/Leiter Personal & Organisation
- Vorstand/Leiter Business Development
- Vorstand/Leiter „Operations“
- Vorstand/Leiter Produktion
- Sonstiger Posten

Der Indikator der Teamvollständigkeit wird somit über ein Abzählen der oben aufgelisteten Positionen bestimmt, sofern diese zum Gründungszeitpunkt besetzt sind. Die unterschiedlichen Positionen gehen hierbei gleichwertig mit in die Zählung ein. Die Position des Geschäftsführers hat somit kein größeres Gewicht als die des Finanzvorstandes.[132] Darüber hinaus werden pro Gründungsmitglied maximal zwei Positionen gezählt. Wird in einem Businessplan beispielsweise angegeben, dass eine Person sowohl Geschäftsführer als auch Finanz- und Produktionsvorstand ist, so werden nur zwei der drei Positionen gewertet. Dieses Vorgehen resultiert aus der Tatsache, dass in einigen Fällen ein einzelnes Gründungsmitglied für bis zu fünf betriebliche Positionen verantwortlich ist. Eine Wertung aller fünf Positionen würde zweifelsohne zu einer Überschätzung der Teamvollständigkeit führen. Gleichzeitig soll aber auch der unternehmerischen Realität Rechnung getragen werden, dass viele Gründungsmitglieder in der Anfangsphase eines Unternehmens mehr als eine Position besetzen. Die Begrenzung auf maximal zwei Positionen pro Person kann sachlogisch insofern begründet werden, als dass ein weiterer, dritter Aufgabenbereich unter Umständen nur bedingt durch die gleiche Person ausgefüllt werden kann.

[132] Grundsätzlich kann natürlich argumentiert werden, dass die Position des Geschäftsführers wichtiger ist als die eines anderen Vorstandspostens. Der Versuch, den unterschiedlichen Positionen Gewichtungen zuzuordnen, würde aber zweifelsohne durch eine gewisse Willkür und das Fehlen sachlogischer Erklärungen geprägt, weshalb in dieser Studie darauf verzichtet wurde.

Um dem spezifischen personellen Anforderungsprofil eines Unternehmens gerecht zu werden, kann pro Unternehmen darüber hinaus ein „sonstiger Posten“ mit in die Zählung aufgenommen werden. Hierzu zählen auch solche Positionen, die nicht bei jedem Unternehmen als zentral angesehen werden. Beispiele hierfür sind etwa die Vorstände bzw. Leiter für Design, Projektmanagement oder auch Investor Relations. Der ganz überwiegende Anteil der in den Businessplänen vergebenen Positionen wird aber durch die vorangegangene Liste abgedeckt.

Basierend auf dem hier vorgestellten Verfahren, können also maximal 10 Positionen im Team besetzt sein. Um ein perfekt vollständiges Team zu erhalten, wären somit mindestens 5 Gründungsmitglieder notwendig, da pro Gründungsmitglied zwei Positionen angerechnet werden können. Der Indikator der „Teamvollständigkeit“ entspricht somit der Anzahl der Positionen, die zum Zeitpunkt der Gründung personell besetzt sind. Das hier erhobene Maß erhebt nicht den Anspruch eines metrischen Skalenniveaus, sondern wird lediglich als ordinale Variable erfasst.

3.5.4.4. Interdisziplinärität des Gründerteams

Hypothesenbildung

Der Begriff Interdisziplinärität bezieht sich auf den Einsatz von Methoden, Ansätzen, und Vorgehensweisen verschiedener Fachrichtungen zur Lösung eines Problems.[133] Übertragen auf den Fall von Gründerteams, versteht man unter Interdisziplinarität somit die Besetzung eines Teams mit Gründern verschiedener Fachrichtungen und Disziplinen.

Im Allgemeinen erhoffen sich VCGs von interdisziplinären Teams eine bessere personelle Abbildung der betrieblichen Wertschöpfungskette. Funktionen wie Einkauf, Produktion oder auch Forschung & Entwicklung erfordern zweifelsohne verschiedene

[133] Vgl. hierzu auch Gabler (2010), a. a. O., S. 1545. Interdisziplinarität wird demnach als „Verfahren der Suche nach Problemlösungen durch Einbeziehung von Erkenntnissen möglichst aller durch ein Problem tangierten Fachdisziplinen“ definiert.

Kompetenzen. Die Bandbreite unterschiedlicher Fähigkeiten ist in interdisziplinären Teams c. p. größer als in weniger heterogen besetzten Teams. Zudem kann davon ausgegangen werden, dass ein interdisziplinäres Team ein unternehmerisches Problem aus mehr Perspektiven betrachtet. Durch die unterschiedlichen Denkweisen verschiedener Fachrichtungen können Probleme tiefer durchdrungen und bessere Lösungen entwickelt werden.[134]

Ist ein Team jedoch zu interdisziplinär zusammengesetzt, so kann die Vielfalt an Meinungen auch zu Problemen führen.[135] Unter Umständen kann sich hierdurch ein zu starker Meinungspluralismus im Gründungsteam bilden, der zu einer Verlangsamung von Entscheidungsprozessen führt. In der Fachliteratur werden somit sowohl positive wie auch negative Effekte der Interdisziplinarität von Gründerteams diskutiert.[136] In der Schlussfolgerung ergibt sich somit ein nichtlinearer Zusammenhang zwischen Interdisziplinarität und Unternehmenserfolg:

H11: Mit zunehmender Interdisziplinarität wächst der Unternehmenserfolg zunächst an, fällt ab einem bestimmten Grenzwert aber wieder ab.

Messansatz

Die „Interdisziplinarität des Gründerteams" wird als Indikator aus der Anzahl unterschiedlicher Studien- bzw. Ausbildungsabschlüsse der Gründer abgeleitet. In die Zählung gehen nur Abschlüsse ein, die sich hinsichtlich ihrer Fachrichtung wesentlich

[134] Vgl. hierzu auch Keck, S. (1997): *Top Management Team Structure: Differential Effects by Environmental Context. Organization Science*, 8, Nr. 1, S. 143–156, sowie Randel, A. und Jaussi, K. (2003): *Functional Background Identity, Diversity, and Individual Performance in Crossfunctional Teams. Academy of Management Journal*, 46, Nr. 2, S. 763–774.

[135] Über mögliche Konsequenzen von Heterogenität im Team berichten auch Watson, W., Steward, W. und Barnir, A. (2003): *The Effects of Human Capital, Organizationl Demography and Interpersonal Processes on Venture Partner Perceptions of Firm Profit and Growth. Journal of Business Venturing*, 18, Nr. 2, S. 145–164, sowie Chandler, G., Honig, B. und Wiklund, J. (2005): *Antecedents, Moderators, and Performance Consequences of Membership Change in New Venture Teams. Journal of Business Venturing*, 20, Nr. 3, S. 705–725.

[136] Vgl. hierzu Reagans, R., Zuckerman, E. und McEvily, B. (2004): *How to Make the Team: Social Networks versus Demography as Criteria for Designing Effective Teams. Administrative Science Quarterly*, 40, Nr. 1, S. 101–133, sowie Beckman und O'Reilly (2007), a. a. O., S. 147–173.

unterscheiden. Als Ausbildungs- oder Studienabschluss zählen alle qualifizierenden Abschlüsse nach der Schule. Ein Gründer muss somit eine Ausbildung absolviert oder ein Fachhochschul- bzw. Universitätsstudium abgeschlossen haben. Dabei spielt die eigentliche Ebene des Abschlusses, also ob ein Gründer „nur" diplomiert oder auch promoviert ist, keine Rolle. Lediglich die inhaltliche Ausrichtung von Studium oder Lehre ist für die Bestimmung der Anzahl an Fachrichtungen ausschlaggebend. Ein Team aus zwei Gründern, in dem ein Gründer die Universität mit einem Physikdiplom abgeschlossen und ein zweiter in Physik promoviert hat, gilt somit nicht als interdisziplinäres Team. Der Indikator würde in diesem Fall den Wert 1 annehmen.

Zudem wurden nur solche Fachrichtungen als interdisziplinär gewertet, die wesentliche inhaltliche Unterschiede aufweisen. So werden Ausbildungs- bzw. Studienabschlüsse wie bspw. der Industriekaufmann, Dipl.-Betriebswirt, Dipl.-Kaufmann oder auch Dipl.-Ökonom alle der Fachrichtung „Wirtschaft" zugeordnet. Das gleiche gilt auch für den Fall des Elektronikers, Industrielektronikers oder auch Dipl.-Elektrotechnikers. Hier werden alle Abschlüsse der Fachrichtung „Elektrotechnik" zugeordnet. Unterschieden werden hingegen Fachrichtungen der Ingenieurwissenschaften, wo die Abschlüsse des Dipl.-Ingenieurs in Maschinenbau, Elektrotechnik, Bauingenieurwesen oder auch Luft- und Raumfahrttechnik als einzelne Fachrichtungen gewertet werden. Gleiches gilt für Facharztausbildungen im Bereich Medizin, wie etwa im Fall der Kardiologie, Inneren Medizin oder Augenchirurgie.[137] Sollte ein einzelner Gründer selbst Abschlüsse in zwei verschiedenen Fachrichtungen aufweisen, wie etwa im Fall eines diplomierten Ingenieurs, der gleichzeitig auch Betriebswirtschaft studiert hat, so werden beide Abschlüsse gewertet. Der Indikator kann somit auch im Fall einer Einzelgründung einen Wert größer 1 annehmen.

Natürlich hätte der Grad der Interdisziplinarität im Gründerteam auch durch einen anderen und womöglich treffenderen Messansatz bestimmt werden können. Mitunter ist davon auszugehen, dass der Ausbildungshintergrund eines Gründers nicht deckungsgleich ist mit der eigentlichen „Kerndisziplin", die er mit in das Unternehmen

[137] Alle hier aufgeführten Beispiele an Fachrichtungen sind den Businessplänen entnommen.

einbringt. In der Mehrheit der Fälle kann sogar davon ausgegangen werden, dass die berufliche Erfahrung der Gründer von größerer Bedeutung ist als der Ausbildungshintergrund. Dennoch wurde aufgrund der schwierigen Datenlage in den Businessplänen das hier vorgestellte einfache Messverfahren gewählt. In zu vielen Fällen reichten die biografischen Daten der Gründer nicht aus, um auf Basis der beruflichen Erfahrung eine fundierte Zuordnung zu einer bestimmten Disziplin vorzunehmen. Auch im Interesse der Objektivität der Messung wurde somit auf Ausbildung und Studium der Gründer zurückgegriffen.

3.5.4.5. Technologie und Wirtschaft

Hypothesenbildung

Als grundlegendster Fall von Interdisziplinarität und Teamvollständigkeit wird im Folgenden noch die Kombination aus technologischen und kaufmännischen Kenntnissen im Gründerteam betrachtet. Dies ist sinnvoll, da die Kombination aus wirtschaftlichen und technologischen Kenntnissen in der Entrepreneurship-Forschung als besonders wichtig für den unternehmerischen Erfolg angesehen wird.[138] Diese Einschätzung wurde auch durch verschiedene Interviews mit VCGs bestätigt. John Fisher, Gründer der Venture-Capital-Gesellschaft Draper Fisher Jurvetson, sieht insbesondere in der Partnerschaft von Technologen und Betriebswirten das Potenzial, nachhaltigen unternehmerischen Wert zu schaffen. Zu einem ähnlichen Schluss kommt auch Alexander von Frankenberg, Geschäftsführer des High-Tech Gründerfonds. Ray Gilmartin, ehemaliger Vorstandsvorsitzender von Merck, aktuelles Aufsichtsratsmitglied von Microsoft und Experte für das nachhaltige Wachstum von Unternehmen, sagt hierzu, dass er selbst ausschließlich in gemischte Teams, bestehend aus Ingenieuren und Betriebswirten, investieren würde.

Unternehmen müssen nicht nur in der Lage sein, innovative Technologien zu entwickeln, sondern diese vor allem auch erfolgreich zu vermarkten. Dies erfordert

[138] Vgl. hierzu Müller (2001), a. a. O., S. 6–7 und 73–78.

technologischen und betriebswirtschaftlichen Sachverstand. Die Kombination beider Disziplinen führt bereits in der Planungsphase zu einer tragfähigeren Ausrichtung des Unternehmens. So beklagt Roberts (1991a) beispielsweise, dass Businesspläne, die nur von Technologen verfasst, werden eine konsequente Marktorientierung des Unternehmens vermissen lassen und mahnt zu verstärkter Zusammenarbeit mit kaufmännisch geschulten Personen.[139]

Die Hypothesenbildung unterstellt somit einen positiven Zusammenhang zwischen der Kombination aus kaufmännischen und technologischen Kenntnissen und der späteren Unternehmensentwicklung.

H12: Ein Team, das sowohl kaufmännische als auch technologische Kenntnisse vereint, ist erfolgreicher, als ein Team, das nur eine der beiden Disziplinen aufweist.

Messansatz

Die Messung des dichotomen Indikators „Kombination aus Wirtschaft und Technologie“ erfolgt zunächst über die Bestimmung der in einem Team vorhandenen Fähigkeiten. Verfügt ein Team nachweislich sowohl über kaufmännische als auch über technologische Kenntnisse, so nimmt der Indikator den Wert „1“ an. Sind im Team nur kaufmännische *oder* technologische Kenntnisse vorhanden, so nimmt der Indikator den Wert „0“ an. Auch im Fall einer Einzelgründung könnte der Indikator den Wert „1“ annehmen, wenn der Gründer nachweislich sowohl über technologische als auch kaufmännische Kenntnisse verfügt.[140] Neben einer relevanten akademischen Ausbildung kann auch die praktische Erfahrung eines Gründers in der Messung gewertet werden. Ein Team aus Ingenieuren, von denen einer beruflich im kaufmännischen Bereich tätig war, würde somit den Indikatorwert „1“ erhalten. Die

[139] Vgl. Roberts, E. (1991a): *Entrepreneurs in High-Technology – Lessons from MIT and beyond.* Oxford: Oxford University Press, S. 201 ff.

[140] Im Fall der hier untersuchten Grundgesamtheit gab es zahlreiche Fälle von Gründern, die nach Abschluss eines natur- oder ingenieurwissenschaftlichen Studiums noch einen MBA oder ein kaufmännisches Aufbaustudium absolviert haben. In diesen Fällen vereint eine einzelne Person somit sowohl technische als auch kaufmännische Kenntnisse.

berufliche Tätigkeit muss dabei jedoch signifikant gewesen sein, also über mehrere Jahre angedauert haben.

3.5.4.6. Zusammenarbeit und Bekanntschaft der Gründer

Hypothesenbildung

Ein Gründungsvorhaben erfordert ohne Zweifel die enge und oft auch intensive Zusammenarbeit zwischen den Gründungsmitgliedern. Grundsätzlich ist davon auszugehen, dass der Unternehmenserfolg somit auch mit der Qualität und Güte der Zusammenarbeit der Gründungsmitglieder verknüpft ist. Gründungsmitglieder, die sich gegenseitig vertrauen, ihre gegenseitigen Schwächen und Stärken kennen und reibungslos miteinander zusammenarbeiten, haben einen Vorteil. Diese Beobachtung soll im Folgenden Eingang in das statistische Modell finden. Da die aktuelle Zusammenarbeit der Gründer auf Basis des Businessplans in aller Regel nicht beurteilt werden kann, soll die Qualität der Zusammenarbeit anhand zweier Ersatzindikatoren festgehalten werden.

Zum einen wird über den Indikator „Bekanntschaft der Gründungsmitglieder“ erfasst, wie lange sich die Gründungsmitglieder bereits vor der Gründung des Unternehmens kennen. Darüber hinaus wird anhand des Indikators „Vorherige Zusammenarbeit der Gründungsmitglieder“ erfasst, ob und wie lange die Gründer bereits vor der Gründung zusammengearbeitet haben. Grundsätzlich liegt diesem Vorgehen die Annahme zu Grunde, dass Gründer, die bereits miteinander bekannt sind und ggf. schon zusammengearbeitet haben, eine tendenziell reibungslosere und effektivere Zusammenarbeit aufweisen werden als solche, die sich kaum kennen und noch nicht zusammengearbeitet haben.[141]

[141] Gründer, die miteinander bekannt sind, würden sich wohl kaum zu einem Team zusammenschließen, wenn sie nicht davon überzeugt wären, dass sie gut zusammenarbeiten werden. Bei Gründern, die kaum bekannt miteinander sind, besteht hingegen ein höheres Risiko an Problemen in der späteren Zusammenarbeit.

Verschiedene Studien sehen daher in der vorhergegangenen Zusammenarbeit und Bekanntschaft der Gründer einen positiven Indikator für den Unternehmenserfolg. Eisenhardt und Schoonhoven (1990) weisen eine höhere Effektivität für Gründungen nach, bei denen die Teammitglieder vorher schon zusammengearbeitet haben.[142] Zum gleichen Schluss kommen Roure und Maidique (1986), die vor allem auf das gesteigerte Vertrauen im Team hinweisen, das von Coleman (1988) sowie Ensley, Pearson und Amazon (2002) als wichtiges Element des „internen sozialen Kapitals“ gesehen wird.[143] Chattopadhay et al. (1999) weisen schließlich darauf hin, dass Gründer mit gemeinsamer Vergangenheit über ein „ähnliches Vokabular sowie ähnliche Werte und Prioritäten verfügen“, was zu einer effektiveren Zusammenarbeit im Team führt. Basierend auf diesen Überlegungen, unterstellt die Hypothesenbildung somit für beide Indikatoren einen positiven Einfluss auf den Unternehmenserfolg.

H13: Eine Unternehmensgründung ist umso erfolgreicher, je länger sich die Unternehmensgründer kennen.

H14: Eine Unternehmensgründung ist umso erfolgreicher, je länger die Unternehmensgründer vor der Gründung zusammengearbeitet haben.

Die beiden Indikatoren sind nicht vollkommen unabhängig voneinander. So müssen Gründer, die bereits zusammengearbeitet haben, naturgemäß auch miteinander bekannt sein. Gründer, die miteinander bekannt sind, müssen aber im Umkehrschluss nicht notwendigerweise zusammengearbeitet haben.[144]

---

[142] Vgl. Eisenhardt, K. und Schoonhoven, C. (1990): *Organizational Growth: Linking Founding Team Strategy, Environment, and Growth among U.S. Semiconductor Ventures. Administrative Science Quarterly*, 35, Nr. 2, S. 504–529.

[143] Vgl. Roure und Maidique (1986), a. a. O., S. 295–306; Coleman, J. (1988): *Social Capital in the Creation of Human Capital. American Journal of Sociology*, 94, Nr. 1, S. 95–120; Ensley, M., Pearson, A. und Amazon, A. (2002): *Understanding the Dynamics of New Venture Top Management Teams: Cohesion, Conflict, and New Venture Performance. Journal of Business Venturing*, 17, Nr. 4, S. 365–386.

[144] Beispielsweise kann eine Unternehmensgründung durch Freunde vollzogen werden, die sich seit vielen Jahren kennen, die aber noch nie zusammengearbeitet haben.

Messansatz

Die Messung der beiden Indikatoren „Bekanntschaft“ sowie „Zusammenarbeit“ erfolgt über die Analyse der in den Businessplänen enthaltenen biografischen Daten. In vielen Fällen wird im Businessplan explizit auf eine gemeinsame Vergangenheit der Gründer hingewiesen, sei diese privater oder beruflicher Natur. Ohne entsprechende Angaben dieser Art wurde ein detaillierter Vergleich der Gründerbiographien vorgenommen, um Schnittstellen in den Lebensläufen zu finden. In vielen Fällen musste hier auf Basis indirekter Angaben auf eine gemeinsame Vergangenheit der Gründer geschlossen werden. Haben die Gründer beispielsweise im selben Jahr an der gleichen Schule Abitur gemacht, so wurde hieraus geschlossen, dass sie sich seit der Schulzeit kennen. Im Fall mehrerer Gründer, von denen sich möglicherweise einige kennen und andere nicht, wurde vom besten Fall ausgegangen. Aus dem paarweisen Vergleich der Gründerbiographien wurde somit der höchste Wert für die Indikatoren „Bekanntschaft“ und „Zusammenarbeit“ gewählt. Diesem Vorgehen liegt die Überlegung zu Grunde, dass ein Gründerteam vor allem von einem starken Nukleus an bereits bekannten und zusammenarbeitserprobten Gründern profitiert.

In einem ersten Schritt wurden die Indikatoren in der Anzahl an Jahren der Bekanntschaft bzw. Zusammenarbeit gemessen. In einem zweiten Schritt wurden die Jahresangaben zu einer Likertskalierung mit fünf Kategorien verdichtet. Für die Indikatoren „Bekanntschaft der Gründungsmitglieder“ sowie „Vorherige Zusammenarbeit der Gründungsmitglieder“ wurden folgende Jahresgrenzen festgelegt:

1. 0 Jahre
2. 0 – 1 Jahre
3. 1 – 3 Jahre
4. 3 – 5 Jahre
5. mehr als 5 Jahre

Für die resultierenden unabhängigen Variablen wird nicht der Anspruch eines intervallskalierten Maßes erhoben, sondern lediglich eine ordinale Skalierung zugrunde gelegt. Zwar wäre auf Basis der vorliegenden Jahresangaben auch eine andere Skalierung möglich gewesen, allerdings musste in zahlreichen Fällen über indirekte Angaben auf die Indikatorwerte geschlossen werden. Somit wäre der Anspruch eines intervallskalierten Maßes nicht nur wegen der vermutlich fehlenden Normalverteilungsannahme fehlerhaft, sondern auch wegen der schwierigen Datenlage in den Businessplänen kaum durchzusetzen. Dennoch kann auf Basis der Verdichtung zu einem likertskalierten Merkmal eine zumindest ordinale Skalierung angenommen und statistisch sinnvoll verwertet werden.

3.6. Produkt- und Geschäftsidee

3.6.1. Überblick

Die indikatorbasierte Erfassung und statistische Verwertung der Geschäftsidee gehört zu den größeren Herausforderungen der vorliegenden Studie. Dies liegt in erster Linie daran, dass die Bewertung einer Geschäftsidee in aller Regel ein subjektives Werturteil eines Investors oder Jurors bei einem Businessplan-Wettbewerb erfordert. Der Erfolg der eigentlichen Geschäftsidee hängt von so vielen Faktoren ab, dass sich die Bewertung kaum in einem standardisiertem Schema formalisieren lässt.

Was macht eine gute Geschäftsidee aus? Wie lässt sich die Reaktion der Kunden auf das Produkt vorab einschätzen? Wie wird sich das Produkt am Markt bewähren? Wie wird die Konkurrenz reagieren? All diese Fragen lassen sich im Vorfeld einer Unternehmensgründung nur schwer beantworten. Eine sinnvolle Bewertung kann oft nur durch Industrieexperten mit jahrelanger Erfahrung vorgenommen werden. In jedem Fall wäre eine Bewertung auf Basis der in dieser Studie untersuchten Businesspläne ohne ein subjektives Urteil des Autors bzgl. der Marktchancen der Geschäftsidee kaum möglich. Um das Postulat der ausschließlich „objektiven“, also intersubjektiv messbaren Indikatoren nicht zu verletzen, wurde daher auf Indikatoren, die eine Bewertung der Geschäftsidee durch den Autor bedingt hätten, weitestgehend verzichtet.

Stattdessen wurde auf Indikatoren abgestellt, die sich auf Basis der Businesspläne vergleichsweise eindeutig bestimmen lassen. Dennoch sind die folgenden Hypothesen sicherlich am anfälligsten für eine subjektive Bewertung durch den Autor. Auf die hiermit verbundenen Risiken wird daher an den entsprechenden Stellen hingewiesen. Trotz der hier beschriebenen Schwierigkeit konnten durch das Studium der Literatur sowie zahlreiche Experteninterviews vier Indikatoren identifiziert werden, die zumindest einige Aspekte der Produkt- und Geschäftsidee treffend erfassen.

3.6.2. Schutzfähigkeit der Geschäftsidee

Hypothesenbildung

Eine schutzfähige Idee bringt den offensichtlichen Vorteil mit sich, dass sie von der Konkurrenz nicht oder nur schlecht kopiert werden kann. Das macht das Leben für ein neu gegründetes Unternehmen zweifelsohne einfacher. Zum einen kann in aller Regel ein höherer Preis für das Produkt verlangt werden, da man unter Umständen alleiniger Anbieter ist. Zum anderen kann man die eigene Position im Markt leichter festigen, Marktanteile ausbauen und somit einen nachhaltigen Vorsprung vor der Konkurrenz aufbauen. Der hiermit einhergehende Wettbewerbsvorteil wirkt sich positiv auf den Geschäftserfolg aus.

Die Schutzfähigkeit von Produkten nimmt damit einen wichtigen Stellenwert in der Strategie vieler Unternehmen ein.[145] Schlussendlich lohnen sich Investitionen in gewisse Innovationen auch nur dann, wenn selbige geschützt und nicht von der Konkurrenz kopiert werden können. Harhoff (2001) sowie Gruber (2002a) weisen auf

[145] Vgl. hierzu bspw. Beck, J. (2002): *Patentstrategien für Gründer*. In Dowling, M. und Drumm, H.-J. (Hrsg.): Gründungsmanagement – Vom erfolgreichen Unternehmensstart zu dauerhaftem Wachstum. Berlin: Springer, S. 227–245.

die Notwendigkeit hin, die „Heterogenität der Ressourcenausstattung" von Unternehmen aufrechtzuerhalten, da erst so nachhaltige Wettbewerbsvorteile erzielt werden können.[146] Instrumente zur Schützung der eigenen Geschäftsidee, wie etwa das klassische Instrument der Patentierung einer Erfindung, können somit von entscheidender Bedeutung für den Erfolg eines Gründungsvorhabens sein.[147] Auch aus Sicht von Kapitalgebern ist die Schutzfähigkeit von Produkt oder Dienstleistung ein wichtiger Indikator für die Qualität eines Gründungsvorhabens.[148]

Der patentrechtliche Schutz eines Produktes führt für einen gewissen Zeitraum zu einer Monopolstellung. Dies gilt zumindest dann, wenn von der Konkurrenz keine direkten Substitute angeboten werden. Mikroökonomisch betrachtet, kann ein Unternehmen in diesem Fall den Preis seiner Produkte unabhängig von der Konkurrenz bestimmen und an der Zahlungsbereitschaft der Kunden ausrichten. Während der Preis im Fall der vollständigen Konkurrenz theoretisch den Grenzkosten entspricht, so ist er im Fall des Monopols gleich dem Grenzumsatz, was eine höhere Produzenten-, aber eine geringere Konsumentenrente zur Folge hat.[149]

Die Bedeutung von Schutzrechten konnte im Vorfeld auch durch verschiedene Interviews mit Investoren bestätigt werden.[150] Dabei wurde deutlich, dass die Wichtigkeit von Patenten durchaus industrieabhängig ist. So weist beispielsweise Hank Plain,

[146] Vgl. Harhoff, D. und Reitzig, M. (2001): *Strategien zur Gewinnmaximierung von Patenten – wirtschaftliche und rechtliche Entscheidungsgrößen beim Schutz von F & E. Zeitschrift für Betriebswirtschaft*, 71, Nr. 5, S. 509–529; Gruber (2002a), a. a. O., S. 323 ff.

[147] Vgl. Beck (2002), a. a. O., S. 227–245.

[148] Vgl. hierzu auch Macmillan, I., Siegel, R. und Narasimha, P. (1985): *Criteria Used by Venture Capitalists to Evaluate New Venture Proposals. Journal of Business Venturing*, 1, Nr. 1, S. 119–128; demnach gehören Patentrechte zu den wichtigsten Bewertungskriterien von VCGs. Zu einem ähnlichen Schluss kommen auch Riquelme und Rickards (1992), a. a. O., S. 505–518.

[149] Vgl. hierzu Varian, H. (2001): *Grundzüge der Mikroökonomik.* München: Oldenbourg, S. 394; auch wenn der Fall der vollständigen Konkurrenz in aller Regel nur in der Theorie existiert, so ist die Voraussage der Preisentwicklung anhand mikroökonomischer Überlegungen zumindest in der Tendenz richtig.

[150] Brettel (2002) weist nach, dass Patentrechte in der deutschen Venture-Capital-Landschaft einen vergleichsweise geringen Stellenwert als Bewertungskriterium für die Güte einer möglichen Beteiligung einnehmen; vgl. Brettel (2002): Die Betriebswirtschaft, a. a. O., S. 18.

General Partner bei Morgenthaler Ventures und erfahrener VCG in den Branchen Biotechnologie und Medizintechnik, darauf hin, dass Patentrechte in kapitalintensiven Branchen meistens unabdingbar sind. Kaum ein Investor stellt große Summen an Kapital zur Verfügung, wenn das entsprechende Produkte nicht mit hoher Wahrscheinlichkeit durch ein Patent geschützt werden kann. Hinzu kommt, dass Patentvergaben weltweit als Indikator für die Innovationskraft von Unternehmen gesehen werden.[151] Somit ist die Vergabe eines Patentes auch Kennzeichen für die Innovationsfähigkeit eines Unternehmens. Die Hypothesenbildung folgt somit der Beobachtung, dass sich eine umfassende Schutzfähigkeit von Produkt- und Geschäftsidee positiv auf den Geschäftserfolg einer Unternehmensgründung auswirkt:

H15: Eine Unternehmensgründung ist umso erfolgreicher, je umfassender die Schutzfähigkeit des Kernproduktes ist.

Messansatz

Die Überprüfung der obigen Hypothese bedingt zunächst, dass die Schutzfähigkeit eines Produktes sinnvoll gemessen wird. Dies ist zweifelsohne nicht einfach und erfordert normalerweise die Einschätzung eines Experten in Form eines Patentanwaltes. Wie auch bei den vorhergegangenen Indikatoren wird dennoch versucht, anhand von Anhaltspunkten im Businessplan eine möglichst objektive Einschätzung der Schutzfähigkeit der Produkte zu treffen. Hierzu werden zunächst die in Deutschland gesetzlich verankerten Möglichkeiten des Schutzes von Produkten und Dienstleistungen kurz erläutert. Gemäß Voigt (2008) bieten sich für Unternehmen die folgenden Schutzrechte an:[152]

- Das bekannteste Schutzrecht ist zweifelsohne das *Patent*, das die Erfindung des Inhabers über einen Zeitraum von 20 Jahren schützt. Hierzu muss der Inhaber eine entsprechende Anmeldung beim Patentamt einreichen, das die

[151] Vgl. hierzu Porter, M. (2010): *Microeconomics of Competitiveness – Kursskriptum.* Boston, S. 4 ff.

[152] Vgl. Voigt (2008): Handbuch zur Businessplan-Erstellung, a. a. O., S. 22.

Erfindung sachlich und formell auf Neuheit und gewerbliche Anwendbarkeit hin überprüft.[153]

- Neben dem Patent gibt es als abgeschwächtes Schutzrecht noch das *Gebrauchsmuster*, das per Antrag ohne Prüfung für 10 Jahre vergeben werden kann. Stellt sich ein Gebrauchsmuster im Nachhinein als nicht schützenswürdig heraus, so entfällt rückwirkend das entsprechende Schutzrecht. Das Gebrauchsmuster wird somit auch als „kleines Patent" bezeichnet.[154]
- Schließlich können Unternehmen noch das *Marken- und Warenzeichen* nutzen, um Namen und Logo ihres Unternehmens über einen Zeitraum von 10 Jahren zu schützen. Das Markenrecht ermöglicht es einem Unternehmen, in die Bekanntheit seiner Marke zu investieren, ohne dass andere Unternehmen hiervon profitieren. Somit lohnen sich Investitionen in Werbung und Marketing oft erst mit dem entsprechenden Eintrag einer Marke als Warenzeichen.[155]
- Neben Patent, Gebrauchsmuster und Markenzeichen stehen in Deutschland noch weitere Schutzformen zur Verfügung. Hierzu zählen beispielsweise der Halbleiter- und Sortenschutz.[156] Da beide Formen im Fall der untersuchten Unternehmen keine Erwähnung in den Businessplänen fanden, werden sie im Weiteren auch nicht berücksichtigt.

Unternehmen steht somit eine Vielfalt von Maßnahmen zur Verfügung, um ihre Produkte vor Kopie und Nachahmung zu schützen. Um die Schutzfähigkeit einer Geschäftsidee als statistisch verwertbaren Indikator nutzen zu können, soll die Patentsituation der Unternehmen in einer Likertskala mit fünf Kategorien festgehalten werden:

1. Die Erteilung eines Patentes ist nicht möglich.

[153] Vgl. hierzu bspw. Beck (2002), a. a. O., S. 227–245.

[154] Vgl. hierzu bspw. Voigt (2008): Handbuch zur Businessplan-Erstellung, a. a. O., S. 23.

[155] Vgl. hierzu bspw. Borman, S. und Loew, J. (2007): *Markenschutz.* Berlin: Cornelsen, S. 7 ff.

[156] Vgl. hierzu auch Voigt (2008): Handbuch zur Businessplan-Erstellung, a. a. O., S. 24.

2. Die Erteilung eines Patentes ist denkbar, aber eher unwahrscheinlich.
3. Eine Patentierung ist möglich, eine Anmeldung wurde aber noch nicht eingereicht.
4. Das Patent ist bereits angemeldet und es kann mit Erteilung gerechnet werden.
5. Ein Patent ist bereits erteilt worden.

Wie bereits erwähnt, ist die Einschätzung der Schutzfähigkeit sicherlich ein schwieriges Unterfangen. Dennoch ließen sich auf Basis der Businesspläne drei voneinander abgrenzbare Fälle unterscheiden, die eine Erweiterung auf eine zumindest ordinal skalierte Messung mit fünf Kategorien ermöglichen. So geht aus den Businessplänen in der Regel klar hervor, ob ein Patent bereits vergeben wurde, ob das Unternehmen ein Patent angemeldet hat oder ob ein Patent nicht vergeben werden kann. Im ersten Fall, wenn ein Patent schon vorliegt, ist der Schutz des Produktes bereits verbrieft. Im Fall des angemeldeten Patentes kann davon ausgegangen werden, dass das Unternehmen zumindest auf einen positiven Bescheid des Patentamtes hofft, da es bereits finanziell in den Patentschutz investiert hat. Im dritten Fall, wenn kein Patent vergeben werden kann, ist das Produkt eindeutig nicht schutzfähig. Dies ist zum Beispiel dann der Fall, wenn das Gründungsvorhaben auf einer bereits anderweitig patentierten Technologie aufbaut, die womöglich über Lizenzmodelle von verschiedenen Unternehmen genutzt wird. Die Kategorien „2“ und „3“ sind weniger klar abgrenzbar. Auch hier wurde auf ein Werturteil des Autors weitestgehend verzichtet und auf die Einschätzung der Unternehmensgründer gemäß Businessplan zurückgegriffen. Mögliche Fehleinschätzungen der Unternehmensgründer finden sich somit auch in der Datenerhebung wieder. Dennoch kann mit ausreichender Sicherheit davon ausgegangen werden, dass der hier vorgeschlagene Messansatz zumindest zu einem ordinalskalierten Maß führt, das statistisch fundiert verwertet werden kann.

Für Zwecke der deskriptiven Statistik wurde zudem dokumentiert, ob ein Unternehmen über ein „Gebrauchsmuster“ oder „Markenzeichen“ verfügt. Aufgrund der relativ geringen Hürden der Anmeldung dieser Schutzrechte werden sie in der statistischen Analyse jedoch nicht als Indikator berücksichtigt. Zudem wurde auf eine Differenzierung in Form einer Likertskala verzichtet. Es wurde lediglich erhoben, ob das jeweilige Schutzrecht vorliegt oder nicht. Die Hypothesenbildung zur Schutzfähigkeit der Geschäftsidee basiert somit ausschließlich auf der Patentfähigkeit des Produktes.

3.6.3. Proprietät und geistiges Eigentum der Technologie

Hypothesenbildung

Die Mehrzahl der in dieser Studie untersuchten Gründungsvorhaben basiert auf einer innovativen Technologie. Von Bedeutung ist hierbei die Frage, wem das geistige Eigentum an der Technologie gehört, also ob selbiges in den Händen des Unternehmens oder in den Händen Dritter liegt. Die „Proprietät" der Technologie ist deshalb wichtig, weil eine eigene, also voll proprietäre Technologie zunächst nur dem gegründeten Unternehmen zur Verfügung steht. Die Proprietät kann das Alleinstellungsmerkmal des Unternehmens stärken. Zudem wird die Unabhängigkeit des Unternehmens gestützt.[157] Ist das Unternehmen Eigentümer der Technologie, so muss es sich nicht auf mitunter komplexe Lizenzvereinbarungen verlassen, sondern kann die Technologie in Eigenregie weiterentwickeln und vermarkten. Außerdem entfallen entsprechende Lizenzgebühren und mögliche Umsatzbeteiligungen an externe Partner, was zu Kostenvorteilen führen kann.

Gleichzeitig kann aber auch argumentiert werden, dass ein Unternehmen mit einer fremden Technologie gewisse Vorteile hat. So entfallen möglicherweise teure Investitionen für die Weiterentwicklung der Technologie. Das Gründungsvorhaben

[157] Die Bedeutung der Unabhängigkeit eines Jungunternehmens wurde auch in einem Interview mit Jim Sharpe, Unternehmer und Professor für Entrepreneurship an der Harvard Business School, bestätigt. Er weist darauf hin, dass Partnerschaften mit anderen Unternehmen oder Lizenzgebern oft mehr Nachteile als Vorteile mit sich bringen. Insbesondere könne man nie sicher gehen, dass das Partnerunternehmen nicht die eigene Geschäftsidee kopiert, sobald es erkennt, dass die Vermarktung der entsprechenden Technologie profitabel erfolgen kann.

kann sich voll auf die Vermarktung der Technologie konzentrieren und muss keine eigene Forschungs- und Entwicklungsabteilung betreiben. Durch Exklusivrechte kann möglicherweise auch der Zugang Dritter zur Technologie beschränkt oder sogar unterbunden werden. Große Forschungsuniversitäten in den USA, wie etwa das MIT oder Stanford, aber auch deutsche Universitäten, wie etwa die RWTH Aachen oder das Karlsruher Institut für Technologie, haben mit entsprechenden Lizenzprogrammen seit Jahren zur Entstehung wachstumsstarker Unternehmen beigetragen. Dennoch bleibt auch in diesem Fall ein Restrisiko. Immerhin investiert ein Unternehmen im Fall einer fremden Technologie in die Vermarktung, Bekanntmachung und Distribution eines Produktes, dessen geistiger Eigentümer ein anderer ist. Grundsätzlich ist also davon auszugehen, dass Unternehmen eine proprietäre Technologie vorziehen, da selbige die Unabhängigkeit von Dritten stärkt.[158] Gleichzeitig ist es jedoch unbestritten, dass viele Unternehmen die Technologien Dritter erfolgreich am Markt vertreiben.

Die Bedeutung der Proprietät einer Technologie wurde in der Entrepreneurship-Literatur bisher kaum behandelt. Aus Sicht von VCGs ist sie zwar kein notwendiges Kriterium für eine Beteiligung, kann aber durchaus als positiver Indikator für die Unternehmensentwicklung gewertet werden.[159] So wird von der Proprietät einer Technologie auch auf Innovationskraft und Alleinstellungsmerkmal von Unternehmen geschlossen. Hinzu kommt, dass VCGs bevorzugt in Ideen investieren, deren Realisierung unabhängig von Dritten ist. Die Hypothesenbildung folgt dementsprechend der Überlegung, dass sich die Proprietät einer Technologie positiv auf den Geschäftserfolg eines Unternehmens auswirkt.

H16: Eine Unternehmensgründung ist umso erfolgreicher, je eher die Proprietät der Kerntechnologie beim gegründeten Unternehmen liegt.

[158] Auf die Gefahr für Jungunternehmen, abhängig von Dritten zu sein, weist auch Dowling (2002), a. a. O., S. 327, hin. Demnach stellen Abhängigkeiten insbesondere im Fall einer möglichen Interessendivergenz zwischen den Partnern eine große Gefahr für die Wachstumsstrategie von Jungunternehmen dar.

[159] Vgl. hierzu auch das Interview mit Andy Fillat, Gründer von Leapfrog Ventures, vom 10. November 2009.

Messansatz

Auch im Fall der Proprietät liegen der Messung entsprechende Daten aus den Businessplänen der untersuchten Unternehmen zugrunde. Für die Erhebung eines statistisch verwertbaren Indikators wurde auf eine Likert-Skalierung mit fünf Kategorien zurückgegriffen:

1. Das geistige Eigentum an der Kerntechnologie gehört Dritten.
2. Die Technologie ist nur in geringen Teilen proprietär.
   Zentrale Elemente gehören Dritten.
3. Die Technologie gehört etwa zu gleichen Teilen dem Unternehmen
   wie auch Dritten.
4. Das geistige Eigentum an der Technologie gehört
   im Wesentlichen dem Unternehmen.
5. Die Technologie ist vollkommen proprietär. Das geistige Eigentum
   gehört vollständig dem Unternehmen.

Im Folgenden wird aufgrund der Gefahr einer subjektiven Bewertung durch den Autor dieser Studie erneut detailliert auf den Erhebungsprozess eingegangen. Aus den Businessplänen ergibt sich anhand von Angaben über Technologie und Lizenzvereinbarungen eine relativ klare Einteilung in drei Fälle. Der erste Fall, nämlich die vollständige Proprietät der Technologie, wird in aller Regel prominent von den Autoren des Businessplans erwähnt. Unternehmensgründer sind sich offenbar bewusst, dass die Eigenschaft der Proprietät als positiver Indikator von den Empfängern des Businessplans wahrgenommen wird.

Im zweiten Fall, der klar aus den Businessplänen hervorgeht, gehört die Technologie vollständig einer dritten Partei. Das gegründete Unternehmen ist somit nicht geistiger Eigentümer der Technologie, sondern bezieht selbige über Lizenzvereinbarungen von einem anderen Unternehmen oder häufig auch von einer Forschungseinrichtung. Die

Lizenzsituation wird in aller Regel detailliert erläutert, so dass die fehlende Proprietät der Technologie hinreichend genau festgestellt werden kann.

Im dritten, vergleichsweise eindeutigen Fall gehört die Kerntechnologie in Teilen dem gegründeten Unternehmen. Zur Komplettierung der Technologie bestehen Lizenzvereinbarungen oder sonstige partnerschaftliche Beziehungen mit externen Partnern. Der Fall der teilweisen Proprietät wird in obiger likertskalierter Klassifizierung somit auf drei Fälle erweitert (Werte „2“, „3“ und „4“ der Skalierung). Basis für die Zuordnung zu einer Kategorie ist abermals die Einschätzung der Unternehmensgründer. Mögliche Fehler in der Darstellung im Businessplan finden sich somit auch in der Datenerhebung für den Indikator wieder. Im Fall der teilweisen Proprietät wurde die Datenlage im Businessplan insbesondere gründlich geprüft, um die Gefahr einer subjektiven Bewertung weitestgehend auszuschließen. Nichtsdestotrotz ist ein Restrisiko der Subjektivität an dieser Stelle nicht vollständig auszuschließen. Wie auch im Fall der übrigen likertskalierten Indikatoren ist das resultierende Maß ordinalskaliert und geht als solches in die statistische Analyse ein.

3.6.4. Stand der Prototypentwicklung

Hypothesenbildung

Aus Sicht von Investoren signalisiert das Vorhandensein eines funktionsfähigen Prototypen, dass die Geschäftsidee der Gründer zumindest aus technischer Sicht umsetzbar ist.[160] Zwar wird mit der Existenz eines Prototypen nicht notwendigerweise eine Aussage über die industrielle Produzierbarkeit und Wirtschaftlichkeit des Produktes gemacht. Das Vertrauen in die Realisierbarkeit des Gründungsvorhabens wird jedoch gestärkt. Businesspläne, die technologisch anspruchsvolle und möglicherweise sogar revolutionäre Ideen beinhalten, aber die Realisierung selbiger nicht ausreichend nachweisen können, erscheinen Kapitalgebern als dubios und häufig als zu riskant.

[160] Vgl. Riquelme und Rickards (1992), a. a. O., S. 505–518.

Immer häufiger wird daher von Gründern erwartet, dass sie vor der ersten Finanzierungsrunde in Vorleistung gehen und möglichen Investoren einen funktionsfähigen Prototypen präsentieren, bevor sich diese zu einer Finanzierung entscheiden.

Die Bedeutung des Prototypen wird auch in der Gründungsforschung intensiv diskutiert. Riquelme und Rickards (1992) sowie Brettel (2002) sehen in einem funktionsfähigen Prototypen das wichtigste Kriterium für die Beurteilung der eigentlichen Geschäftsidee.[161] Zu einer ähnlichen Einschätzung kommen auch die für diese Studie interviewten VCGs, wie etwa Derrick Lee von Bessemer Ventures oder Devtosh Khare von Venrock Associates. Die Hypothesenbildung folgt somit der Beobachtung, dass der Gründungserfolg positiv vom Entwicklungsstand eines Prototypen abhängt.

H17: Eine Unternehmensgründung ist umso erfolgreicher, je weiter der Prototyp des Produktes entwickelt ist.

Messansatz

Ohne Zweifel ist die Feststellung des Entwicklungsstandes eines Prototypen nicht einfach und erfordert in aller Regel die Kenntnisse eines Experten. Da ein solches Vorgehen in der vorliegenden Studie nicht geleistet werden kann, wurde wiederum auf die Angaben der Autoren im Businessplan zurückgegriffen. Aufgrund der bekannten Wichtigkeit des Prototypen als Bewertungskriterium von Wettbewerbsjuroren und Investoren wird auf den Entwicklungsstand in den meisten Fällen detailliert eingegangen. Dementsprechend können die Angaben im Businessplan in aller Regel in eine Likertskalierung mit fünf Kategorien transformiert werden:

1. Mit der Entwicklung eines Prototypen wurde noch nicht begonnen.
2. Die Entwicklung des Prototypen befindet sich im Anfangsstadium.
3. Die Entwicklung des Prototypen ist etwa zur Hälfte abgeschlossen.

[161] Vgl. Riquelme und Rickards (1992), a. a. O., S. 512; Brettel (2002): Die Betriebswirtschaft, a. a. O., S. 305–325.

4. Die Entwicklung des Prototypen ist weit fortgeschritten und wird in den nächsten Monaten abgeschlossen.

5. Ein funktionsfähiger Prototyp liegt bereits vor.

Aus den Businessplänen ging hierbei in der Regel klar hervor, ob ein Prototyp bereits vorliegt (Indikatorwert „5“), ob die Entwicklung noch nicht begonnen hat (Indikatorwert „1“) oder ob sich die Entwicklung noch im Prozess befindet (Indikatorwerte „2“ bis „4“). Für den letzten Fall wurde die Beschreibung des Entwicklungsstandes insbesondere genau analysiert, um eine entsprechend saubere Differenzierung bei der Erhebung des Indikatorwertes sicherzustellen und einer möglichen subjektiven Bewertung vorzubeugen. Die resultierende Variable „Entwicklungsstand des Prototypen“ ist ordinalskaliert und findet als solche Berücksichtigung in der statistischen Analyse.

3.6.5. Alleinstellungsmerkmal

Hypothesenbildung

Das Alleinstellungsmerkmal[162] von Produkt oder Dienstleistung kann ein Unternehmen dazu befähigen, sich nachhaltig und klar erkennbar von der Konkurrenz im Markt abzuheben.[163] Wie dem Wort bereits entnommen werden kann, kennzeichnet das Alleinstellungsmerkmal die Einzigartigkeit des unternehmerischen Angebots. Nachahmung und Kopierbarkeit werden durch dieses Leistungsmerkmal eingeschränkt. Ein Unternehmen, dessen Produkte ein hohes Alleinstellungsmerkmal aufweisen, sieht sich c. p. somit weniger Wettbewerbsdruck ausgesetzt. Der hiermit einhergehende Wettbewerbsvorteil kann sich positiv auf den Geschäftserfolg eines Unternehmens auswirken. Aus Sicht von VCGs stellt das Alleinstellungsmerkmal somit in aller Regel

[162] Im Englischen ist der Begriff des „Alleinstellungsmerkmals“ auch als „Unique Selling Proposition“ (USP) bekannt.

[163] Vgl. hierzu auch Gabler (2010), a. a. O., S. 3097.

eine wünschenswerte Eigenschaft dar.[164] Dies setzt selbstverständlich voraus, dass das Produkt auch einen echte Kundennutzen stiftet und somit erfolgreich vermarktet werden kann.

In der Gründungsforschung wird die Bedeutung des Alleinstellungsmerkmals aus Sicht von Kapitalgebern beispielsweise durch Brettel (2002) bestätigt.[165] Auch die geführten Interviews mit Investoren lassen eine hohe Bedeutung des Alleinstellungsmerkmals als Bewertungskriterium erkennen. Steve Krauzs, General Partner bei U.S. Venture Partners, erläutert, dass die Investition in Unternehmen mit hohem Alleinstellungsmerkmal auch deshalb so interessant ist, weil sich durch eine starke Abhebung vom Wettbewerb leichter globale Marken und Produkte entwickeln lassen. Unternehmen, in die investiert wurde, können dann leichter mit einem satten Aufschlag veräußert werden.

Je nach Situation lassen sich aber auch potentielle negative Implikationen aus einem hohen Alleinstellungsmerkmal ableiten. Ein Unternehmen, das mit einem vollständig neuen und dem Kunden gegenüber erklärungsbedürftigen Produkt aufwartet, sieht sich unter Umständen hohen Marketinginvestitionen gegenüber, weil der Markt für das Produkt erst entwickelt werden muss. Die Position des „First Mover“ und das hiermit zumindest temporär verbundene Alleinstellungsmerkmal wird längst nicht mehr als Allheilmittel für den raschen Geschäftserfolg gesehen.[166] In einigen Branchen bietet es sich sogar an, nicht als erster in den Markt einzutreten, auf allzu große Alleinstellungsmerkmale zu verzichten und zunächst die Fehler der Konkurrenz bei der Entwicklung des Marktes zu beobachten und von selbigen beim eigenen Markteintritt zu profitieren. Nichtsdestotrotz kann grundsätzlich davon ausgegangen werden, dass die Vorteile eines starken Alleinstellungsmerkmals die Nachteile überwiegen. Dies ist zumindest dann der Fall, wenn das Alleinstellungsmerkmal den Wettbewerbsvorteil eines Unternehmens im Markt stärkt.

---

[164] Vgl. Brettel (2002): Die Betriebswirtschaft, a. a. O., S. 305–325.
[165] Vgl. Brettel (2002), a. a. O., S. 310 ff.
[166] Vgl. hierzu bspw. das Interview mit Steve Krausz, Partner bei U.S. Ventures.

Dementsprechend geht die Hypothesenbildung von einem positiven Zusammenhang zwischen der Unternehmensentwicklung und der Ausprägung des Alleinstellungsmerkmals eines Unternehmens aus:

H18: Eine Unternehmensgründung ist umso erfolgreicher, je ausgeprägter das Alleinstellungsmerkmal von Produkt oder Dienstleistung des Unternehmens ist.

Messansatz

Der Indikator „Alleinstellungsmerkmal" ist von allen Indikatoren der vorliegenden Studie am schwierigsten zu messen und zweifelsohne am anfälligsten für eine subjektive Bewertung. Grundsätzlich bedingt die Feststellung eines Alleinstellungsmerkmals eine detaillierte Branchenanalyse inklusive einer Erhebung aller relevanten Konkurrenzangebote. Oft erfordert dies jahrelange Branchenexpertise und Erfahrung in der Bewertung von Geschäftskonzepten. Im Rahmen der vorliegenden Studie kann diese Leistung realistischerweise nicht erbracht werden, weshalb abermals auf die Bewertung der Autoren im Businessplan zurückgegriffen wurde. Natürlich kann davon ausgegangen werden, dass die Gründer das Alleinstellungsmerkmal des eigenen Produktes häufig zu positiv einschätzen. Nichtsdestotrotz wurde versucht, mit folgendem likertskalierten Schema zumindest ordinal die unterschiedlichen Grade an Alleinstellung zu dokumentieren:

1. Ein Alleinstellungsmerkmal von Produkt oder Dienstleistung ist nicht erkennbar.
2. Das Alleinstellungsmerkmal von Produkt oder Dienstleistung ist nur geringfügig ausgeprägt.
3. Das Alleinstellungsmerkmal von Produkt oder Dienstleistung ist durchschnittlich ausgeprägt.
4. Das Alleinstellungsmerkmal von Produkt oder Dienstleistung ist ausgeprägt.
5. Das Alleinstellungsmerkmal von Produkt oder Dienstleistung ist sehr ausgeprägt.

Mögliche Fehleinschätzungen in den Businessplänen transportieren sich somit auch auf die Werte des Indikators. Auf eine Korrektur durch den Autor wurde bewusst verzichtet. In gewisser Weise wird somit auch das einer Befragung zugrundeliegende potentielle Antwortverhalten der Unternehmensgründer abgebildet, da selbige die positive Einschätzung des Alleinstellungsmerkmals zweifelsohne auch in einem Fragebogen wiedergegeben hätten. Der resultierende Indikator ist ordinalskaliert und findet als solcher Berücksichtigung in der statistischen Analyse.

3.7. Markt- und Wettbewerbsanalyse

3.7.1. Überblick

Erst die Betrachtung des Gründungsvorhabens im Gefüge des angestrebten Zielmarktes erlaubt eine sinnvolle Bewertung eines Geschäftskonzepts. Zweifelsohne hängt die Verwirklichung einer Unternehmung ganz entscheidend von der markteigenen Dynamik, der Reaktion der Konkurrenz, dem Kundenverhalten sowie anderen exogenen Faktoren ab. Ob ein Unternehmen erfolgreich ist oder nicht, zeigt sich somit in der Regel erst durch sein Bestehen am Markt. Für die Prüfung möglicher Beteiligungen macht dies eine detaillierte Markt- und Wettbewerbsanalyse unabdingbar.[167] Sowohl in der Gründungsforschung als auch aus Sicht von Investoren ist die Bedeutung von Markt und Wettbewerb für den Gründungserfolg unumstritten. Brettel (2002) argumentiert, dass sich Investitionen von VCGs in aller Regel nur in wachstumsstarken Märkten lohnen, da nur so die aggressiven Renditeziele der Investoren realisiert werden können.[168] So kann das Marktwachstum zum entscheidenden Faktor der Unternehmensentwicklung werden.[169] Zu ähnlichen Erkenntnissen über die Bedeutung

[167] Vgl. Schmidtke (1985), a. a. O., S. 105.
[168] Vgl. Brettel (2002): Die Betriebswirtschaft, a. a. O., S. 305–325.
[169] Vgl. Brettel (2002), a. a. O., S. 312 ff.

des Marktes gelangen auch Macmillan und Narasimha (1985), Räbel (1986) sowie Boocock und Woods (1997).[170]

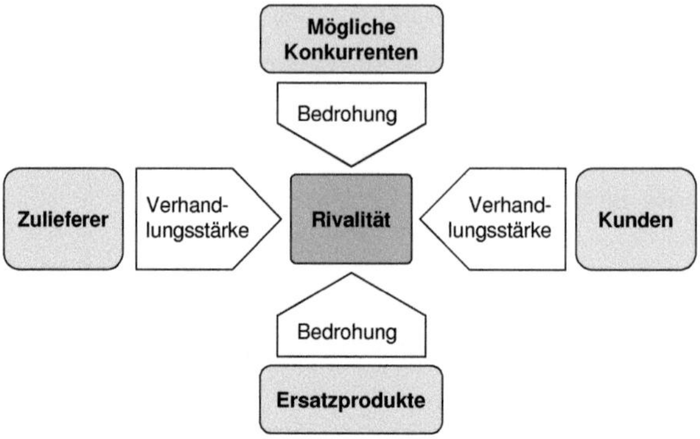

Abbildung 3.1.: Branchenstrukturanalyse nach Porter

Die Marktattraktivität ist über die Gründungsforschung hinaus ein zentraler Untersuchungsgegenstand der betriebswirtschaftlichen Forschung. Das sicherlich prominenteste Modell zur Erfassung der Marktattraktivität wurde von Porter (1980) eingeführt und ist unter dem Namen „Porter's Five Forces" bekannt geworden.[171] Abbildung 3.1 zeigt eine schematische Darstellung der fünf Kräfte nach Porter. Da sich eine möglichst umfassende Marktanalyse idealerweise an den fünf von Porter identifizierten Kräften orientieren sollte, werden diese hier kurz vorgestellt und im Anschluss in den Kontext der Hypothesenbildung eingebettet.

Lieferantenmacht

Verfügen Lieferanten über ausreichende Verhandlungsstärke, so können sie eine Industrie mitunter empfindlich beeinflussen, wenn sie Zugang und Preise zu Ker-

[170] Vgl. Macmillan und Narasimha (1985), a. a. O., S. 122; Räbel, D. (1986): *Venture Capital als Instrument für Innovationsfinanzierung – Eine kritische Analyse unter besonderer Berücksichtigung des Projektbewertungsproblems.* Köln: Deutscher Wirtschaftsdienst, S. 101; Boocock, G. und Woods, M. (1997): *The Evaluation Criteria Used by Venture Capitalists: Evidence from a UK Venture Fund. International Small Business Journal*, 16, Nr. 1, S. 45.

[171] Vgl. Porter (1980), a. a. O., S. 126.

ninputfaktoren der Branche zu ihrem Vorteil verändern.[172] Die Lieferanten nehmen somit großen Einfluss auf die Attraktivität einer ganzen Industrie und können zum Bestimmungsfaktor für Renditen und Margen werden. Dies gilt insbesondere für Unternehmen, die sich in einer großen Abhängigkeit von ihren Lieferanten befinden und in ihrer Wertschöpfungskette auf keine Substitute zurückgreifen können.[173]

Kundenmacht

Ähnlich wie Lieferanten können auch Kunden entscheidenden Einfluss auf die Attraktivität einer ganzen Branche nehmen. Verfügen sie über die entsprechende Verhandlungsstärke, so können sie Vorgaben über Preise, Rabatte und Konditionen machen. Dies gilt insbesondere dann, wenn die Kundenbasis konzentriert ist, es also nur relativ wenige Kunden mit großen Auftragsvolumina gibt, die sich gleichzeitig einem polypolistischen Anbietermarkt gegenübersehen.[174]

Bedrohung durch Substitute

Substitute stellen ein Risiko für Unternehmen dar, da sie das eigene Produkt im schlimmsten Fall überflüssig machen. Ein möglicher Schutz vor Substituten liegt in der Kostenführerschaft am Markt oder der nachhaltigen Differenzierung des eigenen Produktes vom Konkurrenzangebot. Gründungsvorhaben müssen in jedem Fall nachweisen, dass das Risiko von Substituten gering ist und Produkt oder Dienstleistung somit nicht Gefahr laufen, in Zukunft obsolet zu werden.[175]

Bedrohung durch neue Konkurrenten

Treten neue Konkurrenten in einen Markt ein, so verteilen sich Umsatz und Gewinn im Markt c. p. auf mehr Unternehmen. Hohe Barrieren, die potentielle Konkurrenten

[172] Die Bedeutung der Verhandlungsstärke von Lieferanten für den Erfolg von Unternehmensgründungen wird auch in Brüderl und Ziegler (1998), a. a. O., S. 212, diskutiert.

[173] Vgl. Porter (1980), a. a. O., S. 108 ff.

[174] Vgl. Porter (1980), a. a. O., S. 109.

[175] Vgl. Porter (1980), a. a. O., S. 5 ff.

vom Eintritt in einen Markt abschrecken, sind somit aus Sicht etablierter Unternehmen wünschenswert. Für ein Gründungsvorhaben sind hohe Markteintrittsbarrieren zunächst eine Herausforderung. Gelingt der Markteintritt jedoch, so schützen sie das neu gegründete Unternehmen vor potentiellen Nachfolgern, die in den Markt eintreten wollen.[176]

Rivalität im Markt

Die Rivalität und Intensität der Konkurrenz im Markt wird maßgeblich durch die obigen vier Faktoren bestimmt. Sieht sich ein Markt einer großen Verhandlungsstärke von Kunden und Lieferanten gegenüber und zudem der Bedrohung durch Substitute und neue Konkurrenten ausgesetzt, so ist von einem hohen Grad der Konkurrenzintensität auszugehen. Oftmals wird in solchen Märkten erbittert um Marktanteile gekämpft. Nicht selten führt dies zu ruinösen Preiskämpfen. In der Folge sinken Margen und Renditen und der Markt verliert an Attraktivität. Im Gegensatz hierzu ist die Rivalität in einem Markt mit hohen Eintrittsbarrieren, einer breit verteilten Machtbasis auf Kunden- und Lieferantenseite sowie schwer zu substituierenden Produkten weniger intensiv. Marktanteile sowie Renditen sind einfacher zu verteidigen.[177]

In der vorliegenden Arbeit wurde versucht, die Markt- und Wettbewerbsanalyse nach Porter durch die Erhebung von Indikatoren abzubilden. Aufgrund der Datenlage in den Businessplänen konnte dieses Vorhaben jedoch nur teilweise realisiert werden. So fehlen in der überwiegenden Mehrzahl der Businesspläne verwertbare Angaben sowohl zu den Eintrittsbarrieren des jeweiligen Marktes als auch zur Verhandlungsstärke der Lieferanten und zur Bedrohung durch Substitute. Im Gegensatz hierzu konnten für die Bewertung von Kundenmacht und Rivalität im Markt Indikatoren gefunden werden, die zumindest indirekt eine Aussage über den jeweiligen Faktor treffen. Im Fall der Kundenmacht wird hierzu die Anzahl der Kunden, im Fall der Rivalität die Anzahl der Konkurrenten im Zielmarkt als Indikator festgestellt. Im Vergleich

[176] Vgl. Porter (1980), a. a. O., S. 7.
[177] Vgl. Porter (1980), a. a. O., S. 47 ff.

zu einer detaillierten Branchenstrukturanalyse nach Porter geben die Indikatoren jedoch ein weniger umfassendes Bild wieder. Gleichzeitig stellt die Einfachheit des hier gewählten Vorgehens aber auch sicher, dass die Indikatoren objektiv messbar sind und das Risiko der subjektiv gefärbten Inhaltsanalyse abermals minimiert wird. Im Fall der übrigen Faktoren nach Porter konnte kein schlüssiger Ansatz entwickelt werden, um diese auf Basis der Datenlage in den Businessplänen fundiert zu erfassen.

Neben der Anzahl der Kunden und Konkurrenten im Markt wurden Marktwachstum und Marktgröße als zentrale Kennziffern der Marktattraktivität erhoben. Im Folgenden werden die Indikatoren und Hypothesen hergeleitet und die entsprechenden Messansätze erläutert.

3.7.2. Marktgröße

Hypothesenbildung

Die Größe eines Absatzmarktes ist ausschlaggebend für den Umsatz, der von allen im Markt agierenden Unternehmen erwirtschaftet werden kann. So ist die Marktgröße ein wichtiger Indikator für den möglichen Erfolg eines Unternehmens. Oftmals lohnt sich eine Investition für VCGs erst ab einer gewissen Größe des Zielmarktes. Gleichzeitig kann man argumentieren, dass auch ein kleiner Markt Vorteile bietet. Womöglich drängen weniger Konkurrenten in kleine Märkte. Im Rahmen einer fokussierten Nischenstrategie können ebenfalls attraktive Umsätze und Renditen erzielt werden.[178] Dennoch gilt sowohl in der Gründungsforschung als auch in der Venture-Capital-Szene, dass die Vorteile eines großen Marktes überwiegen. Die Hypothesenbildung unterstellt somit einen positiven Zusammenhang zwischen Gründungserfolg und Marktgröße:

H19: Eine Unternehmensgründung ist umso erfolgreicher, je größer der Zielmarkt ist.

[178] Vgl. Porter (1980), a. a. O., S. 35.

Messansatz

Die Angabe bzw. Abschätzung der Marktgröße ist fester Bestandteil der meisten Businesspläne und kann somit direkt für die Erhebung des Indikators übernommen werden. Auf eine Likertskalierung der Variable wird verzichtet. Die Marktgröße wird in Millionen Euro festgehalten und geht als verhältnisskaliertes Maß in die statistische Analyse ein. Auf eine Korrektur der Angaben aus den Businessplänen wurde verzichtet.

3.7.3. Marktwachstum

Hypothesenbildung

Ein wachsender Markt ist c. p. attraktiver als ein stagnierender oder schrumpfender Markt. Bei gleichbleibender Anzahl der Wettbewerber kann ein Unternehmen in einem wachsenden Markt Umsatz und Absatz steigern, ohne dass es Marktanteile gewinnen muss. In einem stagnierenden Markt ist Wachstum jedoch nur möglich, wenn man Marktanteile von einem anderen Unternehmen gewinnt. Dies bedingt in der Regel einen harten und möglicherweise teuren Konkurrenzkampf. Ein Unternehmen hat es in einem wachsenden Markt somit in aller Regel einfacher.

Somit gilt das Marktwachstum auch für Investoren, die in innovative Unternehmen investieren, als wichtiger Erfolgsindikator. Die Bedeutung des Marktwachstums wird auch in der Gründungsforschung diskutiert. In einer Studie von Tyebjee und Bruno (1984) erklären 50% aller befragten VCGs, dass Marktwachstum ein wichtiges Kriterium für die Beteiligungswürdigkeit von Jungunternehmen ist.[179] Die Bedeutung des Marktwachstums konnte im Vorfeld durch verschiedene Interviews mit Kapitalgebern bestätigt werden. Auch William Sahlman und Bhaskar Chakravorti erklären, dass die ambitionierten Renditeansprüche von VCGs in aller Regel nur in wachstumsstar-

[179] Vgl. Tyebjee, T. und Bruno, A. (1984): *A Model of Venture Capitalist Investment Activity. Management Science*, 30, Nr. 9, S. 1054; vgl. hierzu auch Räbel (1986), a. a. O., S. 101.

ken Märkten verwirklicht werden können.[180] Die Hypothesenbildung folgt also der Beobachtung, dass eine Unternehmensgründung in wachstumsstarken Märkten c. p. erfolgreicher ist als in wachstumsschwachen Märkten.

H20: Eine Unternehmensgründung ist umso erfolgreicher, je höher das Marktwachstum ist.

Messansatz

Genau wie die Marktgröße wurde das Marktwachstum direkt aus den Angaben der Businesspläne entnommen. Mitunter war die Dokumentation des Marktwachstums nicht einfach, da sich die Angaben in den Businessplänen nicht selten auf unterschiedliche Zeiträume beziehen. In aller Regel wurde das Marktwachstum zwar als „Compound Annual Growth Rate„ (CAGR) angegeben, bezog sich aber je nach Plan auf drei oder fünf Jahre.[181] Auch wenn dies in der Einschätzung der Wachstumsraten zu potentiellen Ungenauigkeiten führt, so wurden die Wachstumsraten unabhängig vom Bezugszeitraum in die Datenerhebung mit aufgenommen. Prinzipiell wurde der kleinere Zeitraum als gemeinsamer Nenner betrachtet, da grundsätzlich davon auszugehen ist, dass eine Wachtumsrate über fünf Jahre auch für einen Zeitraum von drei Jahren gilt.[182] Auf eine mögliche Korrektur der Angaben in den Businessplänen wurde abermals verzichtet. Der Indikator „Marktwachstum“ wurde nicht in eine Likertskalierung transformiert, sondern geht als kontinuierliches, verhältnisskaliertes Maß in die statistische Analyse ein.

[180] William Sahlman und Bhaskar Chakravorti sind Professoren für Entrepreneurship an der Harvard Business School.

[181] In Einzelfällen wurden die Wachstumsraten auch für andere Zeiträume angegeben. Die überwiegende Mehrheit der Angaben bezog sich aber auf 3 bis 5 Jahre.

[182] In der Tat besteht hier das Risiko, dass die Höhe einer Marktwachstumsrate unterschätzt wird, wenn man von einer 5-Jahres-Rate auf eine 3-Jahres-Rate schließt. Unterstellt man jedoch ein gleichmäßiges Wachstum des Marktes, so ist diese Annahme grundsätzlich richtig. Erst bei sprunghaftem, ungleichmäßigem Wachstum trifft die Annahme nicht notwendigerweise zu. Insgesamt kann wohl davon ausgegangen werden, dass die Vergleichbarkeit der Werte zumindest in der Tendenz gegeben ist.

3.7.4. Konzentration der Kundenbasis

Hypothesenbildung

Grundsätzlich kann sich eine hochkonzentrierte Kundenbasis sowohl positiv als auch negativ auf die Unternehmensentwicklung auswirken. Falls es nur wenige Kunden gibt, so können diese ihre starke Verhandlungsbasis ggf. dazu nutzen, niedrige Preise durchzusetzen oder sonstige Konditionen zu ihren Gunsten zu verändern.[183] Hinzu kommt, dass junge Unternehmen im Fall weniger Kunden insbesondere abhängig von den Aufträgen dieser Kunden sind.

Die Bedeutung der Kundenkonzentration findet auch in der Gründungsforschung Beachtung. So weisen Roure und Keeley (1990) einen konkaven Zusammenhang zwischen der Konzentration der Kundenbasis und der späteren Unternehmensentwicklung nach.[184] Der nichtlineare Zusammenhang wird der Beobachtung gerecht, dass sich die Konzentration der Kundenbasis sowohl positiv als auch negativ auf die Unternehmensentwicklung auswirken kann. In einer früheren Studie finden die gleichen Autoren jedoch Belege dafür, dass die positiven Eigenschaften einer hohen Kundenkonzentration gegenüber den negativen Auswirkungen klar überwiegen. So weisen Roure und Maidique (1986) in einer Stichprobe von acht Unternehmensgründungen nach, dass alle erfolgreichen Gründungen in Märkten mit sehr hoher Käuferkonzentration stattgefunden haben.[185]

Die Hypothesenbildung folgt der Einschätzung eines positiven Zusammenhangs zwischen Kundenkonzentration und Unternehmensentwicklung. So können wenige

[183] Vgl. hierzu auch die Ausführungen in Abschnitt 3.7.1.

[184] Vgl. hierzu Roure und Keeley (1990), a. a. O., S. 201–220.

[185] Vgl. Roure und Maidique (1986), a. a. O., S. 295–306; vgl. hierzu auch Pfeffer, J. und Salancik, G. (1978): *The External Control of Organizations: A Resource Dependence Perspective*. New York: Harper & Row; demnach begegnen Unternehmen der Herausforderung großer Unsicherheit in Märkten mit der Entwicklung besonders enger Verbindungen zu Kunden und Lieferanten. Verbindungen dieser Art können besser in Märkten mit hoher Käuferkonzentration geschaffen werden.

Kunden direkter angesprochen und leichter auf das Angebot junger Unternehmen aufmerksam gemacht werden, ohne das vorher eine kostenintensive und breit angelegte Marketingkampagne notwendig ist. Zudem können Produktangebote in hochkonzentrierten Märkten speziell auf die Bedürfnisse bestimmter Kunden zugeschnitten werden. Das Interesse der Kunden am Produkt kann im Vorfeld, in manchen Fällen sogar noch vor Gründung des Unternehmens, getestet und ggf. über Vorverträge verbrieft werden. So kann sich der Marktzugang im Fall weniger Kunden deutlich einfacher gestalten als im Fall eines polypolistischen Absatzmarktes. Dies gilt insbesondere für die hier untersuchte Grundgesamtheit, in der viele Unternehmen das verfügbare Kapital in die Weiterentwicklung der Technologie und nicht in breit angelegte Marketingkampagnen investieren, die für den Eintritt in polypolistische Märkte oft notwendig sind. Die Hypothesenbildung folgt dementsprechend der Beobachtung von Roure und Maidique (1986) und vermutet einen positiven Zusammenhang zwischen Gründungserfolg und Konzentration der Kundenbasis.

H21: Der Erfolg einer Unternehmensgründung nimmt mit der Konzentration der Kundenbasis zu.

Messansatz

Zweifelsohne wäre es wünschenswert gewesen, den Indikator der Kundenkonzentration durch die Anwendung eines statistisch fundierten Konzentrationsmaßes zu erheben. Hierfür eignet sich beispielsweise der Gini-Koeffizient, der aus der Lorenz-Kurve abgeleitet wird und gemeinhin zur Messung der Einkommenskonzentration in einer Volkswirtschaft genutzt wird. Eine entsprechend differenzierte Messung der Kundenkonzentration war aber aufgrund der Datenlage nicht möglich und hätte intensive Recherchen des Marktes bedingt. Zur Messung der Kundenkonzentration muss daher auf ein einfacheres Maß zurückgegriffen werden.[186] Von einer geringen Anzahl an Kunden im Markt wird somit auf eine hohe Konzentration der Kundenbasis geschlossen und im Umkehrschluss von einer hohen Anzahl an Kunden

[186] Vgl. hierzu auch Roure und Keeley (1990), a. a. O., S. 201–220, die ebenfalls die einfache Anzahl der Kunden im Zielmarkt als Kennziffer für die Kundenkonzentration vorschlagen.

auf eine geringe Konzentration. Im Durchschnitt und unter Konstanz aller anderen Einflussfaktoren ist diese Vermutung wohl richtig. Im Einzelfall kann aber nicht ausgeschlossen werden, dass die Erhebung der Kundenkonzentration basierend auf Basis dieser Kennzahl problematisch ist. Dennoch wird aufgrund von Alternativlosigkeit auf dieses Vorgehen zurückgegriffen. Um Scheingenauigkeiten bei der Feststellung der Kundenkonzentration zu vermeiden, wird die Kundenkonzentration in einer Likertskalierung mit fünf Kategorien festgehalten:

1. Der Absatzmarkt weist eine sehr geringe Konzentration der Kundenbasis auf. Es gibt mehr als 50.000 potentielle Kunden.

2. Der Absatzmarkt weist eine geringe Konzentration der Kundenbasis auf. Es gibt zwischen 10.000 und 50.000 potentielle Kunden.

3. Der Absatzmarkt weist eine mittlere Konzentration der Kundenbasis auf. Es gibt zwischen 1.000 und 10.000 potentielle Kunden.

4. Der Absatzmarkt weist eine hohe Konzentration der Kundenbasis auf. Es gibt zwischen 100 und 1.000 potentielle Kunden.

5. Der Absatzmarkt weist eine sehr hohe Konzentration der Kundenbasis auf. Es gibt weniger als 100 potentielle Kunden.

Der Indikator „Konzentration der Kundenbasis“ ist somit ordinalskaliert. Für die Festlegung der Grenzwerte der Klassen wurden zu Beginn der Studie rund 20 Businesspläne analysiert, um festzustellen, welche Klassengrenzen die Bandbreite an Kundenkonzentrationen am besten abbilden.[187]

[187] Vgl. hierzu auch Roure und Keeley (1990), a. a. O., S. 206 ff., die ebenfalls eine Likertskalierung mit fünf Klassen wählen und die Grenzen wie folgt festlegen: 0 bis 9 Kunden, 10 bis 29 Kunden, 30 bis 99 Kunden, 100 bis 300 Kunden und mehr als 300 Kunden in der fünften und letzten Klasse.

3.7.5. Rivalität und Konkurrenz

Hypothesenbildung

Wie in den Vorüberlegungen über die Einflussfaktoren der Marktattraktivität deutlich wurde, spielt die Wettbewerbssituation eine entscheidende Rolle für den möglichen Geschäftserfolg eines Unternehmens. Das Bestehen in einem Markt mit viel Konkurrenz ist c. p. schwieriger als in einem Markt mit wenig Konkurrenz. Die Bedeutung der Wettbewerbsintensität für die Beurteilung von Jungunternehmen durch Kapitalgeber wird auch durch Studien von Muzyka und Leleux (1996) sowie Shepherd (1999) belegt. Demnach nimmt die Wettbewerbsintensität unmittelbar nach der Beurteilung des Gründerteams den wichtigsten Stellenwert im Kriterienkatalog der Investoren ein.[188]

Natürlich wird die Intensität der Konkurrenz durch eine Vielzahl von Faktoren und nicht nur durch die eigentliche Anzahl der Konkurrenten beeinflusst.[189] Aufgrund der Datenlage in den Businessplänen wird aber auch hier auf dieses einfache Maß zurückgegriffen. Die Bedeutung der Konkurrenz für den Gründungserfolg ist sowohl in der Gründungsforschung als auch bei VCGs bekannt. Der Eintritt in einen Markt mit vielen etablierten Unternehmen mit ähnlichem Angebot ist meist nicht sinnvoll. Gleiches kann jedoch auch für einen Markt mit wenigen Konkurrenten gelten, wenn selbige über eine starke und verteidigbare Wettbewerbsposition verfügen. Die Richtung des Einflusses der Anzahl der Konkurrenten auf die Marktsituation ist somit vor einer empirischen Überprüfung im Vorfeld nur bedingt zu klären. Anhand der für diese Untersuchung geführten Experteninterviews wurde jedoch deutlich, dass Investoren einen Markt mit wenigen Konkurrenten gegenüber einem Markt mit vielen Konkurrenten in aller Regel vorziehen.

[188] Vgl. Muzyka und Leleux (1996), a. a. O., S. 281; Shepherd, D. (1999): *Venture Capitalists' Assessment of New Venture Survival. Management Science*, 45, Nr. 5, S. 627.

[189] Die Anzahl an Konkurrenten als Maß für die Rivalität in einem Markt findet sich dennoch in verschiedenen Publikationen wieder. Vgl. hierzu bspw. Roure und Keeley (1990), a. a. O., S. 206 ff., sowie Sandberg (1986), a. a. O., S. 24 ff.

Die Hypothesenbildung folgt somit der Argumentation, dass wenige Konkurrenten zunächst einmal besser für ein Gründungsvorhaben sind als viele Konkurrenten. Dementsprechend wird folgender Zusammenhang vermutet:

H22: Eine Unternehmensgründung ist umso erfolgreicher, je weniger Konkurrenten es im Markt gibt.

Messansatz

Die überwiegende Mehrheit der Businesspläne geht umfassend auf die Wettbewerbssituation im Zielmarkt ein. Nicht selten enthalten die Businesspläne auch detaillierte Listen potentieller Konkurrenten, so dass in der Regel eine fundierte Abschätzung der Wettbewerberanzahl möglich ist. In vielen Fällen wird die Anzahl der direkten Konkurrenten auch explizit erwähnt. Aus diesem Grund wurde entschieden, auf eine Transformation der Wettbewerberanzahl in eine Likertskala zu verzichten und die exakte Anzahl an Konkurrenten als kontinuierlichen Indikator zu erheben. Der Informationsverlust, der mit der Transformation in eine Likertskala einhergeht, wird somit vermieden. Zweifelsohne kann in den Businesspläne eine gewisse Unterschätzung der Wettbewerberanzahl konstatiert werden. Unternehmensgründer tendieren dazu, das eigene Produkt als zu differenziert wahrzunehmen. In einigen Fällen gehen die Gründer sogar davon aus, dass es für das eigene Produkt keinen relevanten Wettbewerber gibt.[190] Der Indikator „Anzahl an Konkurrenten" ist ein metrisches Maß und findet als solches Berücksichtigung in der statistischen Analyse in Kapitel 6.

190 Natürlich mag dies im Einzelfall auch so sein. In der Regel kann jedoch angenommen werden, dass es zumindest vergleichbare Angebote auf dem Markt gibt, die als Wettbewerb gesehen werden können.

3.8. Vertrieb und Marketing

3.8.1. Überblick

Meistens können Unternehmen erst durch ein fundiertes Marketingkonzept Produkte und Dienstleistungen erfolgreich am Markt platzieren. Im Businessplan müssen die Gründer nachweisen, dass sie über ausreichende Kenntnisse der marktspezifischen Absatz- und Vertriebsmöglichkeiten verfügen.[191] Zudem sollten sie eine schlüssige Preisstrategie sowie ein umfassendes Werbekonzept vorweisen können. Während die Marketingkonzepte aus diesen Gründen in einigen Businessplänen entsprechend prominent positioniert werden, fallen sie in anderen Businessplänen deutlich schmaler aus. Um die mögliche Signifikanz von Vertrieb und Marketing für den Unternehmenserfolg zu erfassen, wird im folgenden Abschnitt eine Hypothese zum Zusammenhang zwischen der Vollständigkeit des Marketingkonzeptes und der Unternehmensentwicklung hergeleitet. Darüber hinaus wird auch die Anzahl an Pilotkunden als erster Indikator für die Vermarktungsbemühungen der Unternehmensgründer diskutiert.

3.8.2. Marketingkonzept

Hypothesenbildung

Anhand der Hypothese über den Zusammenhang zwischen Vertriebserfahrung und Unternehmensentwicklung in Abschnitt 3.5.3.7 konnte bereits gezeigt werden, warum Vertriebskenntnisse so wichtig für die Entwicklung eines Unternehmens sind. Ähnliches gilt auch für die Vollständigkeit und Schlüssigkeit des Marketingkonzeptes. Investoren trauen einem Unternehmerteam mit einem fundierten Marketingkonzept eher einen erfolgreichen Markteinstieg zu als einem Team mit einem weniger umfassenden Konzept.[192] Aus dem Umfang der Darstellung im Businessplan wird im

---

[191] Vgl. hierzu bspw. Elsenmüller und Grampp (2002), a. a. O., S. 96.

[192] Dies entspricht der Einschätzung der interviewten VCGs.

Folgenden auf die vom Gründerteam wahrgenommene Bedeutung des Marketing geschlossen. Dementsprechend unterstellt die Hypothesenbildung einen positiven Zusammenhang zwischen der Vollständigkeit des Marketingkonzeptes und der späteren Unternehmensentwicklung:

H23: Eine Unternehmensgründung ist umso erfolgreicher, je vollständiger das Marketingkonzept ist.

Messansatz

Anstatt auf eine qualitative Bewertung des Marketingkonzeptes abzustellen, erfasst der Indikator ausschließlich die *Vollständigkeit* des Marketingkonzeptes. Hierdurch soll eine möglichst objektive Erfassung sichergestellt werden. Grundsätzlich liegt diesem Vorgehen die Annahme zu Grunde, dass ein vollständigeres Marketingkonzept c. p. auch das schlüssigere Marketingkonzept ist. Auch wenn dies im Einzelfall nicht gelten mag, kann im Durchschnitt über eine große Population hinweg doch davon ausgegangen werden. Willer (2007) weist einen empirischen Zusammenhang zwischen der Vollständigkeit eines Businessplans und der späteren Unternehmensentwicklung nach.[193] Ein ähnlicher Zusammenhang wird auch für die Vollständigkeit des Marketingkonzeptes angenommen.

Um die Vollständigkeit des Marketingkonzeptes zu erfassen, muss zunächst definiert werden, was ein vollständiges Konzept ausmacht. Hierbei orientiert sich der Messansatz am bekannten „Marketing-Mix“, der aus vier zentralen Elementen besteht:[194]

- **Produktpolitik (Product):**[195] Die Produktpolitik umfasst alle Entscheidungen und Maßnahmen, die das Produkt- und Dienstleistungsangebot eines

[193] Vgl. Willer (2007), a. a. O., S. 115 ff.

[194] Die vier Elemente sind auch als die „4Ps“ bekannt geworden, da die englischen Begriffe „Product“, „Price“, „Promotion“ sowie „Place“ alle mit einem „P“ beginnen. Für eine weiterführende Diskussion des Marketing-Mixes vgl. auch McCarthy, J. (1960): *Basic Marketing: A Managerial Approach.* Homewood: R. D. Irwin, sowie Nieschlag und Hörschgen (2002), a. a. O., S. 20.

[195] Vgl. hierzu beispielsweise Meffert, H. (2000): *Marketing: Grundlagen marktorientierter Unternehmensführung.* Wiesbaden: Gabler, S. 335.

Unternehmens betreffen. Hierzu zählen insbesondere die Sortimentspolitik, die Gestaltung der Produktverpackung, die Festlegung von Qualitätsstandards sowie die Markenbildung. Auf Basis der Produktpolitik wird das grundsätzliche Leistungsangebot eines Unternehmens an die Bedürfnisse der Kunden angepasst und erst so marktfähig gemacht.

- **Preispolitik (Price):**[196] Die Preispolitik umfasst alle Entscheidungen zur Festlegung der Preise von Produkt oder Dienstleistung. Für den Fall von Produktneueinführungen haben sich vor allem zwei Grundtypen der Preisstrategie etabliert: die „Abschöpfungsstrategie“ (skimming strategy) sowie die „Penetrationsstrategie“. Im ersten Fall setzt ein Unternehmen einen vergleichsweise hohen Eintrittspreis fest, um zunächst die Gewinne aus Verkäufen an Kunden mit hoher Zahlungsbereitschaft „abzuschöpfen“. Mit dem voranschreitenden Lebenszyklus des Produktes wird der Preis dann schrittweise gesenkt. Im zweiten Fall wird auf einen geringeren Preis gesetzt, um zügig die Marktposition zu stärken und einen hohen Marktanteil zu gewinnen. Die Festlegung des Preises wird dabei von zahlreichen Faktoren beeinflusst, wie etwa der Zahlungsbereitschaft der Kunden oder auch der erwarteten Wettbewerbsreaktion.
- **Distributionspolitik (Place):**[197] Bei der Distributionspolitik handelt es sich um die eigentliche Vertriebsstrategie eines Unternehmens. Hierzu zählen die Bewertung und abschließende Auswahl von Vertriebs- und Absatzkanälen sowie der organisatorische Aufbau der Vertriebsorganisation. Insbesondere für Jungunternehmen stellt sich häufig die Frage, ob eine eigene Vertriebsorganisation aufgebaut werden soll oder ob eine Kooperation mit einem etablierten Unternehmen, das bereits über eine existierende Vertriebsstruktur verfügt, ggf. sinnvoller ist.

---

[196] Vgl. hierzu Simon und Fassnacht (2009), a. a. O., S. 357, sowie Esch, F., Herrmann, A. und Sattler, H. (2006): *Marketing – Eine managementorientierte Einführung*. München: Verlag Vahlen, S. 311 ff.

[197] Vgl. hierzu Kotler, P. und Bliemel, F. (2006): *Marketing-Management*. Stuttgart: Schäffer-Poeschel, S. 740 ff., sowie Nieschlag und Hörschgen (2002), a. a. O., S. 881 ff.

- **Kommunikationspolitik (Promotion):**[198] In aller Regel müssen neue Produkte im Markt beworben werden, um die Aufmerksamkeit der Kunden zu gewinnen. Die Kommunikations- und Werbestrategie stellt somit insbesondere im Fall von Jungunternehmen einen integralen Bestandteil der Unternehmensstrategie dar. Die Möglichkeiten der Verkaufs- und Absatzförderung sind vielfältig und reichen von Fernseh- oder Radiowerbung bis hin zu viralen Marketingkampagnen im Internet.

Wie aus der Darstellung der „4 P's" ersichtlich wird, ist die Vertriebsstrategie eines Unternehmens inhärenter Teil der Marketingstrategie. Prinzipiell hätten anhand der Businesspläne zwar auch zwei Indikatoren erhoben werden können, die separat die Vollständigkeit von Vertriebs- und Marketingstrategie erfassen. Da in den Businessplänen beide Themengebiete jedoch oft zusammen dargestellt werden, hat sich die Verdichtung zu einem Faktor auch aufgrund der Datenlage angeboten. Anhand der Elemente aus dem Marketing-Mix wurden dementsprechend folgende Kategorien für eine Likert-Skalierung festgelegt:

1. Die Darstellung des Marketingkonzeptes im Businessplan ist hochgradig unvollständig. Auf die Elemente des Marketing-Mixes wird kaum oder gar nicht eingegangen. Aus Umfang und Vollständigkeit der Darstellung ist nicht erkennbar, dass sich die Autoren des Businessplans hinreichend mit der Entwicklung einer Marketingstrategie auseinandergesetzt haben.

2. Das Marketingkonzept enthält einige grundlegende Angaben zu den Elementen des Marketing-Mixes, ist in wichtigen Bereichen aber noch lückenhaft. Beim jetzigen Grad der Vollständigkeit kann noch nicht davon ausgegangen werden, dass das Konzept erfolgreich realisiert werden kann.

3. Der Businessplan enthält Angaben zu allen vier Elementen des Marketing-Mixes. Vor der Umsetzung bedarf es jedoch noch einiger Ergänzungen, um ein vollständiges Marketingkonzept zu erhalten.

[198] Vgl. hierzu Meffert (2000), a. a. O., S. 678 ff.

4. Das Marketingkonzept ist weitestgehend vollständig und enthält teils detaillierte Angaben zu allen vier Elementen des Marketing-Mixes. Es sind lediglich geringe Ergänzungen notwendig, um das Marketingkonzept zu vervollständigen.

5. Das Marketingkonzept ist vollständig entwickelt und enthält umfassende Angaben zu allen vier Elementen des Marketing-Mixes. Die Angaben sind von einem hohen Detailgrad geprägt und werden nachvollziehbar begründet.

Der Indikator „Vollständigkeit des Marketingkonzeptes" ist somit abermals ordinalskaliert und findet als solcher Berücksichtigung in der statistischen Analyse.

3.8.3. Pilotkunden

Hypothesenbildung

Die Mehrzahl der untersuchten Unternehmen war zum Zeitpunkt der Erstellung ihres Businessplans noch nicht am Markt aktiv und konnte somit noch keine Umsätze vorweisen. Aus Sicht von Kapitalgebern erschwert dies die Bewertung der Geschäftsidee, da noch unklar ist, ob das Angebot des Unternehmens auf das Interesse der Kunden im Markt stößt. Unternehmen haben allerdings die Möglichkeit, das Interesse des Marktes noch vor der eigentlichen Einführung eines Produktes durch die Zusammenarbeit mit Pilot- oder Testkunden zu prüfen. Pilotkunden sind Unternehmen, die Interesse am Angebot der Gründer gezeigt haben, dies in einigen Fällen auch vertraglich verbriefen und die bereit sind, nach der Markteinführung die Produkte des Unternehmens zu kaufen. So können über Pilotkunden in Einzelfällen schon vor der Markteinführung erste Planumsätze erzielt werden. Pilotkunden gelten aus Sicht von Kapitalgebern als wichtiger Erfolgsindikator für ein Unternehmen. Verfügt ein Unternehmen über viele Pilotkunden, so wird dies als Signal für den möglichen Markterfolg des Unternehmens gewertet. Außerdem zeigt die Gewinnung von Pilotkunden, dass ein Unternehmen dem Marketing als betrieblicher Funktion einen hohen Stellenwert für den Unternehmenserfolg beimisst. Dementsprechend prominent wird die Existenz von Pilotkunden auch in den Businessplänen positioniert. Die Autoren der Businesspläne sind sich der positiven Signalwirkung bewusst.

Die Zusammenarbeit mit Pilotkunden kann auch dazu genutzt werden, letzte Veränderungen am Produktangebot vorzunehmen und dieses noch stärker auf die Bedürfnisse der Kunden am Markt anzupassen. Pilotkunden zu finden, ist hierbei nicht immer einfach, insbesondere wenn es sich bei den Kunden im Zielmarkt um große Unternehmen handelt. Die Bedeutung von Pilotkunden als möglichem Frühindikator für den Erfolg eines Unternehmens ist in der Gründungsforschung noch weitestgehend unberücksichtigt. Zwar weisen Brüderl und Ziegler (1998) nach, dass unternehmerischer Anfangserfolg ein Kennzeichen hoher Überlebenschancen ist, allerdings werden hierfür andere Merkmale als das Vorhandensein von Pilotkunden untersucht.[199] Aus Sicht von VCGs sind Pilotkunden in jedem Fall ein positives Signal, wie auch aus einem Gespräch mit Alexander von Frankenberg, Geschäftsführer des High-Tech Gründerfonds, hervorgeht. Die Hypothesenbildung folgt dieser Einschätzung:

H24: Eine Unternehmensgründung ist umso erfolgreicher, je mehr Pilotkunden das Unternehmen vorzuweisen hat.

Messansatz

Die Anzahl der Pilotkunden wird direkt aus den Businessplänen entnommen. Als Pilotkunde gilt demnach jeder Kunde, mit dem bereits vor offizieller Einführung des Produktes geschäftliche Beziehungen bestehen, der also beispielsweise erste Prototypen getestet, seinen Bedarf des Produktes in mündlichen oder schriftlichen Interessensbekundungen, möglicherweise sogar in Vorverträgen, wiedergegeben oder erste Ausführungen des Produktes erworben hat. Werden im Businessplan keine Pilotkunden erwähnt, so wurde daraus geschlossen, dass das Unternehmen über keine Pilotkunden verfügt. Dieses Vorgehen erscheint logisch, da die Existenz von

[199] Vgl. Brüderl und Ziegler (1998), a. a. O., S. 1; vgl. hierzu auch Pearce und Robinson (1987a), a. a. O., S. 658–675. Demnach sind neue Betriebe vor allem am Anfang einem überdurchschnittlichen Risiko des Misserfolges ausgesetzt. Übersteht ein Unternehmen jedoch die Anfangsphase, ist die Wahrscheinlichkeit des langfristigen Überlebens vergleichsweise hoch.

Pilotkunden in aller Regel prominent erwähnt wird, nicht zuletzt um Kapitalgeber und Juroren von der Validität des Geschäftskonzeptes zu überzeugen. Die Gleichsetzung von Nicht-Erwähnung und Nicht-Existenz erscheint somit gerechtfertigt.

Darüber hinaus wird keine Differenzierung zwischen einzelnen Pilotkunden vorgenommen. Der Indikator gibt lediglich die einfache Anzahl an Pilotkunden wieder. Dieses Vorgehen ist mitunter nicht unproblematisch, da Unternehmen sich sehr unterschiedlichen Graden der Kundenkonzentrationen gegenübersehen. So kann für ein Unternehmen ein Pilotkunde mehr bedeuten als für ein anderes Unternehmen zehn Pilotkunden. Natürlich wäre eine Differenzierung der Pilotkunden nach ihrer Wichtigkeit wünschenswert gewesen. Sie war aber aufgrund der Datenlage in den Businessplänen nicht möglich. Auch eine Verknüpfung mit der Anzahl der Kunden aus dem Indikator „Konzentration der Kundenbasis“ wäre denkbar gewesen, hätte schlussendlich aber ebenfalls zu keiner klaren Differenzierung der Bedeutung einzelner Pilotkunden geführt. So wurde schließlich auf die Anzahl der Pilotkunden als Indikator zurückgegriffen, auch wenn dies zu Unschärfen für die Aussagefähigkeit des Indikators führen kann. Der Indikator wurde für alle Unternehmen erhoben, die noch nicht vollständig am Markt aktiv sind und somit noch keine „offiziellen Umsätze“ erwirtschaften. Unternehmen, die zum Zeitpunkt der Erstellung des Businessplans bereits ein fertiges Produkt am Markt vertrieben haben, wurden bei der Erhebung des Indikators nicht berücksichtigt, da diese faktisch keine „Pilotkunden“, sondern „echte Kunden“ bedienen.

Zweifelsohne ist der Indikator „Anzahl Pilotkunden“ auch mit anderen Merkmalen des Unternehmens verknüpft. So hat es ein Unternehmen mit einem fast fertigen Prototypen sicherlich einfacher, erste Interessenten für sein Angebot zu finden. Aus dem Studium der Businesspläne geht jedoch hervor, dass auch Unternehmen in sehr frühen Entwicklungsstadien bereits den Kontakt zum Markt suchen und erste Pilotkunden gewinnen, auch um Kundenbedürfnisse zu studieren und diese im Produktangebot umfassend abbilden zu können. Gleichzeitig gibt es auch Unternehmen, deren Produkte kurz vor der Markteinführung stehen, die aber keine Zusammenarbeit mit Pilotkunden erkennen lassen. Mitunter kann dies als ein fehlende Marktorientierung interpretiert werden. Der resultierende Indikator „Anzahl Pilotkunden“ ist verhältnisskaliert. Auf eine Verdichtung zu einem likertskalierten Merkmal wird verzichtet.

3.9. Unternehmen und Organisation

3.9.1. Überblick

Ein Kapitel über „Unternehmen und Organisation“ ist fester Bestandteil eines Businessplans. In aller Regel zählt hierzu sowohl eine Erläuterung der Wahl der Rechtsform des Unternehmens als auch eine Darstellung der Ablauf- und Aufbauorganisation. Der Leser erhält somit einen umfassenden Überblick über die organisatorischen Aspekte des Unternehmensaufbaus. Darüber hinaus wird in diesem Kapitel auch auf das „soziale Kapital“ des Unternehmens eingegangen, also seine Einbettung in ein Netzwerk aus hilfreichen Beziehungen und Kontakten. Im Folgenden soll vor allem auf diesen Aspekt eingegangen werden. Zum einen hat die Bedeutung von Netzwerken in der Gründungsforschung immer weiter an Bedeutung gewonnen. Zum anderen lassen sich andere Elemente des Businessplans, wie etwa Struktur und Hierarchisierung von Aufbau- und Ablauforganisation, kaum in einem verwertbaren Indikator festhalten. Zwar hätte man Hierarchiestufen zählen, die Anzahl der organisatorischen Einheiten bestimmen und möglicherweise die Komplexität des Unternehmensaufbaus bewerten können, allerdings fehlt hierfür wegen der uneinheitlichen Datenlage in den Businessplänen die notwendige Vergleichbarkeit zwischen den Unternehmen.

Auch auf die Analyse der Rechtsform als möglichem Indikator wird verzichtet. Hierfür gibt es zwei maßgebliche Gründe: Zum einen liegen der vorliegenden Untersuchung nur Kapitalgesellschaften zugrunde, da nur solche ihren Jahresabschluss im elektronischen

Bundesanzeiger veröffentlichen müssen.[200] Im Fall dieser Studie handelt es sich hierbei ausschließlich um Gesellschaften mit beschränkter Haftung (GmbH), so dass eine Differenzierung des Geschäftserfolges a priori ausgeschlossen wird. Zum anderen weisen Albach und Warnke (1985) nach, dass die Wahl der Rechtsform keinen Einfluss auf den Unternehmenserfolg hat.[201] Die folgende Analyse zu „Unternehmen und Organisation" beschränkt sich somit auf den Zusammenhang zwischen sozialem Kapital und Unternehmensentwicklung.

Wie in Abschnitt 3.2.2.3 bereits erläutert wurde, wird das soziale Kapital eines Gründerteams als wichtiger Erfolgsfaktor einer Unternehmensgründung gesehen.[202] In der vorliegenden Studie soll der Bedeutung des sozialen Kapitals daher durch die Erhebung dreier Indikatoren Rechnung getragen werden. Der erste Indikator betrifft das „allgemeine Netzwerk" des Unternehmens. Hierdurch wird erfasst, über welche generellen Beziehungen und Kontakte das Unternehmen verfügt, die der Unternehmensentwicklung dienlich sein können. Ein zweiter Indikator erfasst „Partnerschaften, Kooperationen und Allianzen" des Unternehmens. Hiermit ist die vertraglich verbriefte Zusammenarbeit mit externen Partnern gemeint. Somit wird die Erhebung der Indikatoren der Beobachtung gerecht, dass sich Netzwerkbeziehungen hinsichtlich ihrer Formalität und Intensität der Zusammenarbeit unterscheiden können. Auf der unternehmensinternen Ebene soll darüber hinaus durch einen dritten Indikator das Vorhandensein „interner Gremien" überprüft werden. Hiermit sind interne Organe gemeint, die häufig mit externen Personen besetzt sind, wie beispielsweise der Aufsichtsrat eines Unternehmens. Organe dieser Form können einen wichtigen Zugang zu externen Netzwerken darstellen.

---

[200] Personengesellschaften, wie etwa die Gesellschaft bürgerlichen Rechts oder auch die Kommanditgesellschaft, sind von der Veröffentlichung im elektronischen Bundesanzeiger befreit. Vgl. hierzu auch die Ausführungen in Abschnitt 2.4.2.3.

[201] Vgl. Albach, H., Bock, K. und Warnke, T. (1985): *Kritische Wachstumsschwellen in der Unternehmensentwicklung.* Stuttgart: Poeschel.

[202] Vgl. hierzu bspw. Adler, P. und Kwon, S. (2002): *Social Capital: Prospects for a New Concept. Academy of Management Review*, 27, Nr. 1, S. 17–40.

Im Folgenden wird zu jeder der drei Perspektiven eine Hypothese sachlogisch hergeleitet und der entsprechende Messansatz erläutert.

3.9.2. Allgemeines Netzwerk

Hypothesenbildung

Der Indikator „Allgemeines Netzwerk des Unternehmens" umfasst den klassischen Begriff des „sozialen Kapitals", wie er aus der Gründungsforschung bekannt ist.[203] Hiermit soll festgehalten werden, über welche Typen und Formen von Netzwerkbeziehungen das Unternehmen verfügt. Wie die Erläuterungen über die Bedeutung des sozialen Kapitals in Abschnitt 3.2.2.3 bereits gezeigt haben, geht die Gründungsforschung davon aus, dass sich ein starkes Netzwerk positiv auf den Gründungserfolg auswirkt. Die Hypothesenbildung trägt dieser Erkenntnis Rechnung.

H25: Eine Unternehmensgründung ist umso erfolgreicher, je größer das allgemeine Netzwerk eines Unternehmens ist.

Messansatz

Um den Umfang des Netzwerkes der untersuchten Gründungsvorhaben zu messen, wurde in erster Linie auf die Vielgestaltigkeit der Unternehmensnetzwerke abgestellt.[204] Hiermit ist die Anzahl unterschiedlicher Beziehungen zu externen Partnern gemeint. Um den Umfang der Netzwerke zu erfassen, wurde aus den untersuchten Businessplänen zunächst eine Liste möglicher Netzwerkelemente zusammengestellt, zu denen ein Unternehmen Beziehungen unterhalten kann. Im Folgenden werden die

[203] Vgl. hierzu auch Adler und Kwon (2002), a. a. O., S. 17–40.

[204] Vgl. hierzu auch Brüderl und Ziegler (1998), a. a. O., S. 54.

wichtigsten Elemente kurz erläutert und ihre mögliche Bedeutung für die Unternehmensentwicklung diskutiert.[205]

- **Funktionale Berater** – Die Mehrzahl der Gründungsvorhaben startet ohne ein Team, das alle Funktionen der betrieblichen Wertschöpfungskette personell vollständig abbilden kann. Um personelle Lücken zumindest kurz- bis mittelfristig zu schließen, greifen viele Unternehmen daher auf die Zusammenarbeit mit externen „funktionalen" Beratern zurück. Hierzu zählen bspw. Vertriebs- und Finanzexperten, aber auch Rechtsanwälte und Steuerberater.[206]
- **Business Angels** – Business Angels sind Investoren des informellen Beteiligungskapitalmarktes und stehen dem Gründungsvorhaben über ihre finanzielle Beteiligung hinaus mit persönlichem Engagement und ihrem Netzwerk zur Verfügung.[207] Häufig verfügen Business Angels selbst über vorhergegangene Gründungserfahrung und können die oft noch unerfahrenen Gründer somit als „Coaches" unterstützen.[208] Business Angels gelten als Förderer radikaler Innovationen, da sie häufig noch vor der Beteiligung durch VCGs junge Unternehmen

[205] Neben den hier genannten Beziehungen wurden auch noch weitere Netzwerkelemente dokumentiert und in die Messung des Indikators mit aufgenommen. Hierzu zählen beispielsweise Kontakte zu Verbänden und Lieferanten. Im Interesse des Umfangs der Darstellung wird auf eine detaillierte Beschreibung an dieser Stelle jedoch verzichtet.

[206] Vgl. hierzu auch Breuer, R.-E. (1997): *Venture Capital – Besseres Umfeld ist notwendig. Die Bank*, 1, Nr. 6, S. 324–329; Trezzini, L. (2005): *Finanzierungsstrukturen im Venture Capital.* Bern: Haupt Verlag, S. 31 ff.; sowie Kußmaul, H. (2006): *Venture Capital in der Existenzgründung. Finanzbetrieb*, 8, Nr. 3, S. 198–202. Demnach übernehmen auch VCGs eine beratende Funktion gegenüber Jungunternehmen. Insbesondere fehlende betriebswirtschaftliche Kenntnisse können durch ihre Expertise ausgeglichen werden.

[207] Vgl. Brettel, M., Jaugey, C. und Rost, C. (2000): *Business Angels. Der informelle Beteiligungskapitalmarkt in Deutschland.* Wiesbaden: Gabler Verlag, S. 6 ff.; demnach sind Business Angels primär Privatpersonen, die Teile ihres privaten Vermögens unmittelbar und risikotragend in nicht-börsennotierte Unternehmen investieren. Vgl. hierzu auch Aernoudt, R. (1999): *Business Angels – Should They Fly on Their Own Wings? Venture Capital: An International Journal of Entrepreneurial Finance*, 1, Nr. 2, S. 187–195, sowie Raueiser, T. (2007): *Syndizierungsstrategien von Business Angels: Eine fallstudiengestützte Analyse.* Lohmar: EUL Verlag, S. 23–26.

[208] Vgl. hierzu Mason, C. und Harrison, R. (1994): *The Informal Venture Capital Market in the UK.* In Huges, A. und Storey, D. (Hrsg.): Finance and the Small Firm. London: Routledge, S. 64–111, sowie Wallisch (2009), a. a. O..

in der Früh- oder sogar Vorphase ihrer Existenz unterstützen.[209] Oftmals verfügen sie über breite persönliche Netzwerke, die einen entscheidenden Beitrag zur Entwicklung von Jungunternehmen leisten können.[210]

- **Förderinitiativen** – In Deutschland hat sich in den letzten zehn Jahren eine Vielzahl an Initiativen zur Förderung von Unternehmensgründungen gebildet. Hierzu zählen letztendlich auch die rund 23 Businessplan-Wettbewerbe im Bundesgebiet sowie zahlreiche staatlich verankerte Förderprogramme, die Unternehmensgründungen finanziell unterstützen.[211] Der Zugang zu Förderinitiativen kann ebenfalls als wichtiges Element im unternehmerischen Netzwerk von Jungunternehmen gesehen werden.

- **Kapitalgeber** – Die Realisierung eines Gründungsvorhabens bedingt in den allermeisten Fällen eine solide Ausstattung mit Kapital. Dies macht den Kontakt zu möglichen Kapitalgebern unabdingbar. Entsprechende Kontakte werden auch deswegen in den Businessplänen erwähnt, weil sie die Glaubwürdigkeit des Gründungsvorhabens in den Augen des Lesers festigen. Die Konzepte von Unternehmen, die noch keinen Kontakt zu Kapitalgebern haben, werden unter Umständen als weniger ausgereift wahrgenommen.

- **Forschungseinrichtungen** – Aufgrund der starken technologischen Ausrichtung der untersuchten Population ist der Kontakt zu Forschungseinrichtungen von zentraler Bedeutung für viele Unternehmen. Nicht selten werden die Gründungsvorhaben auch von ehemaligen Mitarbeitern bekannter Forschungseinrich-

[209] Vgl. hierzu Wetzel, W. (1993): *Angels and Informal Risk Capital. Sloan Management Review*, 24, Nr. 4, S. 23–24; Mason, C. und Harrison, R. (1992): *The Supply of Equity Finance in the UK: A Strategy for Closing the Equity Gap. Entrepreneurship and Regional Development*, 4, Nr. 4, S. 357–380; sowie Osnabrugge, M. van (1998): *Comparison of Business Angels and Venture Capitalists. Financiers of Entrepreneurial Firms.* Oxford: Said Business School.

[210] Vgl. Politis, D. (2008): *Business Angels and Value Added: What Do We Know and Where Do We Go? Venture Capital: An International Journal of Entrepreneurial Finance*, 10, Nr. 2, S. 127–147.

[211] Das Portal www.foerderland.de schätzt die Anzahl aller Förderprogramme (sowohl privatwirtschaftliche als auch staatliche) für Unternehmensgründungen in Deutschland mittlerweile auf 1500 bis 2000.

tungen, wie etwa der Fraunhofer-Gesellschaft oder dem Max-Planck-Institut, geleitet. Durch den Kontakt zu Forschungseinrichtungen soll der wichtige Technologietransfer in die Praxis nachhaltig sichergestellt werden.

- **Staatliche Einrichtungen und Behörden** – Insbesondere für Unternehmen mit genehmigungspflichtigen Produkten, wie etwa im Fall von Pharmazie oder Medizintechnik, kann der Kontakt zur staatlichen Regulierung ein wichtiges Netzwerkelement darstellen. Natürlich ist hiermit nicht gemeint, dass diese Unternehmen im Rahmen des Genehmigungsprozesses einen Vorteil erhalten. Vielmehr zeigt ein solcher Kontakt jedoch, dass sich das Unternehmen über mögliche regulatorische Hürden bewusst ist und aktiv daran arbeitet, diese zu überwinden.

- **Schlüsselkunden** – Einige Unternehmen der untersuchten Grundgesamtheit agieren in hochspezialisierten Märkten, die sich durch eine hohe Konzentration der Kundenbasis kennzeichnen. In einigen Fällen gibt es nur eine Handvoll potentieller Abnehmer. Unterhält ein Unternehmen zu einem oder zwei dieser potentiellen Kunden Beziehungen, so steht es bereits mit 20 bzw. 40% des gesamten Marktes in Kontakt. Entsprechend detailliert werden Beziehungen zu solchen Schlüsselkunden auch in den Businessplänen dargestellt und als wichtiger Treiber der Unternehmensentwicklung gesehen.

- **Public Relations / Werbung** – Die Budgets von Jungunternehmen lassen breit angelegte Werbekampagnen oftmals nicht zu. Umso wichtiger kann die Kontaktaufnahme zu Agenturen und Personen aus der Werbewirtschaft sein. Bestehen enge Beziehungen dieser Art, so können werbewirksame Maßnahmen häufig günstiger eingekauft werden. Nicht selten zeugt das Vorgehen der Unternehmen hierbei von großer Kreativität. Ob durch viral angelegte Marketingkampagnen im Internet oder geschickte Co-Branding-Strategien, die Möglichkeiten eines durch „Bootstrapping“ geprägten Werbekonzeptes sind vielfältig.

- **„Key Opinion Leaders"/Meinungsmacher** – In zahlreichen Businessplänen wird auf Kontakte zu „Meinungsmachern" innerhalb einer Branche hingewiesen. Hierbei kann es sich um einflussreiche Personen aus Forschung und Praxis handeln, die einen gewissen Einfluss in einer bestimmten Industrie haben. Vor allem bei der Bekanntmachung des eigenen Unternehmens oder Produkts versprechen sich die Unternehmensgründer einen Vorteil durch den Kontakt zu solchen Personen. Inwieweit diese Unterstützung letztendlich zum Tragen kommt, kann durch die Lektüre des Businessplans natürlich nur begrenzt beurteilt werden.

- **Prominente Unterstützer** – Zudem führen einige Unternehmen den Kontakt zu Personen an, die in der Öffentlichkeit eine gewisse Bekanntheit genießen. Diese werden im folgenden als „prominente Unterstützer" bezeichnet. Hierbei kann es sich um Wissenschaftler und Manager oder auch Personen aus Medien oder Politik handeln. Die Bedeutung dieser Kontakte ist unterschiedlich. Im Allgemeinen erhoffen sich die Gründer durch solche Beziehung wohl die Bekanntmachung der eigenen Produkt- oder Geschäftsidee.

Der Indikator „Allgemeines Netzwerk" wird durch einfaches Abzählen der Typen von Netzwerkelementen gemessen, zu denen ein Unternehmen Beziehungen unterhält. Um Scheingenauigkeiten vorzubeugen, werden die Ergebnisse der Messung zu einem likertskalierten Maß mit fünf Kategorien verdichtet:

1. Das Unternehmen verfügt über kein erkennbares Netzwerk. Es unterhält keine relevanten Beziehungen zu externen Personen oder Organisationen.

2. Das Unternehmen verfügt über ein begrenztes Netzwerk. Es unterhält relevante Beziehungen zu einer externen Person oder Organisation.

3. Das Unternehmen verfügt über ein Netzwerk mittleren Ausmaßes. Es unterhält relevante Beziehungen zu zwei bis drei externen Personen oder Organisationen.

4. Das Unternehmen verfügt über ein umfassendes Netzwerk. Es unterhält relevante Beziehungen zu vier externen Personen oder Organisationen.

5. Das Unternehmen verfügt über ein sehr umfassendes Netzwerk. Es unterhält relevante Beziehungen zu mehr als vier externen Personen oder Organisationen.

Das resultierende Maß ist somit ordinalskaliert und wird als solches in der statistischen Analyse berücksichtigt. Auf eine Gewichtung innerhalb der Netzwerkbeziehungen wird verzichtet, da sich das „einfache Abzählen“ der Netzwerkbeziehungen als das objektivere Maß erwiesen hat und das Risiko einer subjektiven Bewertung somit minimiert werden konnte.

3.9.3. Partnerschaften, Allianzen und Kooperationen

Hypothesenbildung

Unternehmen können Netzwerkbeziehungen auch zur gezielten Unterstützung und Ergänzung ihrer Wertschöpfungskette nutzen. Partnerschaften dieser Form sind in aller Regel formalisierter als im Fall „loser“ Netzwerkbeziehungen und werden nicht selten durch vertragliche Vereinbarungen verbrieft. Insbesondere für Jungunternehmen können Kooperationen dieser Form eine wichtige Quelle von Ressourcen sein, die sonst nur teuer eingekauft werden können. Der Indikator „Partnerschaften, Allianzen und Kooperationen“ soll dieser Beobachtung gerecht werden.

Zweifelsohne unterscheiden sich Unternehmen hinsichtlich der Bedeutung von Kooperationen. So kann die Zusammenarbeit eines jungen Handelsunternehmens mit einem etablierten Distributionsnetzwerk überlebenswichtig für die Unternehmensentwicklung sein. Für ein anderes Unternehmen können externe Partnerschaften hingegen einen viel geringeren Stellenwert einnehmen. Dennoch wird der Indikator wegen bekannter und bereits diskutierter Gründe abermals durch ein „einfaches Abzählen“ der vorhandenen Partnerschaften und Kooperationen erhoben. Entsprechend der Theorie des sozialen Kapitals, unterstellt die Hypothesenbildung einen positiven Zusammenhang zwischen Anzahl der Kooperationen und Unternehmensentwicklung:

H26: Eine Unternehmensgründung ist umso erfolgreicher, je mehr Kooperationen ein Unternehmen mit externen Partnern unterhält.

Messansatz

Im Gegensatz zum Indikator „Netzwerk des Unternehmens" werden im Indikator „Partnerschaften, Allianzen und Kooperationen" nur solche Netzwerkbeziehungen erhoben, die vertraglich verbrieft oder zumindest schriftlich festgehalten sind. Diese Differenzierung ist möglich, da in den Businessplänen in aller Regel zwischen „losen" Netzwerkbeziehungen und „institutionalisierten" Partnerschaften und Kooperationen unterschieden wird. In der überwiegenden Mehrheit der Fällen dienen solche Partnerschaften der Komplettierung der eigenen Wertschöpfungskette. Zur Erhebung des Indikators wurden zunächst alle relevanten Formen von Kooperationen auf Basis der Businesspläne festgehalten. Hierzu zählen Kooperationen in den Bereichen Forschung und Entwicklung, Vertrieb, Marketing, Einkauf, Fertigung/Produktion, „Delivery" und Installation, Werbung, Logistik sowie IT. Kooperationen im Controlling oder Finanzbereich wurden in den Businessplänen nicht erwähnt. Der Indikator wird durch einfaches Abzählen der unterschiedlichen Kooperationen erhoben. Eine Unterscheidung von Kooperationen hinsichtlich Qualität und Umfang wird nicht vorgenommen, da die Datenlage dies in aller Regel nicht zulässt. Die Anzahl an Kooperationen wird zu folgendem likertskalierten Maß mit fünf Klassen verdichtet:

1. Das Unternehmen verfügt über keine Kooperation mit einem externen Partner.
2. Das Unternehmen verfügt über eine Kooperation mit externen Partnern.
3. Das Unternehmen verfügt über zwei Kooperationen mit externen Partnern.
4. Das Unternehmen verfügt über drei Kooperationen mit externen Partnern.
5. Das Unternehmen verfügt über vier oder mehr Kooperationen mit externen Partnern.

Der resultierende Indikator ist somit ordinalskaliert und wird als solcher in der statistischen Analyse berücksichtigt.

3.9.4. Unternehmensinterne Gremien

Hypothesenbildung

Jungunternehmen können interne Gremien, wie bspw. den Aufsichts- oder Beirat, dazu nutzen, erfahrene Personen aus der Wirtschaft zu einem frühen Zeitpunkt an ihr Unternehmen zu binden. Die Gründer profitieren somit von der Erfahrung, dem Netzwerk und der Expertise der Mitglieder der Gremien. Einigen Jungunternehmen gelingt es hierbei sogar, bekannte Persönlichkeiten aus der Wirtschaft für ihr Vorhaben zu gewinnen. Im Fall größerer Probleme kann auf die Hilfe dieser Mitglieder gehofft werden. Nicht selten leisten sie einen entscheidenden Beitrag zur Unternehmensentwicklung. In der Gründungsforschung sind unternehmensinterne Gremien als Quelle von Netzwerkbeziehungen bisher kaum erforscht worden. Aus Sicht von VCGs ist das Vorhandensein eines Gremiums, wie beispielsweise des Beirates, in jedem Fall ein positiver Indikator für die Qualität eines Geschäftskonzeptes, so eine Studie von Weiber und Adler (1995).[212]

Zudem zeigt die Existenz unternehmensinterner Gremien, dass sich ein Jungunternehmen organisatorisch solide aufgestellt hat. Ein Unternehmen, das über einen wissenschaftlichen und ggf. strategischen Beirat verfügt, scheint organisatorisch gefestigter als ein Unternehmen, bei dem entsprechende Gremien noch fehlen. Die Hypothesenbildung folgt somit der Beobachtung, dass sich die Existenz unternehmensinterner Kontroll- und Beiratsgremien positiv auf den Gründungserfolg auswirkt.

H27: Eine Unternehmensgründung ist umso erfolgreicher, wenn das Unternehmen über Gremien verfügt, die mit externen Personen besetzt sind.

Messansatz

Aus der Organisationslehre ist eine Vielzahl möglicher Gremien bekannt, die mit externen Personen besetzt werden können. Auf Basis der Businesspläne konnten

[212] Vgl. Weiber, R. und Adler, J. (1995): *Informationsökonomisch begründete Typologisierung von Kaufprozessen. Zeitschrift für betriebswirtschaftliche Forschung*, 47, Nr. 1, S. 43–65.

jedoch nur vier verschiedene Gremien festgestellt werden, die im vorher erklärten Sinn für das Netzwerk eines Unternehmens von Relevanz sind.

- **Aufsichtsrat** – Die primäre Funktion des Aufsichtsrates besteht in der Kontrolle und Überwachung der Geschäftsführung eines Unternehmens.[213] Gerade während der Gründungsphase können Mitglieder aber auch als Sponsor und Berater des Gründungsvorhabens wirken und dem Unternehmen ihr persönliches Netzwerk zur Verfügung stellen. Im Fall von Jungunternehmen wird der Aufsichtsrat auch dann um Hilfe gebeten, wenn nach einer geeigneten personellen Ergänzung für die Führungsmannschaft gesucht wird.
- **Strategischer Beirat** – Für die Entwicklung und Überprüfung der Unternehmensstrategie kann auch ein strategischer Beirat berufen werden. Selbiger ist in der Regel mit Personen aus Wirtschaft oder Forschung besetzt, die mit Überblick und Erfahrung zur Entwicklung der Unternehmensstrategie beitragen. Wie auch im Fall der anderen Gremien stellen die Mitglieder des strategischen Beirats ihr persönliches Netzwerk zur Verfügung und können somit als wichtiger Bestandteil des sozialen Kapitals gesehen werden.
- **Kaufmännischer Beirat** – Der kaufmännische Beirat wird in wichtigen betriebswirtschaftlichen Fragestellungen um Hilfe gebeten. Die Berufung eines solchen Beirats kann vor allem für Gründerteams mit starker technologischer Ausrichtung hilfreich sein. In diesem Zusammenhang wird der kaufmännische Beirat zu einem wichtigen Instrument für die Komplettierung des Humankapitalprofils der Gründer. Die Mitglieder des Beirats verfügen in der Regel über wirtschaftliche Expertise. Nicht selten handelt es sich hierbei um Steuer- oder Unternehmensberater.
- **Wissenschaftlicher Beirat** – Insbesondere für innovative Technologieunternehmen ist der ständige Kontakt zu externen Wissenschaftlern und Forschungseinrichtungen von großer Bedeutung. Um die Zusammenarbeit zu festigen,

[213] Vgl. Feil, S. (2008): *Basiswissen Aufsichtsrat: Grundlagen einer erfolgreichen Unternehmensüberwachung*. Books on Demand, S. 30.

können Forscher zu Mitgliedern des wissenschaftlichen Beirates bestellt werden. Ähnlich wie im Fall der anderen Gremien stehen diese den Gründern mit Rat und Tat zur Seite.

Aufgrund der relativ geringen Anzahl an unterschiedlichen Gremien, die in den Businessplänen erwähnt werden, wird bei der Erhebung des Indikators „Unternehmensinterne Gremien“ auf ein dichotomes Maß zurückgegriffen. Der Indikator nimmt somit den Wert „0“ an, wenn das Unternehmen über keine der oben genannten Räte verfügt und den Wert „1“, wenn mindestens ein Rat organisatorisch implementiert ist. Die Form der personellen Besetzung, also etwa wie viele Mitglieder die Gremien haben, bleibt bei der Erhebung des Indikators unberücksichtigt.

Die Hypothesenbildung und Erhebung der Indikatoren ist damit abgeschlossen. Im Folgenden wird noch auf einige Indikatoren eingegangen, die in der vorliegenden Studie aus verschiedenen Gründern nicht erhoben wurden, in der Gründungsforschung aber durchaus eine relevante Rolle spielen.

3.10. Nicht erhobene Indikatoren

Neben den vorgestellten Indikatoren gibt es zweifelsohne eine Fülle weiterer Merkmale, die man als mögliche Erfolgsindikatoren einer Unternehmensgründung hätte erheben können. An erster Stelle sind hier zunächst psychosoziale Merkmale der Unternehmensgründer zu nennen, die in der Gründungsforschung eine zentrale Rolle einnehmen.[214] Hierzu zählen beispielsweise Charaktereigenschaften des Gründers, wie seine Durchsetzungskraft, sein Drang zur Selbstständigkeit oder auch seine Intelligenz.[215]

[214] Vgl. hierzu bspw. Müller-Böling und Klandt (1993), a. a. O., S. 145.

[215] Vgl. hierzu auch Dominguez, J. R. (1974): *Venture Capital.* Lexington, MA: D. C. Heath; in dieser Quelle wird der perfekte Entrepreneur als eine Person mit „eisernem Willen, unerschütterlichem Durchhaltevermögen, großem Enthusiasmus sowie kreativem Einfallsreichtum“ beschrieben. Qualitäten, die zweifelsohne wünschenswert, aber kaum aus einem Businessplan abzulesen sind.

Auf die Erhebung entsprechender Indikatoren wurde nicht wegen deren fehlender Relevanz verzichtet, sondern weil sie aus Businessplänen nicht fundiert abgeleitet werden können. Zweifelsohne hätte man für gewisse Persönlichkeitsmerkmale Proxy-Indikatoren wählen können.[216] So wäre es beispielsweise denkbar gewesen, von Anzahl und Umfang der Studienabschlüsse eines Gründers auf dessen intellektuelle Fähigkeiten zu schließen. Eine sachlogische Argumentation wäre aber schnell an ihre Grenzen gestoßen und die Hypothesenbildung somit an vielen Stellen nicht mehr nachvollziehbar gewesen.

Schließlich wurde auch auf die Erhebung von Indikatoren verzichtet, die eine zu subjektive Bewertung des Autors erfordert hätten. Dies gilt beispielsweise für die Analyse der Chancen und Risiko-Profile von Jungunternehmen.[217] Zwar schlägt Willer (2007) vor, dass die Qualität des Chancen-Risiko-Profils über ein Abzählen der genannten Chancen und Risiken abgeschätzt werden kann.[218] Jedoch scheint das gleiche Vorgehen zur Bestimmung von Erfolgsindikatoren mehr als fraglich. So kann ein bestimmtes Risiko für ein Unternehmen mehr Gefahr bedeuten als zehn kleine Risiken für ein anderes Unternehmen. Ohne eine Wertung vorzunehmen, kann somit kein Indikator über Chancen und Risiken einer Unternehmensgründung erhoben werden.

3.11. Zusammenfassung

Im Rahmen der Datenlage wurde anhand der Hypothesenbildung versucht, ein umfassendes Bild von Unternehmensgründungen zu zeichnen. Natürlich kann final

[216] Mit Proxy-Indikator ist hierbei ein Indikator gemeint, der eine Eigenschaft oder ein Merkmal misst, das nicht direkt erhoben werden kann. Vgl. hierzu bspw. Stahlecker, P. und Trenkler, G. (1993): *Some Further Results on the Use of Proxy Variables in Prediction. The Review of Economics and Statistics*, 75, Nr. 2, S. 707–711.

[217] Vgl. hierzu auch die Ausführungen in Abschnitt 2.3.

[218] Vgl. Willer (2007), a. a. O., S. 76 ff.

nicht ausgeschlossen werden, dass es neben den hier aufgeführten Indikatoren noch weitere Merkmale gibt, die aus Businessplänen hätten abgeleitet werden können.

In der Zusammenfassung ergeben sich 27 Hypothesen, die alle relevanten und statistisch erfassbaren Themengebiete von Businessplänen abbilden. Eine Übersicht der Hypothesen findet sich in den Abbildungen 3.1 und 3.2. Bevor die Hypothesen statistisch überprüft werden, wird im nächsten Kapitel zunächst ein neues Konzept zur Messung der abhängigen Variable des Modells vorgestellt.

Nr.	Hypothese	Fundierung
H1	*Für den Wertebereich der Grundgesamtheit gilt: Eine Unternehmensgründung ist umso erfolgreicher, je älter die Gründer sind.*	• Humankapitaltheorie • Soziales Kapital
H2	*Eine Unternehmensgründung ist umso erfolgreicher, je umfangreicher die Berufserfahrung der Gründer ist.*	• Humankapitaltheorie • Empirische Studien
H3	*Eine Unternehmensgründung ist umso erfolgreicher, je umfangreicher die Branchenerfahrung der Gründer ist.*	• Humankapitaltheorie • Empirische Studien
H4	*Eine Unternehmensgründung ist umso erfolgreicher, je umfangreicher die funktionale Erfahrung der Gründer ist.*	• Humankapitaltheorie • Empirische Studien
H5	*Eine Unternehmensgründung ist umso erfolgreicher, je umfangreicher die Führungserfahrung der Gründer ist.*	• Humankapitaltheorie • Empirische Studien
H6	*Eine Unternehmensgründung ist umso erfolgreicher, je umfangreicher die Vertriebserfahrung der Gründer ist.*	• Humankapitaltheorie • Empirische Studien
H7	*Eine Unternehmensgründung ist umso erfolgreicher, je höher das Ausbildungsniveau der Unternehmensgründer ist.*	• Humankapitaltheorie • Soziales Kapital
H8	*Eine Unternehmensgründung ist umso erfolgreicher, je umfangreicher die Gründungserfahrung der Gründer ist.*	• Humankapitaltheorie • Empirische Studien
H9	*Der Unternehmenserfolg steigt mit der Teamgröße zunächst an, fällt ab einem gewissen Schwellenwert aber wieder ab.*	• Humankapitaltheorie • Soziales Kapital
H10	*Eine Unternehmensgründung ist umso erfolgreicher, je vollständiger das Gründungsteam ist.*	• Humankapitaltheorie • Organizational Impr.
H11	*Der Unternehmenserfolg steigt mit der Interdisziplinarität des Gründerteams zunächst an, fällt ab einem gewissen Wert aber ab.*	• Humankapitaltheorie • Eigene Überlegungen
H12	*Der Erfolg einer Unternehmensgründung steigt, wenn die Gründer technologische und kaufmännische Fähigkeiten vereinen.*	• Experteninterviews • Eigene Überlegungen
H13	*Eine Unternehmensgründung ist umso erfolgreicher, je länger sich die Unternehmensgründer kennen.*	• Soziales Kapital • Empirische Studien
H14	*Eine Unternehmensgründung ist umso erfolgreicher, je länger die Gründer vor der Gründung bereits zusammengearbeitet haben.*	• Soziales Kapital • Eigene Überlegungen
H15	*Eine Unternehmensgründungs ist umso erfolgreicher, je ausgeprägter die Schutzfähigkeit des Kernproduktes ist.*	• Empirische Studien • Eigene Überlegungen
H16	*Eine Unternehmensgründungs ist umso erfolgreicher, je eher die Proprietät der Kerntechnologie beim gegründeten Unternehmen liegt.*	• Experteninterviews • Eigene Überlegungen
H17	*Eine Unternehmensgründung ist umso erfolgreicher, je weiter der Prototyp des Produktes entwickelt ist.*	• Experteninterviews • Eigene Überlegungen
H18	*Eine Unternehmensgründung ist umso erfolgreicher, je ausgeprägter das Alleinstellungsmerkmal von Produkt oder Dienstleistung ist.*	• Experteninterviews • Eigene Überlegungen
H19	*Eine Unternehmensgründung ist umso erfolgreicher, je größer der Zielmarkt ist.*	• Empirische Studien • Eigene Überlegungen
H20	*Eine Unternehmensgründung ist umso erfolgreicher, je höher das Marktwachstum ist.*	• Empirische Studien • Eigene Überlegungen

Tabelle 3.1.: Überblick über Hypothesen 1 – 20

Nr.	Hypothese	Fundierung
H21	*Eine Unternehmensgründung ist umso erfolgreicher, je höher die Kundenkonzentration im Zielmarkt ist.*	• Empirische Studien • Eigene Überlegungen
H22	*Eine Unternehmensgründung ist umso erfolgreicher, je geringer die Konkurrenzintensität im Markt ist.*	• Empirische Studien • Eigene Überlegungen
H23	*Eine Unternehmensgründung ist umso erfolgreicher, je vollständiger das Marketingkonzept ist.*	• Experteninterviews • Eigene Überlegungen
H24	*Eine Unternehmensgründung ist umso erfolgreicher, je größer die Anzahl der Pilotkunden des Unternehmens ist.*	• Experteninterviews • Eigene Überlegungen
H25	*Eine Unternehmensgründung ist umso erfolgreicher, je größer das allgemeine Netzwerk eines Unternehmens ist.*	• Soziales Kapital • Empirische Studien
H26	*Eine Unternehmensgründungs ist umso erfolgreicher, je mehr Kooperationen ein Unternehmen mit externen Partnern unterhält.*	• Soziales Kapital • Empirische Studien
H27	*Eine Unternehmensgründung ist umso erfolgreicher, wenn Gremien, die mit externen Personen besetzt sind, vorhanden sind.*	• Soziales Kapital • Empirische Studien

Tabelle 3.2.: Überblick über Hypothesen 21 – 27

4. Erschließung der Unternehmensentwicklung als abhängige Variable

4.1. Einführung

Die Hypothesenbildung in Kapitel 3 hat Indikatoren in einen Zusammenhang zur Entwicklung von Gründungsvorhaben gesetzt. Die einzelnen Indikatoren werden hierbei als unabhängige Variablen, die Unternehmensentwicklung als abhängige Variable modelliert.[1] Während die unabhängigen Variablen bereits im Detail diskutiert wurden, soll im Folgenden auf die eigentliche abhängige Variable des Modells, nämlich die Unternehmensentwicklung, eingegangen werden.

Das Ziel des methodischen Vorgehens ist es, auch die abhängige Variable möglichst objektiv zu erfassen. Ähnlich wie die Indikatoren das Gründungsgeschehen umfassend abbilden sollen, so soll auch die Messung der Unternehmensentwicklung auf eine breite Basis gestellt werden. Als zentrale abhängige Variable und Kennzahl für den Unternehmenserfolg oder -misserfolg wird hierfür die Abweichung zwischen geplantem

[1] Unabhängige Variablen werden in der Statistik auch als „erklärende Variable“ bzw. „Prädiktorvariable“ bezeichnet, während abhängige Variablen auch als „erklärte Variable“ bzw. „Prognosevariable“ bezeichnet werden. Für eine Diskussion der unterschiedlichen Variablenbegriffe wird auf Backhaus, K. et al. (2006): *Multivariate Analysemethoden – Eine anwendungsorientierte Einführung*. Berlin: Springer, S. 50, verwiesen.

und tatsächlichem Jahresergebnis im dritten Jahr nach Erstellen des Businessplans berechnet. Neben der Berechnung der Abweichung der Jahresergebnisse werden zudem die Gesamtkapitalrendite der Unternehmen sowie ein kombiniertes Maß aus relativer und absoluter Abweichung des Jahresergebnisses als abhängige Variable modelliert. Hierdurch soll sichergestellt werden, dass die Erkenntnisse aus der statistischen Analyse nicht nur von einer Prognosevariable abhängen, sondern auch durch die Verknüpfung mit weiteren Kennzahlen bestätigt werden. Im Folgenden wird zunächst die Notwendigkeit eines neuen Vorgehens zur Messung der Gründungsentwicklung begründet und von bestehenden Verfahren abgegrenzt. Darüber hinaus wird auf die Methodik der eigentlichen Berechnung eingegangen. Das Kapitel schließt mit einer kurzen Diskussion weiterer Erfolgsmaße, die in der vorliegenden Studie ebenfalls in der statistischen Analyse berücksichtigt werden.

4.2. Die Messung des Gründungserfolges aus Sicht der Forschung

Die Messung der Unternehmensentwicklung von Gründungen ist seit langem Diskussionsgegenstand der Entrepreneurship-Forschung.[2] In den letzten Jahren haben sich zwei maßgebliche Ansätze durchgesetzt. Zum einen werden objektive Kennzahlen erhoben, die die Wirtschaftskraft der Unternehmen in Form von Umsatz-, Gewinn-, Rendite- oder auch Beschäftigtenentwicklung messen. Zum anderen wird aber auch die subjektive Einschätzung der Unternehmensgründer erfasst. Hierzu zählt beispielsweise der von den Gründern wahrgenommene Zielerreichungsgrad des Gründungsvorhabens.[3]

[2] Vgl. hierzu Ripsas und Kolata (2008), a. a. O., S. 2 ff.

[3] Vgl. hierzu Jennings, P. und Beaver, G. (1997): *The Performance and Competitive Advantage of Small Firms: A Management Perspective. International Small Business Journal*, 15, Nr. 2, S. 63–75.

Für den besonderen Fall der Erforschung von Zusammenhängen zwischen Businessplan und Unternehmensentwicklung hat sich das dichotome Überlebensmaß als maßgeblicher Indikator durchgesetzt.[4] Erfolg oder Misserfolg werden anhand der Frage beurteilt, ob ein Unternehmen eine gewisse Dauer am Markt – in der Regel 3 oder 5 Jahre – übersteht. Der „Überlebensindikator" trennt somit diskret zwischen erfolgreichen und nicht erfolgreichen Gründungen.[5] Eine kontinuierliche Betrachtung des Unternehmenserfolges bleibt aus. Dieses Vorgehen hat sich in der Vergangenheit als praktikabel erwiesen, auch wenn es gewisse Risiken birgt. So enthalten beispielsweise Portfolios von VCGs häufig sogenannte „Living Dead" Firmen.[6] Hierbei handelt es sich um Firmen, die noch existieren, aber aus Sicht des Investors keinesfalls einen Erfolg darstellen. Ruhnka und Dean (1992) kommen in ihrer Untersuchung von 80 VCGs zu dem Schluss, dass rund 20% aller Investitionen in diese Kategorie fallen.[7] Beim dichotomen Überlebensmaß würden diese Firmen allerdings als Erfolg gewertet.

Darüber hinaus kann häufig nur schwer zwischen „Schließung" und „Bankrott" einer Firma unterschieden werden. Während es sich in letzterem Fall eindeutig um einen Indikator für Misserfolg handelt, so können die Gründe für eine „Schließung" vielfältig sein. Headd (2003) zweifelt daher am Überlebensmaß als aussagekräftigem Indikator für den Unternehmenserfolg.[8] Als Beispiele für die Schließung erfolgreicher Unternehmen nennt Headd (2003, S. 52 ff) den Verkauf eines Unternehmens oder auch die Ausführung einer vorher geplanten Exit-Strategie.[9] Gemäß seiner Untersuchung von 3.000 Jungunternehmen, die geschlossen wurden, gaben 30% der Gründer an, das Unternehmen sei nicht wegen eines Bankrottes, sondern aus anderen Gründen

---

[4] Vgl. hierzu Headd (2003), a. a. O., S. 51–64.

[5] Vgl. hierzu bspw. Roure und Keeley (1990), a. a. O., S. 201–220.

[6] Vgl. hierzu Ruhnka, J., Feldman, H. und Dean, T. (1992): *The Living Dead Phenomenon in Venture Capital Investments. Journal of Business Venturing*, 7, Nr. 2, S. 137–155.

[7] Vgl. Ruhnka und Dean (1992), a. a. O., S. 137–155.

[8] Vgl. Headd (2003), a. a. O., S. 51–64, sowie Watson, J. und Everett, J. (1993): *Defining Small Business Failure. International Small Business Journal*, 11, Nr. 3, S. 35–48, und Watson, J. und Everett, J. (1999): *Small Business Failure Rates: Choice of Definition and Industry Effects. International Small Business Journal*, 17, Nr. 2, S. 31–47.

[9] Vgl. Headd (2003), a. a. O..

geschlossen worden. Studien, die das Überlebensmaß als Indikator nutzen, kennen aber meist nicht den Grund für die Schließung und gehen fälschlicherweise automatisch von einem Misserfolg aus. Die vorliegende Arbeit fügt den bereits bekannten Bewertungsansätzen der Gründungsforschung eine weitere Methodik hinzu, die die Abweichung zwischen Plan- und Istwerten erfasst.

4.3. Ein Messkonzept für die Unternehmensentwicklung

4.3.1. Begründung des neuen Messkonzeptes

Die Einführung eines neues Messkonzeptes der Unternehmensentwicklung ist unter anderem deswegen notwendig, weil etablierte Bewertungsverfahren im Fall von Jungunternehmen nur bedingt greifen. So kann beispielsweise die Betrachtung der Umsatzentwicklung zu falschen Schlüssen führen. Ein soziales Netzwerk im Internet, das über eine kritische Masse an Mitgliedern verfügt, kann aus Investorensicht durchaus als erfolgreiche Gründung gesehen werden, auch wenn das Unternehmen noch keinen Umsatz erwirtschaftet.[10] Die Umsatzgröße als Maß für den Unternehmenserfolg wäre in diesem Fall ungeeignet. Ähnliches gilt für die Analyse des Gewinns oder anderer Kenngrößen wie etwa des Mitarbeiterwachstums.

Die vorliegende Studie fügt der aktuellen Diskussion über die Erfolgsmessung von Jungunternehmen ein weiteres und bisher noch nicht genutztes Maß hinzu: nämlich die Abweichung zwischen unternehmerischer Erwartung und Realität. Die Finanzprognose im Businessplan gibt detailliert Auskunft über die Erwartungen der Unternehmensgründer. Spiegelt man diese Daten nun mit der unternehmerischen Realität, wie

[10] Die Internetplattform „Facebook“ wurde bspw. vor der Erwirtschaftung erster Umsätze mit einem Unternehmenswert von mehreren Milliarden Euro bewertet, vgl. hierzu Kremp, M.: *Facebook-Gründer im Geldrausch.* ⟨URL: `http://www.spiegel.de/netzwelt/web/0,1518,513529,00.html`⟩ – Zugriff am 01. Dezember 2010.

sie im elektronischen Bundesanzeiger dokumentiert wird, so erhält man ein globales Maß für den Zielerreichungsgrad von Unternehmensgründungen.

Die Messung zwischen Erwartung und Realität ist dabei ein erprobtes Vorgehen aus Forschung und Praxis. Die klassische Abweichungsanalyse zur Überprüfung von Umsatz- oder Gewinnzielen kommt in Unternehmen weltweit zum Einsatz. Die Gehälter von Managern, die Boni von Investmentbankern und die Aktienoptionen von Vorständen bemessen sich nicht selten an eben jener Abweichung zwischen Plan- und Istwerten. Aus diesem Grund erscheint es nur folgerichtig, ein ähnliches Prinzip auch für die Bewertung von Jungunternehmen anzuwenden. Der Grund, weshalb dies in systematischer Form bisher noch nicht geschehen ist, liegt wohl eher in der schwachen Datenlage als in der grundsätzlichen Validität des Abweichungsmaßes als Kennziffer für den Unternehmenserfolg. Unter anderem begründet dies auch, weshalb das dichotome Überlebensmaß von Unternehmen am häufigsten als Erfolgsmaß angewendet wird, obwohl die Validität dieses Maßes mittlerweile in Zweifel gezogen wird.

4.3.2. Das Jahresergebnis als Kennzahl des Unternehmenserfolges

Als zentrale Größe für die Messung des Unternehmenserfolges wird das Jahresergebnis eines Unternehmens zugrunde gelegt. Beim Jahresergebnis handelt es sich um den Reingewinn bzw. -verlust, der einem Unternehmen nach Abzug aller Kosten, Steuern und Zinsaufwendungen am Ende eines Geschäftsjahres zur Verfügung steht.[11] Das Jahresergebnis ergibt sich aus der Gewinn- und Verlustrechnung und kann durch die Anwendung des Gesamt- oder Umsatzkostenverfahrens bestimmt werden.[12] Verkürzt lässt sich das Jahresergebnis auch als die Differenz zwischen den Erträgen

[11] Vgl. hierzu bspw. Reichmann, T. (1997): *Controlling mit Kennzahlen und Managementberichten.* München: Verlag Vahlen, S. 72. Im Fall eines positiven Jahresergebnisses spricht man von einem Jahresüberschuss, im Fall eines negativen Jahresergebnisses von einem Jahresfehlbetrag.

[12] Vgl. hierzu auch Gabler (2010), a. a. O., S. 3062.

und Aufwendungen eines Unternehmens definieren. Aufgrund der Bedeutung des Jahresergebnisses für die vorliegende Untersuchung wird die Berechnung anhand des Gesamtkostenverfahrens in Abbildung 4.1 nochmals dargestellt.[13] Demnach gliedert sich das Gesamtkostenverfahren nach Aufwandsarten, wie etwa Personal- oder Materialaufwand. Das aussagekräftige Betriebsergebnis ergibt sich im Gesamtkostenverfahren aus der Addition der Positionen der Gewinn- und Verlustrechnung gemäß § 275 Abs. 2 HGB.[14]

Neben dem eigentlichen Jahresergebnis haben sich in der Unternehmensbewertung weitere gewinnorientierte Kennzahlen etabliert.[15] Insbesondere EBIT („Earnings before Interest and Taxes") oder EBITDA („Earnings before Interest, Taxes, Depreciation and Amortization") werden als aussagekräftige Indikatoren der wirtschaftlichen Leistungskraft eines Unternehmens gesehen. Im Gegensatz zum Jahresergebnis berücksichtigen sie jedoch nur solche Aufwendungen, die direkt mit dem betrieblichen Ergebnis des Unternehmens verknüpft sind.[16] Steueraufwendungen, Zinszahlungen und Abschreibungen bleiben bei der Berechnung außen vor. Hierdurch soll ein möglichst unverfälschtes Bild der wirtschaftlichen Leistungsfähigkeit der Unternehmen gezeichnet werden.

Zweifelsohne bietet das Jahresergebnis den Erstellern einer Bilanz mehr Möglichkeiten der Beeinflussung als das eigentliche Betriebsergebnis. So kann das Jahresergebnis beispielsweise durch die Auflösung stiller Reserven oder aber auch durch den Verkauf von Aktiva beeinflusst werden.[17] Im Gegensatz hierzu stellt das Betriebsergebnis

[13] Vgl. Gabler (2010), a. a. O., S. 3063; für eine Diskussion des Umsatzkostenverfahrens vgl. bspw. auch Baetge, J. und Fischer, R. (1988): *Externe Erfolgsanalyse auf der Grundlage des Umsatzkostenverfahrens. Betriebswirtschaftliche Forschung und Praxis*, 40, Nr. 1, S. 1–21.

[14] Vgl. hierzu auch Reichmann (1997), a. a. O., S. 73.

[15] Vgl. Reichmann (1997), a. a. O., S. 78 ff.

[16] Vgl. Reichmann (1997), a. a. O., S. 79 ff.

[17] Vgl. hierzu bspw. Coenenberg, A., Haller, A. und Schultze, W. (2009): *Jahresabschluss und Jahresabschlussanalyse: Betriebswirtschaftliche, handelsrechtliche, steuerrechtliche und internationale Grundsätze – HGB, IFRS, US-GAAP, DRS.* Stuttgart: Schäffer-Poeschel.

eine aussagekräftigere Größe dar, weil es ausschließlich die Ertragskraft eines Unternehmens aus den eigentlichen betrieblichen Aktivitäten bewertet.

Berechnung des Jahresergebnisses nach dem Gesamtkostenverfahren
1. Umsatzerlöse
2. Erhöhung/Verminderung Bestand Erzeugnisse
3. Andere aktivierte Eigenleistungen
4. Sonstige betriebliche Erträge
5. Materialaufwand
= Rohergebnis
6. Personalaufwand
7. Abschreibungen
8. Sonstige betriebliche Aufwendungen
= Betriebsergebnis
9. Beteiligungserträge
10. Erträge aus Wertpapieren
11. Zinsen und ähnliche Erträge
12. Abschreibungen auf Finanzanlagen
13. Zinsen und ähnliche Aufwendungen
= Finanzergebnis
14. Außerordentliche Erträge
15. Außerordentliche Aufwendungen
16. Steuern auf Einkommen und Ertrag
17. Sonstige Steuern
= Jahresergebnis

Abbildung 4.1.: Berechnung des Jahresergebnisses mittels Gesamtkostenverfahren

Gleichzeitig lassen sich aber auch für die Nutzung des Jahresergebnisses als aussagekräftigem Indikator der wirtschaftlichen Leistungsfähigkeit eines Unternehmens zahlreiche Argumente finden. So kann im Fall von Aktiengesellschaften schließlich nur der Jahresüberschuss als Dividende ausgeschüttet werden.[18] Die Dividendenrendite der Eigentümer orientiert sich somit nicht am EBIT oder EBITDA, sondern am Reingewinn des Unternehmens. Auch Marko Müller, Partner bei der Wirtschaftsprüfungsgesellschaft Dr. Harzem & Partner in Bonn, sieht im Jahresergebnis eine

[18] Das Jahresergebnis kann entweder thesauriert, also einbehalten werden, oder in Form einer Dividende an die Aktionäre ausgeschüttet werden. Gabler (2010), a. a. O., S. 1637.

zentrale Größe des Unternehmenserfolges. Auch wenn Abschreibungen sowie Steuer- und Zinszahlungen nur teilweise durch unternehmerische Entscheidungen in einer bestimmten Periode zu beeinflussen sind, so ist das Jahresergebnis doch das, was am Ende des Jahres übrig bleibt.

Neben diesen Gründen wurde der Jahresüberschuss aber auch wegen der Datenlage in den Businessplänen als Grundlage für das Abweichungsmaß gewählt. Kleine Kapitalgesellschaften sind nicht zur Veröffentlichung der Gewinn- und Verlustrechnung verpflichtet, sondern müssen lediglich ihre Bilanz offenlegen. Somit wird aus der Gewinn- und Verlustrechnung lediglich das Jahresergebnis der Unternehmen veröffentlicht. Andere Größen wie Umsatz, EBIT oder EBITDA werden aus dem öffentlichen Jahresabschluss kleiner Kapitalgesellschaften hingegen nicht ersichtlich.

Da das hier gewählte Vorgehen primär auf der Abweichungsberechnung zwischen Plan- und Istwerten beruht, löst sich die Studie in gewisser Weise von der Bedeutung des Jahresergebnisses als Kenngröße des Erfolges. Das Abweichungsmaß ist dimensionslos und lediglich ein Indikator für den Zielerreichungsgrad der unternehmerischen Planung. Insofern kann davon ausgegangen werden, dass das hier vorgestellte Abweichungsmaß als valider und reliabler Indikator der Unternehmensentwicklung genutzt werden kann.[19]

4.3.3. Der elektronische Bundesanzeiger als Datenquelle

Als alleinige Datenquelle für die Aufzeichnung der Jahresergebnisse wurde in der vorliegenden Studie der elektronische Bundesanzeiger genutzt. Seit dem Jahr 2005 sind Kapitalgesellschaften nach §§ 325 ff. des Handelsgesetzbuches dazu verpflichtet, den Jahresabschluss im elektronischen Bundesanzeiger zu veröffentlichen.[20] Personengesellschaften mit natürlichen Personen als haftende Gesellschafter sind von der

[19] Für eine weiterführende Diskussion der Validität und Reliabilität von Variablen vgl. auch Backhaus et al. (2006), a. a. O., S. 377 ff.

[20] Vgl. hierzu auch Bundesjustizministerium (2006), a. a. O., S. 1 ff.

Veröffentlichung befreit. Grundsätzlich bestand die Veröffentlichungspflicht für Kapitalgesellschaften auch schon vor 2005 durch Einreichung des Jahreabschlusses beim lokalen Amtsgericht.[21] Häufig wurden die Daten aber erst dann vom Amtsgericht angefordert, wenn von einer dritten Person Einsicht in die Jahresabschlüsse beantragt wurde. Durch den hiermit verbundenen Aufwand der Datenbeschaffung eigneten sich Jahresabschlüsse somit nur sehr bedingt für den Einsatz in wissenschaftlichen Studien. Durch den elektronischen Bundesanzeiger hat sich der Zugang zu den Abschlussdaten erheblich vereinfacht. Es ist davon auszugehen, dass der Bundesanzeiger aus diesem Grund zukünftig noch stärker das Interesse von Forschung und Wissenschaft auf sich ziehen wird.

Die Veröffentlichung des Jahresabschlusses im Bundesanzeiger muss innerhalb von 12 Monaten nach dem Abschlussstichtag, also in der Regel bis zum 31. Dezember des Folgejahres, erfolgen.[22] Veröffentlicht ein Unternehmen den Jahresabschluss nicht, so drohen nach einer ersten Mahnung empfindliche Geldbußen. Der Umfang der Veröffentlichungspflicht richtet sich hierbei nach der Größe des Unternehmens. Die entsprechende Kategorisierung in kleine, mittelgroße sowie große Unternehmen ist in § 267 HGB geregelt und in Tabelle 4.1 wiedergegeben. Zwei der drei Merkmale müssen zum Zeitpunkt des Abschlussstichtages erfüllt sein, um ein Unternehmen der entsprechenden Größenkategorie zuordnen zu können.

	Größenkategorie		
Kennziffer	**Klein**	**Mittelgroß**	**Groß**
Bilanzsumme	**< 4,8 Mio. Euro**	4,8 Mio. – 19,25 Mio. Euro	> 19,25 Mio. Euro
Umsatzerlöse	**< 9,7 Mio. Euro**	9,7 Mio. – 38,5 Mio. Euro	> 38,5 Mio. Euro
Arbeitnehmerzahl	**< 50**	50 – 250	> 250

Tabelle 4.1.: Kategorien von Unternehmensgrößen gemäß § 267 HGB

[21] Vgl. hierzu auch Bundesjustizministerium (2006), a. a. O., S. 1–34.
[22] Vgl. Bundesjustizministerium (2006), a. a. O., S. 7 ff.

In der vorliegenden Studie sind alle 96 untersuchten Unternehmen im dritten Jahr nach Veröffentlichung des Businessplans der kleinen Kategorie zuzuordnen. Es gibt kein Unternehmen, das den Schwellenwert der Bilanzsumme für mittelgroße Unternehmen erreicht. Alle Unternehmen weisen somit eine Bilanzsumme von weniger als € 4,8 Mio. aus. Vermutlich gilt Ähnliches auch für die Schwellenwerte des Umsatzes und der Mitarbeiterzahl, auch wenn hier aufgrund der fehlenden Veröffentlichungspflicht im Bundesanzeiger keine endgültige Aussage getroffen werden kann.

Unternehmen der kleinen Kategorie sind prinzipiell dazu verpflichtet, Bilanz und Anhang im Bundesanzeiger offenzulegen.[23] Die Bilanz kann hierbei jedoch in verkürzter Form, also ohne Angabe des eigentlichen Jahresergebnisses eingereicht werden. Anstelle des Jahresüberschusses wird dann der Bilanzgewinn ausgewiesen, der als Performanzindikator für die Leistungskraft von Unternehmen ungeeignet ist, da er beispielsweise durch Entnahmen und Einstellungen in die Gewinnrücklagen beeinflusst werden kann.[24] Veröffentlicht ein Unternehmen der kleinen Kategorie das Jahresergebnis, so gibt es de facto mehr Informationen preis, als es eigentlich müsste. Hinzu kommt, dass der Anhang eines kleinen Unternehmens nicht die Gewinn- und Verlustrechnung beinhalten muss. Es ist somit festzustellen, dass Jahresabschlüsse von kleinen Unternehmen im Bundesanzeiger weniger aussagekräftig sind als die von großen oder mittelgroßen Unternehmen.

Dennoch kann das Jahresergebnis in vielen Fällen aus der Bilanz der Unternehmen entnommen bzw. geschlossen werden. An dieser Stelle sei auch auf die Validität der Daten im Bundesanzeiger hingewiesen. So müssen die Jahresabschlüsse nach § 317 HGB nach den Grundsätzen ordnungsgemäßer Buchführung vorgenommen und die Korrektheit der Abschlüsse von einem Wirtschaftsprüfer attestiert werden. Die Veröffentlichung falscher Angaben ist nicht gesetzmäßig und strafbar. Insofern ist davon auszugehen, dass die für diese Studie genutzten Daten aus dem Bundesanzeiger richtig sind und die Realität der Unternehmen korrekt wiedergeben. Dies konnte

[23] Vgl. Bundesjustizministerium (2006), a. a. O..

[24] Vgl. hierzu bspw. Schildbach, T. (2009): *Der handelsrechtliche Jahresabschluss*. Herne: NWB Verlag.

ebenfalls im Experteninterview mit Marko Müller bestätigt werden. Somit eignet sich der Bundesanzeiger, zumindest was die Richtigkeit der gemachten Angaben betrifft, durchaus als Quelle für wissenschaftliche Studien.

Aufgrund der Bedeutung des elektronischen Bundesanzeigers ist in Abbildung 4.2 beispielhaft der Jahresabschluss der Hacon GmbH aus Finsterwalde wiedergegeben.[25] Wie aus der Darstellung deutlich wird, kann der Jahresüberschuss als Ergebnis der Gewinn- und Verlustrechnung unmittelbar aus der Passivseite der Bilanz entnommen werden. Im Jahr 2009 betrug das Jahresergebnis der Hacon GmbH € 20.876,96.[26] Aus der Darstellung können die Angaben des aktuellen Berichtsjahrs sowie die des Vorjahres entnommen werden. In Posten A des Anhangs weist das Unternehmen erwartungsgemäß daraufhin, dass „größenabhängige Erleichterungen bei der Erstellung“ und „Offenlegung“ des Jahresabschlusses in Anspruch genommen wurden.[27] Die Gewinn- und Verlustrechnung ist somit nicht veröffentlicht worden. Wie im Fall der Hacon GmbH wurde das Jahresergebnis aller Unternehmen der Grundgesamtheit unmittelbar aus dem Jahresabschluss entnommen.

4.3.4. Erhebungszeitraum der Unternehmensentwicklung

Der Zeitraum für die Messung der Unternehmensentwicklung beträgt drei Jahre. Die Messung beginnt zum Zeitpunkt der Herausgabe des Businessplans und endet mit dem Abschlussstichtag des dritten abgeschlossenen Geschäftsjahres. In den meisten Fällen stimmt das Gründungsjahr des Unternehmens mit dem Jahr, in dem der Businessplan erstellt wurde, überein. Wie in Abschnitt 2.4.2.7 erläutert, wurden nur Unternehmen mit in die Untersuchung aufgenommen, die zum Zeitpunkt der Herausgabe des

[25] Die Hacon GmbH gehört nicht zur Grundgesamtheit der hier untersuchten Unternehmen. Aus diesem Grund wurde auf eine Anonymisierung der Daten verzichtet.

[26] Wie bereits erwähnt, hätte die Hacon GmbH auf die Veröffentlichung auch verzichten können und stattdessen eine verkürzte Bilanz mit Angabe von Bilanzverlust bzw. -gewinn ausweisen können.

[27] Hierbei handelt es sich um Erleichterungen für kleine Kapitalgesellschaften gemäß § 266 ff. HGB für die Erstellung und § 326 sowie § 327 HGB für die Offenlegung des Jahresabschlusses.

Hacon Ingenieurgesellschaft mbH
Finsterwalde
Jahresabschluss zum Geschäftsjahr vom 01.01.2009 bis zu 31.12.2009

Bilanz

Aktiva

	31.12.2009 EUR	31.12.2008 EUR
A. Anlagevermögen	42.825,00	34.457,96
I. Immaterielle Vermögensgegenstände	2.218,50	3.547,00
II. Sachanlagen	40.606,50	30.910,96
B. Umlaufvermögen	145.102,94	159.874,52
I. Vorräte	1.665,00	6.100,00
II. Forderungen aus sonstigen Vermögengegenständen	82.687,27	100.620,48
III. Kassenbestand und sonstige Guthaben	60.750,67	53.154,04
C. Rechnungsabgrenzungsposten	74.659,88	98.040,83
Bilanzsumme, Summe Aktiva	262.587,82	292.373,31

Passiva

	31.12.2009 EUR	31.12.2008 EUR
A. Eigenkapital	96.019,01	95.142,05
I. Gezeichnetes Kapital	25.000,00	25.000,00
II. Gewinnvortrag	50.142,05	26.254,00
III. Jahresüberschuss	20.876,96	43.888,05
B. Sonderposten mit Rücklageanteil	1.717,00	1.025,00
C. Rückstellungen	20.091,57	37.466,59
D. Verbindlichkeiten	67.172,64	64.817,67
E. Rechnungsabgrenzungsposten	77.587,60	93.922,00
Bilanzsumme, Summe Passiva	262.587,82	292.373,31

Anhang

A. Allgemeine Angaben
Der Jahresabschluss der Hacon GmbH umfasst gemäß § 264 HGB die Bilanz, die Gewinn- und Verlustrechnung und den Anhang. Der vorliegende Jahresabschluss wurde auf der Grundlage der Rechnungslegungsvorschriften des Handelsgesetzbuchs aufgestellt. Größenabhängige Erleichtungen bei der Erstellung (§§ 266 Abs. 1, 276, 288 HGB) und bei der Offenlegung (§ 326 bzw. § 327 HGB) des Jahresabschlusses wurden in Anspruch genommen. Die Gewinn- und Verlustrechnung ist nach dem Gesamtkostenverfahren i. S. d. § 275 Abs. 2 HGB aufgestellt worden.

B. Angaben zur Bewertung und Bilanzierung
Immaterielle Vermögensgegenstände und Sachanlagen werden zu Anschaffungs- bzw. Herstellungskosten bewertet, vermindert um planmäßige lineare Abschreibungen entsprechend der Nutzungsdauer. Geringwertige Wirtschaftsgüter mit Anschaffungskosten bis 150,00 € wurden im Jahr des Zugangs sofort voll abgeschrieben. (...)

C. Angaben und Erläuterungen zu den einzelnen Posten
(...)

D. Sonstige Angaben
(...)

Massen, den 14.07.2010
Die Geschäftsführung

Abbildung 4.2.: Jahresabschluss der Hacon GmbH aus dem Jahr 2009

Businessplans nicht älter als zwei Jahre waren. Insofern befinden sich definitorisch gesehen ausschließlich Jungunternehmen in der untersuchten Grundgesamtheit.[28]

Der Erhebungszeitraum wurde auf drei Jahre festgelegt, da sich Unternehmen empirisch gesehen nach drei Jahren nicht mehr im Gründungsprozess befinden. Die vorliegende Studie folgt damit der von Hunsdiek und May-Strobl (1986) vorgeschlagenen Phasenentwicklung von Unternehmensgründungen. Demnach ist der Gründungsprozess mit Beginn des dritten Geschäftsjahres abgeschlossen.[29] Hierdurch soll sichergestellt werden, dass die Erfolgsmessung zu einem Zeitpunkt erfolgt, wo sich die Unternehmen bereits in einer Phase relativer Stabilität befinden. Das dritte Geschäftsjahr eignet sich somit besser als die ersten beiden Jahre für die Messung des Unternehmenserfolges.

Im Gegensatz hierzu ist ein Erhebungszeitraum von weniger als drei Jahren problematisch, da noch nicht beurteilt werden kann, ob die Gründung zum Erfolg führt oder nicht. Nach drei Jahren kann zumindest abgeschätzt werden, ob die Entwicklung der ursprünglichen Planung entspricht oder diese verfehlt.[30] Durchschnittlich gesehen existieren ein Jahr nach der Gründung noch 76%, drei Jahre nach der Gründung noch 47% und sechs Jahre nach der Gründung noch 38% aller Unternehmen.[31] Innerhalb der Jahre drei bis sechs nach der Gründung werden somit nur weitere 9% aller Unternehmen geschlossen, während in den ersten drei Jahren ganze 53% den Betrieb

[28] Für eine weiterführende Diskussion über die Unterschiede zwischen Jungunternehmen und etablierten Unternehmen vgl. auch Hunsdiek, D. und May-Strobl, E. (1986): *Entwicklungslinien und Entwicklungsrisiken neugegründeter Unternehmen.* Stuttgart: Poeschel.

[29] Vgl. Hunsdiek und May-Strobl (1986), a. a. O., S. 29 ff.

[30] Vgl. hierzu auch die Studien von Stuart, R. und Abetti, P. (1987): *Start-Up Ventures: Towards the Prediction of Initial Success. Journal of Business Venturing*, 2, Nr. 3, S. 215–230, sowie Ven, A., Hudson, R. und Schroeder, D. (1984): *Designing New Business Start-Ups: Entrepreneurial, Organizational and Ecological Considerations. Journal of Management*, 10, Nr. 1, S. 87–94. Beide Studien legen ebenfalls einen Zeitraum von drei Jahren für die Messung der Unternehmensentwicklung zugrunde.

[31] Vgl. Philips, B. und Kirchhoff, B. (1989): *Formation Growth and Survival: Small Firm Dynamics in the U.S. Economy. Small Business Economics*, 1, Nr. 1, S. 65–74.

einstellen.[32] Die Erfolgsmessung nach dem dritten Jahr erscheint somit stabil. Auch Brüderl und Ziegler (1998) kommen in ihrer Analyse zu dem Schluss, dass drei Jahre nach der Unternehmensgründung ein sinnvoller Zeitpunkt für die Erfolgsmessung ist.[33]

Ein längerer Erhebungszeitraum wäre prinzipiell zwar denkbar, aber aufgrund der Datenlage in den Businessplänen nur schwer zu realisieren gewesen. So veröffentlicht die Mehrzahl aller Unternehmen lediglich Plandaten für einen Zeitraum von 3 Jahren. Hinzu kommt, dass die Prognose der Unternehmensentwicklung über einen Zeitraum von drei Jahren hinaus zunehmend unscharf und sachlogisch kaum zu begründen ist. Auch deswegen eignet sich ein Erhebungszeitraum von maximal 3 Jahren am ehesten für die Messung der Unternehmensentwicklung.

Zu beachten gilt hierbei, dass der Erhebungszeitraum von drei Jahren nur im Mittel erreicht werden kann. Businesspläne werden über das Jahr verteilt erstellt und herausgegeben. Im Gegensatz hierzu werden Jahresabschlüsse immer am gleichen Abschlussstichtag eines Jahres veröffentlicht. In der Regel ist dies der 31. Dezember. Somit kann sich zwischen den Unternehmen ein Unterschied im zugrundeliegenden Erhebungszeitraum ergeben. Ein Unternehmen, das beispielsweise im Januar 2004 einen Businessplan herausgibt, hat das gleiche „Basis-“ (2004) und „Berichtsjahr“ (2007), wie ein Unternehmen, das den Businessplan erst im Dezember 2004 herausgibt.[34] Im Fall des ersten Unternehmens liegt somit ein Erhebungszeitraum von 3 Jahren und 11 Monaten zugrunde, im Fall des zweiten Unternehmens lediglich ein Erhebungszeitraum von 3 Jahren. Diese modellbedingte zeitliche Verschiebung konnte aufgrund der Struktur der Jahresabschlüsse nicht vermieden werden. Da die Mehrzahl aller Businesspläne – auch wegen der zeitlichen Vorgabe der Wettbewerbe – aber in

[32] Vgl. Headd, B. (2003): *Redefining Business Success: Distinguishing Between Closure and Failure. Small Business Economics*, 21, Nr. 1, S. 51–64; demnach haben die Ergebnisse von Philips und Kirchhoff (1989), a. a. O., S. 65–74, auch heute noch Gültigkeit.

[33] Vgl. Brüderl und Ziegler (1998), a. a. O., S. 115.

[34] Als Basisjahr wird das Jahr bezeichnet, in dem der Businessplan erstellt bzw. herausgegeben wird. Analog hierzu bezieht sich das Berichtsjahr auf das dritte volle Geschäftsjahr nach dem Erstellen des Businessplans.

der Mitte des Jahres oder danach herausgegeben wird, ist davon auszugehen, dass die hiermit verbundene Unschärfe des Erhebungszeitraums zu keiner grundlegenden Verfälschung der Ergebnisse führt.

4.3.5. Berechnung der Abweichung zwischen Plan und Ist

Für die Berechnung des Abweichungsmaßes sind nur zwei Werte notwendig. Zum einen wird der geplante Jahresüberschuss im dritten Jahr nach Herausgabe des Businessplans benötigt. Dieser ist der Finanzplanung im Businessplan zu entnehmen. Darüber hinaus wird das tatsächliche Jahresergebnis im dritten Jahr nach Herausgabe des Businessplans, so wie es im elektronischen Bundesanzeiger offiziell veröffentlicht wird, benötigt. Die Abweichung wird in Abhängigkeit des Planwertes berechnet. Somit erhält man ein Maß für die prozentuale Divergenz des Ist-Wertes vom Soll-Wert, wie es auch bei der klassischen Abweichungsanalyse im betrieblichen Rechnungswesen berechnet wird.

Für die Berechnung werden folgende Variablen festgelegt: $\text{JE}_{Plan,t}$ sowie $\text{JE}_{Ist,t}$ stehen für das geplante bzw. tatsächliche Jahresergebnis. $\Delta_{JE,t}$ sei die Abweichung zwischen geplantem und tatsächlichem Jahresergebnis im Jahr t. Die Berechnung von $\Delta_{JE,t}$ in Jahr 3 ergibt sich dann wie folgt:[35]

$$\Delta_{JE,t=3} = \begin{cases} \frac{(\text{JE}_{Ist}-\text{JE}_{Plan})}{\text{JE}_{Plan}} & \text{falls} \quad \text{JE}_{Plan} > 0 \quad \text{und} \quad \text{JE}_{Ist} > 0 \\ \frac{(\text{JE}_{Plan}-\text{JE}_{Ist})}{\text{JE}_{Plan}} & \text{falls} \quad \text{JE}_{Plan} < 0 \quad \text{und} \quad \text{JE}_{Ist} < 0 \\ \frac{(\text{JE}_{Ist}-\text{JE}_{Plan})}{\text{JE}_{Plan}} & \text{falls} \quad \text{JE}_{Plan} > 0 \quad \text{und} \quad \text{JE}_{Ist} < 0 \\ \frac{(\text{JE}_{Plan}-\text{JE}_{Ist})}{\text{JE}_{Plan}} & \text{falls} \quad \text{JE}_{Plan} < 0 \quad \text{und} \quad \text{JE}_{Ist} > 0 \end{cases}$$

Die Fallunterscheidung zur Berechnung des Abweichungsmaßes ist deshalb notwendig, weil das Jahresergebnis naturgemäß sowohl negative (in diesem Fall spricht man von

[35] Um die Übersichtlichkeit nicht zu gefährden, werden die Jahresindizes der Variablen $\text{JE}_{Plan,t}$ sowie $\text{JE}_{Ist,t}$ in der folgenden Gleichung weggelassen. Bei allen Werten handelt es sich um Angaben aus dem dritten Jahr nach Herausgabe des Businessplans.

einem Jahresfehlbetrag) als auch positive (in diesem Fall spricht man von einem Jahresüberschuss) Werte annehmen kann. Je nach Konstellation der Vorzeichen der Plan- und Ist-Werte muss die Berechnung des Abweichungsmaßes entsprechend angepasst werden.

Unabhängig von den Vorzeichen befindet sich der Plan-Wert des Jahresergebnisses immer im Nenner des Abweichungsquotienten. Die prozentuale Abweichung wird immer in Abhängigkeit des Planwertes berechnet. Das Ergebnis $\Delta_{JE,t=3}$ gibt somit den prozentualen Unterschied zwischen unternehmerischer Erwartung und unternehmerischer Realität drei Jahre nach Herausgabe des Businessplans an. Ein Wert von $\Delta_{JE,t=3} = 0$ bedeutet, dass ein Unternehmen die Plandaten genau erfüllt hat. Im Gegensatz hierzu zeigt ein Wert von $\Delta_{JE,t=3} = 100\%$, dass ein Unternehmen ein Jahresergebnis erwirtschaftet hat, dass doppelt so hoch ist wie in der ursprünglichen Planung vorgesehen. Analog gilt für einen Wert von $\Delta_{JE,t=3} = -100\%$, dass ein Unternehmen das geplante Jahresergebnis gänzlich verfehlt hat. Das Abweichungsmaß geht als abhängige Variable und verhältnisskalierte Größe in das Modell ein. Auf eine Verdichtung zu einem likertskalierten Maß wird wegen des hiermit einhergehenden Informationsverlustes verzichtet.

4.3.6. Kritische Betrachtung des Messkonzeptes unter Gesichtspunkten der Informationsökonomik

Auf die unterschiedlichen Funktionen des Businessplans wurde bereits in Abschnitt 2.2.1 eingegangen. Unter anderem wurde in diesem Zusammenhang die Informationsfunktion des Businessplans beschrieben, die vor allem deswegen von Bedeutung ist, da sich ein Gründungsvorhaben aus Sicht möglicher Kapitalgeber ähnlich wie ein Erfahrungsgut verhält.[36] So lässt sich der Erfolg einer Investition in ein Gründungsvorhaben meist erst lange nach der Finanzierung abschließend beurteilen. Aus

[36] Vgl. hierzu Dowling (2002), a. a. O., S. 219–225; vgl. zur Informationsfunktion auch Brinckmann und Kapsa (2010), a. a. O., S. 24–40 sowie Voigt (2002): Der Businessplan als Controlling-Instrument, a. a. O..

diesem Grund versuchen Kapitalgeber, bereits vor der Investition möglichst viel über die Gründer und ihr Geschäftsvorhaben zu erfahren.[37] In diesem Zusammenhang spielt der Businessplan eine wichtige Rolle. Durch ihn sollen die wichtigsten Fragen der Kapitalgeber vorab eingehend beantwortet werden. Businesspläne haben somit unter anderem die Funktion, die Informationsasymmetrie zwischen Gründern und Kapitalgebern abzubauen.[38] Legt man die Prinzipal-Agenten-Theorie zugrunde, so tritt der besser informierte Gründer als Agent und der im Zweifelsfall schlechter informierte Kapitalgeber als Prinzipal auf.[39]

Gleichzeitig ergibt sich durch die Informationsasymmetrie zwischen Agent und Prinzipal ein „moralisches Risiko“ („Moral Hazard“) auf Seiten der Gründer.[40] So könnten die Gründer die Informationsasymmetrie zwischen ihnen und möglichen Kapitalgebern zu ihrem eigenen Vorteil ausnutzen. Im Folgenden soll unter Gesichtspunkten der Informationsökonomik erörtert werden, inwiefern ein solches moralisches Risiko zu einer Verfälschung der Finanzplanung in den Businessplänen führen kann und somit Einfluss auf die Validität des hier vorgeschlagenen Messkonzeptes hat.[41]

Das hier vorgeschlagene Erfolgsmaß in Form der Abweichung zwischen geplantem und tatsächlichem Jahresüberschuss basiert maßgeblich auf den Angaben der Gründer in der Finanzplanung des Businessplans. Dem Messkonzept liegt die zentrale Annahme zugrunde, dass die Angaben aus der Finanzplanung den tatsächlichen Er-

---

[37] Vgl. Dowling (2002), a. a. O., S. 219–225.

[38] Vgl. hierzu Dowling (2002), a. a. O. sowie zum Begriff der Informationsasymmetrie Akerlof, G. (1970): *The Market for Lemons: Quality Uncertainty and the Market Mechanisms. Quarterly Journal of Economics*, 84, Nr. 3, S. 488–500.

[39] Vgl. hierzu auch Körner, Helmut (2007): *Der Business-Plan aus ökonomischer Sicht.* München: GRIN Verlag; auf eine detaillierte Diskussion der Prinzipal-Agenten-Theorie wird an dieser Stelle verzichtet. Der interessierte Leser wird auf Jost, P. (2001): *Die Prinzipal-Agenten-Theorie in der Betriebswirtschaftslehre.* Stuttgart: Schäffer-Poeschel verwiesen.

[40] Vgl. zum Begriff des „Moral Hazard“ bspw. Mas, A., Whinston M. und Green, J. (1995): *The Principal-Agent Problem.* In Microeconomic Theory. Oxford: Oxford University Press, S. 477.

[41] Die Informationsökonomik ist ein eigenständiges Teilgebiet der Wirtschaftswissenschaften bzw. Wirtschaftstheorie und befasst sich mit der Ausstattung und dem Austausch von Informationen zwischen Akteuren in einem Wirtschaftssystem. Für eine umfassende Diskussion der Informationsökonomik wird auf Mas und Green (1995), a. a. O., verwiesen.

wartungen der Gründer entsprechen. Nur wenn dies der Fall ist, kann dem Anspruch Rechnung getragen werden, die Abweichung zwischen unternehmerischer Erwartung (vor der Gründung) und unternehmerischer Realität (3 Jahre nach Herausgabe des Businessplans) im Rahmen des Messkonzeptes valide zu erfassen. Durch die Informationsfunktion des Businessplans im Zusammenhang mit der Beschaffung von Kapital besteht jedoch das Risiko, dass Gründer die eigene Finanzplanung systematisch besser darstellen als ihre eigenen Erwartungen dies eigentlich zulassen würden. Prima facie erscheint dieser Schluss logisch: umso vielversprechender die Finanzplanung im Businessplan, desto geneigter ist ein Finanzier zu investieren und Kapital zur Verfügung zu stellen. Die Gründer wären somit dem moralischen Risiko ausgesetzt, die eigene Finanzplanung zu schönen. Dies wiederum würde zu einer relevanten Abweichung der Finanzplanung von den eigentlichen Erwartungen der Gründer führen und das hier vorgeschlagene Messkonzept würde somit zu nicht aussagekräftigen Ergebnissen gelangen.

Wie sich in der Praxis jedoch zeigt, hinken diese theoretischen Überlegungen an mehreren Stellen. Grundvoraussetzung für ein solches „Moral Hazard" Problem ist zunächst, dass Unternehmensgründer durch allzu optimistische Finanzprognosen überhaupt in eine bessere Ausgangslage hinsichtlich der Kapitalbeschaffung gelangen. Nur wenn dies der Fall wäre, hätten Gründer einen Anreiz, die eigene Finanzplanung besser darzustellen, als sie eigentlich ist. Die Erfahrung zeigt jedoch, dass allzu optimistische Finanzplanungen eher dazu führen, dass Kapitalgeber Geschäftskonzepte insbesondere kritisch beurteilen. So haben verschiedene Experten in Interviews bestätigt, dass sie Geschäftskonzepte mit einer Umsatzrendite von mehr als 40% in den ersten Jahren in aller Regel ablehnen, da eine derart euphorische Finanzplanung ein Anzeichen für fehlendes Wissen und fehlende Erfahrung der Gründer ist.[42] Die Formel „Umso optimistischer die Finanzplanung, desto eher kommt man an Kapital" stimmt somit nicht. In der Praxis gilt eher das Gegenteil.

[42] Vgl. hierzu beispielsweise die Expertengespräche mit William Sahlman sowie Ray Gilmartin, beide Harvard Business School.

Hinzu kommt, dass sich Kapitalgeber meist nicht auf die Finanzplanung in den Businessplänen verlassen. Bestenfalls dienen solche Finanzplanungen als erster Anhaltspunkt. Vor einer Investition erstellen Kapitalgeber aber eigene Modelle bzw. hinterfragen die Annahmen der Gründer sehr genau. Kann ein Gründer seine allzu optimistischen Annahmen nicht erklären, so verringert dies seine Chancen auf eine erfolgreiche Finanzierung. Nur aufgrund einer optimistischen Finanzplanung hat wohl noch kaum ein Gründerteam eine Finanzierung durch Kapitalgeber erhalten.

Natürlich stellt sich vor dem Hintergrund sehr optimistischer und häufig euphorisch anmutender Finanzplanungen die Frage, ob Gründer wirklich von ihrer eigenen Planung überzeugt sind und tatsächlich an einen derartig optimistischen Verlauf ihres Unternehmens glauben.[43] Glaubt man den Ausrichtern von Businessplanwettbewerben, so stehen die Gründer tatsächlich hinter ihrer Finanzplanung, da sich diese mit ihrer eigenen Erwartung deckt.[44] Selbst im Fall allzu optimistischer Annahmen sind Gründer häufig sogar nur schwer davon zu überzeugen, dass sich die Entwicklung des Unternehmens in den ersten Jahren womöglich schwieriger gestalten wird, als es in der Finanzplanung zum Ausdruck kommt. Dies gilt sogar dann, wenn die Finanzplanung so optimistische Annahmen zugrunde legt, dass diese aus Sicht von Kapitalgebern kaum noch als realistisch wahrgenommen werden und sich die Chancen auf eine erfolgreiche Finanzierung damit verringern.[45]

Dieses Bild bestätigt sich auch durch zahlreiche Gespräche des Autors mit Unternehmensgründern aus verschiedenen Branchen. Vermutlich gehört es zu einer Unternehmensgründung dazu, die eigene Idee mit einer gewissen Euphorie und für Außenstehende einem nicht immer nachvollziehbarem Optimismus zu bewerten. Wie in Abschnitt 5.8.2 detailliert diskutiert wird, schlägt sich dieser Optimismus nicht selten in Wachstumsraten von mehreren hundert Prozent, Umsatzrenditen jenseits

[43] Vgl. hierzu auch Abschnitt 5.8.2.

[44] Dies hat sich beispielsweise in den Gesprächen mit Businessplan-Coaches des Netzwerkes Nordbayern sowie den Ausrichtern des NUK Businessplan-Wettbewerbs gezeigt.

[45] Vgl. hierzu beispielsweise die Gespräche mit Eric Dunn, Cardinal Venture Capital, sowie Jeffrey Bussgang, Flybridge Capital Partners.

der 50% sowie Zeiträumen von weniger als 3 Jahren bis zum Erreichen der Gewinnschwelle nieder. Finanzplanungen dieser Art mögen unrealistisch sein. Dennoch kann in aller Regel davon ausgegangen werden, dass sie den tatsächlichen Erwartungen der Gründer entsprechen. Die Gefahr eines grundlegenden moralischen Risikos ist gering, auch weil die Finanzplanung der Gründer wohl kein ausschlaggebendes Kriterium für Kapitalgeber ist. Dem Ziel der Abweichungsmessung zwischen unternehmerischer Erwartung und Realität wird somit Rechnung getragen und das Messkonzept kann als valide bewertet werden.[46]

4.4. Weitere Kennzahlen der Unternehmensentwicklung

4.4.1. Überblick

Um die statistische Analyse auf eine möglichst breite Basis zu stellen, sollen weitere Methoden zur Messung der Unternehmensentwicklung im Modell berücksichtigt werden. Hierzu zählen sowohl etablierte Kennzahlen der Unternehmensbewertung, wie etwa die Gesamtkapitalrendite, als auch Modifikationen des vorgestellten Abweichungsmaßes. Für die Modellierung der Unternehmensentwicklung als abhängige Variable kommt somit nicht nur das Abweichungsmaß zum Einsatz, sondern auch verschiedene andere Kennzahlen. Im Folgenden werden diese erläutert und in den Kontext der vorliegenden Untersuchung eingebettet.

[46] Dennoch ist die kritische Betrachtung des Messkonzeptes unter Gesichtspunkten der Informationsökonomik zweifelsohne von Bedeutung. Die Beurteilung des moralischen Risikos auf Seiten der Gründer begrenzt sich in dieser Untersuchung auf Experteninterviews sowie sachlogische Überlegungen. Um das Risiko geschönter Finanzplanungen aber abschließend bewerten zu können, ist eine zusätzliche empirische Untersuchung angezeigt. Diese bietet sich als eigenständiges Forschungsprojekt an, da sie den Umfang der vorliegenden Arbeit sprengen würde. Vgl. hierzu auch die Ausführungen in Abschnitt 7.4.1.

4.4.2. Return-on-Investment

Der Return-on-Investment (ROI) gibt an, wie effizient Kapital über den Zeitraum einer Periode in einem Unternehmen eingesetzt wird.[47] Der ROI gibt somit die effektive Anlagenverzinsung einer Investition an. Im Kontext dieser Studie wird mit der Erhebung des ROI keine Abweichung gemessen, sondern ein globales Maß für die Profitabilität der Unternehmen erhoben. Der ROI gilt grundsätzlich als aussagekräftige Größe für die wirtschaftliche Leistungsfähigkeit von Unternehmen, da er den erwirtschafteten Gewinn in Beziehung zum eingesetzten Kapital setzt. Im Gegensatz zur Eigenkapitalrendite berücksichtigt der ROI sowohl den Einsatz von Fremd- als auch von Eigenkapital. Der ROI eignet sich somit insbesondere für den Einsatz bei Jungunternehmen, da der „Leverage Effekt" ausgeklammert wird.[48]

Der ROI ist eine besondere Form der Gesamtkapitalrendite, bei der die Fremdkapitalzinsen in der Berechnung unberücksichtigt bleiben. Für die Berechnung des ROI werden folgende Variablen festgelegt: ROI_t stehe für den prozentualen Return-on-Investment im Jahr t. JE_t sowie GK_t stehen für Jahresergebnis und eingesetztes Gesamtkapital. Der ROI ergibt sich demnach aus dem Quotienten von Jahresergebnis und eingesetztem Gesamtkapital:[49]

$$\mathrm{ROI}_t = \frac{\mathrm{JE}_t}{\frac{1}{2}(\mathrm{GK}_t + \mathrm{GK}_{t-1})}$$

[47] Im Deutschen wird der „Return on Investment" auch als Kapitalrendite oder Anlagenverzinsung bezeichnet. Wegen der viel gebräuchlicheren englischen Bezeichnung wird im Folgenden jedoch die Bezeichnung "'Return on Investment" bzw. die Abkürzung „ROI" genutzt. Vgl. hierzu bspw. Reichmann (1997), a. a. O., S. 142.

[48] Mit „Leverage Effekt" ist gemeint, dass ein hoher Anteil an Fremdkapital zu hohen Werten der Eigenkapitalrendite führen kann, da der Gewinn in Bezug zur vergleichsweise kleinen Eigenkapitalgröße gesetzt wird. Somit eignet sich die Eigenkapitalrendite im Fall von Jungunternehmen, die im deutschen Kontext oft über Fremdkapital finanziert sind, nur bedingt als Maß des Unternehmenserfolges.

[49] Vgl. Reichmann (1997), a. a. O., S. 142 ff.

Der Ausdruck im Nenner des Quotienten gibt das über ein Geschäftsjahr durchschnittlich gebundene Gesamtkapital an.

Analog hierzu kann die Gesamtkapitalrendite berechnet werden, wenn die Fremdkapitalzinsen zum Reingewinn hinzugezählt werden.[50] Dies kann mitunter sinnvoll sein, da Zinsaufwendungen aus Sicht der Fremdkapitalgeber ebenfalls eine Rendite darstellen. GKR_t stehe für die Gesamtkapitalrendite im Jahr t, Z_t für die Zinsaufwendungen im Jahr t. Demnach berechnet sich die Gesamtkapitalrendite GKR_t wie folgt:

$$\mathrm{GKR}_t = \frac{\mathrm{JE}_t + \text{Fremdkapitalzinsen}}{\frac{1}{2}(\mathrm{GK}_t + \mathrm{GK}_{t-1})}$$

Im Kontext dieser Studie wird die Berechnung des ROI jedoch vorgezogen, da aus den bilanziellen Angaben der Unternehmen nur bedingt Schlüsse über die Zinsaufwendungen gezogen werden können. Unabhängig davon ist der ROI ähnlich aussagekräftig wie die Gesamtkapitalrendite und kann somit als valide Kennzahl der Unternehmensentwicklung in der statistischen Analyse berücksichtigt werden.

4.4.3. Rang der relativen Abweichung

Neben dem eigentlichen Abweichungsmaß geht auch der relative Rang eines Unternehmens innerhalb der untersuchten Grundgesamtheit als abhängige Variable in das Modell ein. Dies bedingt zunächst, dass die relative Abweichung von geplantem und tatsächlichem Jahresergebnis für alle Unternehmen berechnet wird und die Unternehmen nach der Ausprägung des Abweichungsmaßes geordnet werden. Dem Unternehmen mit der negativsten Abweichung wird entsprechend der Rang 1 zugeordnet. Analog wird dem Unternehmen mit der größten positiven Abweichung der höchste Rang, nämlich 96, zugeordnet. Durch dieses Vorgehen wird das konti-

[50] Vgl. Reichmann (1997), a. a. O., S. 143.

nuierliche Abweichungsmaß in diskrete Rangwerte transformiert. Die eigentlichen prozentualen Abweichungswerte gehen somit nicht in das statistische Modell ein.

Die Transformation in Ränge bringt den Vorteil mit sich, dass Verzerrungen der statistischen Analyse durch Ausreißer in der Grundgesamtheit verhindert werden. Gleichzeitig gehen durch dieses Vorgehen jedoch viele Informationen verloren. Die Abstände zwischen den Abweichungen der einzelnen Unternehmen werden trotz dem Vorhandensein genauerer Daten als äquidistant interpretiert. Ob die Vor- oder Nachteile der Rangbildung überwiegen, kann erst mit dem Vorliegen der statistischen Ergebnisse beurteilt werden.

4.4.4. Kombiniertes Maß aus relativer und absoluter Abweichung

Neben der relativen Abweichung von geplantem und tatsächlichem Jahresergebnis bietet sich auch eine Kombination aus relativer und absoluter Abweichung als abhängige Variable an. Aufgrund der Abhängigkeit vom geplanten Jahresergebnis kann das relative Abweichungsmaß trotz einer geringen absoluten Abweichung zwischen Soll und Ist sehr hohe Werte annehmen. Ein Beispiel verdeutlicht den Zusammenhang: Im Fall eines geplanten Jahresergebnis von €-1'000 und einem tatsächlich eingetretenen Jahresergebnis von €-10'000, ergibt sich eine relative Abweichung von stattlichen -900%. Relativ betrachtet stellt dieser Wert eine sehr ausgeprägte Abweichung innerhalb der Grundgesamtheit dar. Aus absoluter Perspektive weicht das Unternehmen jedoch „nur“ um € 9'000 vom Planwert ab. Somit ist die Berechnung der prozentualen Abweichung arithmetisch zwar einwandfrei, berücksichtigt aber nur in geringem Maße die absolute Abweichung zwischen Plan- und Istwerten. Aus diesem Grund wird ein kombiniertes Maß aus relativer und absoluter Abweichung in die statistische Analyse mit aufgenommen.

Hierzu werden zunächst zwei Rangwerte berechnet. Zum einen wird jedem Unternehmen, wie in Abschnitt 4.4.3 erläutert, auf Basis des relativen Abweichungsmaßes ein

Rang zugeordnet. Zum anderen wird auf Basis der absoluten Abweichung ein zweiter Rang vergeben. Das kombinierte Maß aus relativer und absoluter Abweichung ergibt sich dann aus der Bildung des arithmetischen Mittels der beiden Rangwerte. Das Resultat der Durchschnittsbildung ist abermals ein Rangwert, der als ordinalskaliertes Merkmal in die statistische Analyse eingeht.[51] Durch das kombinierte Maß werden die relative und absolute Abweichung „gleichberechtigt“ behandelt.

4.4.5. Modifikationen des relativen Abweichungsmaßes

Neben den bereits genannten abhängigen Variablen wäre die Erhebung weiterer Kennzahlen zweifelsohne denkbar gewesen. Das betriebliche Rechnungswesen und Controlling kennt eine Vielfalt an Kennzahlen zur Erfassung des Unternehmenserfolges, wie beispielsweise die Umsatzrendite oder auch die Entwicklung des Cash Flows. Auf die Erhebung entsprechender Werte muss angesichts der fehlenden Veröffentlichungspflicht im elektronischen Bundesanzeiger jedoch verzichtet werden.

Neben etablierten Kennzahlen der Unternehmensentwicklung sind aber weitere Modifikationen des in Abschnitt 4.3.5 vorgestellten Abweichungsmaßes denkbar. So wurden beispielsweise verschiedene monotone Transformationen des Abweichungsmaßes auf ihre Eignung für die statistische Analyse überprüft.[52] An dieser Stelle wird auf die zwei wichtigsten Transformationen, die auch in der weiteren statistischen Analyse berücksichtigt werden, kurz eingegangen.

Für die Darstellung der einzelnen Maße wird folgende Notation festgelegt:. $\Delta_{JE,t=3}^{mod}$ stehe für die Transformation des in Abschnitt 4.3.5 eingeführten Abweichungsmaßes $\Delta_{JE,t=3}$. Bei den beiden wesentlichen Modifikationen handelt es sich um die Quadrierung sowie die Berechnung der Quadratwurzel des Abweichungsmaßes:

[51] Sollte sich aus der Durchschnittsbildung ein ungerader Wert ergeben, so wird das Ergebnis aufgerundet.

[52] Als monotone Transformation sind hierbei alle mathematischen Operationen zu bezeichnen, die die Rangordnung der Unternehmen bezüglich des Abweichungsmaßes nicht verändern.

- **Quadrierung der relativen Abweichung:**[53]

$$\Delta_{JE,t=3}^{quad} = \begin{cases} \Delta_{JE,t=3}^{2} & \text{falls} \quad \Delta_{JE,t=3} \geq 0 \\ -(|\Delta_{JE,t=3}|^{2}) & \text{falls} \quad \Delta_{JE,t=3} < 0 \end{cases}$$

Im Fall der Quadrierung werden ähnlich wie bei der Berechnung von Varianzen große Abweichungen „bestraft".[54] Kleine Abweichungen werden hingegen „belohnt". Konkret für den hier vorliegenden Fall bedeutet dies, dass die Quadrierung des Abweichungsmaßes $\Delta_{JE,t=3}$ große Abweichungen stärker gewichtet als kleine Abweichungen. Besonders ausgeprägte Abweichungen werden gestreckt, kleine Abweichungen hingegen gestaucht. Prinzipiell liegt der Quadrierung somit ein Werturteil zu Grunde, da implizit unterstellt wird, dass geringe Abweichungen weniger „gravierend" sind als große Abweichungen.[55]

Die Quadrierung des Abweichungsmaßes ist mitunter sinnvoll, da das Abweichungsmaß in der untersuchten Grundgesamtheit sehr häufig Werte um -100% annimmt. Durch eine Quadrierung kann eine höhere Differenzierung zwischen den Unternehmen und womöglich eine höhere statistische Signifikanz der nachfolgenden Analyse erreicht werden.

- **Quadratwurzel der relativen Abweichung:**

Als Gegenstück zur Quadrierung der relativen Abweichung ist grundsätzlich auch die Berechnung der Quadratwurzel der Abweichung denkbar. Der Wert für $\Delta_{JE,t=3}^{sqrt}$ ergibt sich wie folgt:

[53] Bei der Berechnung der quadrierten Abweichung wird im Fall von $\Delta_{JE,t=3} < 0$ lediglich der Betrag der Abweichung quadriert, um das negative Vorzeichen nicht fälschlicherweise aufzuheben.

[54] Vgl. hierzu bspw. Bol, G. (1998): *Deskriptive Statistik.* München: Oldenbourg Verlag, S. 79.

[55] Betrachtet man nur den Betrag der Abweichung, so werden Abweichungen von mehr als 100% stärker gewichtet. Abweichungen von weniger als 100% werden durch die Quadrierung hingegen verkleinert.

$$\Delta^{quad}_{JE,t=3} = \begin{cases} \sqrt{\Delta_{JE,t=3}} & \text{falls} \quad \Delta_{JE,t=3} \geq 0 \\ -\sqrt{|\Delta_{JE,t=3}|} & \text{falls} \quad \Delta_{JE,t=3} < 0 \end{cases}$$

Arithmetisch betrachtet, erreicht die Quadratwurzel das Gegenteil der Quadrierung der Abweichung. Besonders große Abweichungen werden gestaucht, während kleinere Abweichungen entsprechend deutlicher ausfallen. Auch die Berechnung der Quadratwurzel kann ein sinnvolles und valides Maß der Unternehmensentwicklung ergeben. Mögliche Ausreißer, die zu einer Verzerrung der statistischen Ergebnisse führen können, fallen weniger ins Gewicht. Dies kann insbesondere im Fall der vorliegenden Grundgesamtheit von Bedeutung sein, da einige Unternehmen ganz erheblich von ihren Planwerten abweichen und die statistischen Ergebnisse möglicherweise stark beeinflussen.

Zweifelsohne wären auch noch weiter Modifikationen des Abweichungsmaßes denkbar. Teilweise wurden diese auch hinsichtlich ihrer Eignung für die statistische Analyse getestet, wie etwa im Fall des Logarithmus der Abweichung. Grundsätzlich gilt aber, dass mit der Komplexität der Modifikationen die sachlogische Fundierung abnimmt. Insofern wird nur auf die zwei vergleichsweise einfachen Modifikationen des Abweichungsmaßes zurückgegriffen.

4.5. Zusammenfassung

Die Berechnung der Abweichung zwischen geplantem und tatsächlichem Jahresüberschuss verknüpft die subjektiven Erwartungen der Unternehmensgründer mit der objektiven Realität der Unternehmensentwicklung. Das Abweichungsmaß spiegelt somit ganz unverfälscht den Zielerreichungsgrad des Gründungsvorhabens wider. Natürlich setzt dies immer voraus, dass die Finanzplanung im Businessplan auch tatsächlich die Erwartungen der Unternehmensgründer wiedergibt und nicht nur entworfen wurde, um mögliche Kapitalgeber zu beeindrucken. Darüber hinaus wird durch das Abweichungsmaß nur der Zielerreichungsgrad der Finanzplanung erfasst. Weitere Merkmale der Unternehmensentwicklung, wie beispielsweise die Mitarbeiterentwicklung, bleiben außen vor.

Durch die Kombination mit der etablierten Kennzahl des Return-on-Investment wird die Messung des Unternehmenserfolges in der vorliegenden Studie auf eine breite Basis gestellt. So wird der Zielerreichungsgrad nicht nur relativ pro Unternehmen erfasst, sondern anhand des ROI auch ein globales Maß für die Profitabilität der Unternehmen erhoben. Durch die Verknüpfung der in Kapitel 3 erhobenen Indikatoren mit den Kenngrößen der Unternehmensentwicklung kann nun die statistische Überprüfung der Hypothesen erfolgen.

5. Deskriptive Erkenntnisse über die Indikatoren der Grundgesamtheit

5.1. Einführung

Im folgenden Kapitel werden noch vor der eigentlichen statistischen Überprüfung der Hypothesen einige grundlegende Erkenntnisse aus der Grundgesamtheit diskutiert. Die folgenden Abschnitte widmen sich vornehmlich der deskriptiven, also beschreibenden Statistik. Dies bietet sich an, da die für diese Untersuchung erhobenen Daten vielfältige Erkenntnisse über die Ausgangssituation von Neugründungen in Deutschland zulassen. So kann beispielsweise das Humankapitalprofil der Gründer detailliert dargestellt, die Teamzusammensetzung umfassend analysiert und die Erwartungshaltung der Gründer hinsichtlich der Entwicklung ihrer Unternehmen eingehend untersucht werden. Des Weiteren werden verschiedene demografische Daten aus der Grundgesamtheit in Bezug zu anderen Quellen gesetzt, um einen systematischen Abgleich der Grundgesamtheit mit vorhergegangenen Studien zu ermöglichen.

5.2. Basisdaten der Unternehmung

5.2.1. Standortverteilung

In der Gründungsforschung ist der Standort einer Unternehmensgründung zweifelsohne von großer Bedeutung.[1] Für viele Unternehmen kann der lokale Kontext, etwa

[1] Vgl. hierzu bspw. Schmude, J. (2002): *Standortwahl und Netzwerke von Unternehmensgründern.* In Dowling, Michael und Drumm, Hans Jürgen (Hrsg.): Gründungsmanagement – Vom erfolgreichen Unternehmensstart zu dauerhaftem Wachstum. Berlin: Springer, S. 316.

im Fall der Anbindung an ein Cluster oder eine bestimmte Forschungseinrichtung, ein kritischer Erfolgsfaktor sein.[2] Daher wird an dieser Stelle auch auf die Standortverteilung der untersuchten Unternehmen eingegangen. Wie aus Abbildung 5.1 deutlich wird, ergibt sich aufgrund der engen Zusammenarbeit mit drei Businessplan-Wettbewerben, die primär in einem lokalen Kontext in Köln, Nürnberg und Stuttgart agieren, eine schwerpunktmäßige Ansiedlung der 96 untersuchten Unternehmen in den Bundesländern Bayern (31 untersuchte Unternehmen), Nordrhein-Westfalen (27 Unternehmen), sowie Baden-Württemberg (18 Unternehmen). Die übrigen 20 Unternehmen verteilen sich auf die Bundesländer Berlin (6), Thüringen (3), Schleswig-Holstein (2), Brandenburg (2), Hessen (2), Niedersachsen (2), Rheinland-Pfalz (1), Sachsen (1) und Hamburg (1). Jungunternehmen, die nicht in den drei Kernländern angesiedelt sind, sind primär auf die Zusammenarbeit mit dem High-Tech Gründerfonds zurückzuführen, der Jungunternehmen bundesweit fördert.[3]

Vergleicht man die Standorte der untersuchten Jungunternehmen mit der deutschlandweit erhobenen Verteilung der Neugründungen, so wird deutlich, dass sich durch die Zusammenarbeit mit den Businessplan-Wettbewerben eine Verzerrung in Richtung der Länder Nordrhein-Westfalen, Bayern und Baden-Württemberg ergibt. Vor diesem Hintergrund stellt sich die Frage, ob die Erkenntnisse der statistischen Analyse Gültigkeit für den bundesweiten Raum haben oder sich auf die drei Schwerpunktländer beschränken. In der vorliegenden Untersuchung kann diese Frage empirisch nur bedingt beantwortet werden. Sachlogisch lassen sich jedoch Argumente für die Übertragbarkeit der Ergebnisse auf das gesamte Bundesgebiet finden. Im Vergleich der Bundesländer zeigt sich, dass pro Bundesland die Anzahl der Neugründungen pro Kopf ungefähr proportional zu der Anzahl der Liquidationen pro Kopf ist.[4]

[2] Vgl. Porter (2010), a. a. O., S. 1 ff.

[3] Die Businessplan-Wettbewerbe beschränken sich formal nicht auf ein bestimmtes Bundesland. De facto stammt aber die überwiegende Anzahl der Teilnehmer aus dem lokalen Umfeld der Wettbewerbe, da hier verstärkt Marketing- und Beratungsaktivitäten der Wettbewerbe stattfinden.

[4] In der Tat ist der Anteil der Liquidationen in Ostdeutschland leicht überproportional zu der Anzahl an Neugründungen. Allerdings ist dieser Unterschied im Vergleich zu Westdeutschland statistisch nicht signifikant.

Dies lässt den Schluss zu, dass sich die Bundesländer hinsichtlich der Erfolgsrate ihrer Neugründungen nicht wesentlich voneinander unterscheiden. Unberührt hiervon bleibt selbstverständlich die absolute Anzahl an Neugründungen pro Bundesland.

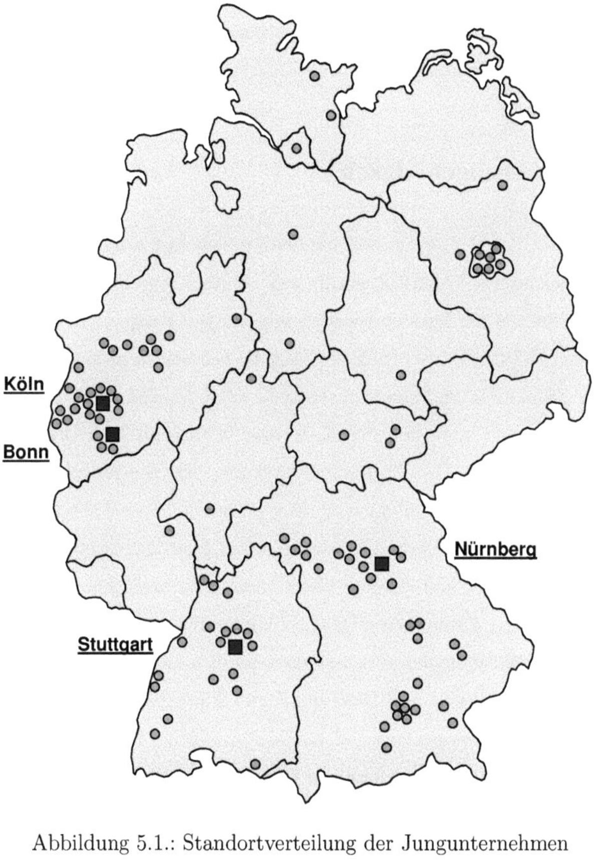

Abbildung 5.1.: Standortverteilung der Jungunternehmen

Insofern scheint der Standort der Unternehmensgründung innerhalb von Deutschland zunächst keinen erheblichen Einfluss auf die Unternehmensentwicklung zu haben.[5] Dies gilt selbstverständlich nicht für alle Unternehmen. So gibt es zahlreiche Gründungen, die wie bereits erläutert auf den lokalen Kontext ihres Standortes angewiesen sind. In Summe kann jedoch davon ausgegangen werden, dass die Erkenntnisse der statistischen Analyse trotz der schwerpunktmäßigen Ansiedlung der Unternehmen in den Ländern Bayern, Baden-Württemberg sowie Nordrhein-Westfalen für den bundesweiten Raum Gültigkeit haben.

5.2.2. Branchenzugehörigkeit

Bei den untersuchten Unternehmen handelt es sich fast ausschließlich um Gründungen in innovativen Wachstumsbranchen. Ähnlich wie bei der Verteilung der Standorte ist dies auf die Zusammenarbeit mit den Businessplan-Wettbewerben und dem High-Tech Gründerfonds zurückzuführen. So nehmen traditionelle Gewerbe, wie etwa eine Bäckerei oder ein Handwerksbetrieb, in aller Regel nicht an Businessplanwettbewerben teil und bewerben sich auch nicht beim High-Tech Gründerfonds um finanzielle Unterstützung. Dies liegt vor allem daran, dass Businessplan-Wettbewerbe in erster Linie innovative Gründungsvorhaben prämieren. So reichen meist nur solche Unternehmen Businesspläne ein, die davon überzeugt sind, über eine innovative und häufig noch vollkommen unbekannte Geschäftsidee zu verfügen. Auch wenn es im Fall der Wettbewerbe formal keine Beschränkung auf bestimmte Branchen gibt, so liegt der Schwerpunkt dennoch in den Bereichen der Informations- und Kommunikationstechnologie, der Hoch- und Biotechnologie. Ähnliches gilt für den High-Tech Gründerfonds, der seinerseits ausschließlich in innovative Unternehmen mit einem Technologiefokus investiert. Herkömmliche Geschäftsmodelle werden sich somit weder beim High-Tech Gründerfonds noch im Fall der Wettbewerbe wiederfinden.

[5] Vgl. hierzu auch die Studie von Brüderl und Ziegler (1998), a. a. O., S. 98, die zu ähnlichen Ergebnissen kommt.

Wie aus der Branchenverteilung der untersuchten Unternehmen in Abbildung 5.2 deutlich wird, liegt der überwiegende Teil der Gründungen somit in den Branchen der Informations- und Kommunikationstechnologie (31%)[6], der Life Sciences (30%) sowie der Hochtechnologie (19%). Lediglich 2 der untersuchten Unternehmen basieren auf traditionellen Geschäftsmodellen, die aus Sicht der Wettbewerbe wohl als wenig innovativ gelten würden.

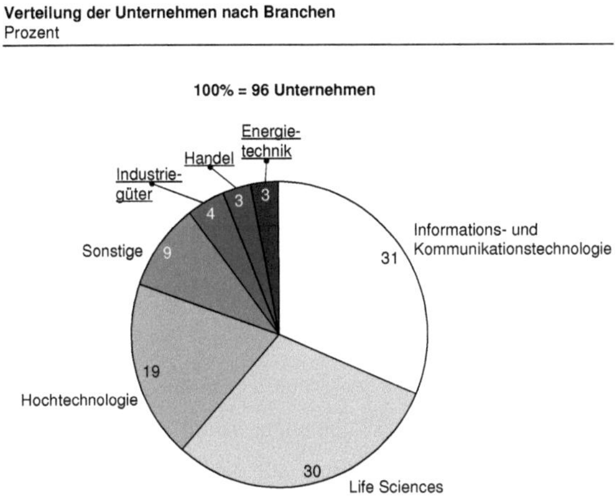

Abbildung 5.2.: Branchenverteilung der untersuchten Unternehmen

Aus der schwerpunktmäßigen Ansiedlung der Unternehmen in innovativen Wachstumsbranchen ergeben sich zweifelsohne Auswirkungen auf die allgemeine Aussagekraft der hier gewonnenen Erkenntnisse. So muss mitunter davon ausgegangen werden, dass sich die Ergebnisse nur bedingt auf traditionelle Geschäftsmodelle übertragen lassen. Dies ist nicht überraschend, da die untersuchten Unternehmen im Vergleich zu „herkömmlichen“ Geschäftsmodellen über ein anderes Risikoprofil, gleichzeitig aber auch über ein anderes Wachstumsprofil verfügen. Eben deswegen suchen viele der untersuchten Unternehmen nach einer Finanzierung durch Venture Capital, da

[6] Zur Branche der Informations- und Kommunikationstechnologie werden auch Internetunternehmen gezählt.

sich eine traditionelle Finanzierung durch Fremdkapital nicht immer eignet. Die vorliegende Studie bezieht sich somit in erster Linie auf Unternehmen mit einem starken technologischen Fokus. Erkenntnisse aus der statistischen Analyse können nicht unmittelbar auf weniger innovative Geschäftsmodelle übertragen werden.[7]

5.2.3. Gründungsjahr

Im Folgenden wird noch auf die Verteilung der Gründungsjahre der untersuchten Unternehmen eingegangen. Wie in Abschnitt 2.4.2.2 erläutert, bedingt die Datenaufnahme aus dem elektronischen Bundesanzeiger, dass nur Unternehmen, die in den Jahren 2002 bis 2006 gegründet wurden, mit in die Untersuchung aufgenommen werden konnten. Wie aus Abbildung 5.3 deutlich wird, liegt die überwiegende Mehrzahl der untersuchten Unternehmensgründungen mit einem Anteil von 81% in den Jahren 2003 bis 2005. Lediglich 4% entfallen auf das Jahr 2006. Es wird davon ausgegangen, dass die gegründeten Unternehmen in den Jahren 2002 bis 2006 mit etwa gleichen makroökonomischen Bedingungen gestartet sind. Das Gründungsjahr hat somit keinen entscheidenden Einfluss auf die Unternehmensentwicklung der untersuchten Gründungsvorhaben.

5.2.4. Herkunft der Businesspläne

Alle 96 für diese Studie untersuchten Businesspläne stammen aus den Archiven von Businessplan-Wettbewerben bzw. VCGs. Der Vollständigkeit halber und um den starken technologischen Fokus der Businesspläne zu belegen, sei hier auf die Quellen der Businesspläne eingegangen.

[7] Ein Vergleich von Merkmalen zwischen innovativen und weniger innovativen Unternehmen konnte in der vorliegenden Grundgesamtheit nicht vorgenommen werden, da die Anzahl der vorhandenen „traditionellen" Geschäftsmodelle für eine statistische Analyse nicht ausgereicht hätte.

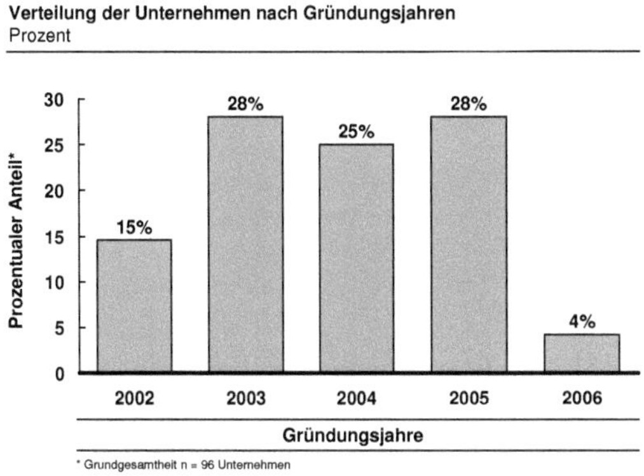

Abbildung 5.3.: Gründungsjahre der untersuchten Unternehmen

Der NUK Köln steuert mit 28 Dokumenten die meisten Businesspläne zur Untersuchung bei, gefolgt vom Netzwerk Nordbayern mit 22, dem High-Tech Gründerfonds mit 20 Businessplänen sowie dem Cyberone Businessplan-Wettbewerb mit 10 Businessplänen.[8] Der High-Tech Gründerfonds wie auch der Cyberone Award verfügen ausschließlich über Businesspläne mit stark technologischer Ausrichtung. Somit sind a priori bereits 30 der 96 untersuchten Unternehmen dem Technologie- bzw. Hochtechnologiesektor zuzuordnen. Auch im Fall der anderen Quellen stammen die Businesspläne schwerpunktmäßig aus dem Technologiesektor.[9] Wie bereits erläutert, beziehen sich die Erkenntnisse aus der vorliegenden Studie – sei es in Bezug auf die Eigenschaften des Teams oder auch die Entwicklung der untersuchten Unternehmen – somit in erster Linie auf Gründungsvorhaben im Technologiesektor.

[8] Aus sonstigen Quellen konnten weitere 16 Businesspläne gewonnen werden.

[9] Vgl. hierzu die Branchenverteilung der Unternehmen in Abbildung 5.2.

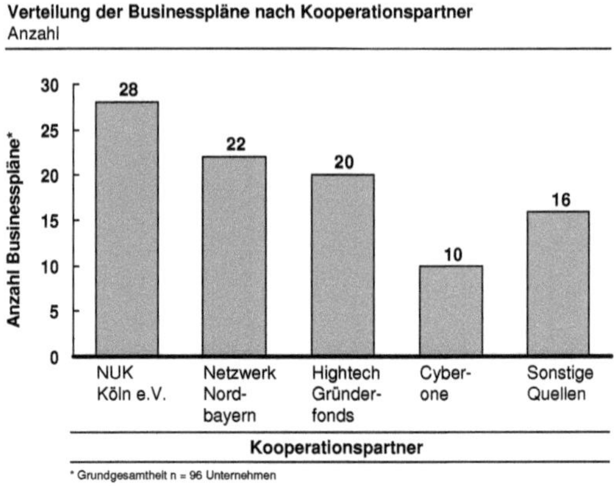

Abbildung 5.4.: Herkunft der untersuchten Businesspläne

5.3. Das Gründerteam

5.3.1. Alter, Geschlecht und Nationalität

Insgesamt wurden die Biographien von 294 Gründern untersucht. Das Durchschnittsalter der Gründer liegt mit 38,6 Jahren geringfügig unter dem bundesweiten Durchschnittsalter aller Erwerbstätigen von 40,8 Jahren.[10] Der jüngste Gründer war 22, der älteste 61. Aus der Altersverteilung der Gründer in Abbildung 5.5 geht auch hervor, dass 241 Gründer (dies entspricht 82% der Grundgesamtheit) älter als 30 waren, bevor sie ein Unternehmen gründeten. Gründer unter 25 sind hingegen eine Seltenheit. Gründer, die älter als 45 sind, kommen im Vergleich hierzu schon häufiger vor. Insgesamt gibt es hiervon in der Grundgesamtheit 52 Fälle (18%).

[10] Vgl. Hans Böckler Stiftung (2005): *Wirtschaft ohne Ältere. Magazin Mitbestimmung*, Nr. 5, S. 16 ff.

Bei der Geschlechterverteilung zeigt sich mit nur 15 Fällen (8,8%) ein sehr geringer Anteil an weiblichen Gründern.[11] Im Vergleich hierzu liegt der Frauenanteil an der erwerbstätigen Bevölkerung bei 46%. Frauen sind in der vorliegenden Grundgesamtheit somit klar unterrepräsentiert. Bundesweit liegt der Anteil der weiblichen Gründer mit 41% zwar unter dem der Männer, aber deutlich höher als der hier festgestellte Wert von 8,8%.[12] In Bezug auf die Gründerquote der erwerbsfähigen Bevölkerung bedeutet dies, dass nur 1,3% aller Frauen ein Unternehmen gründen.[13] Bei Männern liegt der Anteil bei 1,8%.[14] Das Phänomen des geringen Anteils weiblicher Gründer ist in der Gründungsforschung bekannt und Gegenstand aktueller Studien.

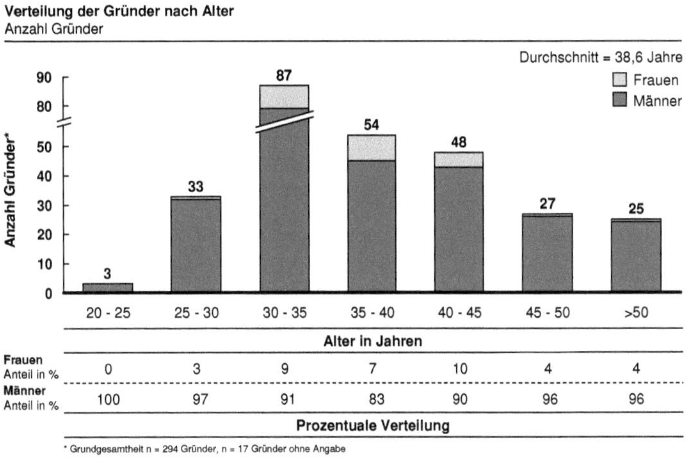

Abbildung 5.5.: Altersverteilung der Gründer

[11] Vgl. Furdas, M., Kohn, K. und Ullrich, K. (2009): *Gründungsaktivitäten von Frauen und Männern in Deutschland – Gleiche Voraussetzungen, andere Einstellungen?! WirtschaftsObserver online*, 22, Nr. 48, S. 4.

[12] Vgl. hierzu Kohn, K. und Spengler, H. (2009): *KfW-Gründungsmonitor 2009.* Frankfurt am Main: KfW Bankengruppe – Technischer Bericht, S. 38.

[13] Vgl. Furdas und Ullrich (2009), a. a. O., S. 4.

[14] Vgl. hierzu Furdas und Ullrich (2009), a. a. O., S. 5.

In der vorliegenden Studie unterliegt der geringe Anteil weiblicher Gründer wohl auch dem Einfluss der starken technischen Ausrichtung der untersuchten Unternehmen. Dagegen spricht jedoch, dass der Anteil weiblicher Studenten in den ingenieur- und naturwissenschaftlichen Studiengängen seit den 1990er Jahren stetig gestiegen ist.[15] So lag der Anteil an Studentinnen in ingenieurwissenschaftlichen Studiengängen im Jahr 2000 bei 22, in naturwissenschaftlichen Studiengängen sogar bei 37%. Grundsätzlich sollte sich dieser relativ hohe Frauenanteil somit auch auf den Anteil weiblicher Gründer im Technologieumfeld auswirken.

Auch im US-amerikanischen Silicon Valley wird ein geringer Anteil an weiblichen Gründern konstatiert, wie John Fisher, Gründer der Venture-Capital-Gesellschaft Draper Fisher Jurvetson, in einem Interview für diese Studie bestätigt. Gleiches berichtet Alexander von Frankenberg, Geschäftsführer des Hightech Gründerfonds, der von einem strukturell geringeren Anteil weiblicher Gründer in seinen Portfoliounternehmen spricht.

Auch wenn die vorliegende Studie bezüglich der demografischen Daten keinen repräsentativen Anspruch erhebt, so bestätigt sie doch ein weiteres aus der Gründungsforschung bekanntes Phänomen: Frauen gründen schwerpunktmäßig im Alter zwischen 30 und 45.[16] Frauen, die jünger als 30 oder älter als 45 sind, gründen überproportional selten. Im Vergleich hierzu sind bei Männern bereits vor dem Erreichen des 30. Lebensjahres, wie auch nach dem Erreichen des 45. Lebensjahres, Gründungsaktivitäten festzustellen.[17] Wie aus der Alters- und Geschlechterverteilung in Abbildung 5.5 hervorgeht, ist auch in dieser Untersuchung der Anteil weiblicher Gründer in den Altersgruppen von 30 bis 45 relativ am höchsten.

Aufgrund der Begrenzung des Untersuchungsraums auf Deutschland ist es nicht weiter überraschend, dass mit 93,6% der überwiegende Anteil der Gründer die deutsche Staatsbürgerschaft besitzt. Lediglich 6,4% der Gründer sind Ausländer.

[15] Vgl. Deutsches Statistisches Bundesamt (2008): *Bevölkerung nach Bildungsabschluss. Pressemitteilung*, Nr. 1, S. 3.

[16] Vgl. Furdas und Ullrich (2009), a. a. O., S. 6 ff.

[17] Vgl. Furdas und Ullrich (2009), a. a. O., S. 7 ff.

Dieser Wert liegt unter dem Ausländeranteil an der erwerbstätigen Bevölkerung von 8.6%.[18] Auf Teamebene war pro Unternehmen mindestens ein Deutscher vertreten. Ein Unternehmen, das ausschließlich von Ausländern gegründet wurde, kam somit nicht vor.

5.3.2. Humankapitalprofil der Gründer

5.3.2.1. Ausbildungsniveau der Gründer

Schulische Bildungsabschlüsse

Auf Basis der biografischen Daten in den Businessplänen wurden die schulische und weiterführende Ausbildung der Unternehmensgründer ab der Sekundarstufe I, also der 5. Schulklasse, aufgezeichnet. Somit lässt sich das Ausbildungsprofil der Gründer detailliert analysieren. Wie aus Abbildung 5.6 deutlich wird, haben 226 der untersuchten Gründer (77%) Abitur. Weitere 43 Gründer (18%) verfügen über die Fachhochschulreife. Lediglich 18 Gründer (6%) haben einen Realschulabschluss. Überraschenderweise verfügt keiner der Gründer über einen Hauptschulabschluss oder gar keinen Schulabschluss.

Im Vergleich hierzu stellt sich das Ausbildungsprofil der Erwerbstätigen in Deutschland signifikant anders dar. Abbildung 5.7 vergleicht die Verteilung der Schulabschlüsse der untersuchten Unternehmer mit der von Erwerbstätigen in Deutschland.[19] Hieraus wird deutlich, dass die untersuchten Gründer im Durchschnitt über höhere Schulabschlüsse verfügen und somit auch eine signifikant längere schulische Ausbildung genießen. Am offensichtlichsten wird der Unterschied sicherlich beim Vergleich des Anteils an Hauptschulabschlüssen. Hier liegt der Anteil bundesweit bei den Erwerbstätigen bei rund 47%. Im Gegensatz hierzu finden sich in der untersuchten Population wie bereits erläutert keine Hauptschulabschlüsse.

[18] Vgl. hierzu Deutsches Statistisches Bundesamt (2010): *Ein Fünftel weniger Erwerbstätige in Bauberufen. Pressemitteilung*, Nr. 53, S. 1 ff.; der Wert bezieht sich auf das Jahr 2008.

[19] Vgl. Deutsches Statistisches Bundesamt (2008): Pressemitteilung, a. a. O., S. 1.

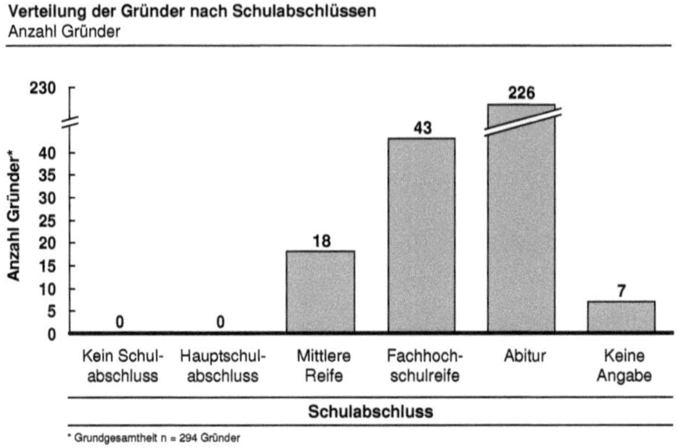

Abbildung 5.6.: Schulische Bildungsabschlüsse der Gründer

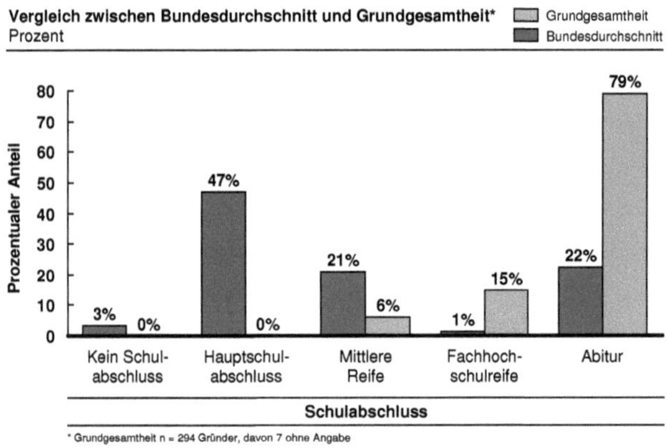

Abbildung 5.7.: Schulabschlüsse: Gründer und Erwerbstätige im Vergleich

Die überdurchschnittliche Schulbildung der Gründer ist sicherlich nicht überraschend, wenn man bedenkt, dass die Mehrzahl der untersuchten Unternehmen komplexe Technologien vermarktet, deren Entwicklung in aller Regel ein weiterführendes Studium an einer Fachhochschule oder Universität bedingt. Um ein solches Studium absolvieren zu können, wird ein Abitur oder Fachabitur vorausgesetzt. Dennoch ist es auffällig, dass in der untersuchten Grundgesamtheit Personen ohne Abitur oder Fachabitur faktisch nicht vorkommen.

Berufliche Bildungsabschlüsse

Das Bild der überdurchschnittlichen Schulbildung bestätigt sich folgerichtig auch durch die Analyse der weiterführenden Ausbildung der Gründer. Abbildung 5.8 gibt die Verteilung der höchsten weiterführenden Abschlüsse pro Gründer an.[20] Aus der Darstellung wird deutlich, dass die Promotion, also der formal höchste Bildungsabschluss in Deutschland, den Modalwert der Verteilung bildet. Zudem verfügen weitere 95 Gründer (33%) über ein Universitätsdiplom als höchstem Abschluss. 23 Gründer (8%) sind habilitiert.[21]

In der Verteilung der Abschlüsse zeigt sich abermals der starke Technologiefokus der Unternehmen. Geschäftsideen entstehen in der untersuchten Grundgesamtheit nicht aus Geistesblitzen, sondern erfordern in den meisten Fällen das jahrelange Studium einer bestimmten Disziplin, bevor Innovationen geschaffen und in marktfähige Produkte umgesetzt werden können.[22] Im Vergleich zur bundesweiten Verteilung der weiterführenden Abschlüsse stellen die untersuchten Gründer somit ohne Zweifel eine Besonderheit dar. Erkenntnisse, die für die hier vorliegenden Gründer gelten, können somit nicht unmittelbar auf das allgemeine Gründungsgeschehen in Deutschland

---

[20] Pro Gründer wird somit nur der höchste erreichte Abschluss festgehalten. Vgl. hierzu auch die Erläuterungen in Abschnitt 3.5.3.2.

[21] Formal betrachtet, handelt es sich bei der Habilitation um keinen eigenständigen Abschluss. Aufgrund der hohen Anzahl habilitierter Gründer (23 Gründer) wurde die Habilitation aber als eigenständige Kategorie mit in die Verteilung aufgenommen.

[22] Vgl. hierzu auch Drucker, P. (1985): *Innovationsmangement für Wirtschaft und Politik*. Düsseldorf: Econ Verlag, S. 175 ff.

übertragen werden. Für den Fall von Gründungen im Technologie- und Hochtechnologiebereich behalten sie jedoch ihre Gültigkeit.

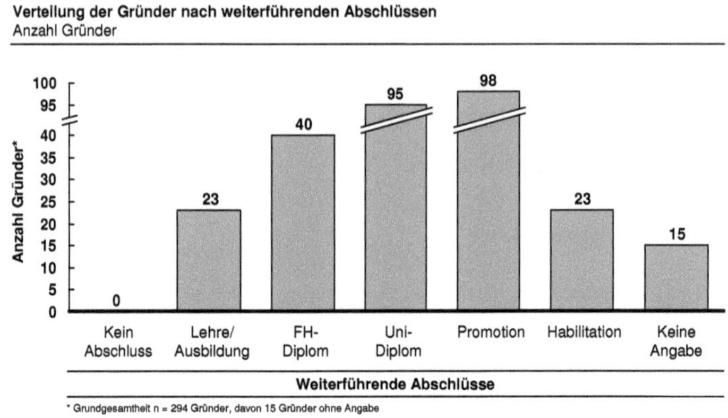

Abbildung 5.8.: Berufliche Bildungsabschlüsse der Gründer

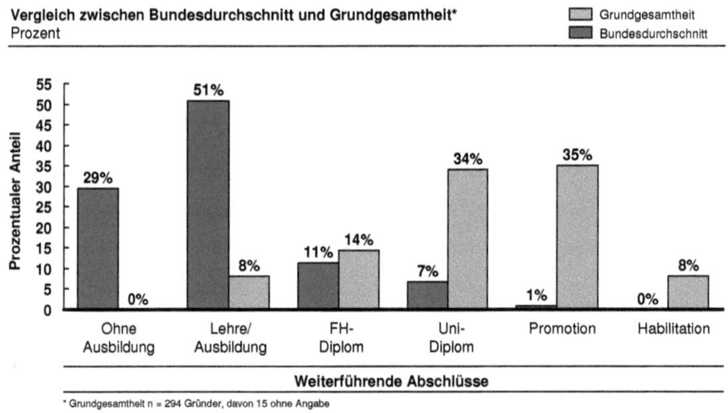

Abbildung 5.9.: Berufsabschlüsse: Gründer und Erwerbstätige im Vergleich

Der Vergleich weiterführender Abschlüsse zwischen der Grundgesamtheit und der erwerbsfähigen Bevölkerung in Abbildung 5.9 verdeutlicht den Unterschied zwischen Gründern und Erwerbstätigen. Am deutlichsten wird der Unterschied sicherlich durch den Anteil der Promotionen. Bundesweit verfügen nur 0.9% aller Personen im erwerbsfähigen Alter über eine Promotion. In der untersuchten Grundgesamtheit sind es hingegen 35.1%. Ähnliches gilt auch für den Anteil an Personen ohne beruflichen Bildungsabschluss. Hier beträgt der Anteil in der erwerbsfähigen Bevölkerung 29%, in der untersuchten Grundgesamtheit konnte allerdings niemand ohne qualifizierenden Bildungsabschluss festgestellt werden.[23] Dabei bestätigen VCGs, wie etwa Alexander von Frankenberg vom HTGF, dass eine Promotion selbstverständlich nicht Voraussetzung für eine etwaige Förderung ist. De facto ist sie aber oft notwendig, um dem Anspruch deutscher Investoren an technologisch innovative Unternehmensgründungen genügen zu können.

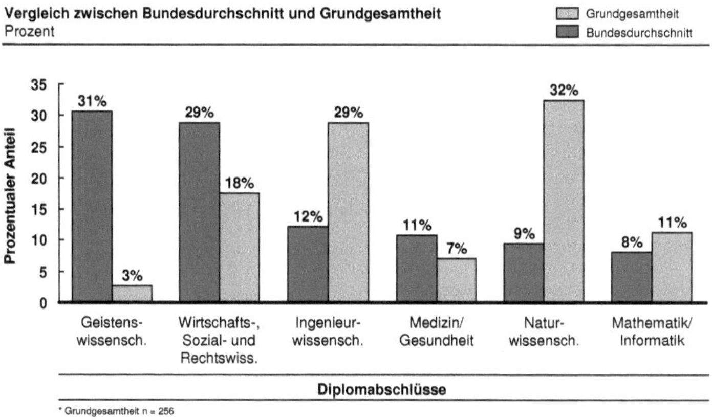

Abbildung 5.10.: Diplomabschlüsse: Gründer und Erwerbstätige im Vergleich

Auch die Verteilung der Diplomabschlüsse aus Universitäten und Fachhochschulen bestätigt den starken Technologiefokus der Grundgesamtheit. Von den Gründern mit einem Hochschulabschluss verfügen 32% über ein Diplom in Naturwissenschaften und 29% über ein Diplom in Ingenieurwissenschaften. Weitere 18% haben einen

[23] Vgl. Deutsches Statistisches Bundesamt (2008): Pressemitteilung, a. a. O., S. 1. Hierbei kann jedoch nicht ausgeschlossen werden, dass sich unter den 15 Gründern, die keine Angabe zur weiterführenden Ausbildung gemacht haben, auch solche befinden, die über keinen beruflichen Bildungsabschluss verfügen.

wirtschafts-, sozial- oder rechtswissenschaftlichen Hintergrund. Wie aus Abbildung 5.10 hervorgeht, liegt der Anteil der naturwissenschaftlichen Diplomabschlüsse in Deutschland im Vergleich hierzu nur bei 9%, der der ingenieurwissenschaftlichen Abschlüsse bei 12%. Auffallend gering ist auch der Anteil geisteswissenschaftlicher Hochschulabschlüsse unter den Gründern, der mit 3% in der untersuchten Grundgesamtheit deutlich geringer ausfällt als mit 31% im Bundesdurchschnitt.[24]

5.3.2.2. Berufserfahrung

Die Verteilung der Berufserfahrung in Abbildung 5.11 zeigt, dass fast jeder Gründer vor der Unternehmensgründung Berufserfahrung gesammelt hat. Lediglich 4 der 294 untersuchten Gründer sind direkt nach abgeschlossener Aus- oder Hochschulbildung in die Gründung eingestiegen. Auf Ebene der Gründerteams betrachtet, gibt es keinen Fall, bei dem nicht mindestens einer der Gründer über Berufserfahrung verfügt. Bedenkt man, dass in der Mehrzahl der vorliegenden Unternehmen oft jahrelange Forschungsaktivitäten der Gründung vorausgegangen sind, ist dies auch nicht weiter überraschend.

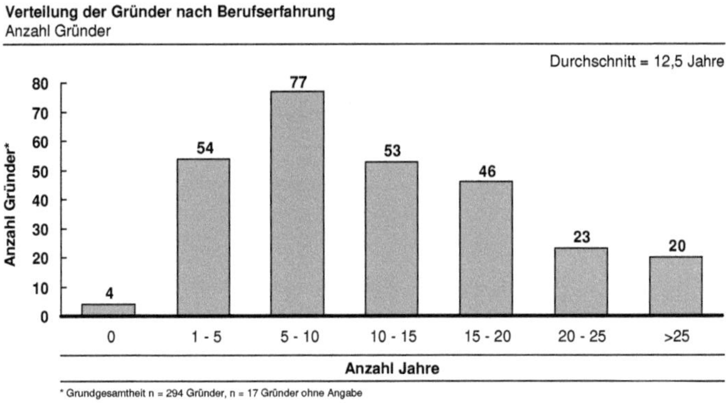

Abbildung 5.11.: Verteilung der Berufserfahrung der Gründer

24 Vgl. Deutsches Statistisches Bundesamt (2008), a. a. O., S. 1 ff.

Im Durchschnitt beträgt die Berufserfahrung 12.5 Jahre. Die Gründer haben somit schon rund ein Drittel ihres Arbeitslebens absolviert, bevor sie selber als Unternehmer tätig werden. 23 Gründer (15%) verfügen sogar über mehr als 20 Jahre Berufserfahrung. Insgesamt kann festgestellt werden, dass die Gründer überraschend viel Erfahrung sammeln, bevor sie in ihr Gründungsvorhaben starten.

5.3.2.3. Branchenerfahrung

Der Großteil der Gründer verfügt über teils weitreichende Branchenerfahrung. Lediglich 36 Gründer (12%) haben vor der Gründung keine relevante Branchenerfahrung sammeln können. Auf Teamebene betrachtet, gibt es lediglich 5 Gründungen, die ohne jegliche Branchenerfahrung gestartet sind. Offenbar trauen sich nur die allerwenigsten Personen eine Gründung in einer fremden Branche zu. Damit vermeiden die meisten Gründer einen der häufigsten Fehler, nämlich in einer Branche zu gründen, in der man nicht über die notwendigen Kenntnisse und Erfahrungen verfügt.[25]

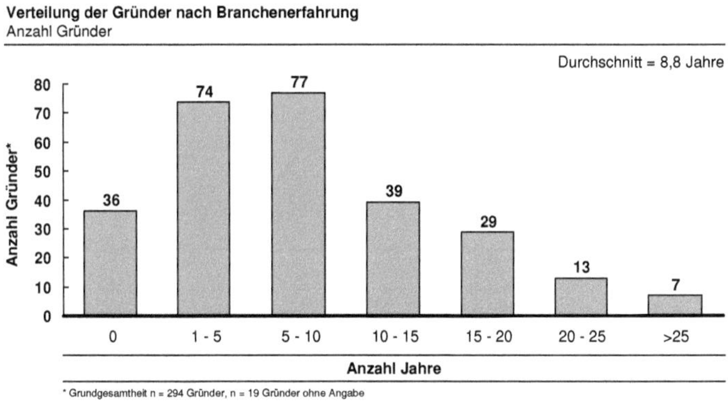

Abbildung 5.12.: Verteilung der Branchenerfahrung der Gründer

Zahlreiche Gründer müssen aufgrund ihrer umfassenden Erfahrung wohl als Branchenexperten gelten. So verfügen 29 Gründer (26%) über mehr als 15 Jahre Erfahrung

[25] Vgl. hierzu beispielsweise Buchele (1967), a. a. O., S. 17.

in der Zielbranche des Gründungsvorhabens. Auch durch diese Verteilung zeigt sich, dass die Gründung von Unternehmen im Hochtechnologiebereich oft jahrelange Erfahrung erfordert. Vermutlich können nur so Marktlücken erkannt und entsprechende Innovationen erfolgreich entwickelt werden.

5.3.2.4. Funktionale Erfahrung

Die Verteilung der funktionalen Erfahrung in Abbildung 5.13 zeigt, dass Gründer offenbar eher bereit sind, eine neue, ihnen fremde Funktion in einem Unternehmen zu übernehmen, als sich in einer fremden Branche anzusiedeln. Zweifelsohne liegt dies aber auch an der Natur von Unternehmensgründungen. So müssen Gründer insbesondere in der Anfangsphase vielfältige Aufgaben übernehmen, die nicht immer ihrem früheren Tätigkeitsfeld entsprechen.

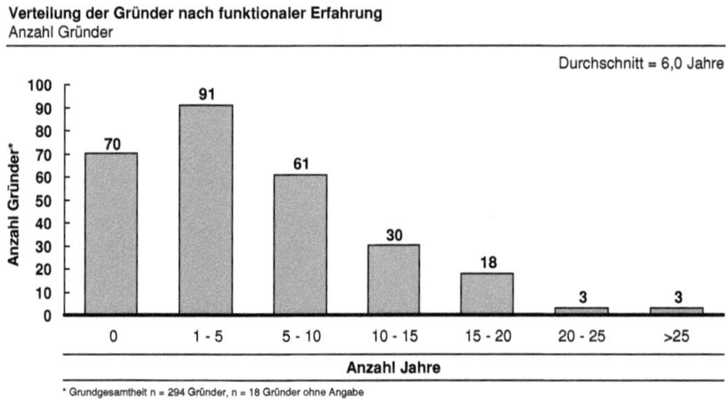

Abbildung 5.13.: Verteilung der funktionalen Erfahrung der Gründer

Prima facie erscheint der Anteil an Gründern ohne funktionale Erfahrung mit nur 70 Fällen (24%) somit als relativ hoch, im Zusammenhang von Unternehmensgründungen ist er jedoch nachvollziehbar. Auch auf Teamebene gründen immerhin 12 der 96 untersuchten Unternehmen, ohne dass einer der Gründer über funktionale Erfahrung verfügt. Auch der Anteil an Gründern mit umfassender Erfahrung in ihrer Funktion fällt geringer aus als im Fall der Branchenerfahrung. So verfügen lediglich 18 Gründer (8%) über mehr als 15 Jahre funktionaler Erfahrung in ihrem Aufgabenfeld.

5.3.2.5. Führungserfahrung

Die Verteilung der Führungserfahrung in Abbildung 5.14 deutet auf erste Defizite im Humankapitalprofil der Gründer hin. So verfügen 170 Gründer (58%) über keine vorherige Führungserfahrung. Auf Teamebene werden 31 der 96 untersuchten Unternehmen ohne jegliche Führungserfahrung gegründet. In rund einem Drittel der Teams ist somit kein Gründer mit Erfahrung in der Personalführung vertreten. Selbst bei jüngeren Gründern wäre im Idealfall davon auszugehen, dass diese Lücke im Kompetenzprofil durch die Zusammenarbeit mit einem erfahrenen Manager geschlossen wird. Dies ist jedoch nicht so. Aus den Businessplänen wurde kein Fall ersichtlich, in dem ein Team zur Schließung dieser Lücke bewusst erweitert worden wäre. Aus Sicht der Gründer ist vorherige Führungserfahrung somit wohl keine notwendige Bedingung für den erfolgreichen Start eines Unternehmens.

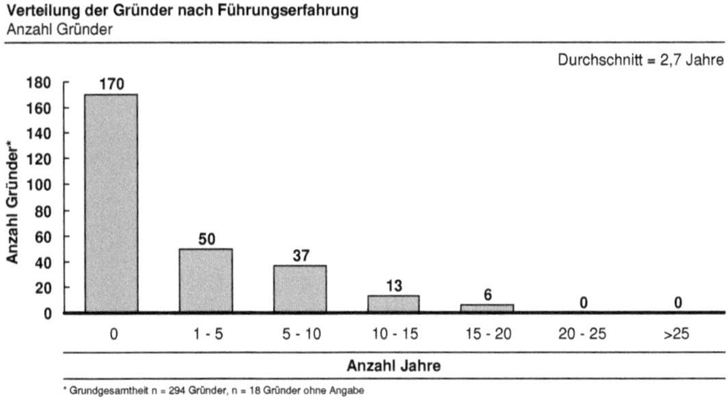

Abbildung 5.14.: Verteilung der Führungserfahrung der Gründer

Zweifelsohne korreliert die Verteilung der Führungserfahrung mit der Berufserfahrung der Gründer. So beträgt der Anteil an Gründern ohne Führungserfahrung bei den

Gründern mit weniger als 10 Jahren Berufserfahrung stattliche 92%; bei Gründern mit mehr als 10 Jahren Berufserfahrung hingegen nur 44%. Erwartungsgemäß verfügen Gründer mit viel Berufserfahrung damit auch über mehr Erfahrung in der Personalführung.

5.3.2.6. Vertriebserfahrung

Die Bedeutung der Vertriebserfahrung für den Erfolg einer Unternehmung konnte für die vorliegende Studie durch zahlreiche Experteninterviews belegt werden und findet auch in der Literatur immer stärkere Beachtung. Dennoch finden sich gerade im Fall der Vertriebserfahrung die größten Lücken in den Humankapitalprofilen der Gründer. So verfügen 192 Gründer (72%) über keinerlei Vertriebserfahrung. Auf Teamebene bedeutet dies, dass in 37 der 96 untersuchten Unternehmen kein Gründer mit Vertriebserfahrung im Team ist. Lediglich jeder fünfzehnte Gründer verfügt über mehr als fünf Jahre Vertriebserfahrung, wie aus Abbildung 5.15 deutlich wird. Im Durchschnitt entfallen somit nur 1,4 Jahre Vertriebserfahrung auf jeden Gründer. In der untersuchten Grundgesamtheit konnte abermals kein Team gefunden werden, das sich personell bewusst erweitert hat, um die Kompetenzlücken im Vertrieb zu schließen.

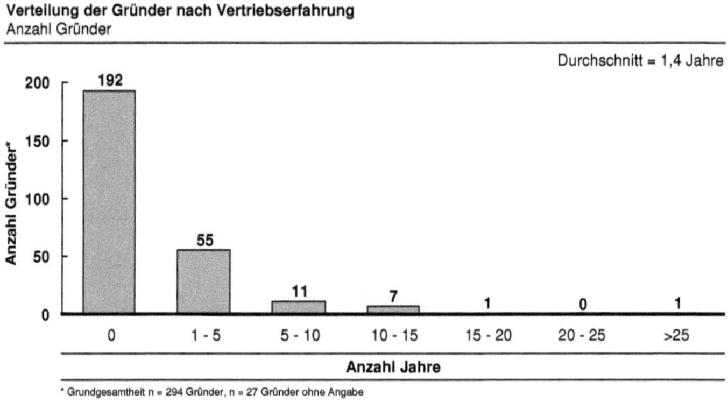

Abbildung 5.15.: Verteilung der Vertriebserfahrung der Gründer

5.3.2.7. Gründungserfahrung

Rund 20% der untersuchten Gründer verfügen über vorherige Gründungserfahrung. Nur zwei der 294 Gründer haben mehr als ein Unternehmen gegründet. Durchschnittlich entfallen ungefähr 0,2 gegründete Unternehmen auf jeden Gründer. Auf Teamebene bedeutet dies, dass fast zwei Drittel aller Unternehmen ohne Gründungserfahrung gegründet werden. Offenbar ist dieser Mangel an Gründungserfahrung aus Sicht der Gründer kaum Anlass zur Besorgnis. So gab es in den Businesspläne keine Hinweise darauf, dass sich ein Gründerteam bewusst um einen erfahrenen Gründer erweitert hätte, um die fehlende Gründungserfahrung zu kompensieren.[26]

Bezüglich der Qualität der vorhergegangenen Gründungserfahrung wurden in den Businessplänen oft nur spärliche Angaben gemacht. Lediglich in sieben Fällen wurde auf eine erfolgreiche oder sehr erfolgreiche vorhergegangene Unternehmensgründung hingewiesen. Im Fall der übrigen 47 Personen mit Gründungserfahrung wurde auf selbige nicht weiter eingegangen. Dies lässt den Schluss zu, dass die zurückliegenden Gründungen in der Mehrheit wohl wenig erfolgreich waren.

5.3.2.8. Zusammenfassende Darstellung

Aus der zusammenfassenden Darstellung in Abbildung 5.16 wird deutlich, dass der überwiegende Anteil der Gründer über weitreichende Berufs- und Branchenerfahrung verfügt. Gleichzeitig kommen im Durchschnitt auf 12,5 Jahre Berufserfahrung nur 1,4 Jahre Vertriebserfahrung und selbige ist auf wenige Köpfe konzentriert. So verfügen 72% aller Gründer über keinerlei Vertriebserfahrung, auf Unternehmensebene werden fast 40% der Unternehmen ohne Vertriebserfahrung gegründet. Die 294 Gründer haben somit 3470 Jahre Berufserfahrung, aber nur 380 Jahre Vertriebserfahrung.

[26] Diese Beobachtung setzt selbstverständlich voraus, dass auf eine entsprechende Erweiterung hingewiesen worden wäre. Diese Annahme ist aber durchaus realistisch, da die Autoren in der Regel detailliert auf die Kompetenzen des Teams eingehen und Bemühungen zur Vervollständigung des Kompetenzprofils umfassend darstellen.

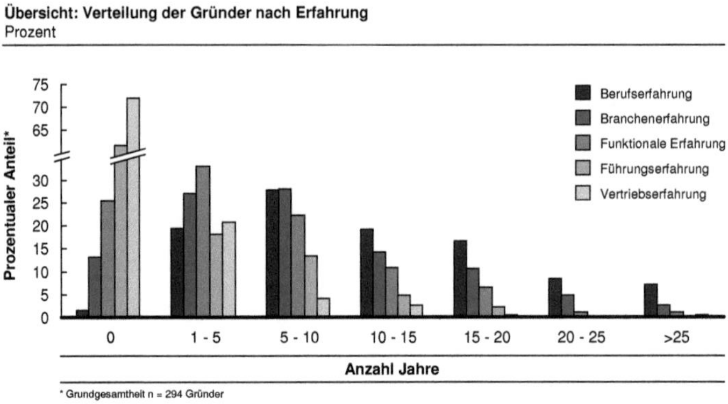

Abbildung 5.16.: Übersicht: Erfahrungswerte der Gründer

An dieser Stelle sei darauf hingewiesen, dass die isolierte Betrachtung der Erfahrungswerte nicht unbedingt zu Schlussfolgerungen über die Erfolgschancen einer Gründung führen muss. Zweifelsohne wäre ein Vergleich mit den Erkenntnissen andere Studien, die weniger technologieorientierte Unternehmen untersucht haben, wünschenswert gewesen. So hätte festgestellt werden können, ob sich die geringen Werte der Vertriebserfahrung auch bei weniger technologieorientierten Gründungen wiederfinden. Jedoch ist dem Autor keine vergleichbare Studie bekannt, die in ähnlich detaillierter Form Erfahrungswerte von Gründern erhoben hätte. Insofern ist ein direkter Vergleich kaum möglich.

Sachlogisch und auf Basis der geführten Experteninterviews erscheint ein Verhältnis von eins zu zehn zwischen Berufs- und Vertriebserfahrung der großen Bedeutung des Vertriebs für den Unternehmenserfolg jedoch nicht gerecht zu werden. So ist die Mehrheit der interviewten VCGs der Überzeugung, dass deutsche Gründer von einer umfassenderen Vertriebserfahrung nachhaltig profitieren würden.[27] Dies gilt insbesondere für den Fall von Technologieunternehmen. Gerade wenn diese von

[27] Vgl. hierzu auch die Interviews mit Ajit Nazre, Partner bei Kleiner, Perkins, Caufield & Byers, sowie mit Ray Rothrock, Partner bei Venrock Associates.

Ingenieuren gegründet werden, besteht offenbar das Risiko, dass dem Vertrieb nicht die notwendige Beachtung geschenkt wird.

5.3.3. Indikatoren der Teamzusammensetzung

5.3.3.1. Größe des Gründerteams

Das durchschnittliche Gründerteam besteht aus 3,1 Mitgliedern. Zumindest was die Zahl der Gründungsmitglieder betrifft, können die Unternehmen somit die wichtigsten Funktionen, wie etwa die des Geschäftsführers, des Technologievorstandes oder auch des Marketingvorstandes personell abbilden. Betrachtet man jedoch die Streuung der Teamgrößen in Abbildung 5.17, so wird deutlich, dass sich die Gründungsmannschaften hinsichtlich ihrer Größe teils deutlich unterscheiden. So gibt es insgesamt nur 6 Einzelgründungen. Rund 90 Gründungen (92%) sind Teamgründungen und werden von mindestens zwei Personen getragen. Das größte Team besteht aus 8 Gründungsmitgliedern. Am häufigsten sind jedoch Gründungen mit 2, 3 oder 4 Gründungsmitgliedern. 78 Gründungen (80%) entfallen auf diese Teamgrößen.

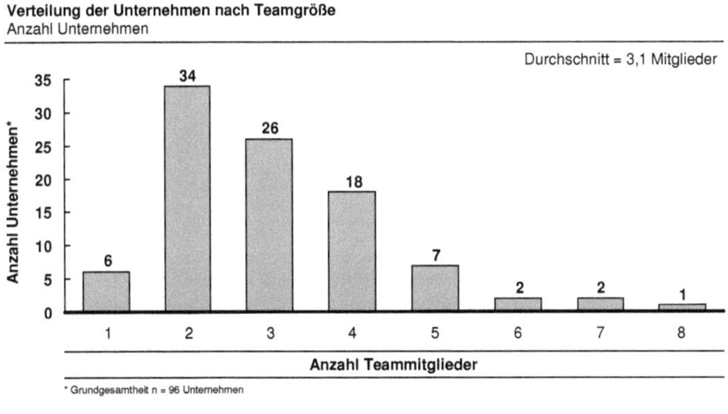

Abbildung 5.17.: Verteilung der Unternehmen nach Teamgröße

Mit den hier dokumentierten Werten erfüllen die meisten Gründungen auch die von VCGs präferierte Anzahl an Gründungsmitgliedern. So weist Devtosh Khare, Partner bei Venrock Associates, beispielsweise darauf hin, dass Gründerteams nicht zu groß sein sollten, da ab einer gewissen Größe die Krisenanfälligkeit der Teams steigt. Khare erklärt dieses Phänomen mit dem größeren Meinungspluralismus, der häufig zu Kompromissen führt, die nicht immer vorteilhaft für die Entwicklung von Jungunternehmen sind.[28] Die hier erhobenen Daten über die Gründerteams stimmen im Wesentlichen mit anderen empirischen Erhebungen überein. So ermittelt Rifai (2009) für seine Studie in vergleichbarem Umfeld eine durchschnittliche Teamgröße von 2,66 Gründern, Brettel (2004) gibt eine Teamgröße von 2,89 Gründern an.[29]

5.3.3.2. Vollständigkeit der Gründerteams

Die Vollständigkeit der Gründerteams wurde wie in Abschnitt 3.5.4.3 durch ein Abzählen der im Unternehmen zum Zeitpunkt der Gründung besetzten Positionen ermittelt. Wie aus Abbildung 5.18 hervorgeht, sind in 62 der untersuchten Unternehmen (65%) mindestens 3 Positionen zum Zeitpunkt der Gründung besetzt. Lediglich in 4 Fällen ist nur eine Position besetzt, was zweifelsohne auch an der Tatsache liegt, dass es sich bei diesen Unternehmen um Einzelgründungen handelt.[30] Lediglich ein Unternehmen besetzt von Anfang an 7 der 10 identifizierten Positionen. Ähnlich wie im Fall der Teamgröße liegt der Schwerpunkt der statistischen Masse jedoch auf 2, 3 oder 4 besetzten Positionen.

---

[28] Vgl. zum Meinungspluralismus auch die Hypothesen über die Interdisziplinarität der Gründerteams in Abschnitt 3.5.4.4.

[29] Vgl. hierzu Rifai, K. (2009): *Bootstrap-Instrumente und Unternehmensgründungen – Eine Untersuchung von Grundlagen, Einflussfaktoren und Erfolgsrelevanz.* Lohmar: EUL Verlag, S. 165, sowie Brettel (2002): Die Betriebswirtschaft, a. a. O., S. 305–325.

[30] Prinzipiell korreliert der Indikator „Vollständigkeit des Gründerteams" zwar mit dem Indikator „Teamgröße". Die Indikatoren sind aber keinesfalls identisch, da im Fall der Teamvollständigkeit je nach Aufgabenverteilung zwei Positionen pro Gründungsmitglied gezählt werden können. Auch im Fall einer Einzelgründung könnten somit von Anfang an zwei Positionen besetzt sein.

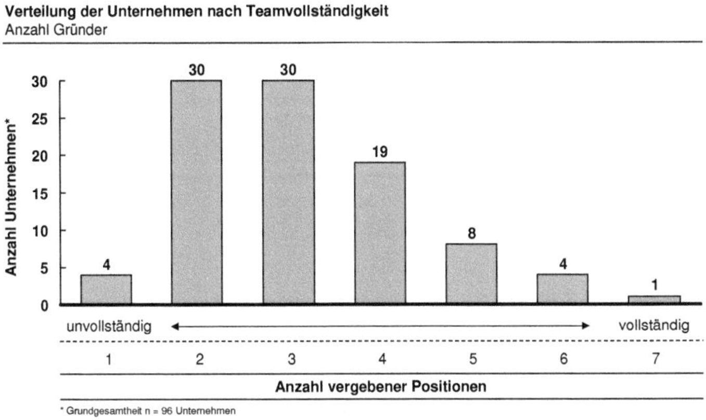

Abbildung 5.18.: Anzahl der besetzten Positionen pro Unternehmen

Neben der eigentlichen Anzahl der vergebenen Positionen wurden auch die Positionen selbst dokumentiert. Wie aus Abbildung 5.19 hervorgeht, verfügen 73 Unternehmen (75%) zum Zeitpunkt der Gründung über einen Geschäftsführer. Im Fall der übrigen Gründungen mag es einen solchen auch geben, jedoch wurde er im Businessplan nicht explizit als solcher benannt. Die schwerpunktmäßige technologische Ausrichtung der Population erklärt auch den hohen Anteil an Gründungen mit einem Technologievorstand bzw. einem Geschäftsführer für Technologie. In 55 Unternehmen (57%) ist diese Position von Anfang an besetzt. Mit rund 44 Fällen (46%) ist der Anteil an Unternehmen mit einem Vorstand für Vertrieb und Marketing ebenfalls überraschend hoch. Auch wenn sich die Bedeutung des Vertriebes für den Unternehmenserfolg nur bedingt in den Erfahrungsprofilen der Gründer wiederfinden ließ, so belegt der hohe Anteil an Vertriebsvorständen doch die Wichtigkeit dieses Bereiches in der Wahrnehmung der Gründer.

Positionen für Finanzen und Controlling, Business Development und Produktion sind nur vergleichsweise selten besetzt. Die Gründer fokussieren sich somit auf die Besetzung der wichtigsten Kernfunktionen, d. h. Geschäftsführung, Technologie und Vertrieb. Insgesamt kann somit konstatiert werden, dass die Gründer ihre personellen

Ressourcen zumindest im Durchschnitt an den wichtigsten betrieblichen Funktionen einsetzen und in den meisten Fällen auf die Besetzung weniger bedeutender Positionen verzichten.

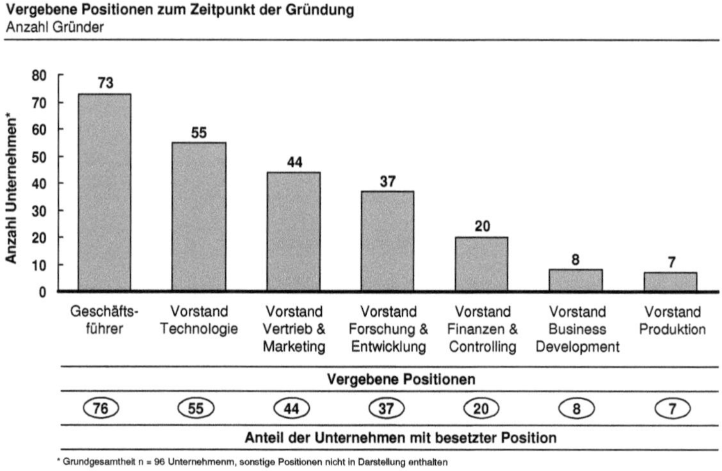

Abbildung 5.19.: Besetzte Positionen zum Gründungszeitpunkt

5.3.3.3. Interdisziplinarität der Gründerteams

Auch bei der Interdisziplinarität zeichnen sich große Unterschiede zwischen den Gründerteams ab. Wie aus Abbildung 5.20 hervorgeht, ist immerhin knapp ein Viertel der Unternehmen nicht interdisziplinär aufgestellt. In diesen Fällen haben alle Gründer einen sehr ähnlichen Ausbildungshintergrund. Zieht man nun die Einzelgründungen ab, verbleiben immerhin noch 22 nicht interdisziplinäre Teams (17%).[31] Auch im Fall von Teams mit zwei oder drei Fachrichtungen muss weiter differenziert werden. Diese werden zwar als interdisziplinär eingestuft, nicht selten sind sie aber ausschließlich

[31] Prinzipiell kann auch eine Einzelgründung als interdisziplinär gewertet werden, wenn der Gründer in mehr als einem Fach ausgebildet wurde. Dies ist in der vorliegenden Studie aber nicht der Fall gewesen.

mit Ingenieuren oder Naturwissenschaftlern besetzt.[32] Bei einer weniger differenzierten Unterscheidung der Fachrichtungen wäre somit ein deutlich höherer Anteil an nicht-interdisziplinären Teams ermittelt worden.

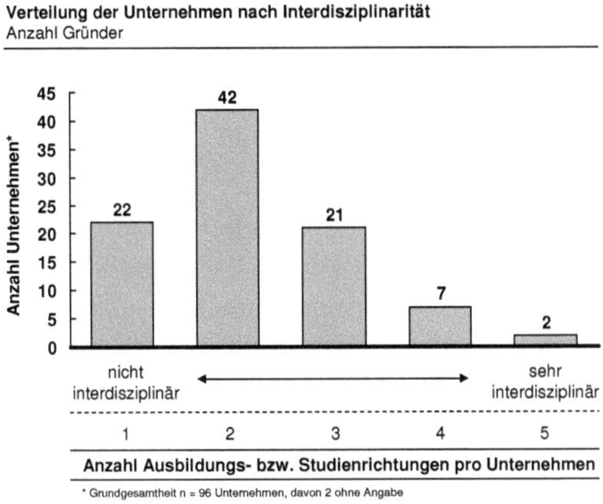

Abbildung 5.20.: Interdisziplinarität der Gründerteams

Insbesondere im Fall der Naturwissenschaftler und Ingenieure ist in diesem Zusammenhang ein ausgeprägter Hang zur „Homophilie“ zu beobachten.[33] Die Gründerteams setzen sich hauptsächlich aus Personen ähnlicher Studienrichtungen zusammen. Dies liegt unter anderem wohl auch daran, dass viele Unternehmen unmittelbar aus

[32] Wie im Messansatz in Abschnitt 3.5.4.4 erläutert wurde, werden auch unterschiedliche Fachrichtungen des gleichen Wissenschaftszweiges als interdisziplinär gewertet. In einem Team, das aus einem Maschinenbauer und einem Elektrotechniker besteht, nimmt der Indikator „Interdisziplinarität“ somit den Wert 2 an.

[33] Im Kontext der Gründungsforschung bezeichnet der Begriff „Homophilie“ ein bekanntes Phänomen, wonach Personen am liebsten mit „ihres gleichen“ gründen. Homophilie kann sich entlang verschiedener Dimensionen, wie beispielsweise des Geschlechtes, des Alters, des Erfahrungshintergrundes oder auch der Ausbildung der Gründer äußern. Vgl. hierzu auch Ruef, M., Aldrich E. und Carter, N. (2003): *The Structure of Founding Teams: Homophily, Strong Ties, and Isolation among U.S. Entrepreneurs. American Sociological Review*, 68, Nr. 2, S. 195–222.

Forschungseinrichtungen heraus gegründet werden. Verbindungen zu Personen mit kaufmännischem Hintergrund gibt es nur selten.[34]

5.3.3.4. Technologie und Wirtschaft

Als besonders wichtiger Fall von Interdisziplinarität wurde die Kombination aus technologischen und kaufmännischen Kenntnissen gesondert in einer Hypothese erfasst. Die Analyse zeigt, dass in rund 60% der untersuchten Jungunternehmen keine Verbindung der beiden Disziplinen zu erkennen ist. Die Teams waren in fast zwei von drei Fällen ausschließlich mit Ingenieuren bzw. Naturwissenschaftlern besetzt. Rein wirtschaftswissenschaftlich besetzte Teams kamen hingegen nur zwei vor. Mitunter liegt dies wiederum an der starken technologischen Ausrichtung der untersuchten Grundgesamtheit. Hierdurch deutet sich bereits an, dass Ingenieure zwar ohne Wirtschaftswissenschaftler gründen, der Umkehrschluss im Technologiesektor jedoch nicht gilt. In der Wahrnehmung von Ingenieuren und Naturwissenschaftlern bedarf es somit offenbar keiner ausgewiesenen betriebswirtschaftlichen Kompetenz, um ein erfolgreiches Unternehmen zu gründen. Aus Perspektive der Betriebswirte kann wohl davon ausgegangen werden, dass sich die Gründung eines Technologieunternehmens nur dann anbietet, wenn eine Person mit technologischem Hintergrund Teil des Gründerteams ist. Somit finden sich Betriebswirte naturgemäß öfters in interdisziplinär zusammengesetzten Teams wieder.

5.3.3.5. Zusammenarbeit und Bekanntschaft der Gründer

In fast allen Fällen kannten sich die Gründer bereits vor der Gründung des Unternehmens und hatten häufig auch schon zusammengearbeitet. Lediglich in einem Fall hat

[34] Im Vergleich zu den USA ist an deutschen Universitäten wohl eine geringere Durchmischung an technologischen und kaufmännischen Fähigkeiten zu beobachten. Dieser geringere Grad der Interdisziplinarität wirkt sich offenbar bis auf die Ebene der Zusammensetzung von Gründerteams aus.

der Initiator der Gründung aktiv nach Mitgründern gesucht, die nicht aus seinem Bekanntenkreis stammten.[35]

Offenbar ist somit der Freundes- und Bekanntenkreis, aber auch das unmittelbare berufliche Umfeld die primäre Quelle für die Suche nach Mitgründern. Die Initiatoren einer Gründung schätzen es, wenn man die Arbeits- und Denkweise der Mitgründer bereits vor der Gründung kennt. Zudem kann sich auf Basis vorhergegangener Bekanntschaft und Zusammenarbeit schneller ein Vertrauensverhältnis zwischen den Gründern bilden, das insbesondere während der Anfangsphase einer Unternehmensgründung von Bedeutung ist. Im Fall sich noch fremder Gründer muss sich ein solches Vertrauensverhältnis erst noch entwickeln.

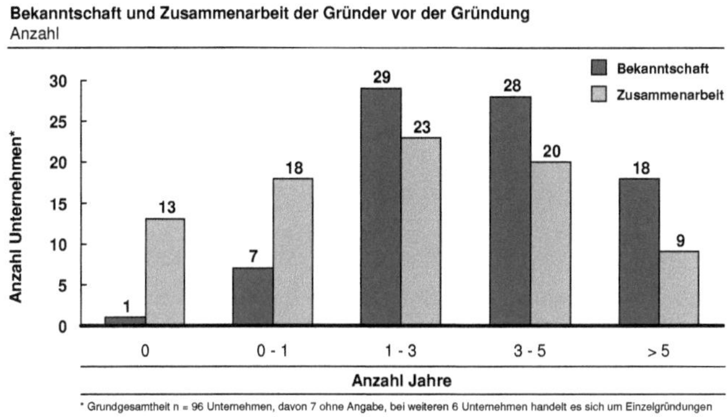

Abbildung 5.21.: Vorherige Bekanntschaft und Zusammenarbeit der Gründer

Neben dem privaten und beruflichen Umfeld gibt es nur begrenzte Möglichkeiten, Mitgründer zu finden. Zwar gibt es Beratungsplattformen im Internet, wie etwa die B-To-V AG, die Personen bei der Suche nach Mitgründern unterstützen. Allerdings sind solche Angebote noch spärlich gesät und haben sich in der Gründerszene noch nicht voll durchgesetzt. Insbesondere im Fall hochspezialisierter Unternehmen bleibt Gründern oft nur die Möglichkeit, im eigenen beruflichen Umfeld nach Mitgründern

[35] Auf diesen Sachverhalt wurde entsprechend im Businessplan hingewiesen.

zu suchen, da meistens nur diese über die entsprechenden fachlichen Qualifikationen verfügen.

5.4. Produkt- und Geschäftsidee

5.4.1. Schutzfähigkeit der Geschäftsidee

Die Schutzfähigkeit der Geschäftsidee nimmt in den Businessplänen eine zentrale Rolle ein. Häufig werden mehrere Seiten auf den aktuellen Stand der Patentvergabe verwendet. Wie in Abbildung 5.22 deutlich wird, verfügen 16 Unternehmen (17%) über mindestens ein Patent, weitere 10 Unternehmen (11%) haben ein Patent zur Anmeldung eingereicht. Auch wenn ein Patent prinzipiell keine Aussage über die Vermarktungsfähigkeit eines Produktes macht, so sichert es jedoch einen aus technischer Sicht verteidigbaren Wettbewerbsvorteil. Anhand der Patentvergabe machen viele Unternehmen somit auch die Differenzierung des eigenen Angebotes im Markt fest.

Ist ein Patent vorhanden, so wird es in aller Regel auch schon im „Executive Summary" des Businessplans erwähnt, nicht selten sogar im ersten oder zweiten Satz. Die rein technischen Eigenschaften des Produktes werden oft prominenter diskutiert als der Nutzen, den Kunden durch die Innovation erfahren. Auch in dieser Schwerpunktsetzung zeigt sich abermals die starke technologische Orientierung der Gründer. Aus Sicht von VCGs stellt ein Patent nicht nur einen möglichen Wettbewerbsvorteil dar, sondern dient auch als Beleg dafür, dass ein Unternehmen in der Lage ist, neues, innovatives Wissen zu schaffen und dieses entsprechend verbriefen zu lassen.

In 28 Fällen (30%) ist die Vergabe eines Patentes jedoch unwahrscheinlich. Nicht selten handelt es sich hierbei um Firmen aus der Informations- und Kommunikationsbranche, zu der in dieser Studie auch Software-Firmen gezählt werden. Selbige verzichten in aller Regel auf die Anmeldung eines Patentes, da eine solche die Offenlegung des proprietären Programmcodes verlangen würde und dieser somit anderen

Wettbewerbern verfügbar gemacht würde. In diesem Fall eignet sich der Einsatz von Patenten also nur bedingt, um Innovationen vor Nachahmern zu schützen.

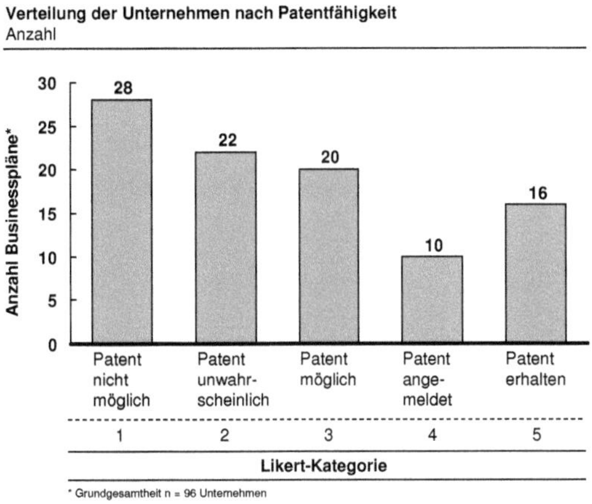

Abbildung 5.22.: Patentfähigkeit der Produkte

Im Mittelfeld der in Abbildung 5.22 gezeigten Häufigkeitsverteilung befinden sich in aller Regel Unternehmen, die eine Patentanmeldung noch anstreben, deren Produkt aber noch nicht den für eine Anmeldung notwendigen Reifegrad aufweist. Auch wenn eine eingereichte Patentanmeldung zumindest auf die Möglichkeit einer Patenterteilung hinweist, so lässt sie nur sehr bedingt Schlüsse über die Wahrscheinlichkeit einer erfolgreichen Patenterteilung zu. So weist beispielsweise Dr. Tobias Ehnis, Fachanwalt für Patentrecht in Erlangen, darauf hin, dass viele Jungunternehmen kurz vor der Einreichung eines Businessplans noch ein Patent zur Anmeldung einreichen, sich aber im Grunde genommen bereits im Klaren sind, dass die Anmeldung keinen Erfolg haben wird. Den Gründern ist also bewusst, dass das Vorhandensein eines Patents Einfluss auf die Investitionsentscheidung möglicher Kapitalgeber haben kann. Daher wird vieles versucht, um die Möglichkeit einer erfolgreichen Patenterteilung zu signalisieren.

5.4.2. Proprietät und geistiges Eigentum der Technologie

Wie aus Abbildung 5.23 hervorgeht, liegt bei 33 Gründungsvorhaben (38%) das geistige Eigentum der Kerntechnologie vollständig in den Händen der Unternehmensgründer. Die Unternehmen können somit, was die Technologie betrifft, vollkommen unabhängig von Dritten operieren. Im Gegensatz hierzu befindet sich die Kerntechnologie bei 20 Gründungsvorhaben (23%) in weiten Teilen in den Händen anderer Parteien. Häufig sind hier Lizenzvereinbarungen mit den eigentlichen Inhabern des geistigen Eigentums Grundlage des Gründungsvorhabens. Häufig handelt es sich bei den Lizenzgebern um Universitäten und Forschungseinrichtungen, die Innovationen zwar entwickeln, die Vermarktung aber oft Dritten überlassen.

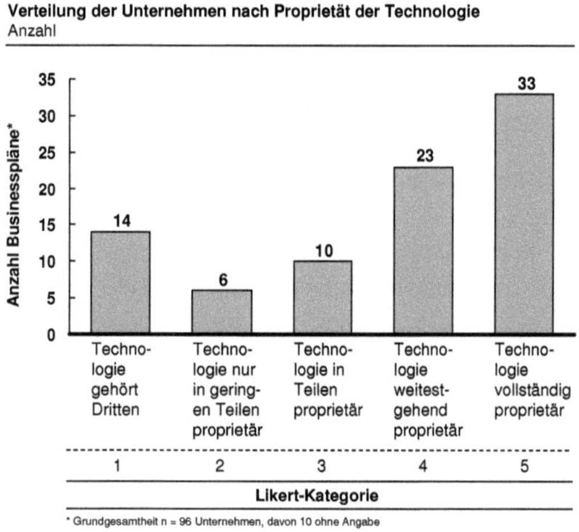

Abbildung 5.23.: Proprietät der verwendeten Technologien

Auf die entsprechenden Lizenzvereinbarungen wird in den Businessplänen detailliert eingegangen. Auch wenn es sich hierbei in aller Regel um Exklusivlizenzen handelt, so stellt die fehlende Proprietät der Technologie, wie bereits in Abschnitt 3.6.3 diskutiert wurde, dennoch ein grundsätzliches Risiko dar. Ist eine Technologie voll proprietär, so wird auch dies entsprechend deutlich im Businessplan positioniert. Zweifelsohne setzen die Gründer darauf, dass mögliche Kapitalgeber eher bereit sind, in ein Unternehmen mit proprietärer Technologie zu investieren, als in ein Unternehmen, dessen Geschäftsvorhaben auf Lizenzvereinbarungen mit Dritten basiert.

5.4.3. Stand der Prototypentwicklung

Fast jedes zweite Gründungsvorhaben verfügt zum Zeitpunkt der Erstellung des Businessplans über einen funktionsfähigen Prototypen. Lediglich 3 Unternehmen (3%) präsentieren einen Businessplan, ohne mit der Entwicklung eines Prototypen begonnen zu haben. In der Mehrzahl investieren Gründer somit zunächst selbst in die Entwicklung eines Testmodells, bevor sie bei Investoren um Kapital werben. Eine Geschäftsidee mit einem funktionierenden Prototypen erscheint eben glaubwürdiger als eine solche, bei der die technologische Realisierbarkeit des Gründungsvorhabens erst erwiesen werden muss.

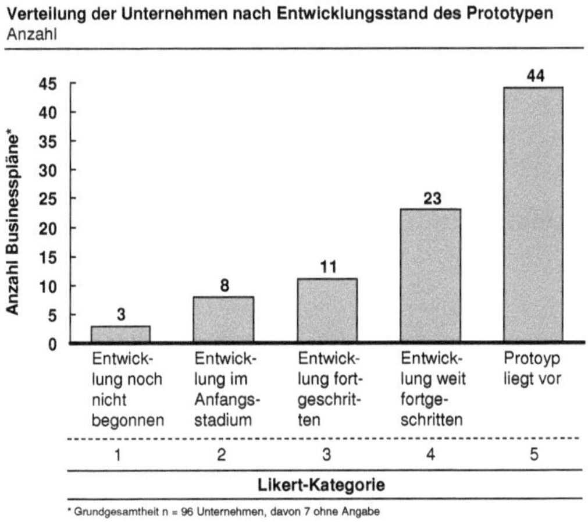

Abbildung 5.24.: Entwicklungsstand der Prototypen

Die Wichtigkeit des Prototypen für die Attraktivität des Geschäftsmodells wird auch bei der Prämierung von Geschäftsideen durch Businessplan-Wettbewerbe deutlich. So stellen im Fall des vom Netzwerk Nordbayern veranstalteten Businessplan-Wettbewerbs fast alle Teilnehmer der finalen Runde während der Preisverleihung einen fertigen Prototypen aus.[36]

Aus Sicht der Prinzipal-Agenten Theorie reduziert das Vorhandensein eines Prototypen die Informationsasymmetrien zwischen Gründern und Kapitalgebern.[37] So beweist ein Prototyp in aller Regel, dass das Geschäftsvorhaben zumindest aus technischer Sicht möglich ist. Für zahlreiche Investoren ist das Vorhandensein eines Prototypen bereits zu einer notwendigen Bedingung für ein finanzielles Engagement geworden. Dies bestätigt auch ein Interview mit Hank Plain, Partner bei Morgenthaler Ventures. Demnach investieren viele VCGs immer öfter in einer späteren Entwicklungsphase in Jungunternehmen, als sie das noch vor wenigen Jahren getan haben. Es wird erwartet, dass die Gründer zunächst selbst für die Entwicklung eines funktionsfähigen Prototypen sorgen. Dabei können sie auf die Unterstützung von Business Angels hoffen. Institutionelle Investoren halten sich mit Kapitalbeteiligungen in der Anfangsphase jedoch zunehmend zurück und erwarten, dass die Gründer selber in Vorleistung gehen. Auch aus diesem Grund gewinnt das Vorhandensein eines Prototypen als Indikator des Unternehmenserfolges weiter an Bedeutung.

5.4.4. Alleinstellungsmerkmal

Fast alle der 96 untersuchten Gründungsvorhaben verfügen über ein zumindest in Ansätzen ausgeprägtes Alleinstellungsmerkmal. Lediglich in zwei Fällen kann kein Alleinstellungsmerkmal festgestellt werden. In den betreffenden Businessplänen wird das Fehlen eines Alleinstellungsmerkmals offen angesprochen. Die Attraktivität der beiden Gründungsvorhaben wird stattdessen mit hohen Marktwachstumsraten sowie der Qualität des Managements begründet. Wie aus Abbildung 5.25 hervorgeht, kann in immerhin 50 Fällen (52%) von einem ausgeprägten oder sogar sehr ausgeprägten

[36] Dies konnte durch den Autor der vorliegenden Untersuchung im Juli 2009 beobachtet werden.
[37] Vgl. hierzu bspw. Elsenmüller und Grampp (2002), a. a. O., S. 88.

Alleinstellungsmerkmal gesprochen werden. Zweifelsohne spiegelt sich in diesem hohen Anteil auch die Herkunft der Businesspläne wider. Da die Businessplan-Wettbewerbe auf innovative Gründungen setzen, ist davon auszugehen, dass der Anteil an Unternehmen mit ausgeprägtem Alleinstellungsmerkmal in der untersuchten Grundgesamtheit im Vergleich zum normalen Gründungsgeschehen in Deutschland überproportional hoch ist.

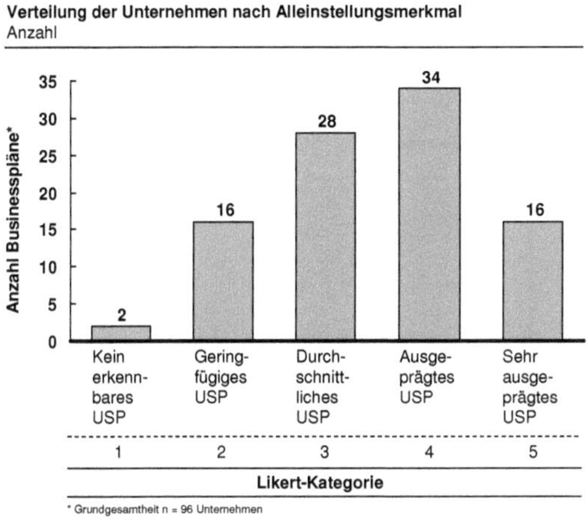

Abbildung 5.25.: Alleinstellungsmerkmal von Produkt oder Dienstleistung

5.5. Markt- und Wettbewerbsanalyse

5.5.1. Marktgröße

Die Marktgröße ist in den Augen vieler VCGs neben den Qualitäten des Gründerteams das entscheidende Kriterium für eine Beteiligungsentscheidung.[38] Dementsprechend nimmt die Abschätzung der Marktgröße in den Businessplänen auch eine zentrale

[38] Vgl. Tyebjee und Bruno (1984), a. a. O., S. 1051–1066.

Rolle ein. Wie auch im Fall der Konkurrenzanalyse ist es für viele Jungunternehmen schwierig, die Größe des Zielmarktes fundiert abzuleiten. In den meisten Fällen liegt dies am Innovationsgrad der Geschäftsidee, die nicht selten einen vollkommen neuen und noch nicht entwickelten Markt bedient. Für Märkte dieser Art liegen naturgemäß nur wenige Daten vor und somit kann sich die Abschätzung des Marktvolumens mitunter erheblich erschweren.[39] Aufgrund dieser Schwierigkeit verzichten viele Unternehmen auch auf die Angabe bzw. Abschätzung der Marktgröße, auch wenn diese von Kapitalgebern als zentrales Entscheidungskriterium gesehen wird. So fehlen in 44 der 96 untersuchten Businesspläne Angaben zur Größe des Zielmarktes.

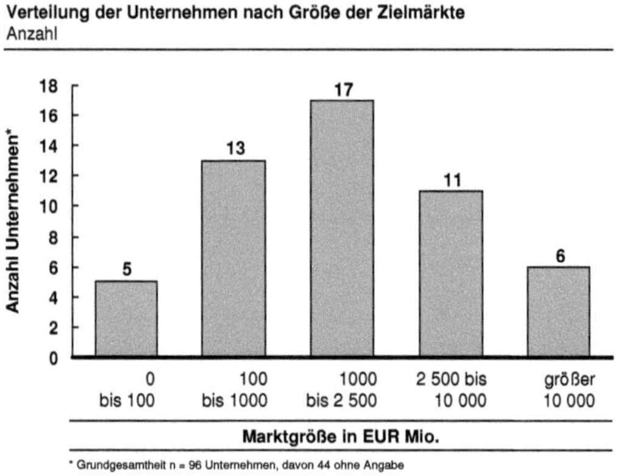

Abbildung 5.26.: Marktvolumen der Zielmärkte

Wie aus Abbildung 5.26 hervorgeht, liegt eine große Bandbreite unterschiedlicher Marktgrößen vor. Im Durchschnitt beträgt die Marktgröße € 5,6 Mrd. Immerhin 5 Unternehmen (10%) gründen in Märkten mit einer Größe von weniger als € 100 Mio. Im Gegensatz hierzu gründen weitere 6 Unternehmen (12%) in Märkten mit einer Größe von mehr als € 10 Mrd. Naturgemäß hat die Marktgröße einen entscheidenden Einfluss auf Markteintrittsstrategie und Wachstumsprognosen der Unternehmen. In

[39] Für eine Diskussion der Abschätzungsproblematik und möglicher Fehler bei der Einschätzung von Marktvolumina wird auf Schnaars, S. (1989): *Megamistakes – Forecasting and the Myth of Rapid Technological Change*. New York: Free Press, verwiesen.

vielen Fällen wirkt sich die Marktgröße auch auf den Kapitalbedarf der Unternehmen aus. C. p. ist davon auszugehen, dass Unternehmen in großen Märkten einen höheren Kapitalbedarf haben, da sie die eigene Marktposition gegenüber der Konkurrenz womöglich noch schneller festigen müssen, als dies in kleineren Märkten der Fall ist.

5.5.2. Marktwachstum

Ähnlich wie die Marktgröße weisen auch die Wachstumsraten der Märkte eine große Bandbreite auf. Mit nur 1,5% ist die kleinste Rate vergleichbar mit dem jährlichen Wachstum einer ganzen Volkswirtschaft. Im Gegensatz hierzu beträgt die höchste Wachstumsrate 85%. Die Marktgröße würde sich bei einer solchen Wachstumsrate pro Jahr also fast verdoppeln. Das durchschnittliche Marktwachstum für die 96 untersuchten Unternehmen liegt bei 21,5% pro Jahr. Im Fall geringer Wachstumsraten wird die Attraktivität der Zielmärkte mit anderen Argumenten begründet. So kann ein sehr großer Markt, der nur noch schwach wächst, für ein innovatives Produkt genauso attraktiv sein wie ein schnell wachsender Markt, der aber noch vergleichsweise klein ist. Das Marktwachstum an sich eignet sich somit nur bedingt als isoliertes Bewertungskriterium, sondern muss im Gefüge der gesamten Markt- und Wettbewerbsanalyse gesehen werden.

Wie auch im Fall der Marktgröße haben viele Unternehmen auf eine Abschätzung der Wachstumsraten verzichtet. So fehlen in 38 der 96 untersuchten Businesspläne entsprechende Angaben. Mitunter kann davon ausgegangen werden, dass die fundierte Abschätzung des Marktwachstums noch schwieriger ist als die Abschätzung der Marktgröße. Auch die Vergleichbarkeit der Angaben in den Businessplänen ist teilweise erschwert, da sich die Wachstumsraten oft auf unterschiedliche Zeiträume beziehen. Aus diesem Grund wurde darauf geachtet, nur solche Wachstumsraten aufzunehmen, die sich auf einen Zeitraum von drei bis fünf Jahren beziehen.

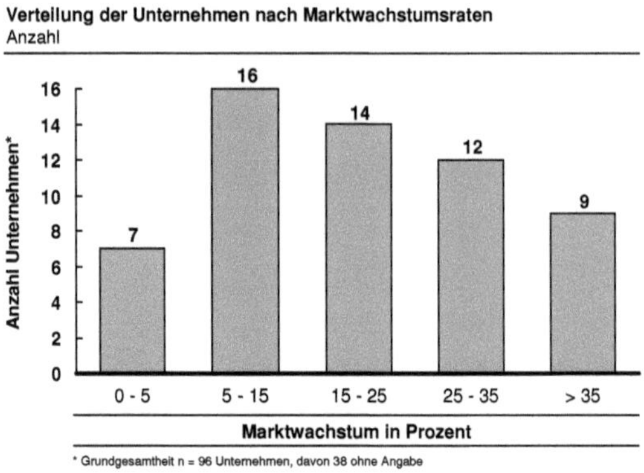

Abbildung 5.27.: Wachstumsraten der Zielmärkte

5.5.3. Konzentration der Kundenbasis

Wie aus Abbildung 5.28 hervorgeht, reicht die Konzentration der Kundenbasis von hoch konzentrierten Märkten mit einer Handvoll möglicher Kunden bis hin zu polypolistischen Abnehmermärkten mit mehreren Millionen Kunden.[40] So liegt die Anzahl potentieller Kunden bei 38 Unternehmen (40%) unter 1.000. Im hohen Anteil konzentrierter Zielmärkte wird auch der ausgeprägte „Business-to-Business“ Charakter der untersuchten Grundgesamtheit deutlich.[41] So bedienen knapp 80% der Gründungsvorhaben nicht den Endverbraucher, sondern ein anderes Unternehmen. Selbige kommen fast immer in geringerer Anzahl als die Endverbraucher vor, weshalb

[40] Wie aus der Abbildung hervorgeht, gibt es kein Unternehmen, bei dem die Angabe der Kundenanzahl im Zielmarkt fehlt. Dies liegt unter anderem daran, dass im Fall der Kundenkonzentration – anders als bei allen anderen Indikatoren – eine Abschätzung des Autors und Zuordnung der Kundenanzahl auf die Likert-Kategorien vorgenommen wurde. Dieses Vorgehen wurde notwendig, da die Anzahl der Kunden nur in den allerwenigsten Fällen explizit angegeben wurde. Gleichzeitig ließ sich auf Basis des Businessplans jedoch eine zumindest kategorisch richtige und glaubwürdige Abschätzung treffen, auch ohne dass eine subjektive Beurteilung des Autors notwendig wurde.

[41] Mit „Business-to-Business“ ist gemeint, dass die untersuchten Gründungsvorhaben vor allem andere Unternehmen und nicht den Endverbraucher bedienen. Für eine Diskussion des Begriffs vgl. auch Gabler (2010), a. a. O., S. 568.

die meisten Zielmärkte an dieser Stelle von einer vergleichsweise konzentrierten Kundenbasis geprägt sind. Lediglich in 10 Fällen (10%) kann von einem stark verteilten Zielmarkt mit mehr als 50.000 potentiellen Kunden gesprochen werden. Hierunter fallen vor allem Gründungsvorhaben, die mit ihrem Leistungsangebot direkt den Endverbraucher ansprechen.

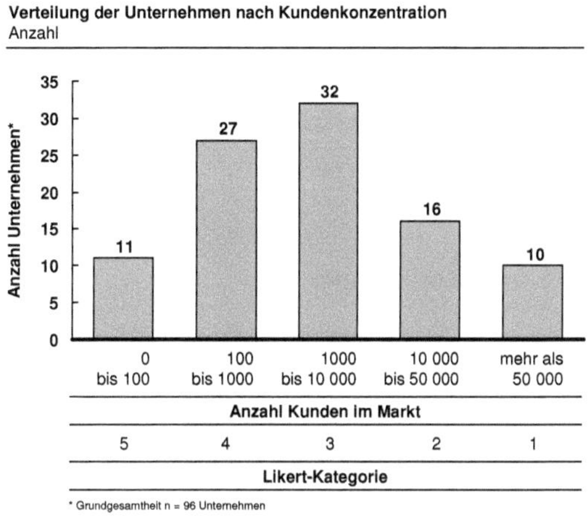

Abbildung 5.28.: Konzentration der Kunden in den Zielmärkten

Der Einfluss der Kundenkonzentration findet sich auch in den Vertriebs- und Marketingstrategien der Unternehmen wieder. In Märkten mit einer polypolistischen Käuferseite setzen Jungunternehmen auf andere Instrumente als in hochkonzentrierten Märkten. Während im letzteren Fall die persönliche Ansprache und der direkte Kontakt zum Kunden zählt, wird im ersten Fall auf die Massenvermarktung der Produkte und Dienstleistungen durch den Einsatz breit angelegter Werbekampagnen gesetzt. Aus der Budgetierung der Marketingaufwendungen in den Businessplänen wird offensichtlich, dass der Markteintritt in einen polypolistischen Markt meist höhere Marketingaufwendungen erfordert als in einen hochkonzentrierten Markt. Während dies nicht weiter überrascht, kann die hiermit verbundene hohe Kostenbasis der Marketingaufwendungen durchaus ein hohes Risiko für Jungunternehmen darstellen.

Darüber hinaus spiegelt sich in den Kundenkonzentrationen auch der hohe Spezialisierungsgrad vieler Unternehmen wider. Rund zwei Drittel der untersuchten Unternehmen können als spezialisiert oder sogar hochspezialisiert angesehen werden. Nicht selten operieren diese Unternehmen in eng definierten Nischenmärkten, die naturgemäß über wenige, aber dafür oft sehr große Kunden verfügen.[42] Zusammenfassend lässt sich also festhalten, dass die Mehrheit der untersuchten Unternehmen aufgrund ihres „Business-to-Business" Charakters sowie hohen Spezialisierungsgrades in relativ konzentrieren Zielmärkten operiert.

5.5.4. Rivalität und Konkurrenz

Auch hinsichtlich der wahrgenommenen Anzahl an Wettbewerbern unterscheiden sich die Unternehmen deutlich. So sind einige Unternehmen der Überzeugung, dass sie keinen direkten Konkurrenten haben. Andere geben wiederum an, dass sie mit mehr als hundert Unternehmen im Wettbewerb stehen, wie aus Abbildung 5.29 ersichtlich wird. Die Identifizierung von potentiellen Konkurrenten fällt den Unternehmen hierbei nicht immer leicht, was auch in den Businessplänen deutlich wird. Insbesondere bei sehr innovativen Produkten oder Dienstleistungen ist vor Markteintritt oft noch gar nicht abzusehen, wer als Wettbewerber in Erscheinung treten wird. Somit handelt es sich bei der Anzahl an Wettbewerbern in den Businessplänen meist um eine grobe Abschätzung. In der Tendenz kann jedoch davon ausgegangen werden, dass die Angaben, zumindest kategorisch betrachtet, richtig sind.

Die Anzahl an Konkurrenten ist zweifelsohne nur ein sehr grobes Maß für die Intensität der Rivalität im Zielmarkt. In Abbildung 5.30 wird daher die Anzahl an Konkurrenten pro €1 Mrd. Marktvolumen gezeigt. Die Analyse macht die großen Unterschiede in

[42] Für eine Diskussion des Begriffs „Nischenmarkt" bzw. „Marktnische" vgl. auch Gabler (2010), a. a. O., S. 2028.

der Wettbewerbsintensität noch stärker deutlich. So gibt es Märkte, in denen weniger als fünf Unternehmen um ein Marktvolumen von €1 Mrd. konkurrieren. In anderen Märkten sind es hingegen mehr als hundert Unternehmen.

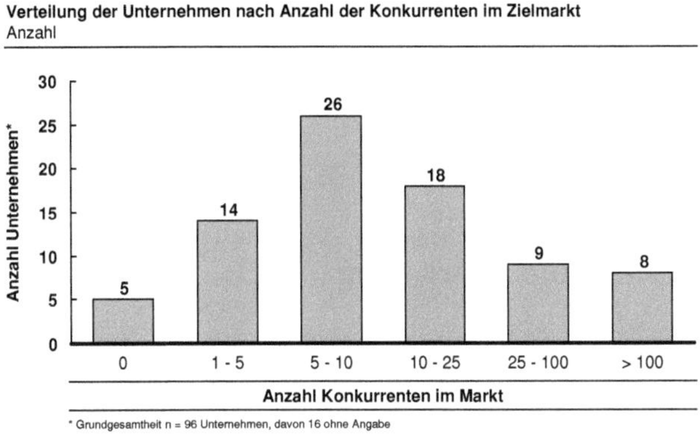

Abbildung 5.29.: Anzahl der Konkurrenten in den Zielmärkten

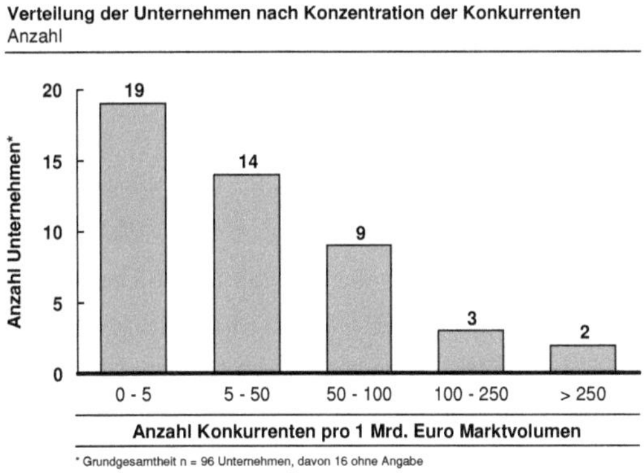

Abbildung 5.30.: Anzahl Konkurrenten pro 1 Mrd. Euro Marktvolumen

Aus den Businessplänen wird deutlich, dass sich die Mehrzahl der Jungunternehmen recht umfassend mit ihrer Stellung im Markt befasst. Es erscheint jedoch so, dass viele Unternehmen ihren eigenen Wettbewerbsvorteil tendenziell überschätzen. Dies gilt insbesondere für Unternehmen, die davon ausgehen, keinen direkten Konkurrenten zu haben. Bei genauerer Betrachtung muss jedoch angenommen werden, dass auch diese Unternehmen relevante Wettbewerber haben oder dass es zumindest Substitute für das eigene Produkt gibt. Somit ist auch die Wettbewerbsanalyse häufig von einer recht optimistischen Sichtweise der Unternehmensgründer geprägt.

5.6. Vertrieb und Marketing

5.6.1. Marketingkonzept

36 der 96 untersuchten Unternehmen verfügen über ein fast vollständiges bzw. vollständiges Marketingkonzept. Im Gegensatz hierzu sind die Konzepte von 33 Unternehmen lückenhaft, in 12 Fällen sogar sehr lückenhaft, d. h. im Sinne der Kategorisierung der Vollständigkeit aus Abschnitt 3.8.2 wird somit kaum oder gar nicht auf die Elemente des Marketing-Mixes eingegangen. Die Bedeutung von Vertrieb und Marketing wird in den Vorgaben der Businessplanwettbewerbe zwar deutlich gemacht, jedoch fallen die entsprechenden Kapitel in den Businessplänen oft mager aus. Auf technische Details zu Produkt oder Dienstleistung wird hingegen im Detail eingegangen.

Passend hierzu, bestätigt folgendes Zitat aus einem der Businesspläne die fehlende Marktorientierung einiger Gründungsvorhaben: „Aufgrund der sehr guten Eigenschaften unseres Produktes gehen wir derzeit davon aus, dass keine eigenen Vertriebsanstrengungen notwendig sind.“ Die fehlende Marktorientierung ist kein Einzelfall, sondern kann in vergleichbarer Form auch in anderen Businessplänen wiedergefunden werden.

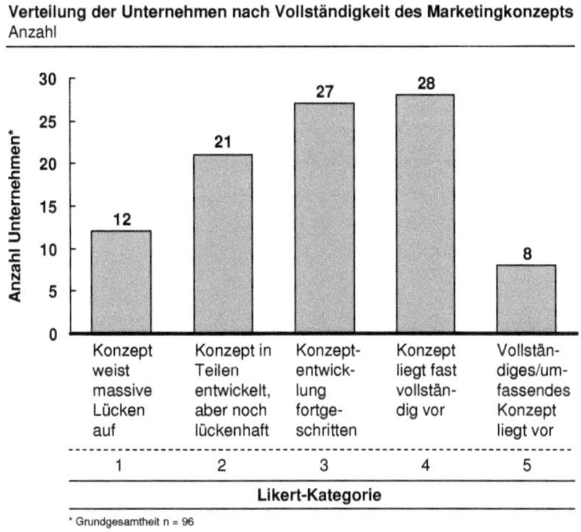

Abbildung 5.31.: Vollständigkeit der Marketingkonzepte

5.6.2. Pilotkunden

Unternehmen nutzen Pilotkunden, um noch vor der eigentlichen Markteinführung eines Produktes den „Proof of Concept“, also den Nachweis der Validität der eigenen Geschäftsidee, zu erbringen. Das Vorhandensein von Pilotkunden wird dementsprechend prominent in den Businessplänen diskutiert und soll die Glaubwürdigkeit des Gründungsvorhabens in den Augen möglicher Kapitalgeber stärken.

Wie aus Abbildung 5.32 hervorgeht, arbeiten lediglich 7 Unternehmen mit mehr als 10 Pilotkunden zusammen. Im Gegensatz hierzu verfügen 28 Gründungsvorhaben (29%) über keine Pilotkunden. Zweifelsohne liegt dies in einigen Fällen am noch fehlenden funktionsfähigen Prototypen, ohne den die Ansprache von Pilotkunden zwar möglich, in aller Regel aber schwierig ist. Aber auch Unternehmen mit funktionsfähigem Prototypen arbeiten häufig nicht mit Pilotkunden zusammen. Den hiermit verbundenen Risiken sind sich die Unternehmensgründer mitunter nicht bewusst. So entfällt beispielsweise die Möglichkeit, das „Feedback“ der Pilotkunden in den Entwicklungsprozess einfließen zu lassen und das Produkt noch vor Markteintritt den Kundenwünschen entsprechend anzupassen. Auch hier deutet sich abermals eine vergleichsweise geringe Kunden- und Vertriebsorientierung an.

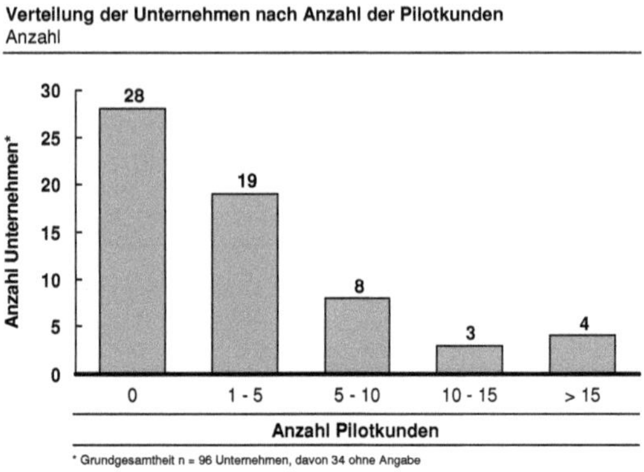

Abbildung 5.32.: Pilotkunden der Unternehmen

5.7. Unternehmen und Organisation

5.7.1. Allgemeines Netzwerk

79 der untersuchten Unternehmen (82%) verfügen über mindestens ein „Netzwerkelement", d. h. dass sie Kontakte zu mindestens einer externen Organisation oder Person unterhalten. Wie aus Abbildung 5.33 deutlich wird, konnten in lediglich 17 Fällen (18%) keine Hinweise auf ein aktives Netzwerk gefunden werden. 63 Unternehmen (65%) verfügen sogar über mindestens zwei Netzwerkelemente. Oft haben sich die Gründer Kontakte und Beziehungen „aktiv" erarbeitet, d. h. dass sie nicht nur in ihrem beruflichen Umfeld und Bekanntenkreis nach Unterstützern gesucht haben, wie dies bei der Suche nach Mitgründern der Fall war, sondern häufig auch Personen, die ihnen noch unbekannt waren, für ihr Gründungsvorhaben gewinnen können.

Abbildung 5.34 zeigt die Nennungen der einzelnen Elemente der Unternehmensnetzwerke. Am häufigsten wird auf die Zusammenarbeit mit „funktionalen Beratern" hingewiesen. So geben 48 Unternehmen (50%) an, mit mindestens einem externen Berater zusammenzuarbeiten. Hierbei kann es sich um allgemeine Unternehmensberater, aber auch um Rechtsanwälte und Steuerberater handeln. Häufig werden durch die Zusammenarbeit mit externen Beratern Kompetenzlücken im Team geschlossen. Dies gilt auch für den Vertrieb. Während sich Teams offenbar nur selten personell erweitern, um Vertriebskenntnisse ins Unternehmen zu holen, setzen sie doch verstärkt auf die Unterstützung durch externe Kräfte, um die Vertriebsfunktion im Unternehmen zu stärken. Ob dies jedoch ausreicht, bleibt fraglich. Funktionale Berater stehen den Unternehmen in aller Regel nur in zeitlich begrenzten Fenstern zur Verfügung und können wohl kaum alle Details des Unternehmensgeschehens kennen. Gerade zu Beginn einer Unternehmensgründung scheint die Zusammenarbeit mit funktionalen Beratern aber ein effektiver Weg zu sein, um die Fähigkeiten des Gründerteams weiter zu ergänzen. Auffallend ist auch, dass viele Berater ihre Leistungen laut Businessplan kostenfrei oder zu stark reduzierten Preisen anbieten.

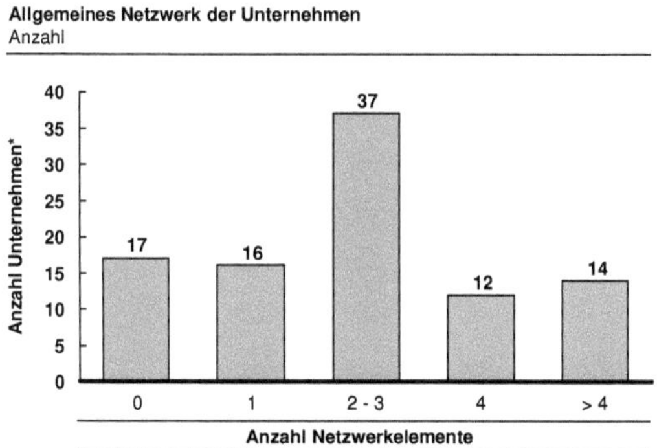

Abbildung 5.33.: Verteilung der Jungunternehmen nach Umfang der Netzwerke

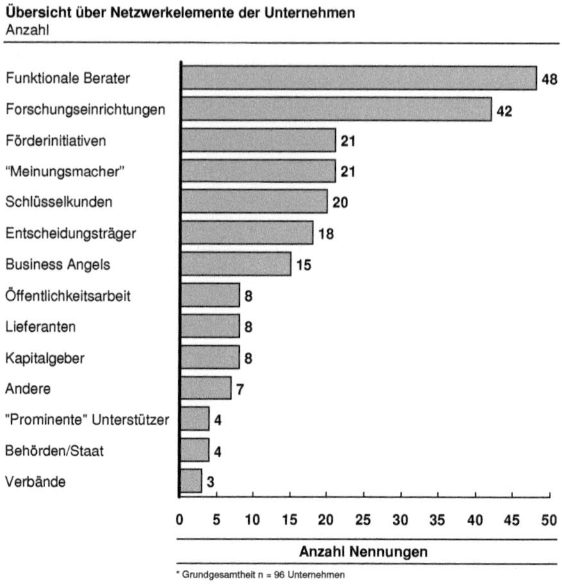

Abbildung 5.34.: Häufigkeiten verschiedener Netzwerkelemente

Die frühe Zusammenarbeit mit funktionalen Beratern kann somit auch als wichtiges Instrument des Bootstrappings gesehen werden. Die hohe Anzahl an Kontakten zu Forschungseinrichtungen bestätigt abermals den technologischen Charakter der untersuchten Grundgesamtheit. Für viele Unternehmen ist die Zusammenarbeit mit Universitäten und unabhängigen Instituten von zentraler Bedeutung für die eigene Forschungs- und Entwicklungsarbeit. 15 Gründerteams (16%) unterhalten darüber hinaus Kontakte zu Business Angels, also Personen, die die Gründer mit Erfahrung, Expertise und in aller Regel auch mit eigenem Kapital unterstützen.[43] Wie aus den Businessplänen hervorgeht, handelt es sich hierbei häufig um erfahrene Manager und ehemalige Unternehmensgründer, die in ihrer fortgeschrittenen Karriere als Privatinvestor tätig werden. Prima facie überrascht zunächst die relativ geringe

[43] Vgl. hierzu bspw. Brettel und Rost (2000), a. a. O., S. 7 ff. u. 101 ff.

Anzahl an Lieferanten in den Unternehmensnetzwerken. Wie sich jedoch im nächsten Abschnitt zeigt, ist die Zusammenarbeit mit Lieferanten eher Bestandteil vertraglich bindender Partnerschaften und Kooperationen anstatt loser Netzwerkstrukturen.

5.7.2. Partnerschaften, Allianzen und Kooperationen

Allianzen, Partnerschaften und Kooperationen kommen im Vergleich zu losen Netzwerkbeziehungen seltener vor. So verfügen 34 Unternehmen (35%) über keine relevante Kooperation mit einem externen Partner. Im Gegensatz hierzu unterhalten 62 Unternehmen (65%) mindestens eine vertraglich verbriefte Partnerschaft wie aus Abbildung 5.35 deutlich wird. 42 Unternehmen (44%) verfügen über zwei oder mehr Kooperationspartner. In vielen Fällen wird in den Businessplänen auf die strategische Bedeutung der Kooperationen hingewiesen. Ohne selbige, so die Autoren der Businesspläne, könnten bestimmte Gründungsvorhaben erst gar nicht umgesetzt werden. Die Bedeutung von Kooperationen und die hiermit einhergehende Abhängigkeit von externen Partnern wird somit deutlich.

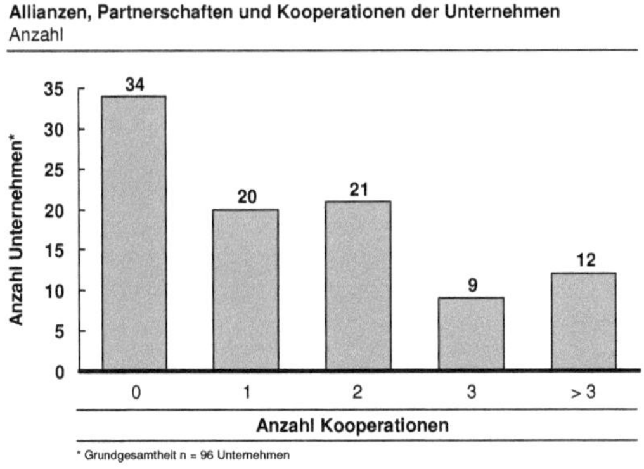

Abbildung 5.35.: Verteilung der Jungunternehmen nach Umfang der Kooperationen

Die Typen von Partnerschaften reichen vom Vertrieb bis hin zur Öffentlichkeitsarbeit. Wie aus Abbildung 5.36 hervorgeht, nehmen die Themen Forschung und Entwicklung sowie Technologie auch bei den Kooperationen den höchsten Stellenwert ein. Kooperationen stellen für Jungunternehmen ein wichtiges Instrument zur Vervollständigung der eigenen Wertschöpfungskette dar. Insbesondere in der Anfangsphase einer Gründung lohnt es sich für viele Unternehmen noch nicht, alle Elemente der Wertschöpfungskette mit proprietären Lösungen und eigenen Mitarbeitern abzubilden. Dies wird insbesondere im Fall des Vertriebs deutlich, da Aufbau und Betrieb einer eigenen Vertriebsorganisation teuer sind. Deswegen arbeiten immerhin 27 der 96 untersuchten Unternehmen mit bereits etablierten Vertriebsorganisationen zusammen. Erst durch Kooperationen dieser Art können Produkte und Dienstleistungen unmittelbar nach dem Markteintritt vertrieben werden.

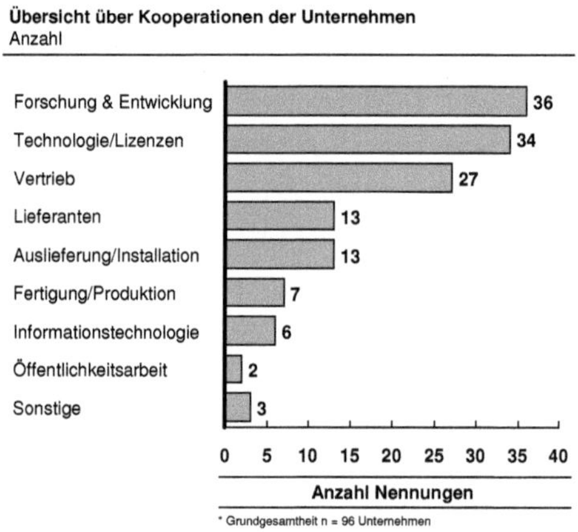

Abbildung 5.36.: Häufigkeiten verschiedener Kooperationsformen

Darüber hinaus wird in den Businessplänen auch auf die Bedeutung von Kooperationen im Zusammenhang von Bootstrapping hingewiesen. So können Jungunternehmen im Rahmen von Partnerschaften kostengünstig an Leistungen kommen, die ansonsten nicht zum vollen Preis hätten bezogen werden können.

5.7.3. Unternehmensinterne Gremien

Interne Gremien stellen für Unternehmensgründer ein wichtiges Instrument dar, um das eigene Netzwerk zu stärken und zu erweitern. Offenbar ist dieses Bewusstsein bei vielen Gründerteams vorhanden. So verfügen 41 der 96 untersuchten Unternehmen oder knapp 43% über mindestens ein Organ, das mit externen Personen besetzt ist. Rund 20% der Unternehmen verfügen sogar über mehr als ein internes Gremium.

Als weiteren Beleg für die Technologieorientierung der Unternehmen fällt hierbei auf, dass als häufigstes Gremium der wissenschaftliche Beirat genannt wird, wie in Abbildung 5.37 ersichtlich wird. Auffallend ist auch, dass nur 2 Unternehmen von Beginn an über einen Aufsichtsrat verfügen. In der Anfangsphase der Unternehmen ist jedoch davon auszugehen, dass auch die anderen Beiräte Aufgaben übernehmen, die mit denen eines Aufsichtsrates vergleichbar sind.

Die Besetzung der verschiedenen Beiräte erfolgt nicht selten mit hochkarätigen Personen aus Praxis und Forschung. Offenbar sind erfahrene Manager somit bereit, Jungunternehmen bei der Entwicklung zu unterstützen, auch wenn sich für sie kein unmittelbarer monetärer Anreiz ergibt.

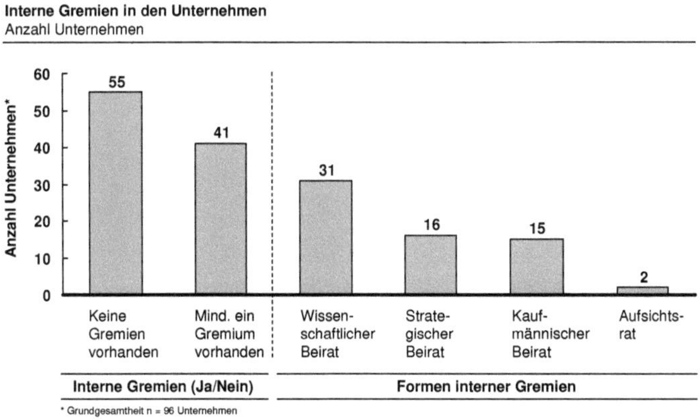

Abbildung 5.37.: Interne Gremien zum Gründungszeitpunkt

Gremien, wie etwa der kaufmännische Beirat, werden auch zur Überbrückung von Kompetenzlücken genutzt. So kann ein Unternehmen über den kaufmännischen Beirat relativ günstig bzw. kostenfrei auf die Expertise der Mitgliedern zurückgreifen. Auch hier zeichnet sich abermals ab, dass interne Gremien als Bootstrapping-Instrument genutzt werden können. Insgesamt ist also festzustellen, dass junge Unternehmen in Deutschland durchaus Wert darauf legen, bereits von Anfang an über stark besetzte Gremien zu verfügen, die die Gründung in vielerlei Hinsicht unterstützen.

5.8. Finanzplanung und Unternehmensentwicklung

5.8.1. Überblick

Neben der Darstellung der Frühindikatoren soll im Folgenden auch auf die abhängige Variable, also den Unternehmenserfolg, eingegangen werden. Wie in Abschnitt 4.3.5 erläutert wurde, wird der Unternehmenserfolg als Abweichung zwischen dem geplanten und dem tatsächlichen Jahresergebnis im dritten Jahr nach Erstellen des Businessplans bestimmt. Im Folgenden wird zunächst auf die Erwartungshaltung der Unternehmensgründer hinsichtlich Wachstumsraten und Gewinnentwicklung eingegangen. Danach werden die Ergebnisse der eigentlichen Abweichungsberechnung zusammengefasst.

5.8.2. Erwartungen der Unternehmensgründer

Businesspläne geben Zeugnis von der Erwartungshaltung von Unternehmensgründern. Die wahrgenommenen Erfolgsaussichten der Gründungsvorhaben finden sich nicht nur qualitativ in der Beschreibung der Geschäftsideen wieder, sondern können auch quantitativ auf Basis der geplanten Umsätze und Gewinne dokumentiert werden.

Zusammenfassend lässt sich festhalten, dass die Erwartungshaltung der Gründer als durchweg optimistisch und bei Betrachtung der zugrunde gelegten Wachstumszahlen sogar als euphorisch bezeichnet werden kann. Die positive Einstellung zum eigenen Gründungsvorhaben war zu erwarten und ist in der Gründungsforschung wohlbekannt. Dennoch überraschen die angenommenen Wachstumsraten von Umsatz- und Gewinnentwicklung hinsichtlich ihrer Höhe. Wie aus Abbildung 5.38 hervorgeht, gehen 48 der gegründeten Unternehmen (64%) davon aus, in den ersten drei Jahren der Existenz jährlich um mehr als 100% zu wachsen, den Umsatz also von Jahr zu Jahr mehr als zu verdoppeln. 13 Unternehmen (17%) gehen sogar von Wachstumsraten von mehr als 250% pro Jahr aus. Der Spitzenwert liegt bei über 1000%, also einer Verzehnfachung des Umsatzes pro Jahr. Vergleicht man dies mit bereits etablierten Unternehmen, bei denen Wachstumsraten von 5–10% als hoch angesehen werden können, so erscheinen die Werte der Jungunternehmen prima facie als astronomisch. Natürlich gilt es hierbei zu beachten, dass die Unternehmen von einer kleinen Basis aus starten, weshalb die Annahme hoher Wachstumsraten prinzipiell nicht falsch sein muss.

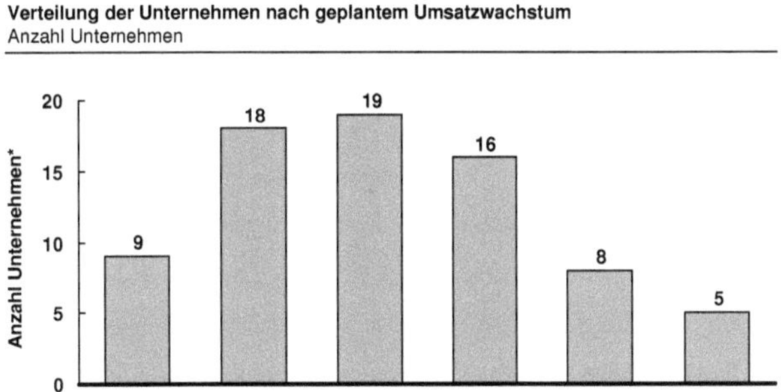

Abbildung 5.38.: Geplantes Umsatzwachstum

Ein ähnlich optimistisches Bild zeigt sich auch bei der erwarteten Dauer bis zum Erreichen der Gewinnschwelle, wie aus Abbildung 5.39 deutlich wird. 57 Unternehmen (60%) gehen davon aus, bereits binnen zwei Jahren den Break-Even zu erreichen. Lediglich 14 Unternehmen (15%) erwarten erst nach drei Jahren ein positives Jahresergebnis. Ein noch eindeutigeres Bild ergibt sich bei der Betrachtung der geplanten

Umsatzrenditen im dritten Jahr nach Veröffentlichung des Businessplans.[44] Immerhin 20 Unternehmen (21%) gehen von Umsatzrenditen von mehr als 30% aus, einem außerordentlich hohen Wert. Lediglich 33 Unternehmen (34%) erwarten Renditen von weniger als 10%. Wie aus Abbildung 5.40 hervorgeht, rechnen nur 14 Unternehmen (15%) auch im dritten Jahr mit einer negativen Rendite.

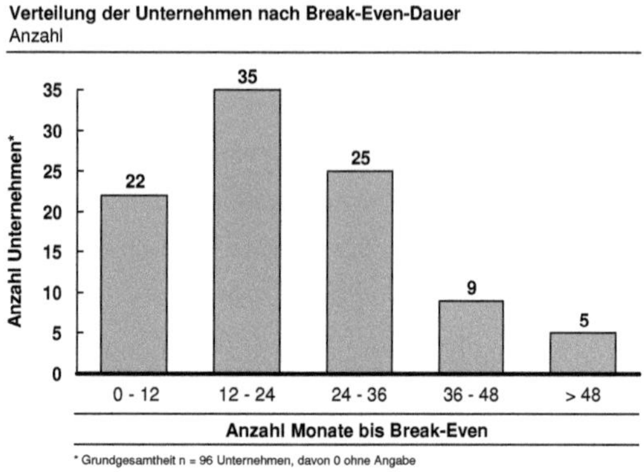

Abbildung 5.39.: Dauer bis zum Erreichen der Gewinnschwelle

Bei der Bewertung der Erwartungshaltung der Gründer muss zweifelsohne der Adressatenkreis der Businesspläne berücksichtigt werden. Zumindest in der vorliegenden Grundgesamtheit wurden die Businesspläne für Kapitalgeber oder als Beiträge für Businessplan-Wettbewerbe verfasst. Naturgemäß versuchen die Gründer daher eine möglichst optimistische Abschätzung der finanziellen Möglichkeiten ihrer Geschäftsidee vorzunehmen. Dieses Vorgehen bringt zweifelsohne einige Vorteile mit sich. Aus Sicht von Kapitalgebern kann eine optimistische Finanzplanung durchaus als Signal des Ehrgeizes der Gründer gesehen werden. Darüber hinaus sind die von Investoren angestrebten Renditen in vielen Fällen nur beim Eintreten optimistischer Prognosen zu halten. Insofern entscheiden sich viele Gründer dafür, die Renditewünsche der In-

[44] Die Umsatzrendite wird hier als Quotient aus Jahresergebnis und Umsatz berechnet. Die Angabe der Umsatzrendite erfolgt in Prozent. Im Fall eines Jahresfehlbetrages kann die Umsatzrendite somit auch einen negativen Wert annehmen.

vestoren im Finanzplan entsprechend abzubilden. In der Wahrnehmung der Gründer scheint es wohl so, dass sie ohne diesen optimistischen Ausblick nur geringe Chancen auf finanzielle Förderung durch private oder staatliche Investoren haben.

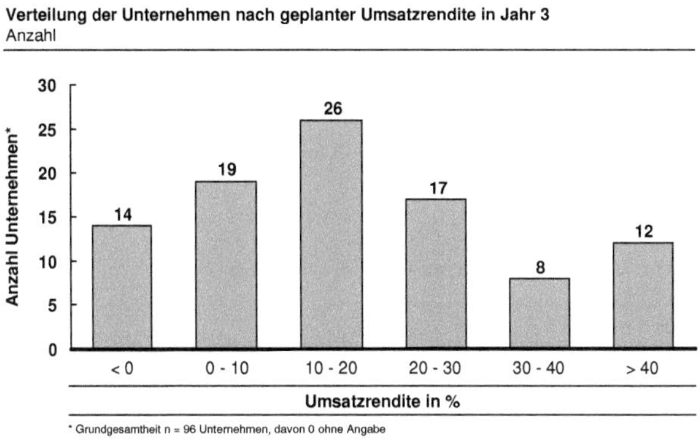

Abbildung 5.40.: Geplante Umsatzrenditen

Gleichzeitig birgt dieses Vorgehen jedoch auch große Risiken. So ist bereits bekannt, dass viele Gründer ihre finanziellen Prognosen nicht einhalten können und diese oft viel zu optimistisch und de facto unrealistisch sind. Kapitalgeber nutzen den Finanzplan daher vermehrt, um zu überprüfen, wie realistisch und fundiert die Annahmen der Unternehmer sind. Geplante Umsatzrenditen von mehr als 40% werden nicht als ambitiös, sondern eher als unseriös wahrgenommen. Dies bestätigen verschiedene Experteninterviews mit VCGs. Jeff Bussgang, Partner bei Flybridge Capital, sowie Ajit Nazre, Partner bei Kleiner Perkins Caufield und Byers, fügen hinzu, dass sie den Finanzplan auch nutzen, um die Branchenkenntnisse der Gründer zu testen. So fällt auf, wenn Unternehmensgründer im Businessplan völlig untypische und bisher unerreichte Renditen und Wachstumsraten zu Grunde legen. Anhand des Finanzplans können somit Plausibilität und Seriosität von Gründungsvorhaben überprüft werden.

5.8.3. Abweichung zwischen Plan und Ist

Wie aus Abbildung 5.41 hervorgeht, kann die überwiegende Mehrheit der Jungunternehmen ihre Erwartungshaltung mit Ablauf des dritten Jahres nicht erfüllen. Rund 84% der untersuchten Unternehmen divergieren negativ from prognostizierten Jahresergebnis und dies teilweise sogar massiv. So liegt die stärkste Abweichung bei fast -2.300%. Das betreffende Unternehmen hat das angestrebte Jahresergebnis also um den Faktor 23 verfehlt. Die häufigsten Abweichungen liegen um einen Wert von -100%.

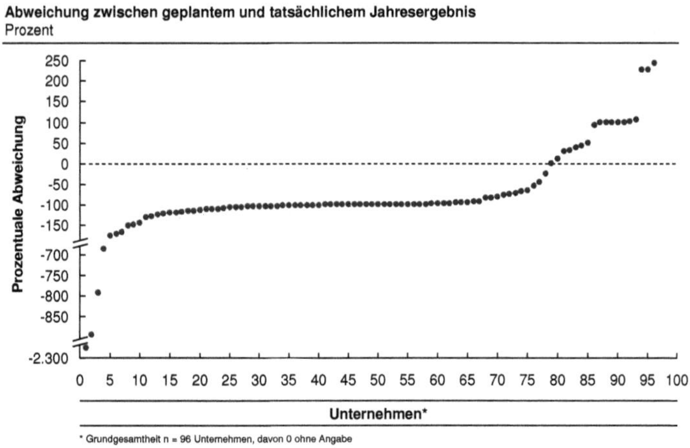

Abbildung 5.41.: Abweichung zwischen tatsächlichem und geplantem Jahresergebnis

Lediglich knapp 16% der Unternehmen erreichen ihre Prognose bzw. übertreffen diese. Auch hier gibt es beachtliche Abweichungen nach oben. Der höchste Wert liegt bei rund 250%. Auch wenn diese Werte eine Seltenheit darstellen, gibt es offenbar Unternehmen, die so gut wirtschaften, dass ihre optimistischen Prognosen sogar noch übertroffen werden. Bei nur einem Unternehmen liegt keine Abweichung vor, d. h. die Finanzplanung wurde den Erwartungen entsprechend genau umgesetzt.

Die Berechnung der Abweichungen bestätigt das Bild, dass die Finanzprognosen von Gründungsvorhaben nur in den allerwenigsten Fällen auch eingehalten werden. Dies liegt in der Tatsache begründet, dass selbst Experten nur bedingt voraussagen können, ob eine Gründung auch wirklich zum Erfolg führt. Die Unternehmensentwicklung ist ein so komplexer Prozess, dass er nur begrenzt in zutreffenden Prognosen abgebildet werden kann. Zudem nimmt die Unschärfe der Prognosen mit dem zugrunde gelegten Zeitraum ab. So ist die „Trefferquote“ im ersten Jahr sicherlich noch höher als im dritten Jahr. Auch aus diesem Grund bietet sich eine Begrenzung des Messzeitraums auf drei Jahre an. Legt man eine Fünfjahresplanung zugrunde, so fallen die Abweichungen wohl noch höher aus. Auch William Sahlman weist in einem Gespräch für diese Dissertation darauf hin, dass die Finanzplanung von Jungunternehmen „mehr Kunst, als Wissenschaft ist“.

In gewisser Weise spiegelt sich in der untersuchten Grundgesamtheit auch eine bekannte Faustregel aus der Venture-Capital-Szene wider. Demnach wird nur eins von acht Gründungsvorhaben zu einem echten Erfolg. Ähnliches kann auch in der vorliegenden Studie beobachtet werden. Hier hat nur eins von acht Unternehmen seine Finanzplanung mit Ablauf des dritten Geschäftsjahres erfüllt.

5.9. Zusammenfassung

Anhand der erhobenen Indikatoren können vielfältige Merkmale von Gründungsvorhabens erfasst und in Bezug zur späteren Unternehmensentwicklung gesetzt werden. Hierzu zählt nicht nur die detaillierte Abbildung endogener Faktoren, wie etwa der Humankapitalprofile der Gründer, sondern auch die Berücksichtigung exogener Faktoren, wie etwa der Marktgröße und Wettbewerbssituation. In Summe können alle relevanten Kapitel eines Businessplans durch die Erhebung der Indikatoren abgebildet werden. Die größte Herausforderung besteht hierbei in der Erfassung von Merkmalen der eigentlichen Geschäftsidee, die in aller Regel durch einen Experten beurteilt werden muss und nur bedingt durch die Erhebung objektiver Kriterien bewertet werden kann.

Trotz der schwerpunktmäßigen Ansiedlung der Gründungsvorhaben in technologischen Branchen liegen die Ausprägungen der Indikatoren teils weit auseinander. So reicht die Teamgröße von der Einzelgründung bis hin zu acht Gründungsmitgliedern. Ähnliches gilt auch für die Zielmärkte der Unternehmen. Während einige Unternehmen in Märkten mit einer Größe von mehreren Milliarden Euro gründen, zielen andere Unternehmen auf spezialisierte Nischenmärkte mit einer Größe von weniger als 100 Millionen Euro. Eine ähnliche Bandbreite ist auch für die Erfüllung der geplanten Jahresergebnisse im dritten Jahr zu beobachten. Während die Mehrzahl der Gründungsvorhaben negativ von ihrer Finanzprognose abweicht, so übertreffen manche Unternehmen ihre Planung sogar.

Gleichzeitig lassen sich in der untersuchten Grundgesamtheit jedoch auch verblüffende Parallelen feststellen. Die Mehrzahl der Unternehmen wird von sehr gut ausgebildeten Personen gegründet, die häufig über eine Promotion in einem ingenieur- oder naturwissenschaftlichen Fach verfügen. Die meisten Unternehmen teilen zudem eine starke Produktorientierung. Dies wird auch aus der detaillierten Darstellung der technischen Eigenschaften der Produkt- oder Geschäftsidee in den Businessplänen deutlich. Im Gegensatz hierzu lassen viele Unternehmen eine konsequente Marktorientierung vermissen. Dies zeigt sich zum einen in der geringen Vertriebserfahrung der Gründer. Fast 40% der Unternehmen werden gegründet, ohne dass einer der Gründer über Erfahrung im Vertrieb verfügt. Zum anderen lassen viele Unternehmen ein umfassendes Marketingkonzept in den Businessplänen vermissen.

Im folgenden Kapitel werden die erhobenen Indikatoren durch die Anwendung statistischer Methoden mit der Unternehmensentwicklung verknüpft. Die vorliegende Studie löst sich damit von der Diskussion rein deskriptiver Erkenntnisse und fährt mit der Überprüfung der in Kapitel 3 entwickelten Hypothesen fort.

6. Zentrale Ergebnisse der statistischen Analyse

6.1. Einführung

Im folgenden Kapitel werden die zentralen Ergebnisse der statistischen Analyse vorgestellt. Hierzu werden im ersten Teil zunächst die in Kapitel 3 formulierten Hypothesen getestet, indem univariate Korrelationsmaße angewendet werden, die eine statistische Verknüpfung zwischen Indikatoren und Unternehmensentwicklung ermöglichen. Je nach Signifikanz der Korrelationen ergibt sich dann eine Annahme bzw. Ablehnung der jeweiligen Hypothese. Im zweiten Teil werden lineare Zusammenhänge innerhalb der Indikatorenbasis diskutiert. Die Verknüpfung mit der Unternehmensentwicklung bleibt hierbei aus. Stattdessen werden Verbindungen zwischen den einzelnen Elementen eines Businessplans aufgezeigt. Im dritten Teil werden die Indikatoren im Rahmen einer Faktorenanalyse auf 8 wesentliche Dimensionen reduziert. Wie auch schon im zweiten Teil des Kapitels können hierdurch strukturelle Zusammenhänge innerhalb der Indikatorenbasis aufgedeckt werden. Die gewählten statistischen Methoden werden kurz erläutert.

6.2. Statistische Methoden und Verfahren

6.2.1. Lineare Zusammenhänge

6.2.1.1. Überblick

Grundsätzlich lassen sich die in Kapitel 3 vorgestellten Hypothesen in lineare und nicht-lineare Zusammenhänge unterscheiden. Für die Überprüfung der linearen Hypothesen wird die Korrelation zwischen dem jeweiligen Indikator und der späteren Unternehmensentwicklung berechnet. Je nach Skalenniveau des Indikators kommen hierbei folgende Korrelationskoeffizienten zum Einsatz:

- Korrelationskoeffizient nach Bravais Pearson
- Rangkorrelationskoeffizient nach Spearman
- Rangkorrelationskoeffizient nach Kendall
- Punktbiserialer Korrelationskoeffizient

Je nachdem, ob die Ergebnisse der Korrelationsanalyse statistisch signifikant sind oder nicht, wird die aufgestellte Hypothese angenommen bzw. abgelehnt. Im Fall der Annahme einer Hypothese kann dann auf einen mehr oder minder starken linearen Zusammenhang zwischen dem beobachteten Indikator und dem späteren Unternehmenserfolg geschlossen werden. Um die Güte der untersuchten Korrelation zu überprüfen, wird der P-Wert im Rahmen eines 1-seitigen statistischen Signifikanztests ermittelt. Alle statistischen Berechnungen werden mit Version 18 der Statistik-Software SPSS durchgeführt. Die SPSS-Ausgabedateien finden sich in Anhang A. Im Folgenden werden die verschiedenen Korrelationsmaße kurz erläutert.

6.2.1.2. Korrelationskoeffizient nach Bravais-Pearson

Das bekannteste Maß für den linearen Zusammenhang zwischen zwei Zufallsvariablen ist der Bravais-Pearson-Korrelationskoeffizient, der auch als Produkt-Moment-

Korrelationskoeffizient bekannt ist.[1] Er findet dann Anwendung, wenn beide Variablen metrisches Skalenniveau haben, die Merkmalsausprägungen normalverteilt sind und die Bedingung der Homoskedastizität erfüllt ist.[2] Der Bravais-Pearson-Korrelationskoeffizient r für zwei Variablen X und Y berechnet sich aus dem Quotienten von Kovarianz und dem Produkt der Standardabweichungen beider Variablen:[3]

$$r = \frac{Cov(X,Y)}{s_x \cdot s_y}$$

Für die Berechnung der Kovarianz $Cov(X,Y)$ der Variablen X und Y gilt hierbei:[4]

$$Cov(X,Y) = \frac{1}{n} \cdot \sum_{i=1}^{n} x_i y_i - \overline{xy}$$

Für die Berechnung der Standardabweichung von X bzw. Y gilt zudem:

$$s_x = \sqrt{s^2} = \sqrt{\frac{1}{n} \sum_{i=1}^{n} (x_i - \overline{x})^2}$$

Die Kovarianz $Cov(X,Y)$ im Zähler des Quotienten gibt die grundsätzliche Richtung des linearen Zusammenhangs zwischen zwei Variablen an, also ob dieser negativ oder positiv ist.[5] Durch die Division mit dem Produkt der Standardabweichungen wird die Kovarianz normiert. Erst hierdurch wird die Vergleichbarkeit des Korrelationskoeffizienten mit anderen linearen Zusammenhängen ermöglicht. Durch die Normierung kann der Korrelationskoeffizient lediglich Werte zwischen -1 und 1 annehmen. Im

[1] Vgl. hierzu bspw. Bol (1998): Deskriptive Statistik, a. a. O., S. 140.

[2] Als metrisch skaliert werden alle Variablen bezeichnet, die der Kardinalskala zuzuordnen sind. Die Variablen müssen somit entweder intervall- oder verhältnisskaliert sein. Vgl. hierzu auch Siegel, S. (1956): *Nonparametric Statistics for the Behavioral Sciences*. New York: McGraw-Hill.

[3] Vgl. für die Bestimmung des Korrelationskoeffizienten bspw. auch Bol (1998): Deskriptive Statistik, a. a. O., S. 140 ff.

[4] Vgl. hierzu bspw. Bihn, W. und Gröhn, E. (1997): *Deskriptive Statistik – Ein Leitfaden für Wirtschaftswissenschaftler*. Köln: Witsch Verlag.

[5] Vgl. Bol, G. (2001): *Wahrscheinlichkeitstheorie*. München: Oldenbourg Verlag, S. 174.

Fall eines Wertes von $r = 0$ sind die untersuchten Variablen vollkommen unkorreliert. Dies ist genau dann der Fall, wenn $Cov(X, Y) = 0$ gilt.[6]

Aus der Quadrierung des Korrelationskoeffizienten r lässt sich das Bestimmtheitsmaß R^2 ableiten. Dieses gibt den Anteil der Varianz der abhängigen Variablen Y an, der durch die unabhängige Variable X erklärt wird. Das Bestimmtheitsmaß R^2 dient hierbei als erster Indikator für die Güte der Korrelation, enthält jedoch keine Aussage über die statistische Signifikanz des untersuchten Zusammenhangs.[7]

6.2.1.3. Rangkorrelationskoeffizient nach Spearman

Im Fall nicht-metrischer Variablen bietet sich der Rangkorrelationskoeffizient nach Spearman, auch bekannt als Spearman's ρ, als Zusammenhangsmaß zweier Variablen an.[8] Er findet Anwendung, sobald eine der beiden Variablen ordinal skaliert ist bzw. bei metrisch skalierten Variablen, wenn die Normalverteilungsannahme verletzt wird.

Spearman's ρ ist robust gegenüber möglichen Ausreißern, da die Merkmalsausprägungen der Variablen für die Berechnung des Zusammenhangsmaßes in Ränge transformiert werden.[9] Die Äquidistanz bzw. Gleichabständigkeit der Merkmalsausprägungen der ordinalskalierten Variablen ist Voraussetzung für die Anwendung von Spearman's ρ.

Falls in den Merkmalsausprägungen der Variablen X und Y keine Bindungen vorliegen, sich die Werte der Variablen also nicht wiederholen, ergibt sich die Berechnung des Rangkorrelationskoeffizienten nach Spearman wie folgt:[10]

[6] Vgl. hierzu Bol (2001), a. a. O., S. 173.

[7] Vgl. hierzu bspw. Toutenburg, H. (1998): *Deskriptive Statistik.* Berlin: Springer-Verlag, S. 148.

[8] Vgl. hierzu Spearman, C. (1904): *General Intelligence, Objectively Determined and Measured. American Journal of Psychology*, 15, Nr. 3, S. 201–293.

[9] Die Transformation der Werte in Ränge macht Spearman's ρ im Vergleich zum Bravais-Pearson-Korrelationskoeffizienten zu einem parameterfreien Korrelationsmaß. Parameterfrei bedeutet hier jedoch nicht, dass das Maß über keine Parameter verfügt, sondern besagt lediglich, dass die statistischen Ergebnisse invariant gegenüber monotonen Transformationen der Merkmalsausprägungen sind. Vgl. hierzu auch Bortz (2005), a. a. O., S. 232 ff.

[10] Vgl. Bosch, K. (1998): *Statistik-Taschenbuch.* München: Oldenbourg Verlag, S. 56.

$$\rho_s = 1 - \frac{6 \cdot \sum_{i=1}^{n} d_i^2}{n(n^2-1)}$$

wobei d_i für alle $i = 1, ..., n$ die Rangdifferenz $d_i = \rho(x_i) - \rho(y_i)$ zwischen X und Y angibt. Liegen jedoch Bindungen vor, was beim Einsatz von likertskalierten Merkmalen zwangsläufig der Fall ist, so muss die Berechnung von ρ_s entsprechend angepasst werden:[11]

$$\rho_{s,korr} = \frac{n(n^2-1) - \frac{1}{2}\sum_j^J b_j(b_j^2-1) - \frac{1}{2}\sum_k^K c_k(c_k^2-1) - 6\sum_i d_i^2}{\sqrt{n(n^2-1) - \sum_j^J b_j(b_j^2-1)} \cdot \sqrt{n(n^2-1) - \sum_k^K c_k(c_k^2-1)}}$$

Hierbei werden Gruppen mit unterschiedlichen Merkmalsausprägungen mit $j = 1, ..., J$ und Gruppen mit gleichen Merkmalsausprägungen mit $k = 1, ..., K$ indiziert.[12] Prinzipiell unterscheidet sich Spearman's ρ somit nur in der Verwendung von Rangdifferenzen anstelle von numerischen Differenzen vom Bravais-Pearson-Korrelationskoeffizienten.[13]

6.2.1.4. Rangkorrelationskoeffizient nach Kendall

Der Rangkorrelationskoeffizient nach Kendall, auch bekannt als Kendall's τ, findet ebenfalls Anwendung im Fall ordinalskalierter Merkmale, setzt aber im Gegensatz zu Spearmans ρ keine Äquidistanz zwischen den Rängen der einzelnen Merkmale voraus.[14] An Stelle der Rangdifferenzen rückt bei der Berechnung von Kendalls τ die relative Anordnung der Ränge. Es wird somit nur bestimmt, ob eine Merkmalsausprägung einen vergleichsweise höheren, niedrigeren oder möglicherweise gleichen Rang hat.

[11] Vgl. beispielsweise Toutenburg (1998), a. a. O., S. 122.

[12] Für eine weiterführende Diskussion des Spearmanschen Korrelationskoeffizienten wird bspw. auf Bortz (2005), a. a. O., S. 232–234, verwiesen.

[13] Vgl. Bosch (1998), a. a. O., S. 57.

[14] Im Vergleich der drei hier vorgestellten Korrelationsmaße ist Kendall's τ somit das parameterfreieste und auch robusteste Zusammenhangsmaß.

Von den drei von Kendall eingeführten Korrelationsmaßen ist für die vorliegende Untersuchung lediglich τ_β[15] von Bedeutung, da dieses Maß sowohl in den Ausprägungen der unabhängigen Variablen X als auch im Fall der abhängigen Variable Y Bindungen berücksichtigt.[16] Die Berechnung von τ_β ergibt sich demnach wie folgt:[17]

$$\tau_\beta = \frac{K - D}{\sqrt{K + D + T_X}\sqrt{K + D + T_Y}}$$

wobei K und D für die Anzahl konkordanter bzw. diskordanter Wertepaare und T_x sowie T_Y für die Anzahl an Bindungen in den Variablen X bzw. Y stehen.[18]

Kendall's τ kommt in der vorliegenden statistischen Analyse regelmäßig zum Einsatz, da insbesondere die likertskalierten Merkmale nicht in allen Fällen die Forderung äquidistanter Klassen erfüllen.

6.2.1.5. Punktbiserialer Korrelationskoeffizient

Für die Überprüfung des Zusammenhangs zwischen einem dichotomen und einem intervallskalierten Maß eignet sich der punktbiseriale Korrelationskoeffizient.[19] Dieser berücksichtigt, dass eine der beiden Variablen nur zwei Werte annehmen kann. Diese Situation trifft in der vorliegenden Studie nur auf eine Hypothese zu. Der biseriale Korrelationskoeffizient berechnet sich wie folgt:[20]

---

[15] Im Programm SPSS wird ebenfalls standardsmäßig Kendall's τ_β berechnet.

[16] Prinzipiell könnte durch eine Vertauschung der Variablen auch das von Kendall eingeführte Korrelationsmaß τ_c genutzt werden. Dieses berücksichtigt lediglich Bindungen in der abhängigen Variablen Y. Da das prozentuale Abweichungsmaß kontinuierlich ist, weist es faktisch keine Bindungen auf. Im Fall der hier formulierten Hypothesen sind Bindungen somit bei jeweils nur einer der beiden Variablen zu finden.

[17] Vgl. hierzu bspw. Bosch (1998), a. a. O., S. 66 ff.

[18] Als konkordant zu einem Wertepaar (x_{i_1}, y_{j_1}) wird eine Ausprägung (x_{i_2}, y_{j_2}) genau dann bezeichnet, wenn für sie gilt, dass $i_2 > i_1$ und $j_2 > j_1$ oder $i_2 < i_1$ und $j_2 < i_2$. Diskordanz liegt vor, wenn $i_2 > i_1$, aber $j_2 < j_1$ oder im umgekehrten Fall, wenn $i_2 < i_1$, aber $j_2 > j_1$ gilt.

[19] Vgl. hierzu Cohen, J. et al. (2003): *Applied Multiple Regression – Correlation Analysis for the Behavioral Sciences.* London: Erlbaum Associates, S. 54.

[20] Vgl. hierzu Bortz (2005), a. a. O., S. 231.

$$r_{pb} = \frac{(M_{Y_1} - M_{Y_0}) \cdot \sqrt{PQ}}{\sigma_Y}$$

wobei M_{Y_1} für den Mittelwert aller Ausprägungen der Variablen Y steht, für die die unabhängige Variable X den Wert 1 annimmt. M_{Y_0} steht für den Mittelwert aller Ausprägungen von X, für die X den Wert 0 annimmt. σ_Y steht für die Standardabweichung der intervallskalierten Variablen Y. P gibt den Anteil der Merkmalsausprägungen von X an, die den Wert 1 annehmen, Q den Anteil der Merkmalsausprägungen, die den Wert 0 annehmen:[21]

$$P = \frac{\sum X}{n} \qquad \text{und} \qquad Q = 1 - P$$

Durch die hier vorgestellten Korrelationskoeffizienten können somit alle Kombinationen von Variablen auf einen möglichen linearen Zusammenhang hin überprüft werden.

6.2.1.6. Test auf Signifikanz

Während die Stärke eines linearen Zusammenhangs durch das Bestimmtheitsmaß R^2 erfasst wird, muss die statistische Signifikanz einer Korrelation separat überprüft werden. Ein Zusammenhang ist genau dann signifikant, wenn die Wahrscheinlichkeit, dass eine Korrelation durch reinen Zufall bedingt ist, sehr klein ist.[22] In aller Regel werden Signifikanzen zum Niveau von $\alpha = 0,05$ oder $0,01$ festgelegt. Das heißt, dass

[21] Die Berechnung des biserialen Korrelationskoeffizienten erfolgt in SPSS über den herkömmlichen Bravais-Pearson-Korrelationskoeffizienten. Das Programm erkennt die Dichotomie einer Variablen automatisch und trifft die entsprechenden Anpassungen für die Erhebung der biserialen Korrelation.

[22] Vgl. Bosch (1998), a. a. O., S. 363.

die Wahrscheinlichkeit, einen Zusammenhang irrtümlich als signifikant zu bezeichnen, per Definition weniger als 5% bzw. 1% betragen soll.[23]

An dieser Stelle wird der Vollständigkeit halber kurz auf den verwendeten Signifikanztest eingegangen. Um die Signifikanz einer Korrelation zu überprüfen, bestimmt SPSS den sogenannten P-Wert durch einen ein- bzw. zweiseitigen t-Test auf Basis der Prüfgröße t^*. Der P-Wert gibt die Wahrscheinlichkeit an, die sogenannte Nullhypothese irrtümlich abzulehnen. Die Nullhypothese unterstellt, dass es keinen signifikanten Zusammenhang zwischen unabhängigen und abhängigen Variablen gibt. Ist der P-Wert kleiner als das Signifikanzniveau α, kann die Nullhypothese abgelehnt werden und von einem signifikanten linearen Zusammenhang ausgegangen werden.

Für die Bestimmung des P-Wertes muss zunächst die Prüfgröße t^* bestimmt werden:[24]

$$t^* = \frac{r \cdot \sqrt{n-2}}{\sqrt{1-r^2}}$$

wobei r für den Korrelationskoeffizienten und n für die Anzahl der Elemente in der Stichprobe steht. Der P-Wert kann nun einfach aus der Verteilungstabelle der t-Verteilung entnommen werden, indem die Wahrscheinlichkeit bestimmt wird, mit der die t-Verteilung einen Wert größer als t^* unter der Bedingung der Nullhypothese einnimmt.[25] Durch den P-Wert wird somit die statistische Masse unterhalb der Dichtefunktion der t-Verteilung erfasst, die einen Wert größer als t^* hat. Formal ausgedrückt ist der P Wert wie folgt definiert:[26]

[23] Die Grenzen von 5% und 1% haben sich in Statistik und Sozialwissenschaften zwar als Standards etabliert, sind allerdings als Konvention und nicht als logisch hergeleitete Grenzwerte zu sehen. Vgl. hierzu auch Bortz und Döhring (2006), a. a. O., S. 496.

[24] Vgl. Bol (2001): Wahrscheinlichkeitstheorie, a. a. O., S. 164.

[25] Vgl. Bol (2001), a. a. O., S. 165.

[26] Vgl. Bol (2001), a. a. O., S. 164.

$$P\text{-Wert} = P(t(X) > t^* \mid H_0)$$

wobei $t(X)$ für die t-Verteilung und H_0 für die Nullhypothese steht.[27]

Für die Darstellung der statistischen Ergebnisse in den kommenden Abschnitten wird hierzu Folgendes festgelegt: Korrelationskoeffizienten, die auf einem Niveau von $\alpha = 0,05$ signifikant sind, werden mit einem Asterisk „$*$", solche, die auf einem Niveau von $\alpha = 0,01$ signifikant sind, mit zwei Asterisken „$**$" gekennzeichnet. Im ersten Fall wird von einem signifikanten Zusammenhang, im zweiten von einem stark signifikanten Zusammenhang gesprochen. Darüber hinaus werden schwach signifikante Zusammenhänge auf einem Signifikanzniveau von $\alpha = 0,1$ mit einem geklammerten Asterisk „$(*)$" gekennzeichnet.[28]

6.2.1.7. Normalverteilung und Heteroskedastizität

Neben der Intervallskalierung der zugrunde gelegten Variablen setzt der Bravais-Pearson-Korrelationskoeffizient zudem zwei weitere Bedingungen voraus. Zunächst müssen alle Variablen annähernd normalverteilt sein. Die Normalverteilungsbedingung lässt sich bei kleineren Populationen anhand des Kolmogorov-Smirnoff-Tests überprüfen. Bei größeren Populationen ($n \geq 50$) eignet sich ein χ^2-Anpassungstest. Darüber hinaus setzt der Bravais-Pearson-Korrelationskoeffizient die Homoskedastizität der Grundgesamtheit voraus. Homoskedastizität besagt, dass die Varianz bzw. Streuung der Merkmalsausprägungen in allen Teilmengen einer Population annähernd

[27] Grundsätzlich muss eine gerichtete Gegenhypothese, also etwa $r > 0$ anstatt $r \neq 0$, durch einen einseitigen Signifikanztest geprüft werden. Im Gegensatz hierzu wird eine ungerichtete Gegenhypothese durch einen zweiseitigen Signifikanztest geprüft. Da alle in Kapitel 4 vorgestellten Hypothesen bereits vor dem Test eine Richtung des Zusammenhangs vermuten, wird in der vorliegenden Studie nur der einseitige Signifikanztest angewendet. Vgl. hierzu auch Bortz und Döhring (2006), a. a. O., S. 497.

[28] In der vorliegenden Arbeit werden somit auch schwache statistische Zusammenhänge betrachtet und zumindest in ihrer tendenziellen Bedeutung diskutiert. Die Betrachtung von Ergebnissen mit einem Signifikanzniveau von $\alpha = 0,1$ ist dabei keine Besonderheit. Die vorliegende Arbeit orientiert sich dabei auch am Vorgehen vergleichbare Studien, wie etwa der von Rifai (2009), a. a. O., S. 215.

gleich ist. Teilt man eine Population in zwei Teilmengen und unterscheiden sich die Streuungen der beiden Teilmengen signifikant voneinander, so liegt Heteroskedastizität vor.[29] In diesem Fall unterliegt die Korrelation nach Bravais-Pearson Verzerrungen und kann nicht angewendet werden. Als Testverfahren der Homoskedastizität bieten sich beispielsweise der Goldfeld-Quandt-Test oder auch der White-Test an.[30]

In der vorliegenden Arbeit ist davon auszugehen, dass die Anwendung des Bravais-Pearson-Korrelationskoeffizienten aufgrund der vergleichsweise großen Fallzahl von $n = 96$ auch bei leichten Verletzungen der Normalverteilungs- oder Homoskedastizitätsannahme zu robusten Ergebnissen führt. Darüber hinaus wird die Mehrzahl der Korrelationen durch die Anwendung der Rangkorrelationskoeffizienten nach Spearman und Kendall bestimmt, deren Maße gegenüber Ausreißern invariant sind und Voraussetzungen dieser Art somit nicht benötigen. Aus diesem Grund wird auf ein detailliertes Testen aller Variablen auf Normalverteilung und Homoskedastizität an dieser Stelle verzichtet.

6.2.2. Nichtlineare Zusammenhänge

Zwei der 27 Hypothesen vermuten einen nichtlinearen Zusammenhang zwischen Indikator und Unternehmensentwicklung. Der Unternehmenserfolg steigt mit der Ausprägung dieser Indikatoren zunächst an, fällt ab einem gewissen Grenzwert jedoch wieder ab. Im Folgenden wird daher kurz auf das Vorgehen zur Identifizierung und Quantifizierung nichtlinearer Zusammenhänge eingegangen.

Auch für die Untersuchung nichtlinearer Zusammenhänge können in aller Regel Methoden der linearen Regression verwendet werden.[31] Dies setzt voraus, dass sich die Wertepaare einer Population vorab durch eine geeignete Transformation in einen

[29] Vgl. Backhaus et al. (2006), a. a. O., S. 85.
[30] Vgl. Backhaus et al. (2006), a. a. O., S. 86.
[31] Vgl. Backhaus et al. (2006), a. a. O., S. 80.

linearen Zusammenhang überführen lassen.[32] Auf Basis des linearisierten Zusammenhangs kann dann mittels bereits bekannter Methoden der Korrelations- bzw. Regressionsrechnung ein Maß für die Beziehung zwischen zwei Variablen festgestellt werden.[33]

In der vorliegenden Untersuchung wurde für die Überprüfung der zwei nichtlinearen Hypothesen wie folgt vorgegangen: Um die vermutete Richtung des nichtlinearen Zusammenhangs zu überprüfen, wurden die Wertepaare aus unabhängiger und abhängiger Variable zunächst in ein Streudiagramm eingezeichnet. Unabhängig davon, ob sich durch augenscheinliche Betrachtung des Diagramms bereits ein Zusammenhang erkennen ließ, wurde mittels SPSS eine Kurvenanpassung der Punkteschar durchgeführt. Im Rahmen der Kurvenanpassung werden die Parameter der Regressionsgleichung geschätzt, die die Form der jeweiligen Punkteschar am besten abbildet. Anders als im Fall linearer Zusammenhänge können im Rahmen der Kurvenanpassung verschiedene nichtlineare Funktionstypen zugrunde gelegt werden. Im vorliegenden Fall wurde eine logarithmische, quadratische, inverse sowie kubische Kurvenanpassung durchgeführt.[34]

Anhand der resultierenden Kurvenanpassungen kann dann festgestellt werden, ob wie vermutet ein nichtlinearer oder wider Erwarten doch ein linearer Zusammenhang vorliegt. Bestätigt sich der nichtlineare Zusammenhang, kann durch die Anwendung der in Abschnitt 6.2.1 vorgestellten Korrelationskoeffizienten die Stärke des Zusammenhangs zwischen den beiden Variablen festgestellt werden. Bestätigt sich die

---

[32] Vgl. hierzu auch Backhaus et al. (2006), a. a. O., S. 80 ff.; demnach muss eine Beziehung zwischen einer abhängigen und einer unabhängigen Variablen lediglich linear in den Parametern, nicht aber in der eigentlichen Variablen X sein.

[33] Im Fall multipler linearer Regressionsmodelle lässt sich dieses Vorgehen auf n unabhängige Variablen erweitern.

[34] Transformationen, die für beide Variablen ausschließlich positive Merkmalsausprägungen voraussetzen, konnten aufgrund des auch negativen Wertebereichs der abhängigen Variablen nicht berücksichtigt werden. Auf eine S-förmige, potenzierte, exponentielle sowie logistische Kurvenanpassung musste somit verzichtet werden. Auf eine vorherige Transformation der Merkmalsausprägungen der abhängigen Variablen in einen ausschließlich positiven Wertebereich wurde verzichtet, da dieses Vorgehen zu Verzerrungen an anderer Stelle geführt hätte.

Vermutung des nichtlinearen Zusammenhangs jedoch nicht, so muss die Hypothese in jedem Fall abgelehnt werden.[35] Abgesehen von der Variablentransformation durch eine Kurvenanpassung, unterscheidet sich die nichtlineare Korrelationsrechnung somit nicht wesentlich vom Vorgehen bei linearen Zusammenhängen.

6.2.3. Methodik der Faktorenanalyse

Die Faktorenanalyse als multivariates Verfahren der Statistik kommt immer dann zum Einsatz, wenn hinter einer Vielzahl beobachtbarer Merkmale latente, also nicht direkt beobachtbare Variablen, die sogenannten Faktoren, vermutet werden.[36] Durch die Anwendung der Faktorenanalyse kann eine breite Basis an unabhängigen Variablen auf eine kleinere Zahl an Faktoren reduziert werden. Damit gehört die Faktorenanalyse zu den daten- bzw. dimensionsreduzierenden Verfahren der Empirie.[37]

Grundsätzlich kann zwischen der explorativen und der konfirmatorischen Faktorenanalyse unterschieden werden. Die explorative Faktorenanalyse wird dann angewendet, wenn im Vorfeld keine Hypothesen über Umfang und Art der Faktoren aufgestellt werden. Im Gegensatz hierzu wird die konfirmatorische Faktorenanalyse genutzt, um bereits aufgestellte Hypothesen über Faktorenstrukturen zu überprüfen.[38] In der vorliegenden Studie kommt ausschließlich die explorative Faktorenanalyse in Form der Hauptkomponentenanalyse zum Einsatz. Aufgrund der hohen Anzahl an unabhängigen Variablen ist diese besser geeignet, um die Dimensionen der Indikato-

[35] In diesem Fall wurde der Vollständigkeit halber auf einen möglichen linearen Zusammenhang getestet, auch wenn dieser in der Hypothese ursprünglich nicht vermutet worden war.

[36] Vgl. hierzu Backhaus et al. (2006), a. a. O., S. 260. Eine Faktorenanalyse ist nur sinnvoll, wenn zwischen den unabhängigen Variablen Korrelationen bestehen bzw. mit hoher Wahrscheinlichkeit vermutet werden.

[37] Vgl. Backhaus et al. (2006), a. a. O., S. 261.

[38] Vgl. Backhaus et al. (2006), a. a. O., S. 261 ff.

renbasis zu reduzieren. Die folgenden Ausführungen beziehen sich daher nur auf die explorative Faktorenanalyse.[39]

Im Rahmen der Hauptkomponentenanalyse werden zunächst die sogenannten Kommunalitäten für alle Variablen der Indikatorenbasis bestimmt.[40] Eine Kommunalität gibt den Anteil der Varianz einer Variablen an, die durch alle Faktoren erklärt werden kann. Im Allgemeinen sollten nur solche Variablen für die Faktorenanalyse berücksichtigt werden, deren Kommunalität größer als $0,5$ ist.[41] Nachdem die Eignung der Variablen für die Faktorenanalyse festgestellt wurde, wird in einem zweiten Schritt die Anzahl der eigentlichen Faktoren ermittelt. Hierzu kommen zwei Kriterien zum Einsatz:

- **Kriterium nach Kaiser**: Nur Faktoren mit einem Eigenwert von eins oder höher sollten extrahiert werden.[42] Der Eigenwert gibt an, welcher Anteil der Varianz aller Variablen durch einen bestimmten Faktor erklärt wird. Im Fall einer standardisierten Korrelationsmatrix beträgt die Varianz einer Variablen genau eins. Durch das Kriterium nach Kaiser wird somit sichergestellt, dass ein Faktor mindestens die gesamte Varianz einer Variablen erklärt. Diese Forderung ist sachlogisch sofort nachvollziehbar: würde ein Faktor weniger als die Gesamtvarianz einer Variablen erklären, so würde es sich bei der Faktorenanalyse faktisch nicht um ein dimensionenreduzierendes, sondern um ein dimensionenmehrendes Verfahren handeln. Am Ende hätte man somit unter Umständen mehr Faktoren als Variablen in der ursprünglichen Ausgangssituation.

[39] Die Beschreibung der Faktorenanalyse beschränkt sich im folgenden Abschnitt auf eine kurze Skizzierung. Eine detaillierte Darstellung würde den Umfang der vorliegenden Untersuchung sprengen. Dem interessierten Leser werden für das weitere Studium der Faktorenanalyse die Werke von Backhaus et al. (2006), a. a. O., S. 259–336, sowie Kähler, W. (2010): *Statistische Datenanalyse: Verfahren verstehen und mit SPSS gekonnt einsetzen.* Wiesbaden: Vieweg + Teubner empfohlen.

[40] Vgl. Backhaus et al. (2006), a. a. O., S. 266.

[41] Vgl. Bortz (2005), a. a. O., S. 520; dieses Kriterium besagt also, dass mindestens die Hälfte der Varianz einer Variablen durch die Menge aller Faktoren erklärt werden muss, um die Variable zur Faktorenanalyse zuzulassen.

[42] Vgl. Backhaus et al. (2006), a. a. O., S. 295.

- **Scree-Test**: Trägt man die Anzahl der Faktoren auf der X-Achse und die entsprechenden Eigenwerte nach Größe geordnet auf der Y-Achse eines Koordinatensystems ab, so kann man anhand des resultierenden Graphen[43] den Erklärungsbeitrag der einzelnen Faktoren zur Gesamtvarianz der unabhängigen Variablen bewerten. Der Scree-Test fordert, dass nur solche Faktoren extrahiert werden, die sich noch vor dem „Ellbogen" des Graphen befinden, also noch bevor sich die erklärte Gesamtvarianz der Faktoren asymptotisch der X-Achse annähert. Durch dieses Kriterium wird sichergestellt, dass nur solche Faktoren extrahiert werden, die einen signifikanten Erklärungsbeitrag zur Gesamtvarianz der Variablen leisten.[44]

Nach der Bestimmung der Anzahl geeigneter Faktoren werden im dritten Schritt die eigentlichen Faktorladungen berechnet, die in der sogenannten Komponentenmatrix festgehalten werden. Eine Faktorladung gibt die Korrelation zwischen einer Variablen und einem Faktor an.[45] Um die Interpretation der Ergebnisse aus der Faktorenanalyse zu vereinfachen, wird die Komponentenmatrix im vierten und letzten Schritt mit der Varimax-Methode rotiert.[46] Bei der Varimax-Methode handelt es sich um ein orthogonales Rotationsverfahren, d. h. dass die Orthogonalität bzw. Unkorreliertheit der Faktoren erhalten bleibt, sofern diese auch schon vorher bestanden hat.[47] Durch die Rotation wird die Varianz der quadrierten Faktorladungen maximiert. Der Wert hoher Faktorladungen vergrößert sich somit, der Wert geringer Faktorladungen verringert sich. Die Ausprägung hoher Faktorladungen wird verstärkt, die Ausprägung geringer Faktorladungen reduziert. Das Ziel ist es, betragsmäßig möglichst viele

---

[43] Dieser Graph wird als „Scree-Plot" bezeichnet.

[44] Für ein Beispiel eines Scree-Plots siehe auch Abbildung 6.1.

[45] Vgl. Backhaus et al. (2006), a. a. O., S. 278.

[46] Vgl. Backhaus et al. (2006), a. a. O., S. 318.

[47] Vgl. Backhaus et al. (2006), a. a. O., S. 300. Interpretiert man die Faktoren als Vektoren, so sind sie voneinander linear unabhängig, d. h. dass sie orthogonal zueinander stehen. Reduziert eine Faktorenanalyse die Anzahl der unabhängigen Variablen auf p Faktoren, so spannen diese einen p-dimensionalen Raum auf.

Ausprägungen um die Werte „1" und „0" zu erhalten.[48] Anhand der rotierten Faktorladungen können die Variablen schließlich den unterschiedlichen Faktoren zugeordnet werden. Im Allgemeinen spricht man ab einem Wert von 0,5 von einer hohen Faktorladung, die die Zuordnung einer Variablen zu einem Faktor zulässt.[49] Bei niedrigeren Faktorladungen sollte auf eine Zuordnung verzichtet werden.

6.3. Ergebnisse der Hypothesentests

6.3.1. Überblick

In den folgenden Abschnitten werden die zentralen Ergebnisse der Hypothesentests vorgestellt. Für die Hypothesentests kommen die in diesem Kapitel vorgestellten Korrelationsmaße zum Einsatz. Liegt eine signifikante Korrelation vor, so kann die entsprechende Hypothese angenommen werden. Ist die Korrelation jedoch nicht signifikant, so muss die Hypothese abgelehnt werden. Auf eine erneute Nennung der ursprünglichen Hypothesen wird verzichtet. Stattdessen wird der Leser für eine Übersicht aller Hypothesen auf Tabellen 3.1 und 3.2 in Abschnitt 3.11 verwiesen.

6.3.2. Das Gründerteam

Kein anderer Aspekt von Gründungsvorhaben wurde in der vorliegenden Studie so detailliert untersucht wie das Gründerteam. Die in Abschnitt 3.5.3 formulierten Hypothesen unterstellen dabei in aller Regel einen positiven Zusammenhang zwischen den Erfahrungswerten der Gründer und dem späteren Gründungserfolg. Gleiches gilt auch für die Vollständigkeit des Gründerteams. Es wird vermutet, dass ein vollständiges Team, das interdisziplinär zusammengesetzt ist und über Gründer mit

[48] Mathematisch betrachtet, ändern sich die Schlussfolgerungen aus der Faktorenanalyse durch die Rotation nicht. Lediglich die Interpretierbarkeit der Ergebnisse verbessert sich.

[49] Vgl. Backhaus et al. (2006), a. a. O., S. 299.

viel Berufs- und sonstiger Erfahrung verfügt, eher in der Lage ist, ein erfolgreiches Unternehmen zu gründen, als ein Team, das diese Eigenschaften vermissen lässt.

Die Ergebnisse der Hypothesentests über das Gründerteam sind in Tabellen 6.1 sowie 6.2 zusammengefasst. Entgegen den Erwartungen werden alle Hypothesen über das Gründerteam abgelehnt. Es konnten somit keine signifikanten Zusammenhänge zwischen Eigenschaften des Gründerteams und der späteren Unternehmensentwicklung nachgewiesen werden. Dieses Ergebnis ist zweifelsohne überraschend, da nicht nur die Experteninterviews, sondern auch zahlreiche Veröffentlichungen aus der Fachliteratur einen klaren Zusammenhang zwischen Gründerteam und Unternehmensentwicklung vermuten ließen.[50]

Untersuchte Indikatoren/Hypothesen zum *Gründerteam*

Nr.	Getesteter Indikator	Zusammenhang	Skalenniveau	Maß	n	r	R^2	p	Hypothese
H1	*Durchschnittsalter*	linear	metrisch	Transform.	91	[0,027	0,001	0,400]	abgelehnt
H2	*Ausbildungsniveau*	linear	ordinal	Kendall	91	0,047	0,002	0,265	abgelehnt
H3	*Berufserfahrung*	linear	metrisch	Bravais	90	0,037	0,001	0,364	abgelehnt
H4	*Branchenerfahrung*	linear	metrisch	Bravais	89	0,094	0,008	0,190	abgelehnt
H5	*Funktionale Erfahrung*	linear	metrisch	Bravais	89	0,014	0,000	0,447	abgelehnt
H6	*Führungserfahrung*	linear	metrisch	Bravais	89	-0,034	0,001	0,376	abgelehnt
H7	*Vertriebserfahrung*	linear	metrisch	Bravais	88	-0,204*	0,042	0,028	abgelehnt
H8	*Gründungserfahrung*	linear	ordinal	Spearman	92	0,086	0,007	0,209	abgelehnt

(*) Korrelation ist signifikant auf einem Niveau von 0,10 (1-tailed)
* Korrelation ist signifikant auf einem Niveau von 0,05 (1-tailed)
** Korrelation ist signifikant auf einem Niveau von 0,01 (1-tailed)

Tabelle 6.1.: Humankapitalprofil der Gründer

Die hier gemessenen Korrelationen weichen jedoch in keinem Fall signifikant von null ab. Die Ergebnisse liegen in einem Wertebereich von $r = -0,196$ (im Fall

[50] Vgl. hierzu auch die Ausführungen in Kapitel 3 sowie die Arbeiten von Franke et al. (2004): Die Betriebswirtschaft, a. a. O., S. 651–670; Schmidt (2002), a. a. O., S. 21–53, sowie Müller-Böling und Klandt (1993), a. a. O., S. 157.

der Vertriebserfahrung) bis $r = 0,103$ (im Fall der Branchen- und Gründungserfahrung). Die höchsten Werte für das Bestimmtheitsmaß R^2 liegen bei $R^2 = 0,04$ bzw. $R^2 = 0,01$. Der Anteil der Varianz am Unternehmenserfolg, der durch die betreffenden Indikatoren erklärt wird, ist somit verschwindend gering.[51] Lediglich im Fall der Branchen-, Vertriebs- sowie Gründungserfahrung lassen sich gewisse Tendenzen erkennen, auch wenn diese nicht einmal auf einem Niveau von $\alpha = 0,1$ signifikant sind. Die Werte können höchstens qualitativ als mögliche Richtung für einen Zusammenhang zwischen Erfahrungswerten und späterem Unternehmenserfolg gedeutet werden.[52]

Untersuchte Indikatoren/Hypothesen zum *Gründerteam*

Nr.	Getesteter Indikator	Zusammenhang	Skalenniveau	Maß	n	r	R²	p	Hypothese
H9	*Teamgröße*	nichtlinear	metrisch	Transform.	91	[0,001	0,000	0,496]	abgelehnt
H10	*Teamvollständigkeit*	linear	ordinal	Spearman	92	-0,033	0,001	0,377	abgelehnt
H11	*Interdisziplinarität*	nichtlinear	ordinal	Transform.	90	[-0,067	0,004	0,205]	abgelehnt
H12	*Komb. Wirtsch./Tech.*	linear	dichotom	biserial	90	-0,109	0,011	0,153	abgelehnt
H13	*"Bekanntschaft"*	linear	ordinal	Kendall	80	0,001	0,000	0,493	abgelehnt
H14	*"Zusammenarbeit"*	linear	ordinal	Kendall	80	-0,045	0,002	0,297	abgelehnt

(*) Korrelation ist signifikant auf einem Niveau von 0,10 (1-tailed)
* Korrelation ist signifikant auf einem Niveau von 0,05 (1-tailed)
** Korrelation ist signifikant auf einem Niveau von 0,01 (1-tailed)

Tabelle 6.2.: Indikatoren der Teamzusammensetzung

Überraschend ist sicherlich der negative Zusammenhang zwischen Vertriebserfahrung und Unternehmensentwicklung. Mitunter kann dieser Effekt damit begründet werden, dass die vertriebserfahrenen Gründer vor allem bei weniger technologieorientierten Gründungen zu finden sind. Häufig verfügen diese Unternehmen über kein eigenes

[51] An dieser Stelle sei darauf hingewiesen, dass bei einem so komplexen Prozess wie der Entwicklung eines Gründungsvorhabens auch geringe Werte von R^2, sofern sie statistisch signifikant sind, durchaus einen Erkenntnisgewinn darstellen können.

[52] Eine abschließende Schlussfolgerung hierzu erfordert weiterführende Untersuchungen, da aufgrund der fehlenden Signifikanz der Ergebnisse keine statistisch fundierten Aussagen getroffen werden können.

Wissen und nur vergleichsweise geringe Wettbewerbsvorteile im Markt. Diese Beobachtung kann auch durch den Zusammenhang zwischen Ausbildungsniveau und Vertriebserfahrung bestätigt werden. Aus der Grundgesamtheit wird deutlich, dass Gründerteams mit geringerem Ausbildungsniveau über mehr Vertriebserfahrung verfügen. Vermutlich liegt dies unter anderem an ihrem früheren Eintritt ins Berufsleben. Darüber hinaus kann aber auch spekuliert werden, dass hochausgebildete Gründer, die beispielsweise über eine Promotion oder sogar eine Habilitation verfügen, eine gewisse Vertriebsscheue mit sich bringen bzw. in ihrer Position als Wissenschaftler gar nicht die Möglichkeit haben, Vertriebserfahrung zu sammeln.[53]

Im Gegensatz hierzu zeichnen sich im Fall der Branchen- und Gründungserfahrung Tendenzen für einen positiven linearen Zusammenhang ab. Dies entspricht den Erwartungen und bestehenden Erkenntnissen aus der Literatur. Anhand des quantitativen Abweichungsmaßes kann die Bedeutung der Branchenerfahrung mit der hier vorgestellten Methodik zumindest in der Tendenz bestätigt werden. Ähnliches gilt auch für die Gründungserfahrung. Auch wenn der hier beobachtete Zusammenhang vergleichsweise schwach ist, regt er doch zu weiteren Untersuchungen über den Zusammenhang zwischen Gründungserfahrung und Unternehmensentwicklung an. Bei den übrigen Indikatoren kann jedoch nicht einmal von einer tendenziellen Richtung eines Zusammenhangs gesprochen werden. Die Bestimmtheitsmaße der jeweiligen Korrelationskoeffizienten liegen um den Nullpunkt. Keines der Ergebnisse weist statistische Signifikanz auf.

Im Hinblick auf die Zielsetzung der vorliegenden Arbeit wäre der Nachweis signifikanter Korrelationen zweifelsohne wünschenswert gewesen. Dennoch stellt auch das vorliegende Ergebnis einen interessanten Erkenntnisgewinn dar. So deutet sich bereits an, dass sich die Komplexität von Gründungsprozessen womöglich nicht auf einige wenige Einflussfaktoren reduzieren lässt. Trotz der sehr detaillierten Analyse der Gründerbiografien konnten kaum Nachweise für relevante Zusammenhänge zur

[53] Hierzu sei jedoch gesagt, dass sich auch zwischen dem Ausbildungsniveau der Gründer und dem Unternehmenserfolg kein signifikanter Zusammenhang ergeben hat. Die genaue Analyse der hier beobachteten Tendenz erfordert somit eine weitere Untersuchung.

Unternehmensentwicklung erbracht werden. In gewisser Weise spiegelt dies auch den Stand der Forschung wider. Zwar werden in den relevanten Veröffentlichungen in aller Regel signifikante Zusammenhänge zwischen möglichen Erfolgsfaktoren und der Unternehmensentwicklung nachgewiesen. Allerdings ist sich die Erfolgsfaktorenforschung nach wie vor uneinig, welche Faktoren schlussendlich ausschlaggebend für den Erfolg einer Gründung sind.[54] Als erstes Zwischenfazit stellt sich somit die Frage, inwiefern sich biografische Daten der Gründer als Prognosevariable für den Gründungserfolg eines Unternehmens eignen.

6.3.3. Produkt- und Geschäftsidee

Insbesondere für die Bewertung von Produkt- und Geschäftsidee stellt das Postulat der Objektivität eine Herausforderung dar. Somit begrenzen sich die Hypothesen auf Patentfähigkeit, Proprietät und Alleinstellungsmerkmal der Technologie sowie den Entwicklungsstand des Prototypen.[55] Die Ergebnisse der Korrelationsberechnung sind in Tabelle 6.3 zusammengefasst.

Wie auch im Fall des Gründerteams ergeben sich für Merkmale der Produkt- und Geschäftsidee keine statistisch signifikanten Zusammenhänge zur Unternehmensentwicklung. Die mittels Kendall's τ berechneten Korrelationskoeffizienten weichen nur unwesentlich von null ab. Die Bestimmtheitsmaße zeigen an, dass die Indikatoren kaum oder gar nicht zur Erklärung der Streuung der Unternehmensentwicklung beitragen. Insofern kann nicht einmal von einer tendenziellen Richtung eines Zusammenhangs gesprochen werden. Auch dieses Ergebnis überrascht zunächst, da VCGs bestimmte Produkteigenschaften, wie etwa die Patentfähigkeit, in aller Regel als positives Signal werten. Das Fehlen signifikanter Zusammenhänge stellt auch hier einen wichtigen Erkenntnisgewinn dar.

[54] Für eine Diskussion der Vielfalt empirischer Ergebnisse aus der Erfolgsfaktorenforschung wird auf Schmidt (2002), a. a. O., S. 21–53, verwiesen.

[55] Wie auch in der kritischen Würdigung zum Schluss der Arbeit erwähnt wird, kann bei der Bewertung des Alleinstellungsmerkmals ein subjektiver Einfluss des Autors dieser Studie nicht vollkommen ausgeschlossen werden.

Untersuchte Indikatoren/Hypothesen zur *Produkt- und Geschäftsidee*

Nr.	Getesteter Indikator	Zusammenhang	Skalenniveau	Maß	n	r	R^2	p	Hypothese
H15	*Patentfähigkeit*	linear	ordinal	Kendall	90	0,062	0,004	0,217	abgelehnt
H16	*Proprietät der Techn.*	linear	ordinal	Kendall	82	0,080	0,006	0,168	abgelehnt
H17	*Entw.-st. Prototyp*	linear	ordinal	Kendall	85	-0,059	0,003	0,241	abgelehnt
H18	*Alleinstellungsmerkm.*	linear	ordinal	Kendall	92	0,072	0,005	0,181	abgelehnt

(*) Korrelation ist signifikant auf einem Niveau von 0,10 (1-tailed)
* Korrelation ist signifikant auf einem Niveau von 0,05 (1-tailed)
** Korrelation ist signifikant auf einem Niveau von 0,01 (1-tailed)

Tabelle 6.3.: Indikatoren zu Produkt- und Geschäftsidee

6.3.4. Markt- und Wettbewerbsanalyse

Die Ergebnisse der Markt- und Wettbewerbsanalyse zeichnen im Vergleich zu den bisherigen Erkenntnissen ein anderes Bild. Wie aus Tabelle 6.4 hervorgeht, konnten statistisch signifikante Zusammenhänge zwischen der Marktgröße, dem Marktwachstum, der Kundenkonzentration und der Unternehmensentwicklung festgestellt werden.

Untersuchte Indikatoren/Hypothesen zu *Markt und Wettbewerb*

Nr.	Getesteter Indikator	Zusammenhang	Skalenniveau	Maß	n	r	R^2	p	Hypothese
H19	*Marktgröße*	linear	metrisch	Bravais	51	0,407**	0,166	0,002	angenommen
H20	*Marktwachstum*	linear	metrisch	Bravais	55	0,216(*)	0,047	0,057	angenommen
H21	*Kundenkonzentr.*	linear	ordinal	Kendall	92	0,143*	0,021	0,033	angenommen
H22	*Konkurrenzintens.*	linear	metrisch	Bravais	89	-0,102	0,011	0,172	abgelehnt

(*) Korrelation ist signifikant auf einem Niveau von 0,10 (1-tailed)
* Korrelation ist signifikant auf einem Niveau von 0,05 (1-tailed)
** Korrelation ist signifikant auf einem Niveau von 0,01 (1-tailed)

Tabelle 6.4.: Indikatoren zu Markt und Wettbewerb

Der bisher stärkste Zusammenhang zwischen einem Indikator und der Unternehmensentwicklung kann für den Fall der Marktgröße beobachtet werden. Der Bravais-Pearson-Korrelationskoeffizient nimmt hierfür einen Wert von $r = 0,388$, der bei einem Niveau von $\alpha = 0,01$ signifikant ist. Der lineare Zusammenhang ist somit sehr deutlich. Das Bestimmtheitsmaß beträgt immerhin 0, 15, was bei einem so komplexen Prozess wie einer Unternehmensgründung durchaus als gutes Ergebnis gesehen werden kann. Offenbar setzen Unternehmen in großen Märkten ihre Erwartungen somit eher in die Tat um als Unternehmen in kleinen Märkten. Ein Kapitalgeber, der an der Erfüllung der Finanzplanung im Businessplan interessiert ist, hat c. p. somit bessere Aussichten auf Erfolg, wenn er in Unternehmen in großen Märkten investiert. Wie bereits aus der Herleitung der Hypothese zur Marktgröße in Abschnitt 3.7.2 deutlich wurde, können die Gründe für diesen Zusammenhang vielfältig sein. Womöglich bietet ein großer Markt den Unternehmen mehr Raum, ihre Pläne erfolgreich in die Tat umzusetzen. Im Gegensatz hierzu ist ein vergleichsweise kleiner Markt bei Fehlern weniger verzeihend. Um die hier beobachtete Korrelation auch hinsichtlich ihrer kausalen Strukturen näher aufzuschlüsseln, sind aber sicherlich noch weitere Untersuchungen notwendig. Prinzipiell wird mit diesem Ergebnis aber auch das in Forschung und Praxis bekannte Paradigma bestätigt, dass sich Investitionen in große Märkte eher als in kleine Märkte lohnen.[56]

Ein vergleichbarer Zusammenhang lässt sich auch für den Indikator des Marktwachstums festhalten. Die gemessene Korrelation beträgt hier 0, 193, das Bestimmtheitsmaß 0, 04. Zwar ist der hier beobachtete lineare Zusammenhang statistisch auf einem Niveau von $\alpha = 0,05$ nicht signifikant, liegt aber nur unwesentlich über dem Schwellenwert. Insofern kann zumindest von einer starken Tendenz gesprochen werden. Eine weitere Untersuchung dieses Zusammenhangs ist angezeigt. Wie auch im Fall der Marktgröße ist dieses Ergebnis wenig überraschend. Unternehmen in stark wachsenden Märkten tun sich in aller Regel einfacher als Unternehmen in stagnierenden oder schrumpfenden Märkten. Offenbar gilt dies selbst dann, wenn die entsprechenden Wachstumsraten bereits in den Finanzprognosen eingepreist sind.

[56] Diese Beobachtung ist keinesfalls selbstverständlich. So gibt es auch zahlreiche VCGs, die sich auf Investitionen in Nischenmärkten spezialisiert haben. Auf Seite der VCGs überwiegt in Summe jedoch das Interesse an großen Märkten.

Bei der Kundenkonzentration nimmt Kendall's τ einen statistisch signifikanten Wert von $0,158$ an. Das Bestimmtheitsmaß R^2 beträgt dementsprechend zwar nur $0,02$. Die Hypothese eines positiven Zusammenhangs zwischen Konzentration der Kundenbasis und dem späteren Unternehmenserfolg kann auf einem Signifikanzniveau von $\alpha = 0,05$ dennoch angenommen werden. Wie erwartet, sind Unternehmen, die in Märkten mit hoher Kundenkonzentration operieren, zumindest gemessen am Plan in den ersten Jahren erfolgreicher als Unternehmen in stark verteilten Märkten. Somit scheint der Eintritt in Märkte mit wenigen, aber großen Kunden, die einen hohen Anteil am Umsatz ausmachen, einfacher zu sein als in Märkte mit geringer Kundenkonzentration.

Insbesondere Unternehmen in stark verteilten Märkten legen häufig besonders ambitionierte Prognosen vor, die vor allem in den ersten Jahren nur schwer zu erreichen sind. So gehen einige Unternehmen davon aus, selbst in Märkten mit mehreren Millionen potentiellen Abnehmern binnen drei Jahren einen Großteil als Kunden gewonnen zu haben. Hochspezialisierte Unternehmen, die in Märkten mit nur einer handvoll potentieller Abnehmer agieren, haben es hierbei oft einfacher. Offenbar können sie durch die direkte und persönliche Ansprache der Kunden ihre Pläne schneller und erwartungstreuer in die Tat umsetzen. Bei der Interpretation dieses Ergebnisses hinsichtlich der langfristigen Entwicklung der Unternehmen ist jedoch Vorsicht geboten. Auch wenn Unternehmen in stark verteilten Märkten offenbar in den ersten Jahren ihre Planung in der Tendenz verfehlen, so kann der Erfolg später noch eintreten. Allerdings entzieht sich die Verknüpfung von spätem Erfolg und Ausgangssituation der Gründung weitestgehend einer sachlogisch nachvollziehbaren Messbarkeit. Umso weiter Unternehmensgründung und Messung der Unternehmensentwicklung auseinander liegen, desto schwieriger wird es, Zusammenhänge von Ursache und Wirkung aufzudecken. Ein Kapitalgeber, der an der Erfüllung der Finanzplanung interessiert ist, hat gemäß dieses Ergebnisses c. p. bessere Erfolgschancen, wenn er in den ersten Jahren auf Unternehmen in hoch konzentrierten Märkten setzt.

Im Gegensatz zur Kundenkonzentration kann für die Anzahl der Wettbewerber als Indikator für die „Rivalität im Markt" kein signifikanter Zusammenhang zur

Unternehmensentwicklung festgestellt werden. Dies mag mitunter auch an der teils schwachen Datenlage in den Businessplänen liegen. So unterschätzen viele Unternehmen die Anzahl direkter Wettbewerber. Wie bereits erwähnt, ist dies nicht unbedingt ein Defizit der Autoren der Pläne. Vielmehr gibt es nur begrenzte Informationen über die Wettbewerbslandschaft in stark wachsenden und hochinnovativen Märkten. Somit fällt die Abschätzung der Anzahl direkter Konkurrenten naturgemäß schwer. Häufig werden die wirklichen Konkurrenten auch erst nach Einführung des Produktes im Markt sichtbar.

Das Kapitel „Markt- und Wettbewerbsanalyse" beinhaltet die bisher aussagekräftigsten Indikatoren für den Erfolg von Unternehmensgründungen. Zwei der vier untersuchten Indikatoren sind statistisch signifikant bzw. hochsignifikant. Einer der vier Indikatoren deutet zumindest auf eine starke Tendenz eines linearen Zusammenhangs hin. Diese Bündelung ist insofern interessant, als dass sich die entsprechenden Indikatoren weitestgehend dem Einfluss der Gründer entziehen. Exogene Indikatoren wie Marktgröße oder -wachstum können von den Gründern kaum beeinflusst werden. Während in der Gründungsforschung in erster Linie endogene Merkmale, wie etwa die fehlende Kompetenz des Managementteams, für das Scheitern von Unternehmen verantwortlich gemacht werden, scheinen in der vorliegenden Untersuchung primär exogene Faktoren für die erfolgreiche Entwicklung von Unternehmen relevant zu sein.

6.3.5. Vertrieb und Marketing

Auch im Fall des Vertriebs- und Marketingkonzeptes ergibt sich ein statistisch signifikanter linearer Zusammenhang mit dem Unternehmenserfolg. Anders als in der Ausgangshypothese formuliert, ist dieser jedoch nicht positiv, sondern wider Erwarten negativ. Mit einem Korrelationskoeffizienten von $-0,209$ und einem Bestimmtheitsmaß von $0,04$ entspricht das Ergebnis einer Korrelation mittlerer Stärke. Dieses Ergebnis überrascht. Gleichzeitig scheint es aber eine Tendenz zu bestätigen, die sich auch schon in der negativen Korrelation der Vertriebserfahrung mit dem Unternehmenserfolg angedeutet hat.

Untersuchte Indikatoren/Hypothesen zu *Vertrieb und Marketing*

Nr.	Getesteter Indikator	Zusammenhang	Skalenniveau	Maß	n	r	R^2	p	Hypothese
H23	*Marketingkonzept*	linear	ordinal	Kendall	92	-0,209**	0,044	0,004	abgelehnt
H24	*Pilotkunden*	linear	ordinal	Kendall	61	-0,062	0,004	0,316	abgelehnt

(*) Korrelation ist signifikant auf einem Niveau von 0,10 (1-tailed)
* Korrelation ist signifikant auf einem Niveau von 0,05 (1-tailed)
** Korrelation ist signifikant auf einem Niveau von 0,01 (1-tailed)

Tabelle 6.5.: Vertriebs- und Marketingkonzept

Diese Beobachtung bedarf einer Erklärung. Natürlich erwartet man, dass insbesondere Unternehmen mit einem umfassenden Marketingkonzept auch mit realistischen Erwartungen in die Gründung starten. Interessanterweise ist aber genau dies nicht der Fall. So sind vertriebsstarke Teams besonders optimistisch bezüglich der Finanzprognose. Während stark technologieorientierte Gründerteams sich hauptsächlich auf die Produktentwicklung konzentrieren und die eigenen Chancen am Markt bescheidener einschätzen, zeugen die Businesspläne vertriebsstarker Teams von besonders optimistischen Erwartungen am Markt. Trotz vollständigerer Marketingkonzepte und umfassenderer Vertriebserfahrung können die ambitionierten Prognosen aber offenbar nicht erfüllt werden. Die vergleichsweise schlechtere Entwicklung von Unternehmen mit viel Vertriebserfahrung und umfassendem Vertriebskonzept mag somit nicht einer schlechten Geschäftsidee, einem fehlerhaften Management oder einer schwachen Marktentwicklung zu schulden sein, sondern liegt ganz einfach an den ehrgeizigen Vorgaben und Zielen der Gründer selbst. Eine fundierte Erklärung der negativen Korrelation erfordert jedoch eine weitergehende Untersuchung, die sich diesem Phänomen im Detail widmet. Für den Indikator „Pilotkunden" kann hingegen kein signifikanter Zusammenhang nachgewiesen werden, wie auch in Tabelle 6.5 dokumentiert ist. Der Korrelationskoeffizient weicht nur geringfügig von null ab.

6.3.6. Unternehmen und Organisation

Wie aus Tabelle 6.6 hervorgeht, kann für keine der drei formulierten Hypothesen ein statistisch signifikanter Zusammenhang zwischen Netzwerkbildung und Unternehmenserfolg festgestellt werden. Die Werte des Kendallschen Korrelationskoeffizienten weichen nur unwesentlich von null ab. Die Bestimmtheitsmaße belegen, dass die Netzwerkindikatoren keinen Erklärungsbeitrag zur Streuung der Unternehmensentwicklung leisten. Auch von einer Tendenz für einen positiven oder negativen Zusammenhang kann angesichts der geringen Korrelationskoeffizienten nicht gesprochen werden.

Untersuchte Indikatoren/Hypothesen zu *Unternehmen und Organisation*

Nr.	Getesteter Indikator	Zusammenhang	Skalenniveau	Maß	n	r	R^2	p	Hypothese
H25	*Allgem. Netzwerk*	linear	ordinal	Kendall	92	-0,042	0,002	0,297	abgelehnt
H26	*Allianzen/Kooperat.*	linear	ordinal	Kendall	92	-0,087	0,008	0,131	abgelehnt
H27	*Interne Gremien*	linear	dichotom	biserial	92	0,032	0,001	0,380	abgelehnt

(*) Korrelation ist signifikant auf einem Niveau von 0,10 (1-tailed)
* Korrelation ist signifikant auf einem Niveau von 0,05 (1-tailed)
** Korrelation ist signifikant auf einem Niveau von 0,01 (1-tailed)

Tabelle 6.6.: Soziales Kapital und Netzwerke

Bedenkt man die in Forschung und Praxis etablierte Meinung, dass soziales Kapital und umfassende Netzwerke einen entscheidenden Beitrag zum Unternehmenserfolg leisten, überrascht dieses Ergebnis natürlich. Zumindest in der vorliegenden Studie kann diese Meinung weder für verbriefte Allianzen noch allgemeine Netzwerke oder intern besetzte Gremien belegt werden. Gleichzeitig muss das Ergebnis aber auch im Kontext der hier angewandten Methodik der Inhaltsanalyse betrachtet werden. Die Inhaltsanalyse ermöglicht zwar das Aufzeichnen objektiver Indikatoren, wie für die vorliegende Studie von Anfang an gefordert wurde. Bezogen auf soziales Kapital und Netzwerke, ist hiermit das einfache Abzählen von Elementen im Netzwerk eines Unternehmens gemeint. Um die Qualität eines Netzwerkes begutachten zu können, bedarf es aber zweifelsohne einer detaillierteren Analyse. Insbesondere muss zwischen aktiven und passiven Elementen im Netzwerk unterschieden werden. Ein aktives Element, beispielsweise in Form eines Business Angels, der in wöchentlichem, vielleicht sogar täglichem Kontakt mit den Gründern steht, ist wohl hilfreicher als einige große Namen aus der Industrie, die den Gründern vielleicht nur einmal im Jahr zur Verfügung stehen. Genau diese differenzierende Betrachtung ist aber auf Basis der Businesspläne kaum möglich. Diese Problematik der Inhaltsanalyse kann zur fehlenden Signifikanz der statistischen Analyse beigetragen haben.

6.3.7. Zwischenfazit

Im Rahmen der statistischen Überprüfung der Hypothesen konnten weniger signifikante Zusammenhänge nachgewiesen werden, als erwartet. Insbesondere im Fall des Gründerteams bleibt der Nachweis statistisch signifikanter Zusammenhänge trotz einer sehr detaillierten Aufzeichnung von Teamzusammensetzung und Humankapitalprofilen aus. Lediglich im Fall der Markt- und Wettbewerbsindikatoren ergeben sich aussagekräftige Zusammenhänge, die die formulierten Hypothesen im Wesentlichen bestätigen. Eine Zusammenfassung der Hypothesenstests findet sich in Tabelle 6.7 und 6.8.

Der Versuch, die Anzahl der Indikatoren zu erhöhen, hat ebenfalls keine weiteren statistisch signifikanten Ergebnisse geliefert.[57] So wurde die Indikatorenbasis um rund 30 Variablen erweitert. Hierzu gehören beispielsweise Heterogenitätsmaße, wie der Altersunterschied im Team oder auch der Kapitalbedarf der Gründungsvorhaben. Für keinen der zusätzlich eingeführten Indikatoren konnte ein signifikanter Zusammenhang nachgewiesen werden. Um den Umfang der Diskussion nicht zu sprengen, wird auf eine Diskussion aller zusätzlich eingeführten Indikatoren an dieser Stelle verzichtet. Eine vollständige Liste findet sich in Tabelle B.2 in Anhang B.

[57] Eine vollständige Liste aller unabhängigen und abhängigen Variablen findet sich in Anhang B.

Nr.	Hypothese	Testergebnis
H1	*Für den Wertebereich der Grundgesamtheit gilt: Eine Unternehmensgründung ist umso erfolgreicher, je älter die Gründer sind.*	Abgelehnt
H2	*Eine Unternehmensgründung ist umso erfolgreicher, je umfangreicher die Berufserfahrung der Gründer ist.*	Abgelehnt
H3	*Eine Unternehmensgründung ist umso erfolgreicher, je umfangreicher die Branchenerfahrung der Gründer ist.*	Abgelehnt
H4	*Eine Unternehmensgründung ist umso erfolgreicher, je umfangreicher die funktionale Erfahrung der Gründer ist.*	Abgelehnt
H5	*Eine Unternehmensgründung ist umso erfolgreicher, je umfangreicher die Führungserfahrung der Gründer ist.*	Abgelehnt
H6	*Eine Unternehmensgründung ist umso erfolgreicher, je umfangreicher die Vertriebserfahrung der Gründer ist.*	Abgelehnt
H7	*Eine Unternehmensgründung ist umso erfolgreicher, je höher das Ausbildungsniveau der Unternehmensgründer ist.*	Abgelehnt
H8	*Eine Unternehmensgründung ist umso erfolgreicher, je umfangreicher die Gründungserfahrung der Gründer ist.*	Abgelehnt
H9	*Der Unternehmenserfolg steigt mit der Teamgröße zunächst an, fällt ab einem gewissen Schwellenwert aber wieder ab.*	Abgelehnt
H10	*Eine Unternehmensgründung ist umso erfolgreicher, je vollständiger das Gründungsteam ist.*	Abgelehnt
H11	*Der Unternehmenserfolg steigt mit der Interdisziplinarität des Gründerteams zunächst an, fällt ab einem gewissen Wert aber ab.*	Abgelehnt
H12	*Der Erfolg einer Unternehmensgründung steigt, wenn die Gründer technologische und kaufmännische Fähigkeiten vereinen.*	Abgelehnt
H13	*Eine Unternehmensgründung ist umso erfolgreicher, je länger sich die Unternehmensgründer kennen.*	Abgelehnt
H14	*Eine Unternehmensgründung ist umso erfolgreicher, je länger die Gründer vor der Gründung bereits zusammengearbeitet haben.*	Abgelehnt
H15	*Eine Unternehmensgründungs ist umso erfolgreicher, je ausgeprägter die Schutzfähigkeit des Kernproduktes ist.*	Abgelehnt
H16	*Eine Unternehmensgründungs ist umso erfolgreicher, je eher die Proprietät der Kerntechnologie beim gegründeten Unternehmen liegt.*	Abgelehnt
H17	*Eine Unternehmensgründung ist umso erfolgreicher, je weiter der Prototyp des Produktes entwickelt ist.*	Abgelehnt
H18	*Eine Unternehmensgründung ist umso erfolgreicher, je ausgeprägter das Alleinstellungsmerkmal von Produkt oder Dienstleistung ist.*	Abgelehnt
H19	*Eine Unternehmensgründung ist umso erfolgreicher, je größer der Zielmarkt ist.*	Angenommen
H20	*Eine Unternehmensgründung ist umso erfolgreicher, je höher das Marktwachstum ist.*	Angenommen

Tabelle 6.7.: Testergebnisse der Hypothesen 1–20

Nr.	Hypothese	Testergebnis
H21	*Eine Unternehmensgründung ist umso erfolgreicher, je höher die Kundenkonzentration im Zielmarkt ist.*	Angenommen
H22	*Eine Unternehmensgründung ist umso erfolgreicher, je geringer die Konkurrenzintensität im Markt ist.*	Abgelehnt
H23	*Eine Unternehmensgründung ist umso erfolgreicher, je vollständiger das Marketingkonzept ist.*	Abgelehnt
H24	*Eine Unternehmensgründung ist umso erfolgreicher, je größer die Anzahl der Pilotkunden des Unternehmens ist.*	Abgelehnt
H25	*Eine Unternehmensgründung ist umso erfolgreicher, je größer das allgemeine Netzwerk eines Unternehmens ist.*	Abgelehnt
H26	*Eine Unternehmensgründungs ist umso erfolgreicher, je mehr Kooperationen ein Unternehmen mit externen Partnern unterhält.*	Abgelehnt
H27	*Eine Unternehmensgründung ist umso erfolgreicher, wenn Gremien, die mit externen Personen besetzt sind, vorhanden sind.*	Abgelehnt

Tabelle 6.8.: Testergebnisse der Hypothesen 21–27

Wie in Abschnitt 4.4 bereits erklärt, wurden neben dem prozentualen Abweichungsmaß auch weitere Kennzahlen der Unternehmensentwicklung bei der statistischen Analyse berücksichtigt. Hierzu zählen beispielsweise die Gesamtkapitalrendite oder auch der relative Rang des Abweichungsmaßes. Insgesamt gingen somit rund 10 verschiedene Messgrößen der Unternehmensentwicklung als abhängige Variablen in das Modell ein. Dennoch konnten auch hier keine weiteren relevanten Zusammenhänge nachgewiesen werden. Eine vollständige Liste aller abhängigen Variablen findet sich in Tabelle B.3 in Anhang B. Als Zwischenfazit ist somit festzuhalten, dass die allgemeine Prognosefähigkeit von Businessplänen hinsichtlich der Unternehmensentwicklung wohl begrenzt ist. Zumindest mit der hier angewandten Methodik, die erstmalig die Abweichung zwischen geplanter und tatsächlicher Unternehmensentwicklung misst, drängt sich die Vermutung auf, dass der Businessplan als Informationsquelle und Basis von Investitionsentscheidungen Defizite aufweist. Die vorliegende Studie scheint somit eher die Position von Businessplan-Kritikern zu stärken. Offenbar zeichnen sich die in Businessplänen enthaltenen Finanzprognosen nur selten durch realistische

Annahmen aus.[58] In Summe lässt sich im Hinblick auf die zentrale Forschungsfrage festhalten, dass die empirische Überprüfung von Businessplänen keine ausreichend große Anzahl an statistisch relevanten Frühindikatoren ergeben hat, als dass der Bewertungsprozess von VCGs durch die gemachten Erkenntnisse substantiell erweitert werden könnte.

6.4. Zusammenhänge innerhalb der Indikatorenbasis

6.4.1. Überblick

Neben der hypothesenbasierten Überprüfung von Zusammenhängen zwischen Indikatoren und Unternehmensentwicklung werden im Folgenden auch mögliche Zusammenhänge innerhalb der Indikatorenbasis untersucht. Beziehungen, die statistisch signifikant sind, werden erst ex-post durch sachlogische Überlegungen untermauert. Im Gegensatz zur hypothesenbasierten Analyse werden also vorab keine Korrelationen vermutet, sondern erst ex-post aus der statistischen Analyse abgeleitet. Hierbei werden alle erhobenen Indikatoren berücksichtigt, also nicht nur jene, die in den Hypothesen zum Ausdruck kommen. Für eine vollständige Liste aller Indikatoren wird abermals auf Tabelle B.2 in Anhang B verwiesen. Die wichtigsten Ergebnisse der statistischen Analyse werden im Folgenden vorgestellt. Hinsichtlich des methodischen Vorgehens werden die gleichen statistischen Instrumente angewendet, die auch schon bei der Überprüfung der Hypothesen zum Einsatz gekommen sind.[59]

[58] Vgl. hierzu bspw. Sahlman (1997): Harvard Business Review, a. a. O., S. 98–108, sowie Rich, S. und Gumpert, D. (1999): *How to Write a Winning Business Plan.* In Sahlman, W. et al. (Hrsg.): The Entrepreneurial Venture. Boston: Harvard Business School Press, S. 177–188.

[59] Der einzige Unterschied in der statistischen Analyse ist die Anwendung von zweiseitigen Signifikanztests. Einseitige Signifikanztests kommen nur dann zum Einsatz, wenn vorher eine Richtung des Zusammenhangs vermutet wird, was im Folgenden nicht der Fall ist.

6.4.2. Erwartungen der Gründer

Wie bereits in Abschnitt 5.8.2 erläutert wurde, hat die Mehrheit der Gründer überaus optimistische Erwartungen an den Erfolg des eigenen Gründungsvorhabens. Umsatz- und Gewinnwachstumsraten von mehreren 100% pro Jahr sind keine Seltenheit. Die Untersuchung der Indikatorenbasis, also die Analyse möglicher Zusammenhänge zwischen den unabhängigen Variablen des Modells, zeigt jedoch, dass sich die Gründer hinsichtlich ihrer Erwartungshaltung durchaus unterscheiden.

Im Gegensatz zu jüngeren Gründern sind ältere und erfahrene Gründer deutlich konservativer bezüglich ihrer Einschätzung der Gewinnentwicklung des Unternehmens. So gehen Gründerteams mit einem höheren Durchschnittsalter beispielsweise von einer längeren Dauer bis zum Erreichen der Gewinnschwelle aus. Wie aus Tabelle 6.9 hervorgeht, beträgt der statistisch signifikante Koeffizient der Korrelation zwischen Durchschnittsalter und „Break Even“ des EBIT $0,496$, was als starker Zusammenhang betrachtet werden kann. Ein ähnlicher Befund ergibt sich auch für den Indikator „Höchstes Alter im Gründerteam“. Die Finanzprognosen eines Teams mit mindestens einem Gründer in hohem Alter sind somit konservativer als die von jungen Gründerteams. Diese Beobachtung wird auch durch den Zusammenhang von durchschnittlicher Berufs- und Branchenerfahrung im Gründerteam bestätigt.[60] Beide Indikatoren führen zu konservativeren Erwartungen bezüglich der Dauer bis zum Erreichen der Gewinnschwelle.

Auch das Ausbildungsniveau scheint in einem statistisch signifikanten Zusammenhang mit der Finanzprognose zu stehen. So beträgt die Korrelation zwischen durchschnittlichem Ausbildungsniveau und prognostizierter Dauer bis zum Erreichen eines positiven EBIT- bzw. Jahresergebnisses $0,192$ bzw. $0,252$.[61] Gründerteams mit einem

[60] Zweifelsohne sind die Indikatoren Berufs- und Branchenerfahrung auch mit dem Altersschnitt in einem Gründerteam korreliert. Jemand, der älter ist, verfügt c. p. naturgemäß über mehr Erfahrung.

[61] Im ersten Fall beträgt der p−Wert $0,022$, im letzteren $0,002$. Beide Ergebnisse sind also statistisch signifikant.

hohen durchschnittlichen Ausbildungsniveau haben somit ebenfalls konservativere Erwartungen an die Gewinnentwicklung des eigenen Unternehmens. Natürlich stellt sich hier die Frage, ab welchem Ausbildungsniveau die Erwartungen von einer optimistischen zu einer konservativen Haltung wechseln. Hier zeigt sich, dass die Finanzprognose im dritten Jahr umso optimistischer ausfällt, je höher der Anteil an Gründern mit einer Ausbildung oder einem Fachhochschul- bzw. Universitätsdiplom als höchstem Abschluss ist.[62] Im Gegensatz hierzu haben Gründerteams mit einem hohen Anteil promovierter oder habilitierter Gründer vergleichsweise pessimistischere Erwartungen.

Zusammenhänge zwischen unabhängigen Variablen der Indikatorenbasis

Indikator 1	Indikator 2	Maß	n	r	R^2	p
Ausbildungsniveau	*EBIT-Break Even (Monate)*	Kendall	87	0,192 *	0,037	0,022
Durchschnittsalter	*EBIT-Break Even (Monate)*	Bravais	87	0,215 *	0,046	0,046
Branchenerfahrung	*EBIT-Break Even (Monate)*	Bravais	85	0,281 **	0,079	0,009
Höchster Abschluss	*EBIT-Break Even (Monate)*	Kendall	87	0,228 *	0,052	0,012
Ausbildungsniveau	*JÜ-Break Even (Monate)*	Kendall	95	0,252 **	0,064	0,002
Durchschnittsalter	*JÜ-Break Even (Monate)*	Bravais	95	0,237 *	0,056	0,021
Branchenerfahrung	*JÜ-Break Even (Monate)*	Bravais	93	0,338 **	0,114	0,001
Anteil Habilitierter	*JÜ-Break Even (Monate)*	Bravais	96	0,231 *	0,053	0,024
Anteil Promovierter	*Mitarbeiterwachstum (Plan)*	Bravais	72	-0,233 *	0,054	0,049
Niedrigster Abschluss	*Mitarbeiterwachstum (Plan)*	Kendall	61	-0,229 *	0,052	0,021

* Korrelation ist signifikant auf einem Niveau von 0,05 (2-tailed)
** Korrelation ist signifikant auf einem Niveau von 0,01 (2-tailed)

Tabelle 6.9.: Korrelationsanalyse: Erwartungen der Gründer

Zahlreiche weitere Analysen bestätigen die hier gemachten Beobachtungen.[63] Für dieses Phänomen kann es verschiedene Gründe geben. Hierzu sei zunächst gesagt,

[62] Für Gründer mit Ausbildung und Fachhochschulabschluss ist dieser Zusammenhang zwar statistisch nicht signifikant, es lässt sich jedoch eine klare Tendenz erkennen.

[63] Bspw. sind hier Beziehungen zur Entwicklung der Mitarbeiterzahl oder auch zur Umsatzentwicklung zu nennen, die zu ähnlichen Ergebnissen führen.

dass insbesondere vor dem Hintergrund des methodischen Vorgehens der vorliegenden Analyse die Begriffe Korrelation und Kausalität nicht verwechselt werden dürfen. Dennoch scheint die Datenlage so eindeutig, dass wohl auf einen kausalen Zusammenhang zwischen Erfahrung und Erwartung geschlossen werden darf. Gründer mit weniger Erfahrung geben sich womöglich leichter optimistischen und teils euphorischen Prognosen hin, als erfahrene Gründer dies tun würden. In aller Regel kennen erfahrene Gründer den Markt und sind sich der großen Herausforderungen einer erfolgreichen Unternehmensgründung bewusst. Ihre Branchenerfahrung ermöglicht eine realistische Einschätzung von Renditen und Wachstumsraten. Diese Erfahrung bringt auch eine genauere Kenntnis von Konkurrenzangeboten mit sich. Die Herausforderung, das eigene Produkt am Markt erfolgreich zu platzieren, wird daher wohl realistischer eingeschätzt als von Gründern mit wenig Erfahrung.

Gleiches gilt auch für den Indikator „Alter". Hier kann wohl davon ausgegangen werden, dass junge Gründer mit vergleichsweise viel Optimismus an ein Gründungsvorhaben herangehen. Im Vergleich hierzu sind ältere Gründer realistischer und betrachten die Erfolgschancen einer Gründung mit mehr Abstand. Dies spiegelt sich auch im Zusammenhang zwischen Ausbildungsniveau und Erwartungshaltung wider. Sehr gut ausgebildete Personen tendieren zu einer konservativeren Einschätzung der eigenen Chancen im Markt. Dies mag an weiterführenden Kenntnissen liegen, die die Gründer im Rahmen ihrer Ausbildung erworben haben. Unter Umständen ist die von ihnen durchgeführte Markt- und Wettbewerbsanalyse auch genauer bzw. nutzt Quellen, die weniger gut ausgebildeten Personen nicht zur Verfügung stehen.

Obwohl die statistischen Tests in Abschnitt 6.3 in der Mehrzahl zu einer Ablehnung der Hypothesen geführt haben, geben die hier gemachten Beobachtungen doch Aufschluss über die Erwartungshaltung der Gründer. Investoren sollten die Finanzprognosen junger Unternehmensgründer insbesondere gründlich hinsichtlich der gemachten Annahmen überprüfen, da die Erwartungshaltung junger Gründer signifikant optimistischer als die von älteren Gründern ist und damit c. p. auch schwieriger zu erfüllen.

6.4.3. Produkt und Markt

Auch Merkmale der Produkt- und Geschäftsidee stehen in einem Zusammenhang zu verschiedenen Eigenschaften der Gründerteams. Eine deutliche Beziehung ergibt sich beispielsweise zwischen dem Ausbildungsniveau der Gründer und der Patentfähigkeit des Produktes. Wie aus Tabelle 6.10 hervorgeht, ist hier eine positive Korrelation in Höhe von $r = 0,319$ mit einem hochsignifikanten p-Wert festzustellen.[64] Ein ähnliches Ergebnis ergibt sich auch für den Zusammenhang zwischen dem höchsten Abschluss im Gründerteam und der Patentfähigkeit. Im Gegensatz hierzu ist die Patentfähigkeit negativ mit dem Anteil an Gründern mit einem Fachhochschuldiplom korreliert. Für den Anteil an promovierten Gründern ergibt sich hingegen eine positive Korrelation mit der Patentfähigkeit des Produktes.

Zusammenhänge zwischen unabhängigen Variablen der Indikatorenbasis

Indikator 1	Indikator 2	Maß	n	r	R^2	p
Ausbildungsniveau	*Patentfähigkeit*	Kendall	93	0,319**	0,101	0,000
Anteil Promovierter	*Patentfähigkeit*	Kendall	94	0,352**	0,124	0,000
Branchenerfahrung	*Patentfähgikeit*	Kendall	91	0,209**	0,044	0,008
Ausbildungsniveau	*Alleinstellungsmerkmal*	Kendall	95	0,337**	0,113	0,000
Anteil Promovierter	*Alleinstellungsmerkmal*	Kendall	96	0,394**	0,155	0,000
Anteil FH-Absolventen	*Alleinstellungsmerkmal*	Kendall	96	-0,283**	0,080	0,001
Ausbildungsniveau	*Kundenkonzentration*	Kendall	95	0,389**	0,151	0,000
Anteil Promovierter	*Kundenkonzentration*	Kendall	96	0,346**	0,120	0,000
Anteil FH-Absolventen	*Kundenkonzentration*	Kendall	96	-0,429**	0,184	0,000
Anteil Ausbildung	*Konkurrenzintensität*	Bravais	93	0,299**	0,089	0,004

* Korrelation ist signifikant auf einem Niveau von 0,05 (2-tailed)
** Korrelation ist signifikant auf einem Niveau von 0,01 (2-tailed)

Tabelle 6.10.: Korrelationsanalyse: Produkt- und Geschäftsidee

[64] In der SPSS-Ausgabe wird der p-Wert in diesem Fall nur noch mit $0,000$ angegeben. Er liegt also deutlich unter dem geforderten Signifikanzniveau von $\alpha = 0,01$.

Somit haben Personen mit einer wissenschaftlichen Ausbildung offenbar einen klaren Vorteil bei der Entwicklung patentfähiger Produkte. Sachlogisch lässt sich dieses Phänomen leicht erklären. In vielen Fällen erhalten Personen erst durch eine wissenschaftliche Ausbildung Zugang zu Kenntnissen, die es ihnen ermöglichen, patentfähige Innovationen zu entwickeln. Nicht selten sind solche Gründer an Forschungsinstituten angestellt, wo sie in mehrjähriger Forschungsarbeit eine Innovation entwickeln, die zum Grundstein des Gründungsvorhabens wird. In einem stark technologisch geprägten Umfeld wie der untersuchten Grundgesamtheit ist es für Gründer ohne entsprechenden Kontakt zu Forschungsinstitutionen ungleich schwieriger, patentfähige Produkte zu entwickeln. Offenbar sind Innovationen in diesem Umfeld seltener das Resultat eines Geistesblitzes, sondern vielmehr das Ergebnis langjähriger systematischer Forschung.[65]

Neben der Patentfähigkeit ergeben sich weitere Zusammenhänge zwischen Produkt und Gründerteam. So beträgt der Korrelationskoeffizient zwischen durchschnittlichem Ausbildungsniveau und Alleinstellungsmerkmal $0,399$ und ist auf einem Niveau von $\alpha = 0,01$ signifikant. Der beobachtete Zusammenhang lässt sich leicht erklären, wenn man bedenkt, dass die Merkmale Patentfähigkeit und Alleinstellungsmerkmal ebenfalls korreliert sind. Ein Produkt, für das ein Patent erteilt wurde, darf während der Schutzphase nicht kopiert werden. Dieser Schutz kann sich positiv auf das Alleinstellungsmerkmal auswirken. Dennoch sind Patentfähigkeit und Alleinstellungsmerkmal in keinem Fall gleichzusetzen. Häufig gibt es ähnliche Angebote auf dem Markt, die das Alleinstellungsmerkmal eines patentierten Produktes schwächen können. Ähnlich wie im Fall des durchschnittlichen Ausbildungsniveaus steht auch der Anteil promovierter Gründer in einem positiven Zusammenhang zum Alleinstellungsmerkmal. Im Gegensatz hierzu ergibt sich für den Anteil an FH-Absolventen im Gründerteam

[65] Vgl. hierzu auch Drucker (1985), a. a. O., S. 221.

abermals eine negative Korrelation mit dem Alleinstellungsmerkmal. Wissenschaftlich ausgebildete Gründer sind offenbar eher in der Lage, hochspezialisierte Produkte und Dienstleistungen auf den Markt zu bringen, die durch ein vergleichsweise hohes Alleinstellungsmerkmal gekennzeichnet sind.

Ein ähnlich signifikanter Zusammenhang ergibt sich auch für die Beziehung zwischen Ausbildungsniveau und Kundenkonzentration. Offenbar streben Gründerteams mit hohem Ausbildungsniveau vermehrt in Märkte mit hoher Kundenkonzentration. Die statistische Analyse ergibt einen Korrelationskoeffizienten von $r = 0,389$, der auf einem Niveau von $\alpha = 0,01$ signifikant ist. Es kann von einem starken Zusammenhang gesprochen werden. Im Gegensatz hierzu konzentrieren sich vergleichsweise weniger gut ausgebildete Gründer auf stark verteilte Märkte mit vielen potentiellen Abnehmern. So ist beispielsweise auch der Anteil an FH-Absolventen im Gründerteam negativ mit der Kundenkonzentration korreliert. Gleiches gilt für die Anzahl an Konkurrenten im Markt. Wissenschaftlich ausgebildete Gründerteams sehen sich signifikant weniger Wettbewerbern gegenüber.

Sachlogisch lassen sich verschiedene Gründe für dieses Phänomen finden. Ähnlich wie im Fall von Alleinstellungsmerkmal und Patentfähigkeit ist davon auszugehen, dass wissenschaftlich ausgebildete Gründerteams in der Tendenz spezialisiertere Produkte auf den Markt bringen, die nur für wenige, womöglich aber sehr große Kunden von Interesse sind. Die Strategie dieser Unternehmen basiert also auf der konsequenten Differenzierung vom Wettbewerb. Somit ergibt sich eine verhältnismäßig geringe Anzahl an direkten Konkurrenten. Im Gegensatz hierzu bedienen Unternehmen von weniger gut ausgebildeten Gründerteams häufig die Bedürfnisse der Endverbraucher. Naturgemäß sind die entsprechenden Zielmärkte hinsichtlich der Kundenkonzentration deutlich stärker verteilt. Und auch die Anzahl direkter Wettbewerber fällt in aller Regel höher aus als in den Nischenmärkten hochspezialisierter Unternehmen.

6.4.4. Zugang zu sozialem Kapital

In den vergangenen Jahren hat das soziale Kapital als Erfolgsfaktor der Unternehmensentwicklung stärker an Bedeutung gewonnen.[66] Unternehmensgründer mit ausgeprägten Netzwerken genießen vielfältige Vorteile, die sich positiv auf den Unternehmenserfolg auswirken können. Hinsichtlich der Zugangsmöglichkeiten zu solchen Netzwerken unterscheiden sich die Gründer jedoch erheblich. Wie die Auswertung in Tabelle 6.11 zeigt, verfügen vor allem gut ausgebildete Gründerteams mit viel Branchenerfahrung über vielfältige Beziehungen und Kontakte. Dies gilt sowohl für den Indikator „Allgemeines Netzwerk“ als auch für den Indikator „Interne Gremien“. In beiden Fällen ergibt sich ein positiver Zusammenhang zum Ausbildungsniveau der Gründer. Die Korrelationskoeffizienten betragen $r = 0,410$ bzw. $0,372$ und sind auf einem Niveau von $\alpha = 0,01$ signifikant. Ein ähnlicher Befund ergibt sich auch für den Zusammenhang zwischen dem Anteil promovierter bzw. habilitierter Gründer und dem Umfang des sozialen Kapitals.

Im Gegensatz hierzu verfügen weniger umfassend ausgebildete Gründerteams über signifikant kleinere Netzwerke. So ist der Anteil an Gründern mit einer Ausbildung als höchstem Abschluss negativ mit der Diversität des eigenen Netzwerkes korreliert. Gleiches gilt für den Anteil an Gründern mit FH-Diplom als höchstem Abschluss. Im Zuge ihrer weiterführenden Ausbildung haben wissenschaftlich geprägte Gründerteams als Nebenprodukt offenbar auch umfassendere Netzwerke gebildet. Dieses Phänomen lässt sich sachlogisch erklären. Beispielsweise verfügt ein Universitätsprofessor aufgrund seiner Position über Kontakte zu Personen aus Forschung und Praxis. Wenn auch in kleinerem Maßstab, so gilt Vergleichbares auch für promovierte Gründer. Nicht selten sind diese an großen Forschungseinrichtungen angestellt und zählen weitere Forscher zu ihrem Freundes- und Bekanntenkreis. Auch Unternehmen aus der Praxis unterhalten häufig Kontakte zu diesen Forschungseinrichtungen. Oftmals werden Doktoranden noch während ihrer Promotion mit Forschungsaufträgen aus der Praxis betraut. Diese Kontakte zahlen sich bei einem Gründungsvorhaben

[66] Vgl. hierzu auch die Ausführungen in Abschnitt 3.2.2.3.

aus. Im Gegensatz hierzu haben es Gründer mit einer Ausbildung, einem FH- oder sogar Universitätsdiplom als höchstem Abschluss ungleich schwerer, entsprechende Netzwerke aufzubauen.

Zusammenhänge zwischen unabhängigen Variablen der Indikatorenbasis

Indikator 1	Indikator 2	Maß	n	r	R^2	p
Ausbildungsniveau	*Allgemeines Netzwerk*	Kendall	95	0,410 **	0,168	0,000
Anteil Ausbildung	*Allgemeins Netzwerk*	Kendall	96	-0,174 (*)	0,030	0,052
Anteil FH-Absolventen	*Allgemeines Netzwerk*	Kendall	96	-0,180 *	0,032	0,039
Anteil Promovierter	*Allgemeines Netzwerk*	Kendall	96	0,332 **	0,110	0,000
Anteil Habilitierter	*Allgemeines Netzwerk*	Kendall	96	0,260 **	0,068	0,004
Ausbildungsniveau	*Interne Gremien*	Kendall	95	0,372 **	0,138	0,000
Anteil Ausbildung	*Interne Gremien*	Kendall	96	-0,234 *	0,055	0,018
Anteil Promovierter	*Interne Gremien*	Kendall	96	0,311 **	0,097	0,001
Anteil Habilitierter	*Interne Gremien*	Kendall	96	0,392 **	0,154	0,000

(*) Korrelation ist signifikant auf einem Niveau von 0,10 (1-tailed)
* Korrelation ist signifikant auf einem Niveau von 0,05 (1-tailed)
** Korrelation ist signifikant auf einem Niveau von 0,01 (1-tailed)

Tabelle 6.11.: Korrelationsanalyse: Zugang zu sozialem Kapital

Hierzu sei angemerkt, dass es keinen statistisch signifikanten Zusammenhang zwischen Durchschnittsalter und Ausbildungsniveau gibt. In der vorliegenden Grundgesamtheit sind weniger gut ausgebildete Gründer also nicht notwendigerweise jünger. Prinzipiell hätten sie also die gleiche Zeit gehabt wie wissenschaftlich geprägte Teams, entsprechende Kontakte und Beziehungen zu knüpfen. Offenbar haben sie dies aber nicht getan. Aus Sicht von Investoren kann das Ausbildungsniveau der Gründer somit als Anhaltspunkt für den Umfang des sozialen Kapitals gesehen werden. Glaubt man den Erkenntnissen aus der Fachliteratur, so hat soziales Kapital einen positiven Einfluss auf den Unternehmenserfolg. Fügt man dieser Beobachtung die Erkenntnis hinzu, dass Ausbildungsniveau und soziales Kapital in einem positiven Zusammenhang stehen, so gilt im Umkehrschluss, dass auch das Ausbildungsniveau als positiver Indikator für die Entwicklung eines Gründungsvorhabens gesehen werden kann.

6.4.5. Heterogenität und Interdisziplinarität

Aus der Gründungsforschung ist bekannt, dass Gründer gerne mit ihresgleichen gründen. Der Hang zur Homophilie kann hierbei verschiedene Dimensionen, wie etwa Alter, Geschlecht, Erfahrung und Ausbildungshintergrund der Gründer, umfassen.[67] Aus Sicht von Investoren kann eine größere Heterogenität im Gründerteam jedoch vorteilhaft sein. Es wird vermutet, dass heterogene Teams über eine größere Vielfalt an relevanten Fähigkeiten und Kenntnissen verfügen. Im Folgenden soll daher auf einige Zusammenhänge zwischen dem Indikator der Interdisziplinarität und weiteren Merkmalen der Gründerteams eingegangen werden.

Aus der Gründungsforschung sind zahlreiche Maße zur Erfassung der Heterogenität von Gründerteams bekannt.[68] So bietet sich beispielsweise die Berechnung verschiedener Standardabweichungen an, um die Unterschiedlichkeit der Gründer im Team zu erfassen. Bezogen auf die Heterogenität des Erfahrungshintergrundes der Gründer kann beispielsweise die Standardabweichung der Berufs- oder Branchenerfahrung bestimmt werden.[69] Wie aus Tabelle 6.12 hervorgeht, steht die Standardabweichung der Berufserfahrung in einem positiven Zusammenhang mit der Interdisziplinarität der Gründer. Der Korrelationskoeffizient beträgt $r = 0,357$ und ist auf einem Niveau von $\alpha = 0,01$ signifikant. Eine ähnliche Beziehung zur Interdisziplinarität ergibt sich auch für die Standardabweichungen der Branchen- und Führungserfahrungswerte der Gründer. Offenbar ist es also so, dass Gründerteams, die bezüglich ihres Ausbildungshintergrundes interdisziplinär aufgestellt sind, auch bei Erfahrungswerten eine größere Heterogenität aufweisen. Zweifelsohne kann hier aber nicht unmittelbar von der beobachteten Korrelation auf einen kausalen Zusammenhang geschlossen werden. Es handelt sich wohl eher um Merkmale, die häufig zusammen auftreten, sich aber kausal nicht bedingen.

[67] Vgl. hierzu auch die Ausführungen in Abschnitt 5.3.3.3.

[68] An dieser Stelle sei nochmals darauf hingewiesen, dass der Indikator „Interdisziplinarität“ lediglich die Anzahl unterschiedlicher Studienrichtungen im Gründerteam erfasst.

[69] In Tabelle 6.12 sind die Standardabweichungen mit dem Akronym Stdabw gekennzeichnet. Die Berechnung erfolgte für die Berufs-, Branchen- und Führungserfahrung der Gründer.

Zusammenhänge zwischen unabhängigen Variablen der Indikatorenbasis

Indikator 1	Indikator 2	Maß	n	r	R^2	p
„Altersspanne"	*Interdisziplinarität*	Spearman	93	0,412**	0,170	0,000
„Abschlussspanne"	*Interdisziplinarität*	Kendall	94	0,438**	0,192	0,000
StdAbw Berufserfahrung	*Interdisziplinarität*	Spearman	86	0,357**	0,127	0,001
StdAbw Branchenerfahrung	*Interdisziplinarität*	Spearman	86	0,383**	0,147	0,000
StdAbw Führungserfahrung	*Interdisziplinarität*	Spearman	86	0,299**	0,089	0,005

(*) Korrelation ist signifikant auf einem Niveau von 0,10 (1-tailed)
* Korrelation ist signifikant auf einem Niveau von 0,05 (1-tailed)
** Korrelation ist signifikant auf einem Niveau von 0,01 (1-tailed)

Tabelle 6.12.: Korrelationsanalyse: Heterogenität der Gründerteams

Gleiches gilt für den Indikator der Altersspanne, der die Differenz zwischen dem höchsten und niedrigsten Alter der Gründer in einem Team angibt. Die Altersspanne steht ebenfalls in einem positiven Zusammenhang zur Interdisziplinarität der Gründer. Dies gilt auch für den Indikator der „Abschlussspanne".[70] Somit bestätigt sich das Bild, dass interdisziplinär zusammengesetzte Teams auch an anderer Stelle ein größeres Maß an Heterogenität aufweisen. Gründerteams, die weniger interdisziplinär aufgestellt sind, kennzeichnen sich hingegen auch in anderen Bereichen durch eine ausgeprägte Homogenität bezüglich Alter, Abschlüssen und Erfahrungshintergrund. Eine direkte Handlungsempfehlung für Investoren lässt sich aus diesen Beobachtungen zwar nicht unmittelbar ableiten. Für Investoren, die in besonderem Maße an der Heterogenität der Gründerteams interessiert sind, lässt sich jedoch festhalten, dass interdisziplinär zusammengesetzte Teams häufig auch hinsichtlich anderer Merkmale eine größere Vielfalt aufweisen als nicht interdisziplinär zusammengesetzte Teams.

[70] Die „Abschlussspanne" erfasst die Differenz zwischen dem höchsten und niedrigsten Bildungsabschluss in einem Gründerteam. Die Erhebung des Indikators erfolgt hierbei über die Bestimmung der Differenz der Likert-Kategorien. Beispiel: in einem Gründerteam mit einem habilitierten Gründer (Likert-Kategorie: 5) und einem Gründer mit einer Ausbildung als höchstem Abschluss (Likert-Kategorie: 1) ergibt sich eine „Abschlussspanne" von 4 (= 5 − 1).

6.4.6. Zwischenfazit

Die statistische Untersuchung hat zahlreiche Zusammenhänge zwischen Elementen der Indikatorenbasis offengelegt. So verfügen wissenschaftlich ausgebildete Gründer über eine umfassendere Ausstattung mit sozialem Kapital. Der Umfang der Netzwerke wächst mit dem Ausbildungsniveau der Gründer. Ein ähnlicher Zusammenhang ergibt sich auch für Patentfähigkeit und Alleinstellungsmerkmal des Produktangebotes. Die Ausprägung beider Indikatoren nimmt mit dem Ausbildungsniveau und dem Erfahrungsumfang der Gründer zu. Darüber hinaus ist festzuhalten, dass besser ausgebildete Gründer mit konservativeren Erwartungen in die Unternehmensgründung starten.

Diese Ergebnisse zeigen, dass anhand der Inhaltsanalyse von Businessplänen durchaus Strukturen identifiziert werden können, die einen Erkenntnisgewinn für das Gründungsgeschehen in Deutschland darstellen. In vielerlei Hinsicht ist dieses Vorgehen im Vergleich zur hypothesenbasierten Frühindikatorenerkennung naheliegender und erfolgversprechender. Im Gegensatz zum ersten Teil der statistischen Analyse konnten weitaus mehr relevante Zusammenhänge identifiziert werden.

6.5. Ergebnisse der Faktorenanalyse

6.5.1. Überblick

Die Analyse der Indikatorenbasis hat gezeigt, dass zwischen den unabhängigen Variablen der Untersuchung teils starke Zusammenhänge bestehen. Aus diesem Grund scheint der Einsatz eines dimensionenreduzierenden Verfahrens, wie der Faktorenanalyse, angezeigt. Anhand der Faktorenanalyse kann die sehr breite Indikatorenbasis durch die Zusammenfassung stark korrelierender Variablen verdichtet werden. Zwar können die Ergebnisse der Faktorenanalyse die fehlende statistische Signifikanz der Hypothesentests nicht ersetzen. Die resultierenden Faktoren werden aber weiteren

Aufschluss über Zusammenhänge innerhalb der Indikatorenbasis geben können.[71] Anhand der Faktorenanalyse können zudem Zusammenhänge zwischen Elementen von Businessplänen aufgedeckt werden, ohne das selbige vermutet werden. Erkenntnisse aus dieser Analyse können daher auch für zukünftige Forschungsprojekte von Interesse sein. Im Folgenden werden die zentralen Ergebnisse der Faktorenanalyse vorgestellt.

6.5.2. Herleitung zentraler Faktoren

Die Faktorenanalyse zeigt eine Reduktion der 27 Indikatoren auf insgesamt 8 unabhängige Faktoren. Die Indikatorenbasis kann durch den Einsatz der Faktorenanalyse somit erheblich reduziert werden. Insgesamt erklären die 8 Faktoren rund 85% der Gesamtvarianz aller Variablen. Somit steht einer erheblichen Reduktion der Indikatorenbasis lediglich ein Informationsverlust von 15% gegenüber. Die Grundgesamtheit eignet sich auch wegen der hohen Kommunalitäten für die Faktorenanalyse. Für alle Variablen wurden Kommunalitäten von mehr als $0,7$ festgestellt.[72]

Die Betrachtung des Screeplots in Abbildung 6.1 bestätigt im wesentlichen die Ergebnisse aus der Anwendung des Kriteriums von Kaiser. Gemäß letzterem hätte die Analyse prinzipiell 9 und nicht 8 Faktoren ergeben. Da das Kriterium von Kaiser jedoch die Obergrenze der Faktoren festlegt und inhaltlich in diesem Fall weniger Faktoren bei geringem Erklärungsverlust sinnvoll sind, wurde die Anzahl der Faktoren auf 8 reduziert.[73]

[71] Dies bedeutet auch, dass anhand der Ergebnisse der Faktorenanalyse kein Scoring-Modell entwickelt werden kann. Wie in Abschnitt 6.3.7 bereits erläutert, wären hierfür statistisch signifikante Ergebnisse der Hypothesentests notwendig gewesen.

[72] Der Schwellenwert von $0,5$ wird somit in allen Fällen überschritten und keine Variable muss a priori von der Analyse ausgeschlossen werden.

[73] Der Eigenwert des neunten Faktors beträgt $1,004$ und liegt damit nur unwesentlich über dem von Kaiser geforderten Schwellenwert von $1,0$. Eine derartig geringe Überschreitung des Schwellenwertes kann auch auf Messfehler zurückzuführen sein, weshalb die Reduktion der Faktorenanzahl auf 8 auch aufgrund der Validität der statistischen Analyse angezeigt ist.

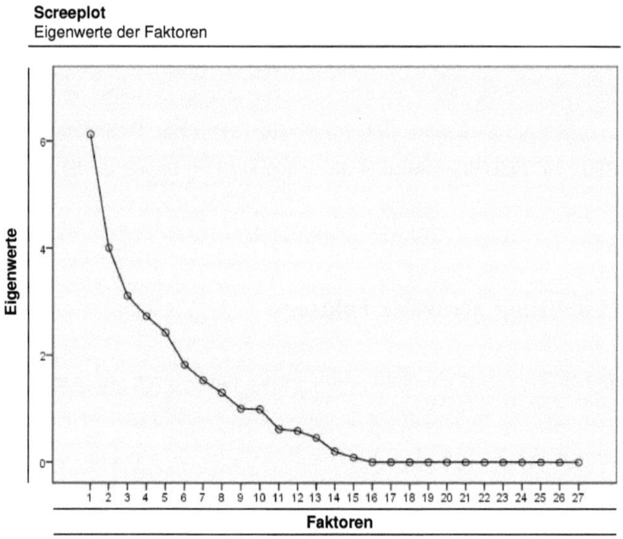

Abbildung 6.1.: Bestimmung der Faktorenanzahl gemäß Screetest

Die Zuordnung der Variablen auf die Faktoren sowie die entsprechenden Faktorladungen sind in Tabelle 6.13 dargestellt.[74] Hierbei wurden nur Faktorladungen berücksichtigt, die über einem Wert von 0,5 liegen. Die Höhe der Faktorladungen bestätigt die Beobachtung, dass innerhalb der Indikatorenbasis teils starke Korrelationen vorliegen. Entsprechend eindeutig ist auch die Zuordnung der Variablen auf geeignete Faktoren sowie die allgemeine Interpretation der Ergebnisse. Für die 8 identifizierten Faktoren ergibt sich folgende Interpretation:

- **(1) Alter und Erfahrung:** Mit einem Wert von 0,903 weist der Indikator „Durchschnittsalter im Gründerteam“ die höchste Ladung auf den ersten Faktor auf. Ähnlich hohe Werte können auch für die Berufs-, Führungs- und funktionale

[74] Die Tabelle zeigt die Komponentenmatrix nach Anwendung der Varimax-Rotation.

Erfahrung der Gründer festgestellt werden. Der erste Faktor lässt sich somit am ehesten mit der Überschrift „Alter und Erfahrung“ zusammenfassen. Insgesamt erklärt er 15,9% der Gesamtvarianz aller 27 Indikatoren. Die hier beobachteten Zusammenhänge sind zunächst nicht weiter überraschend. Ein älterer Gründer hat im Schnitt c. p. mehr Berufserfahrung als ein jüngerer Gründer. Gleiches gilt auch für die Führungs- und funktionale Erfahrung. Teams mit einem höheren Durchschnittsalter verfügen somit über umfangreichere Erfahrung. Ob diese Erfahrung unmittelbar für das Gründungsvorhaben relevant ist, kann aus der Faktorenanalyse jedoch nicht geschlossen werden.

- **(2) Teamzusammensetzung:** Der zweite Faktor entspricht im wesentlichen der Teamzusammensetzung. Mit Werten von 0,856 sowie 0,887 weisen die Indikatoren Teamgröße sowie -vollständigkeit die höchsten Faktorladungen auf. Wie in Abschnitt 3.5.4.4 deutlich wird, besteht zwischen den Messansätzen beider Indikatoren zweifelsohne ein Zusammenhang. Ähnliches gilt für die Interdisziplinarität des Teams. Je größer das Team, umso höher ist auch die Wahrscheinlichkeit einer interdisziplinären Zusammensetzung. Dementsprechend wird auch der dichotome Indikator „Kombination aus Wirtschaft und Technologie“ dem zweiten Faktor zugeordnet. Die Zuordnung der „Vertriebserfahrung“ zum zweiten Faktor erscheint nur prima facie als überraschend. Die Verteilung der Vertriebserfahrung hat im Gegensatz zu anderen Erfahrungswerten gezeigt, dass sich diese in der untersuchten Grundgesamtheit auf nur wenige Köpfe konzentriert. In einem großen Team ist die Wahrscheinlichkeit somit höher, einen Gründer mit Vertriebserfahrung anzutreffen. Schwieriger wird die Interpretation des zweiten Faktors durch die Zuordnung des Indikators der Anzahl an Pilotkunden. Vermutlich tun sich große Teams bei der Gewinnung vieler Pilotkunden leichter. Die Zuordnung kann aber auch auf einen Zusammenhang zur Vertriebserfahrung hindeuten. Teams mit viel Vertriebserfahrung legen womöglich mehr Wert auf die Zusammenarbeit mit Pilotkunden als Teams mit wenig Vertriebserfahrung.

- **(3) Ausbildungsniveau und soziales Kapital:** Im dritten Faktor bestätigen sich verschiedene Erkenntnisse aus der Korrelationsanalyse der Indikatorenbasis in Abschnitt 6.4.4. So werden diesem Faktor nicht nur das Ausbildungsniveau der Gründer, sondern auch die Indikatoren „Allgemeines Netzwerk“ sowie „Interne Gremien“ zugeordnet. Der Faktor belegt somit die Verknüpfung von Humankapital und sozialem Kapital. Nicht ältere oder größere Gründerteams verfügen über das umfangreichere Netzwerk, sondern besser ausgebildete Teams. Die Ausstattung mit Humankapital wird somit zum Wegbereiter von Beziehungen und Kontakten. Aufgrund der entsprechend hohen Faktorladungen lässt sich der dritte Faktor am treffendsten als „Ausbildungsniveau und soziales Kapital“ überschreiben. Darüber hinaus werden dem Faktor die Indikatoren „Alleinstellungsmerkmal“ sowie „Kundenkonzentration“ zugeordnet. Auch hier bestätigen sich die Erkenntnisse aus der Korrelationsanalyse in Abschnitt 6.4.3. So sind Gründerteams mit einem entsprechend hohen Ausbildungsniveau c. p. eher in der Lage, Innovationen zu schaffen, die sich im Markt von der Konkurrenz abheben und sich durch ein ausgeprägtes Alleinstellungsmerkmal kennzeichnen, als weniger gut ausgebildete Teams. Hiermit verbunden ist ein hoher Spezialisierungsgrad des Produktes, das oftmals nur für einige wenige, dafür aber besonders große Abnehmer in Frage kommt.

- **(4) Branchenerfahrung und Marktgröße:** Dem vierten Faktor werden die Indikatoren „Branchenerfahrung“ sowie „Marktgröße“ zugeordnet. Eine sachlogisch nachvollziehbare Begründung dieser Zuordnung erscheint schwierig. Es kann spekuliert werden, dass große Märkte mehr Beschäftigungsmöglichkeiten bieten. Damit gibt es per se mehr Personen, die über Branchenerfahrung in großen Märkten verfügen. In großen Märkten wäre die Anzahl an Gründern mit Branchenerfahrung somit c. p. höher. Die empirischen Erkenntnisse sowie sachlogische Überlegungen reichen aber nicht aus, um diesen Zusammenhang über die Spekulation hinaus zu erhärten. Der vierte Faktor entzieht sich somit als einziger einer vergleichsweise eindeutigen Interpretation der Variablenzuordnung.

Die Herausforderung einer schlüssigen Interpretation der Variablenzuordnung ist jedoch ein grundsätzliches Problem der Faktorenanalyse und stellt keine Seltenheit dar.

- **(5) Entwicklungsreife:** Von den 27 Indikatoren haben nur zwei direkt den Entwicklungsstand der Unternehmensgründung erfasst. Zum einen wurde durch den Indikator „Entwicklungsstand des Prototyps“ dokumentiert, inwiefern das Gründerteam bereits über ein vorzeigbares und funktionsfähiges Modell seines Kernproduktes verfügt. Zum anderen wurde über den Indikator „Vollständigkeit des Marketingkonzeptes“ der Entwicklungsstand von Vertriebs- und Marketingstrategie erfasst. Beide Werte können als Indikatoren für den Entwicklungsstand des Gründungsvorhabens gewertet werden. Daher ist es auch nicht überraschend, dass sie trotz ihrer inhaltliche Unterschiede dem gleichen Faktor zugeordnet werden. So ist davon auszugehen, dass ein Gründungsvorhaben mit einem fertigen Prototypen und vollständigem Marketingkonzept bereits weiter entwickelt ist als ein Unternehmen bei dem diese Merkmale noch nicht ausgeprägt sind. Dementsprechend lässt sich der fünfte Faktor somit auch am ehesten als Faktor der „Entwicklungsreife“ zusammenfassen.

- **(6) Gemeinsame Vergangenheit:** Wie aus den Messansätzen in Abschnitt 3.5.4.6 hervorgeht, sind die Indikatoren „Vorherige Bekanntschaft“ sowie „Vorherige Zusammenarbeit“ bezüglich ihrer Messung eng miteinander verknüpft. Naturgemäß kann ein Team nur dann vorher zusammengearbeitet haben, wenn sich die Gründer auch schon vor der Gründung kannten. Insofern entspricht der sechste Faktor der gemeinsamen Vergangenheit der Gründer. Als dritte Variable wird diesem Faktor auch die durchschnittliche Gründungserfahrung zugeordnet, auch wenn diese nur eine Faktorladung von $0,459$ aufweist und somit unter dem geforderten Schwellenwert von $0,5$ liegt. Die Zuordnung ist wohl damit zu erklären, dass viele Gründer in der Vergangenheit gemeinsam gegründet haben und somit eine Verknüpfung zum Indikator der vorherigen Zusammenarbeit besteht.

- **(7) Markt und Wettbewerb:** Die Indikatoren Marktwachstum sowie Konkurrenzintensität werden beide dem siebten Faktor zugeordnet, der sich somit am ehesten als Faktor von „Markt und Wettbewerb" beschreiben lässt. Aus der Reihe der Marktindikatoren fehlen aber sowohl die Kundenkonzentration als auch die Marktgröße, die inhaltlich auch diesem Faktor hätten zugeordnet werden können. Mitunter kann wohl davon ausgegangen werden, dass die Konkurrenzintensität in neuen, wachstumsstarken Märkten höher ist als in wachstumsschwachen Märkten. Zumindest die hohen Renditeanforderungen der VCGs können häufig nur in Märkten mit hohen Wachstumsraten erfüllt werden. Entsprechend höher ist auch die Zahl an Jungunternehmen, die in wachstumsstarke Märkte drängen. Um zu einer abschließenden Analyse der hier vermuteten Kausalität zu kommen, sind aber weitere Untersuchungen notwendig.

- **(8) Produkt- und Geschäftsidee:** Dem achten und letzten Faktor werden die Indikatoren „Patentfähigkeit" sowie „Proprietät der Technologie" zugeordnet. Auch der Indikator „Allianzen" fällt unter diesen Faktor. Die Faktorladung liegt mit einem Wert von $0,294$ jedoch deutlich unter dem Schwellenwert von $0,5$ und wird daher nicht weiter berücksichtigt. Der Faktor fasst im Wesentlichen die Eigenschaften der Produkt- und Geschäftsidee zusammen, auch wenn die Indikatoren „Alleinstellungsmerkmal" sowie „Entwicklungsstand des Prototypen" aus bereits diskutierten Gründen anderen Faktoren zugeordnet wurden. Die Reduktion der Indikatoren „Patentfähigkeit" sowie „Proprietät der Technologie" auf einen einzigen Faktor kann sachlogisch begründet werden. So suchen vor allem solche Unternehmen Kapital, die über eine sowohl patentfähige als auch proprietäre Technologie verfügen. Vermutlich verringern sich die Chancen eines Jungunternehmens, von VCGs finanziert zu werden, wenn eine der beiden Eigenschaften nicht erfüllt wird. Vor diesem Hintergrund erscheint eine thematische Gruppierung der beiden Indikatoren zu einem Faktor nachvollziehbar. Zweifelsohne wären auch hier weitere Untersuchungen notwendig, um zu einer abschließenden Bewertung zu kommen.

6.5.3. Zwischenfazit

Anhand der Faktorenanalyse konnte die Basis von 27 Indikatoren auf 8 zentrale Faktoren reduziert werden. Mittels der 8 Faktoren werden 85% der Gesamtvarianz aller Variablen erklärt. Der Informationsverlust durch die Anwendung der Faktorenanalyse ist somit begrenzt. Geht man davon aus, dass die Indikatorenbasis die Merkmale des Gründungsgeschehens umfassend abbildet, so könnte ein Businessplan auf die hier identifizierten 8 Faktoren reduziert werden, ohne dass hiermit ein maßgeblicher Informationsverlust einhergeht. Natürlich gilt dies nur für solche Merkmale, die quantitativ messbar sind. Die qualitativen Aspekte des Businessplans bleiben selbstverständlich unberührt.

Erst durch die Anwendung der Faktorenanalyse als multivariates Verfahren der Statistik konnten verschiedene Zusammenhänge zwischen den Indikatoren offengelegt werden. Insbesondere hinsichtlich Ausbildungsniveau und Erfahrung der Gründer konnten erste Erkenntnisse aus der Korrelationsanalyse bestätigt werden. Gleiches gilt auch für den Zugang zu sozialem Kapital. Die Analyse zeigt somit, dass die unterschiedlichen Elemente eines Businessplans eng miteinander verknüpft sind. Für eine Faktorenanalyse hat sich darüber hinaus eine überraschend klare Zuordnung der Indikatoren ergeben. In aller Regel war diese klar interpretierbar und konnte sachlogisch nachvollzogen werden. Lediglich in einem Fall konnte die Variablenzuordnung ex-post nur bedingt erklärt werden. Die Faktorenanalyse belegt damit auch, dass die Erhebung der Indikatoren fachlich wohl richtig durchgeführt wurde. Ansonsten wäre eine sinnvolle Erklärung der Variablenzuordnungen wohl kaum möglich gewesen.

Rotierte Komponentenmatrix (Varimax-Rotation mit Kaiser Normalisierung)
Faktorladungen

	Faktoren							
Indikatoren	**1**	**2**	**3**	**4**	**5**	**6**	**7**	**8**
Altersschnitt	0,903							
Berufserfahrung	0,898							
Funktionale_Erf	0,704							
Führungserfahrung	0,893							
Teamgröße		0,856						
Teamvollständigk.		0,887						
Interdisziplinarität		0,711						
Komb_Wirt_Tech		0,514						
Vertriebserfahrung		0,618						
Pilotkunden		0,614						
Ausbildungsniveau			0,896					
Alleinstellungsm.			0,703					
Kundenkonzentr.			0,719					
Allgem_Netzwerk			0,772					
Interne Gremien			0,626					
Branchenerfahrung				0,738				
Marktgröße				0,877				
Prototyp					0,925			
Vertriebskonzept					0,673			
Bekanntschaft						0,869		
Zusammenarbeit						0,848		
Gründungserf.						0,459*		
Marktwachstum							0,820	
Konkurrenzint.							0,874	
Patentfähigkeit								0,583
Proprietät								0,869
Allianzen								0,294*
Gesamtvarianz (%)	**15,9**	**30,4**	**43,4**	**52,9**	**62,2**	**70,9**	**78,3**	**85,3**

Exktraktionsmethode: Hauptkomponentenanalyse
Die Rotation ist in 11 Iterationen konvergiert.
* Werte liegen unterhalb dem Schwellenwert von 0,5.

Tabelle 6.13.: Faktorladungen und Zuordnung der Variablen

6.6. Zusammenfassung

Die statistische Analyse überrascht mit einem Ergebnis, das die Erwartungen der Hypothesenbildung widerlegt hat. Lediglich drei der 27 formulierten Hypothesen konnten angenommen werden. Alle übrigen Hypothesen mussten aufgrund nicht signifikanter Ergebnisse fallengelassen werden. Entsprechend gering ist somit die Anzahl relevanter Frühindikatoren der wirtschaftlichen Entwicklung von Jungunternehmen, die empirisch aus Businessplänen abgeleitet werden kann. Die Ablehnung der Hypothesen deutet an, dass Businesspläne nur bedingt Schlüsse über die Erfolgsaussichten von Gründungsvorhaben zulassen. Damit scheint sich ein eher kritisches Bild von Businessplänen zu bestätigen, das sich vor allem bei einigen amerikanischen Investoren immer stärker durchsetzt.[75]

Angesichts der Ablehnung der Hypothesen stellt sich aber auch die Frage nach der Validität des methodischen Vorgehens. Bei der Erhebung des Abweichungsmaßes handelt es sich um ein neuartiges Verfahren zur Messung der Unternehmensentwicklung. Erstmals konnten die Erwartungen der Gründer mit Daten aus dem elektronischen Bundesanzeiger gespiegelt werden. Wie sich gezeigt hat, weichen fast alle Unternehmensgründungen massiv von der Finanzplanung ab. Natürlich stellt die Messung der Unternehmensentwicklung auf Basis der Finanzplanung ein Problem dar, wenn letztere einer realistischen Grundlage entbehrt. Die Validität des methodischen Vorgehens ist daher auch Diskussionsgegenstand der kritischen Würdigung in Kapitel 7.

Neben der Ablehnung der Hypothesen konnten durch die Korrelations- und Faktorenanalyse jedoch vielfältige Zusammenhänge innerhalb der Indikatorenbasis aufgedeckt werden. Die Ergebnisse zeigen, dass die unterschiedlichen Aspekte eines Gründungsvorhabens eng miteinander verknüpft sind. Insbesondere Ausbildung und Erfahrungen der Gründer haben einen positiven Einfluss auf wichtige Merkmale, wie beispielsweise

[75] Vgl. hierzu bspw. Kirsch und Gera (2009), a. a. O., S. 487–515.

den Umfang des sozialen Kapitals oder auch die Patentfähigkeit des Produktes. Somit leistet die statistische Analyse einen Beitrag, zusammenhängende Strukturen in Businessplänen weiter zu entschlüsseln und auf wenige wesentliche Faktoren zu reduzieren.

7. Zusammenfassung, kritische Würdigung und Ausblick

7.1. Überblick

Das achte und letzte Kapitel beginnt mit einer zusammenfassenden Betrachtung der wichtigsten Untersuchungsergebnisse. Im zweiten Teil setzt sich das Kapitel mit verschiedenen Kritikpunkten am methodischen Vorgehen der Arbeit auseinander. Wie jede wissenschaftliche Arbeit unterliegt auch die vorliegende dem kritischen Urteil des Lesers. Daher werden die beiden wesentliche Bausteine des Untersuchungsansatzes, nämlich die Aufzeichnung der Indikatoren und Unternehmensentwicklung, kritisch beleuchtet. Hiermit wird der Versuch unternommen, auf potentielle Schwachstellen der Untersuchung einzugehen und mögliche Verbesserungsansätze zu diskutieren. Im dritten Teil des Kapitels werden zudem Implikationen und Handlungsempfehlungen für Forschung, Praxis und Gründungsförderung entwickelt. Unter anderem wird auf mögliche Erweiterungen des hier vorgestellten Untersuchungsansatzes im Rahmen zukünftiger Studien der Gründungsforschung eingegangen. Kapitel und Dissertation schließen mit einem kurzen Fazit und einigen finalen Anmerkungen.

7.2. Zusammenfassung der Erkenntnisse

7.2.1. Deskriptive Erkenntnisse aus der Grundgesamtheit

Neben der eigentlichen statistischen Analyse konnte anhand von Daten aus der Grundgesamtheit auch in deskriptiver Hinsicht ein detailliertes Bild von deutschen Gründungsvorhaben gewonnen werden. Auffallend in diesem Zusammenhang ist sicherlich das sehr hohe Ausbildungsniveau der Gründer. Rund 35% sind promoviert, weitere 8% sogar habilitiert. Im Vergleich hierzu der Bundesdurchschnitt: rund 1% aller Erwerbstätigen ist promoviert, nur ein Promille habilitiert. Dieser Vergleich deutet bereits an, dass sich die untersuchten Gründer erheblich von der erwerbstätigen Bevölkerung in Deutschland unterscheiden. Zweifelsohne gibt es hier einen Zusammenhang zu den Kooperationspartnern, die vornehmlich auf innovative Geschäftsideen aus dem Hochtechnologiebereich setzen. Die Entwicklung selbiger verlangt nicht selten ein Hochschulstudium oder eine weiterführende wissenschaftliche Ausbildung.

Als Ergebnis dieser konsequenten Orientierung auf innovative Technologien ist auch ein erstaunlich hoher Anteil patentfähiger oder bereits patentierter Produkte zu beobachten. So verfügen rund 27% aller Gründungsvorhaben über ein Patent bzw. haben ein solches angemeldet. Ähnlich hohe Werte lassen sich auch für die Indikatoren „Alleinstellungsmerkmal von Produkt oder Dienstleistung“ sowie „Entwicklungsstand des Prototypen“ feststellen. Auch die Lektüre der Businesspläne bestätigt den Eindruck der starken Produkt- und Technologieorientierung der Gründungsvorhaben. Im Vergleich hierzu fällt die Markt- und Vertriebsorientierung der Unternehmen jedoch eher spärlich aus. Insbesondere die geringe Vertriebserfahrung der Gründer überrascht hierbei und scheint die oft geübte Kritik der fehlenden Vertriebsorientierung deutscher Unternehmen zu bestätigen. So kommen auf durchschnittliche 12,8 Jahre an Berufserfahrung pro Gründer lediglich 1,4 Jahre an Vertriebserfahrung. Und diese sind nicht etwa gleichmäßig über die Grundgesamtheit verteilt, sondern konzentrieren sich auf einige wenige Köpfe. Fast 40% aller Gründungsvorhaben starten ohne jegliche Vertriebserfahrung im Team. Während in den Businessplänen viele Seiten auf die technischen Details von Produkt oder Dienstleistung verwendet werden, so entfallen auf das Marketing- und Vertriebskonzept oft nur wenige Zeilen. So verzichten selbst Gründungsvorhaben, deren Erfolg maßgeblich von Vertrieb und Marketing abhängt, auf eine personelle Ergänzung des Gründerteams um einen Vertriebsexperten. Offenbar wird viel zu oft davon ausgegangen, dass die vermeintlich überlegenen Eigenschaften von Produkt oder Dienstleistung den Erfolg am Markt garantieren.

Wie aus der Abweichung von Finanzplanung und Jahresabschlüssen im dritten Geschäftsjahr jedoch deutlich wird, kann hiervon keine Rede sein, zumindest wenn man den Erfolg einer Gründung an der ursprünglichen Erwartung der Gründer misst. Lediglich rund 15% aller Unternehmen schaffen ihre Vorgaben aus dem Finanzplan. Der Rest weicht teils massiv nach unten ab. Die statistische Analyse konnte die Bedeutung des Vertriebes für die Unternehmensentwicklung zwar nicht nachweisen. Wider Erwarten wurde im Rahmen der statistischen Analyse sogar ein negativer Zusammenhang zwischen Vertriebserfahrung und Unternehmensentwicklung nachgewiesen. Aus sachlogischen Überlegungen wurde jedoch schnell klar, dass es sich hierbei lediglich um einen korrelativen, in keinem Fall aber um einen kausalen Zusammenhang handelt. Aus den Ergebnissen kann somit nicht geschlossen werden, dass sich Unternehmen wegen der Vertriebserfahrung ihrer Gründer schlecht entwickelt hätten.

7.2.2. Frühindikatoren der Unternehmensentwicklung

Wider Erwarten konnte nur für 3 der 27 potentiellen Frühindikatoren ein statisch signifikanter Zusammenhang zur Unternehmensentwicklung nachgewiesen werden. Bei den drei Indikatoren handelt es sich um die Marktgröße, das Marktwachstum sowie die Konzentration der Kundenbasis. In fast allen anderen Fällen liegen die

Werte der Korrelationskoeffizienten um den Nullpunkt, die P-Werte fernab von jedem statistisch akzeptablen Signifikanzniveau.

Hierbei fällt auf, dass die drei signifikanten Indikatoren alle exogener Natur sind und den Zielmarkt der Gründungsvorhaben betreffen. Keine der Indikatoren bezieht sich auf einen endogenen Faktor, wie etwa Qualität und Zusammensetzung des Gründerteams. Auf den ersten Blick könnte hieraus der Schluss gezogen werden, dass sich der Erfolg einer Gründung vor allem aus den Eigenschaften des Marktes erklärt. Dieser statistischen Erkenntnis stehen aber vielfältige sachlogische Überlegungen entgegen, die auch dem Gründerteam eine große, vermutlich sogar die größte Bedeutung für den Gründungserfolg beimessen. In jedem Fall sind weiterführenden Untersuchungen notwendig, um die Bedeutung der Marktfaktoren abschließend bewerten zu können.

Unabhängig davon wurde die Entwicklung eines umfassenden Scoring-Modells angesichts der Ergebnisse aus der statistischen Analyse hinfällig. Zumindest was die hier untersuchten Businesspläne betrifft, muss somit geschlossen werden, dass sich keine kritische Anzahl an aussagekräftigen Frühindikatoren der Unternehmensentwicklung ableiten lässt.[1]

7.2.3. Ergebnisse der Faktorenanalyse

Durch den Einsatz der Faktorenanalyse konnte die Anzahl unabhängiger Variablen von 27 Indikatoren auf 8 wesentliche Faktoren reduziert werden. Die hohen Faktorladungen der Indikatoren ermöglichen eine relativ klare und eindeutig interpretierbare Zuordnung der Variablen auf die Faktoren. Wie die Korrelationsanalyse innerhalb der Indikatorenbasis bereits angedeutet hatte, sind viele Aspekte des Gründungsgeschehens enger miteinander verknüpft und korreliert als man dies zunächst annehmen würde. So steht das Ausbildungsniveau der Gründer in einem deutlichen Zusammenhang zum sozialen Kapital und unternehmerischen Netzwerk der Gründer. Besser

[1] Hiermit wird jedoch nicht ausgeschlossen, dass die Analyse einer anderen Grundgesamtheit durchaus zu statisch signifikanten Ergebnissen führen könnte.

ausgebildete Gründer unterhalten c.p. auch mehr Kontakte und Beziehungen zu externen Personen und Organisationen. Außerdem starten besser ausgebildete Gründer ihr Unternehmen signifikant öfter in Märkten mit hoher Kundenkonzentration. Diese Märkte erfordern häufig hochspezialisierte Produkte und Lösungen, die nur von sehr gut ausgebildeten Gründern entwickelt werden können. Natürlich muss man im Rahmen der Faktorenanalyse besonders acht geben, Korrelation und Kausalität nicht zu verwechseln. An einigen Stellen sind die Ergebnisse jedoch so eindeutig, dass von einem kausalen Zusammenhang ausgegangen werden kann.

Für die Entwicklung eines Scoring-Modells hat die Faktorenanalyse jedoch keinen unmittelbaren Einfluss. Die Erkenntnis über statistische Zusammenhänge innerhalb der Indikatorenbasis ist nur bedingt relevant für die Bewertung neuer Geschäftsideen. Verknüpft man die Indikatoren jedoch mit der Erwartungshaltung der Gründer aus der Finanzplanung, ergeben sich teils frappierende Unterschiede bei den untersuchten Gründern. So kennzeichnen sich ältere und besser ausgebildete Gründer durch eine konservativere Erwartungshaltung als junge und weniger gute ausgebildete Gründer. Hieraus ergeben sich verschiedene Handlungsempfehlungen für die Bewertung von Businessplänen in der Praxis. Auf diesen Aspekt wird in Abschnitt 7.4.2 näher eingegangen.

7.3. Kritische Würdigung der Arbeit

7.3.1. Erhebung der unabhängigen Variablen

Anhand von Experteninterviews, dem Studium der Fachliteratur sowie eigenen sachlogischen Überlegungen wurde systematisch eine Vielzahl möglicher Frühindikatoren entwickelt. Hierbei wurde der Anspruch erhoben, ausschließlich solche Indikatoren zu erheben, die „objektiv messbar“ sind, also kein subjektives Urteil des Bewerters erfordern. Während der Entwicklung der Indikatoren wurde jedoch schnell deutlich, dass die wichtigsten Elemente eines Geschäftsvorhabens nur bedingt durch objektive Kriterien und Merkmale abgebildet werden können. So ist die Bewertung der eigentlichen Geschäftsidee anhand objektiver Indikatoren faktisch kaum möglich. Aus diesem Grund konnte bei der Datenerhebung auf Indikatoren, die der Gefahr einer subjektiven Bewertung unterliegen, nicht gänzlich verzichtet werden.

Im Verlauf der Untersuchung musste eine Abwägung getroffen werden, ob die Datenerhebung strikt auf objektive Indikatoren beschränkt wird oder ob auch Indikatoren berücksichtigt werden, die möglicherweise einer subjektiven Bewertung unterliegen. Es wurde sich für einen Kompromiss entschieden. Nur anhand objektiver Indikatoren hätte ein Gründungsvorhaben nur unzureichend abgebildet werden können. Indikatoren, die subjektive Elemente beinhalten, sind somit unabdingbar. Gleichzeitig wurde jedoch auf Indikatoren verzichtet, die eine rein subjektive Bewertung des Autors erfordert hätten. Hierzu zählen beispielsweise Fragen nach den Marktchancen einer Geschäftsidee oder auch der erwarteten Wettbewerbsreaktion auf die Einführung eines neuen Produktes. Aspekte wie diese konnten anhand objektiver Indikatoren nicht ausreichend abgebildet werden und wurden deswegen außen vorgelassen. Insofern ist die Studie dem Anspruch der Objektivität weitestgehend treu geblieben, auch wenn in einigen Fällen das Risiko der subjektiven Bewertung von Indikatoren nicht endgültig ausgeschlossen werden konnte.

7.3.2. Erhebung der abhängigen Variable

Anhand von Daten aus dem elektronischen Bundesanzeiger konnte die Abweichung zwischen unternehmerischer Erwartung und Realität berechnet werden. Der Bewertung des Gründungserfolges wurde somit ein weiteres Maß hinzugefügt, das die subjektiven Erwartungen der Gründer mit den objektiven Finanzkennzahlen der Jahresabschlüsse verbindet. Hiermit wurde ein globales Maß für unternehmerischen Erfolg oder Misserfolg geschaffen, das einen Vergleich von Gründungsvorhaben trotz unterschiedlicher Ausgangssituationen ermöglicht.

Dieses Vorgehen setzt jedoch voraus, dass die Finanzplanung im Businessplan auch die tatsächlichen Erwartungen der Gründer wiedergibt. Hierzu gehen die Meinungen jedoch auseinander. So weist William Sahlman daraufhin, dass Finanzpläne oft nur zum Zweck der Kapitalbeschaffung erstellt werden.[2] Die eigentlichen Erwartungen der Gründer seien oftmals pessimistischer und würden sich im Finanzplan kaum wiederfinden. Zudem führt er an, dass viele Finanzpläne einer sachlogisch fundierten Herleitung entbehren. Hieraus schließt Sahlman, dass die Finanzplanung keine solide Ausgangsbasis ist, um die Entwicklung eines Unternehmens ex-post bewerten zu können.[3]

In Anbetracht dieser Tatsachen muss man sich allerdings fragen, welchen Sinn und Zweck die Finanzplanung in Businessplänen überhaupt noch hat. Erfüllt die Planung wirklich nur den Zweck der Kapitalbeschaffung? Stimmt es, dass Gründer nicht an die eigenen Zahlen glauben? Und falls ja, handeln sie dann nicht zutiefst unmoralisch, wenn sie Zahlen zu Papier bringen, die nicht ihren eigenen Erwartungen entsprechen? In der vorliegenden Untersuchung können diese Fragen nicht beantwortet werden. Anstatt dessen wurde der Entschluss gefasst, die Gründer beim Wort zu nehmen. Die zu Papier gebrachte Planung gilt. An diesen Werten müssen sich die Gründer messen lassen. Nur so kann ein systematischer Vergleich zwischen Erwartung und Realität erfolgen. Aus dieser Perspektive stellt die Abweichung zwischen Finanzplan und Jahresabschluss somit ein valides Maß dar, um die Entwicklung eines Gründungsvorhabens ex-post beurteilen zu können.

---

[2] William Sahlman ist Professor für Entrepreneurship an der Harvard Business School und seit vielen Jahren selbst als Risikokapitalgeber tätig.

[3] Gleichzeitig fordern andere Experten, dass Businesspläne nicht nur eine optimistische „Best-Case“ Planung, sondern vor allem auch eine pessimistische „Worst-Case“-Finanzplanung enthalten sollten. Die tatsächliche Entwicklung der Unternehmen sollte sich dann innerhalb der Grenzen der beiden Planungen befinden. Mit diesem Vorgehen soll die naturgemäße Ungewissheit in der finanziellen Entwicklung von Jungunternehmen abgedeckt werden. Viele Risikokapitalgeber rechnen automatisch mit dem „Worst-Case“-Szenario, um sicherzustellen, dass sich die ambitiösen Renditeziele auch bei einer pessimistischen Entwicklung des Unternehmens erfüllen lassen. Die für diese Studie untersuchten Businesspläne enthielten in der Regel jedoch nur einen Finanzplan, so dass eine Differenzierung in verschiedene Szenarien nicht möglich war.

7.3.3. Umfang der Grundgesamtheit

Im Rahmen der Untersuchung konnte durch die enge Zusammenarbeit mit fünf Kooperationspartnern der Zugang zu rund 14.000 Businessplänen sichergestellt werden. Von diesen Businessplänen konnten jedoch nur 96 für die statistische Analyse genutzt werden. Auch wenn die Durchführung von Korrelations- und Faktorenanalyse hierdurch nicht maßgeblich beeinträchtigt wird, so können andere Verfahren der multivariaten Statistik aufgrund einer Fallzahl von weniger als 100 Plänen nicht angewendet werden. Insbesondere gilt dies für die Anwendung der Kausalanalyse. Gerade im Rahmen dieses Verfahrens hätten latente, also nicht direkt beobachtbare Einflussfaktoren der Unternehmensentwicklung aufgedeckt werden können.

Angesichts der hohen Anzahl verfügbarer Businesspläne erscheint eine Fallzahl von 96 Plänen als gering. Rund 13.900 Businesspläne wurden von der Analyse ausgeschlossen. Zweifelsohne stellt sich in diesem Zusammenhang die Frage, ob eine derart drastische Reduktion der anfänglichen Grundgesamtheit durch eine Anpassung des methodischen Vorgehens hätte verhindert werden können. Immerhin ist die geringe Fallzahl auf den vergleichsweise strengen Selektionsprozess der Businesspläne zurückzuführen. So wurden beispielsweise nur solche Unternehmen berücksichtigt, die zum Zeitpunkt der Businessplanerstellung nicht älter als zwei Jahre waren. Ohne diese Bedingung hätte sich die verwertbare Anzahl an Businessplänen vervielfacht. Ähnliches gilt für weitere Kriterien des Auswahlprozesses.

Im Interesse einer fundierten statistischen Analyse wurde jedoch von Anfang an gegen eine derartige Aufweichung der Auswahlkriterien entschieden. Die Abwägung zwischen Korrektheit der statistischen Analyse und Umfang der Grundgesamtheit fällt somit zu Gunsten der statistischen Korrektheit aus. Hierdurch wurde die Bandbreite des statistischen Instrumentariums zwar begrenzt, gleichzeitig aber auch die Vergleichbarkeit der Untersuchungsobjekte in der Grundgesamtheit sichergestellt. Auch die Ausweitung der Anzahl verfügbarer Businesspläne stellt für diese Situation nur bedingt eine Lösung dar. Da weniger als 1% der Businesspläne genutzt werden konnten, hätten 1.000 zusätzliche Pläne lediglich zu einer Erhöhung der verwertbaren Pläne um 100 Geschäftskonzepte geführt. Angesichts der Schwierigkeit, Kooperationspartner für die Studie zu gewinnen, wäre dieses Vorgehen somit wohl kaum durchführbar gewesen. An dieser Stelle sei darauf hingewiesen, dass eine Fallzahl von 96 Businessplänen im Vergleich zu anderen Studien der Gründungsforschung in keinem Fall eine schlechte Grundlage darstellt. So nutzen Roure und Keeley (1990) 36, Willer (2007) 50 und Roure und Maidique (1986) sogar nur 8 Businesspläne als Datengrundlage. Diese Beispiele sind keine Ausnahmen. Nur wenige Studien verfügen über mehr als 100 verwertbare Businesspläne. Insofern kann der Umfang der Grundgesamtheit in der vorliegenden Studie als fundierte Basis für die statistischen Analyse gesehen werden, auch wenn die Anwendung kausalanalytischer Modelle schlussendlich nicht möglich war.

7.4. Implikationen aus den Ergebnissen

7.4.1. Implikationen für die Forschung

Verschiedene Erweiterungen des vorgestellten Untersuchungsansatzes sind denkbar. So wäre es zweifelsohne interessant, die Untersuchung auch auf andere Länder auszuweiten. Dies bezieht sich sowohl auf den Nachweis von Frühindikatoren wie auch die Identifizierung möglicher Zusammenhänge innerhalb der Indikatorenbasis. Es kann nicht ausgeschlossen werden, dass in anderen Ländern durchaus aussagefähige Frühindikatoren ermittelt werden können, auch wenn dies in Deutschland nicht der Fall war. Zudem wäre eine Erweiterung der Grundgesamtheit verwertbarer Businesspläne wünschenswert, da hierdurch die volle Bandbreite des statistischen Instrumentariums genutzt werden könnte.

Insbesondere ergeben sich aber auch aus der Nutzung des elektronischen Bundesanzeigers neue Möglichkeiten. Durch die Veröffentlichungspflicht von Kapitalgesellschaften hat sich für die empirische Gründungsforschung in Deutschland eine neue und leicht zugängliche Datenquelle ergeben, die bisher noch von überraschend wenig Wissenschaftlern genutzt wird. In der vorliegenden Untersuchung waren die Angaben im elektronischen Bundesanzeiger ausschlaggebend für die Bewertung der Unternehmensentwicklung. Hierbei wurde als zentrale Größe das Jahresergebnis im dritten Jahr zugrunde gelegt. Zweifelsohne wäre auch eine weit umfassendere Nutzung des elektronischen Bundesanzeigers im Rahmen der Erfolgsfaktorenforschung denkbar. So kann beispielsweise die bilanzielle Entwicklung von Unternehmen detailliert über viele Jahre nachvollzogen werden. Im Fall großer Kapitalgesellschaften können zudem Daten aus der Gewinn- und Verlustrechnung genutzt werden. Somit kann ein deutlich differenzierteres Bild der Unternehmensentwicklung gezeichnet werden, als dies durch die reine Erhebung des Jahresergebnisses möglich ist.

Ein großer Vorteil des elektronischen Bundesanzeigers liegt auch darin, dass keine Zustimmung der Unternehmen für die Datenerhebung erforderlich ist. Die Daten sind öffentlich und frei verfügbar. Dies macht die Durchführung von Untersuchungen wesentlich einfacher. In Verbindung mit einer bundesweiten Gründerstatistik wäre somit auch eine größer angelegte Untersuchung denkbar, die ganz unabhängig von Businessplänen die Entwicklung deutscher Gründungen über viele Jahre nachvollzieht. Bisher geschah dies meist über die Erhebung des dichotomen Überlebensmaßes. Es wurde also nur festgehalten, ob ein Unternehmen noch existiert oder nicht. Anhand der Daten aus dem elektronischen Bundesanzeiger kann man zu einer weitaus differenzierteren Betrachtung kommen. So wäre eine Longitudinalstudie mit mehreren tausend Untersuchungsobjekten möglich. Die Veröffentlichungspflicht von Kapitalgesellschaften verschafft der deutschen Gründungsforschung damit einen Vorsprung, der Potential für wegweisende Forschungsergebnisse birgt. Forscher aus dem angloamerikanischen Raum müssen im Gegensatz hierzu meist auf die Zusammenarbeit mit Unternehmen setzen, zumindest wenn sich ihre Untersuchungen auf Unternehmen beziehen, die nicht öffentlich gehandelt werden. Untersuchungen in großem Umfang werden damit erheblich erschwert.

7.4.2. Implikationen für die Praxis

Für die Praxis ergeben sich verschiedene Implikationen für den Umgang mit Businessplänen. Auch wenn der Businessplan seine Bedeutung als Planungsinstrument in der nahen Zukunft wohl nicht verlieren wird, so sind die Angaben der Gründer mit Vorsicht zu genießen. Die vorliegende Studie belegt, dass die Planungen der Gründer nur in den allerwenigsten Fällen auch wahr werden. 85% aller Gründungsvorhaben weichen negativ vom prognostizierten Gewinn im dritten Geschäftsjahr ab. Als Implikation und Handlungsempfehlung für die Praxis gilt es somit, Businesspläne noch rigoroser und gründlicher auf ihre Plausibilität zu überprüfen. Die statistische Analyse hat gezeigt, dass ältere und erfahrenere Gründer die konservativeren Prognosen vorlegen. Insbesondere bei jüngeren und unerfahrenen Gründern sollten die Annahmen der Finanzplanung im Gegensatz hierzu stärker hinterfragt werden. Investoren sind gut beraten, möglichst rasch in den Interviewprozess mit vielversprechenden Gründerteams einzutreten, um sich somit im direkten Gespräch von der Glaubwürdigkeit der Geschäftskonzepte überzeugen zu können.

Die Ergebnisse der Studie zeigen außerdem, weshalb sich systematische Entscheidungshilfen und empirische Modelle für die Bewertung von Businessplänen in der Praxis nie durchgesetzt haben. So muss davon ausgegangen werden, dass sich standardisierte Modelle nur sehr bedingt für eine Einschätzung der Erfolgsaussichten eines Gründungsvorhabens eignen. Wie bereits in vorherigen Kapiteln angemerkt wurde, ist der Prozess der unternehmerischen Wertschöpfung wohl zu komplex, als das man diesen auf einige wenige Erfolgsfaktoren reduzieren könnte. Für Investoren gilt somit nach wie vor der Rat, sich vor allem auf die eigene Intuition, Erfahrung und Analyse zu verlassen und auf den Einsatz standardisierter Bewertungsmodelle zu verzichten.

7.4.3. Implikationen für die Gründungsförderung

Gründer gründen am liebsten mit ihres gleichen. Bedauerlicherweise scheint diese Erkenntnis der Gründungsforschung auch auf den deutschen Kontext zuzutreffen. In fast Zweidrittel der untersuchten Unternehmen sind im Gründerteam nur eine bzw. zwei Studienrichtungen vertreten. Ähnliches gilt für die Verbindung von technologischen und betriebswirtschaftlichen Kenntnissen. Rund 60% aller Unternehmen verfügen entweder über die eine oder die andere Disziplin. In aller Regel sind es hierbei Teams aus Ingenieuren und Naturwissenschaftlern, die ohne nachweisbare betriebswirtschaftliche Kenntnisse ein Unternehmen gründen. In diesem Zusammenhang stellt sich zunächst die Frage, ob Ingenieure von betriebswirtschaftlichen Kenntnissen profitieren würden. Zumindest aus Sicht von Risikokapitalgebern muss diese Frage klar bejaht werden.[4] Der Erfolg einer Gründung hängt in aller Regel genauso stark von kaufmännischer Schläue, wie von technologischer Raffinesse ab.

Daher sollte es das Ziel der Gründungsförderung in Deutschland sein, die Durchmischung betriebswirtschaftlicher und technologischer Kenntnisse in Gründerteams zu fördern. Dies kann über zwei Wege erfolgen. Zum einen könnten für natur- oder ingenieurwissenschaftlich geprägte Gründer kaufmännische Seminare oder Weiterbildungsmaßnahmen angeboten werden. Im Rahmen verschiedener Förderungsinitiativen ist dieser Ansatz bereits umgesetzt. Zum anderen könnte aber auch die personelle Durchmischung der Gründerteams unterstützt werden. In den USA gelingt dies bereits seit vielen Jahren. Ein Grund hierfür liegt wohl auch in der interdisziplinären Ausrichtung der Universitäten. So verfügen die Universitäten Stanford und MIT über renommierte Business Schools, die in enger Zusammenarbeit mit Studenten der Natur- oder Ingenieurwissenschaften innovative Geschäftskonzepte entwickeln. Kaum ein Gewinnerteam des „MIT 100K“, dem weltweit bekanntesten Businessplan-Wettbewerb, hat nicht mindestens einen Betriebswirt an Bord.[5] Ingenieure und Kaufleute begegnen sich auf Augenhöhe. Berührungsängste gibt es kaum. Beide wissen um den Beitrag des anderen.

Auch für Deutschland wäre eine ähnliche Durchmischung wünschenswert. Technische Universitäten verfügen jedoch häufig über keine renommierte betriebswirtschaftliche Fakultät. Eine Durchmischung von Ingenieuren und Betriebswirten bleibt somit schon

[4] Vgl. hierzu auch die Ausführungen in Abschnitt 3.5.4.4.

[5] Massachusetts Institute of Technology: *MIT 100K Alumni Companies.* ⟨URL: `http://www.mit100k.org/alumni/alumni-companies/`⟩ – Zugriff am 24. November 2010.

während des Studiums aus. Weiterführende Forschungseinrichtungen, wie etwa die Fraunhofer-Gesellschaft oder das Max-Planck-Institut, betreiben zwar eigene Einrichtungen zum Thema Ausgründung, der ausreichende Kontakt zwischen Betriebswirten und Ingenieuren wird damit aber immernoch nicht sichergestellt. Für die Gründungsförderung empfiehlt es sich somit, die Interdisziplinarität von Gründerteams noch stärker zu fördern, in dem auch Universitäten und Forschungseinrichtungen noch fachübergreifender organisiert werden.

7.5. Fazit und abschließende Anmerkungen

Der genetische Code erfolgreicher Unternehmensgründungen, sollte er denn existieren, konnte auch in der vorliegenden Arbeit nicht entschlüsselt werden. Die Suche nach den Frühindikatoren der Unternehmensentwicklung geht also weiter. Zum jetzigen Zeitpunkt gibt es zwar vielfältige Erkenntnisse über mögliche Erfolgsfaktoren, nicht selten sind diese jedoch inkonsistent oder widersprechen sich. Im Sinne der Forderung von Brüderl und Ziegler (1998) könnte eine engere Verzahnung von Theorie und Empirie in der Gründungsforschung die Entwicklung ganzheitlicher Modelle unterstützen.[6] Für die Erfolgsfaktorenforschung bleibt somit zu hoffen, dass einzelne Befunde und Ergebnisse in Zukunft noch stärker konsolidiert und zu umfassenden Bewertungsmodellen verdichtet werden. Hierdurch könnte eines Tages auch die Entwicklung eines Scoring-Modells ermöglicht werden, das nicht nur in der Forschung Interesse findet, sondern auch in der Praxis zum Einsatz kommt.

[6] Vgl. hierzu auch die Ausführungen in Abschnitt 3.2.2.

Anhang

A. Ergebnisse der statistischen Analyse

Überblick

Der folgende Anhang enthält die Ausgabedateien von SPSS. Die Dateien geben jeweils das verwendete Korrelationsmaß, den p-Wert, sowie den eigentlichen Korrelationskoeffizienten an. Signifikante Korrelationen werden wie auch in Kapitel 7 mit zwei (falls der p-Wert geringer als $0,01$ ist) bzw. einem Asterisken (falls der p-Wert zwischen $0,01$ und $0,05$ liegt) gekennzeichnet. Schwach signifikante Korrelationen mit einem p-Wert zwischen $0,05$ und $0,1$ werden mit einem in Klammern gesetzten Asterisk markiert.

Korrelationen

		JÜ_Abweichung	Altersschnitt
JÜ_Abweichung	Korrelation nach Pearson	1	,027
	Signifikanz (1-seitig)		,400
	N	92	91
Altersschnitt	Korrelation nach Pearson	,027	1
	Signifikanz (1-seitig)	,400	
	N	91	95

Tabelle A.1.: Durchschnittsalter der Gründerteams

Korrelationen

			JÜ_Abweichung	Ausbildniveau
Kendall-Tau-b	JÜ_Abweichung	Korrelationskoeffizient	1,000	,047
		Sig. (1-seitig)	.	,265
		N	92	91
	Ausbildniveau	Korrelationskoeffizient	,047	1,000
		Sig. (1-seitig)	,265	.
		N	91	95

Tabelle A.2.: Durchschnittliches Ausbildungsniveau der Gründer

Korrelationen

		JÜ_Abweichung	Berufserf
JÜ_Abweichung	Korrelation nach Pearson	1	,037
	Signifikanz (1-seitig)		,364
	N	92	90
Berufserf	Korrelation nach Pearson	,037	1
	Signifikanz (1-seitig)	,364	
	N	90	94

Tabelle A.3.: Berufserfahrung der Gründer

Korrelationen

		JÜ_Abweichung	Branchenerf
JÜ_Abweichung	Korrelation nach Pearson	1	,094
	Signifikanz (1-seitig)		,190
	N	92	89
Branchenerf	Korrelation nach Pearson	,094	1
	Signifikanz (1-seitig)	,190	
	N	89	93

Tabelle A.4.: Branchenerfahrung der Gründer

Korrelationen

		JÜ_Abweichung	Funktionale_Erf
JÜ_Abweichung	Korrelation nach Pearson	1	,014
	Signifikanz (1-seitig)		,447
	N	92	89
Funktionale_Erf	Korrelation nach Pearson	,014	1
	Signifikanz (1-seitig)	,447	
	N	89	93

Tabelle A.5.: Funktionale Erfahrung der Gründer

Korrelationen

		JÜ_Abweichung	Führungserf
JÜ_Abweichung	Korrelation nach Pearson	1	-,034
	Signifikanz (1-seitig)		,376
	N	92	89
Führungserf	Korrelation nach Pearson	-,034	1
	Signifikanz (1-seitig)	,376	
	N	89	93

Tabelle A.6.: Führungserfahrung der Gründer

Korrelationen

		JÜ_Abweichung	Vertriebserf
JÜ_Abweichung	Korrelation nach Pearson	1	-,204*
	Signifikanz (1-seitig)		,028
	N	92	88
Vertriebserf	Korrelation nach Pearson	-,204*	1
	Signifikanz (1-seitig)	,028	
	N	88	92

*. Die Korrelation ist auf dem Niveau von 0,05 (1-seitig) signifikant.

Tabelle A.7.: Vertriebserfahrung der Gründer

Korrelationen

			JÜ_Abweichung	Gründungserf
Spearman-Rho	JÜ_Abweichung	Korrelationskoeffizient	1,000	,086
		Sig. (1-seitig)	.	,209
		N	92	92
	Gründungserf	Korrelationskoeffizient	,086	1,000
		Sig. (1-seitig)	,209	.
		N	92	96

Tabelle A.8.: Gründungserfahrung der Unternehmer

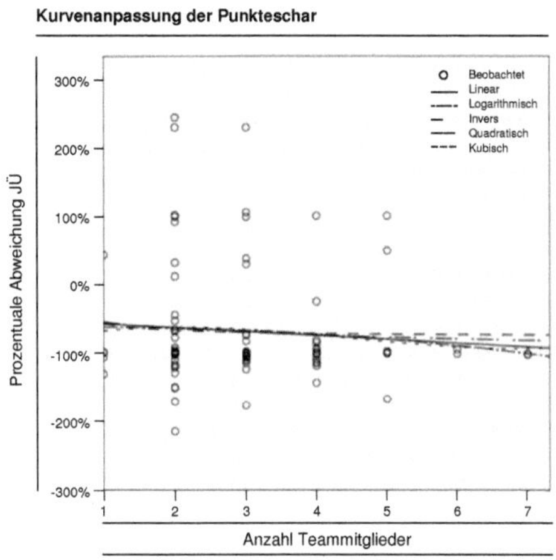

Korrelationen

		JÜ_Abweichung	Teamgröße
JÜ_Abweichung	Korrelation nach Pearson	1	,001
	Signifikanz (1-seitig)		,496
	N	92	92
Teamgröße	Korrelation nach Pearson	,001	1
	Signifikanz (1-seitig)	,496	
	N	92	96

Tabelle A.9.: Größe der Gründerteams

Korrelationen

			JÜ_Abweichung	Teamvollständ
Spearman-Rho	JÜ_Abweichung	Korrelationskoeffizient	1,000	-,033
		Sig. (1-seitig)	.	,377
		N	92	92
	Teamvollständ	Korrelationskoeffizient	-,033	1,000
		Sig. (1-seitig)	,377	.
		N	92	96

Tabelle A.10.: Vollständigkeit der Gründerteams

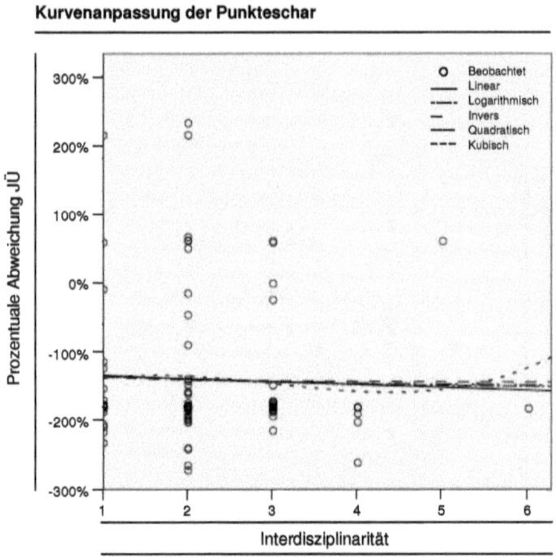

Korrelationen

			JÜ_Abweichung	Interdisziplin
Kendall-Tau-b	JÜ_Abweichung	Korrelationskoeffizient	1,000	-,067
		Sig. (1-seitig)	.	,205
		N	92	90
	Interdisziplin	Korrelationskoeffizient	-,067	1,000
		Sig. (1-seitig)	,205	.
		N	90	94

Tabelle A.11.: Interdisziplinarität des Gründerteams

Korrelationen

		JÜ_Abweichung	KombWirtTech
JÜ_Abweichung	Korrelation nach Pearson	1	-,109
	Signifikanz (1-seitig)		,153
	N	92	90
KombWirtTech	Korrelation nach Pearson	-,109	1
	Signifikanz (1-seitig)	,153	
	N	90	94

Tabelle A.12.: Wirtschaft und Technologie

Korrelationen

			JÜ_Abweichung	Bekanntschaft
Kendall-Tau-b	JÜ_Abweichung	Korrelationskoeffizient	1,000	,001
		Sig. (1-seitig)	.	,493
		N	92	80
	Bekanntschaft	Korrelationskoeffizient	,001	1,000
		Sig. (1-seitig)	,493	.
		N	80	83

Tabelle A.13.: Vorherige Bekanntschaft der Gründer

Korrelationen

			JÜ_Abweichung	Zusammenarb
Kendall-Tau-b	JÜ_Abweichung	Korrelationskoeffizient	1,000	-,045
		Sig. (1-seitig)	.	,297
		N	92	80
	Zusammenarb	Korrelationskoeffizient	-,045	1,000
		Sig. (1-seitig)	,297	.
		N	80	83

Tabelle A.14.: Vorherige Zusammenarbeit der Gründer

Korrelationen

			JÜ_Abweichung	Patent
Kendall-Tau-b	JÜ_Abweichung	Korrelationskoeffizient	1,000	,062
		Sig. (1-seitig)	.	,217
		N	92	90
	Patent	Korrelationskoeffizient	,062	1,000
		Sig. (1-seitig)	,217	.
		N	90	94

Tabelle A.15.: Schutzfähigkeit der Geschäftsidee

Korrelationen

			JÜ_Abweichung	Proprietät
Kendall-Tau-b	JÜ_Abweichung	Korrelationskoeffizient	1,000	,080
		Sig. (1-seitig)	.	,168
		N	92	82
	Proprietät	Korrelationskoeffizient	,080	1,000
		Sig. (1-seitig)	,168	.
		N	82	86

Tabelle A.16.: Proprietät der Kerntechnologie

Korrelationen

			JÜ_Abweichung	Prototyp
Kendall-Tau-b	JÜ_Abweichung	Korrelationskoeffizient	1,000	-,059
		Sig. (1-seitig)	.	,241
		N	92	85
	Prototyp	Korrelationskoeffizient	-,059	1,000
		Sig. (1-seitig)	,241	.
		N	85	89

Tabelle A.17.: Entwicklungsstand der Prototypentwicklung

Korrelationen

			JÜ_Abweichung	Alleinstell
Kendall-Tau-b	JÜ_Abweichung	Korrelationskoeffizient	1,000	,072
		Sig. (1-seitig)	.	,181
		N	92	92
	Alleinstell	Korrelationskoeffizient	,072	1,000
		Sig. (1-seitig)	,181	.
		N	92	96

Tabelle A.18.: Alleinstellungsmerkmal des Unternehmens

Korrelationen

		JÜ_Abweichung	Marktgröße
JÜ_Abweichung	Korrelation nach Pearson	1	,407**
	Signifikanz (1-seitig)		,002
	N	92	51
Marktgröße	Korrelation nach Pearson	,407**	1
	Signifikanz (1-seitig)	,002	
	N	51	52

**. Die Korrelation ist auf dem Niveau von 0,01 (1-seitig) signifikant.

Tabelle A.19.: Größe des Zielmarktes

Korrelationen

		JÜ_Abweichung	Marktwachst
JÜ_Abweichung	Korrelation nach Pearson	1	,216(*)
	Signifikanz (1-seitig)		,057
	N	92	55
Marktwachst	Korrelation nach Pearson	,216(*)	1
	Signifikanz (1-seitig)	,057	
	N	55	58

(*). Die Korrelation ist auf dem Niveau 0,1 signifikant (einseitig).

Tabelle A.20.: Wachstumsrate des Zielmarktes

Korrelationen

			JÜ_Abweichung	Kundenkonz
Kendall-Tau-b	JÜ_Abweichung	Korrelationskoeffizient	1,000	,143*
		Sig. (1-seitig)	.	,033
		N	92	92
	Kundenkonz	Korrelationskoeffizient	,143*	1,000
		Sig. (1-seitig)	,033	.
		N	92	96

*. Die Korrelation ist auf dem 0,05 Niveau signifikant (einseitig).

Tabelle A.21.: Konzentration der Kundenbasis

Korrelationen

		JÜ_Abweichung	Konkurrenz
JÜ_Abweichung	Korrelation nach Pearson	1	-,102
	Signifikanz (1-seitig)		,172
	N	92	89
Konkurrenz	Korrelation nach Pearson	-,102	1
	Signifikanz (1-seitig)	,172	
	N	89	93

Tabelle A.22.: Rivalität im Markt

Korrelationen

			JÜ_Abweichung	Vertriebskonz
Kendall-Tau-b	JÜ_Abweichung	Korrelationskoeffizient	1,000	-,209**
		Sig. (1-seitig)	.	,004
		N	92	92
	Vertriebskonz	Korrelationskoeffizient	-,209**	1,000
		Sig. (1-seitig)	,004	.
		N	92	96

**. Die Korrelation ist auf dem 0,01 Niveau signifikant (einseitig).

Tabelle A.23.: Vollständigkeit des Marketingkonzeptes

Korrelationen

		JÜ_Abweichung	Pilotkunden
JÜ_Abweichung	Korrelation nach Pearson	1	-,062
	Signifikanz (1-seitig)		,316
	N	92	61
Pilotkunden	Korrelation nach Pearson	-,062	1
	Signifikanz (1-seitig)	,316	
	N	61	62

Tabelle A.24.: Anzahl an Pilotkunden

Korrelationen

			JÜ_Abweichung	Allg_Netzwerk
Kendall-Tau-b	JÜ_Abweichung	Korrelationskoeffizient	1,000	-,042
		Sig. (1-seitig)	.	,297
		N	92	92
	Allg_Netzwerk	Korrelationskoeffizient	-,042	1,000
		Sig. (1-seitig)	,297	.
		N	92	96

Tabelle A.25.: Allgemeines Netzwerk der Gründer

Korrelationen

			JÜ_Abweichung	Allianzen
Kendall-Tau-b	JÜ_Abweichung	Korrelationskoeffizient	1,000	-,087
		Sig. (1-seitig)	.	,131
		N	92	92
	Allianzen	Korrelationskoeffizient	-,087	1,000
		Sig. (1-seitig)	,131	.
		N	92	96

Tabelle A.26.: Allianzen und Kooperationen der Gründer

Korrelationen

		JÜ_Abweichung	Int_Gremien
JÜ_Abweichung	Korrelation nach Pearson	1	,032
	Signifikanz (1-seitig)		,380
	N	92	92
Int_Gremien	Korrelation nach Pearson	,032	1
	Signifikanz (1-seitig)	,380	
	N	92	96

Tabelle A.27.: Unternehmensinterne Gremien

B. Sonstige Anhänge

Experte	Organisation	Position	Ort	Datum
		- Risikokapitalgeber -		
• Bussgang, J.	Flybridge Capital	General Partner	Boston	13.11.2009
• Dunn, E.	Cardinal VC	Managing Director	Menlo Park	09.11.2009
• Fernandez, M.	Sierra Ventures	Managing Director	Menlo Park	13.11.2009
• Fillat, A.	Leapfrog Ventures	Gründer und MD	Menlo Park	10.11.2009
• Fisher, J.	Draper Fisher Jurvetson	Gründer und MD	Menlo Park	10.11.2009
• Frankenberg, A.	High-Tech Gründerfonds	Geschäftsführer	Bonn	27.08.2009
• Khare, D.	Venrock Associates	Vice President	Telefonisch	20.10.2009
• Krauzs, S.	U.S. Venture Partners	General Partner	Menlo Park	10.11.2009
• Lee, D.	Bessemer Ventures	Vice President	Menlo Park	10.11.2009
• Nazre, A.	Kleiner Perkins	General Partner	Menlo Park	10.11.2009
• Plain, H.	Morgenthaler Ventures	Partner	Menlo Park	09.11.2009
• Rothrock, R.	Venrock Associates	General Partner	Palo Alto	09.11.2009
		- Wissenschaftler -		
• Bhide, A.	Harv. Kennedy School	Professor	Boston	22.03.2010
• Chakravorti, B.	Harv. Business School	Professor	Boston	08.10.2009
• Kirsch, D.	University of Maryland	Professor	Telefonisch	16.07.2009
• Sahlman, W.	Harv. Business School	Professor	Boston	22.10.2009
• Wasserman, N.	Harv. Business School	Professor	Boston	10.11.2009
• Zacharakis, A.	Babson College	Professor	Telefonisch	14.07.2009
		- Sonstige Experten -		
• Doochin, J.	Leverett Energy	Gründer und VC	Boston	28.03.2010
• Gilmartin, R.	Microsoft, Merck	AR Microsoft	Boston	15.10.2009
• Hatz, B.	Netzwerk Nordbayern	Geschäftsführerin	Köln	31.07.2009
• Huhn, W.	McKinsey & Co.	Senior Partner	Telefonisch	11.08.2009
• Müller, M.	Dr. Harzem & Partner	Wirtschaftsprüfer	Telefonisch	20.10.2009
• Püschel, J.	NUK e.V.	BP-Experte	Köln	04.08.2009
• Schweitzer, F.	BrainsToVentures AG	Gründer/Partner	Telefonisch	28.07.2009
• Sharp, J.	Extrusion Inc.	Gründer	Boston	24.04.2010
• Stein, L.	McKinsey & Co.	Senior Partner	Telefonisch	21.07.2009
• Willer, P.	Datev AG	BP-Experte	Telefonisch	27.07.2009

Tabelle B.1.: Übersicht über Experteninterviews

Indikatorenbasis (alphabetisch)*

- **Allgemeines Netzwerk**
- **Allianzen und Kooperationen**
- **Alleinstellungsmerkmal**
- Altersspanne
- Anteil Ausländer
- Anteil Gründer mit Ausbildung
- Anteil Gründer mit FH-Studium
- Anteil Gründer mit Habilitation
- Anteil Gründer mit Promotion
- Anteil Gründer mit Uni-Studium
- Anteil Studienabbrecher
- Anteil weiblicher Gründer
- Anzahl Mitarbeiter in Jahr 3 (Plan)
- Anzahl Nationalitäten
- **Anzahl Pilotkunden**
- Anzahl Studienabbrecher
- Anzahl weiblicher Gründer
- **Ausbildungsniveau**
- **Bekanntschaft der Gründer**
- Berufserfahrung (gesamt)
- **Berufserfahrung (Durchschnitt)**
- Berfuserfahrung (Std.-abweichung)
- Branchenerfahrung (gesamt)
- **Branchenerfahrung (Durchschnitt)**
- Branchenerfahrung (Std.-abweichung)
- Cash Flow in Jahr 3 (Plan)
- **Durchschnittsalter**
- EBIT Break Even (Plan)
- EBIT in Jahr 3 (Plan)
- EBIT Wachstum (% CAGR, Plan)
- **Entwicklungsstand des Prototypen**
- Führungserfahrung (gesamt)
- **Führungserfahrung (Durchschnitt)**
- Führungserfahrung (Std.-abweichung)
- Funktionale Erfahrung (gesamt)
- **Funktionale Erfahrung (Durchschnitt)**
- Funktionale Erfahrung (Std.-abweichung)
- Gebrauchstmusterfähigkeit
- **Gegründete Unternehmen (Durchschnitt)**
- Gegründete Unternehmen (gesamt)
- Höchster Abschluss
- **Interdisziplinarität**
- **Interne Gremien**
- JÜ Break Even (Plan)
- JÜ in Jahr 3 (Plan)
- JÜ Wachstum (% CAGR, Plan)
- Kapitalbedarf
- **Kombination Wirtschaft/Technologie**
- **Konkurrenzintensität**
- **Kundenkonzentration**
- **Marktgröße**
- **Marktwachstum**
- Maximales Alter
- Minimales Alter
- Mitarbeiterwachstum (Plan)
- Niedrigster Abschluss
- **Patentfähigkeit**
- **Proprietät der Technologie**
- Spanne zwischen Abschlüssen
- **Teamgröße**
- **Teamvollständigkeit**
- Umsatz in Jahr 3 (Plan)
- Umsatzrendite (Jahr 3, Plan)
- Umsatzwachstum (% CAGR, Plan)
- Vertriebserfahrung (gesamt)
- **Vertriebserfahrung (Durchschnitt)**
- Vertriebsserfahrung (Standardabweichung)
- **Vertriebskonzept**
- Waren-/Markenzeichen
- **Vorherige Zusammenarbeit der Gründer**

*** Fett gedruckte Indikatoren sind in der Hypothesenbildung berücksichtigt.**

Tabelle B.2.: Liste der unabhängigen Variablen

Getestete Kennzahlen des Unternehmenserfolges (in Jahr 3, alphabetische Reihenfolge)
• Absolute Abweichung des JE
• Absoluter JE
• Dichotomisierte Abweichung des JE
• Eigenkapitalrendite
• Gesamtkapitalrendite
• Kombination aus absoluter und relativer Abweichung des JE
• Likert-skalierte JE-Abweichung
• Logarithmische JE-Abweichung
• Prozentuale Abweichung zwischen Plan und Ist des JE
• Quadratwurzel der JE-Abweichung
• Quadrierte JE-Abweichung

Tabelle B.3.: Liste der abhängigen Variablen

Literaturverzeichnis

Adler, P. und Kwon, S. (2002): *Social Capital: Prospects for a New Concept. Academy of Management Review*, 27, Nr. 1, S. 17–40.

Aernoudt, R. (1999): *Business Angels – Should They Fly on Their Own Wings? Venture Capital: An International Journal of Entrepreneurial Finance*, 1, Nr. 2, S. 187–195.

Akerlof, G. (1970): *The Market for Lemons: Quality Uncertainty and the Market Mechanisms. Quarterly Journal of Economics*, 84, Nr. 3, S. 488–500.

Albach, H., Bock, K. und Warnke, T. (1985): *Kritische Wachstumsschwellen in der Unternehmensentwicklung.* Stuttgart: Poeschel.

Albach, H., Hunsdiek, D. und Kokalj, L. (1986): *Finanzierung mit Risikokapital.* Stuttgart: Poeschel.

Aldrich, H. und Zimmer, C. (1986): *Entrepreneurship through Social Networks.* Uppsala: University of Uppsala.

Allen, K. (1995): *Launching New Ventures – An Entrepreneurial Approach.* Chicago: Upstart Publishing Company.

Ansoff, H. (1991): *Critique of Henry Mintzberg's "The Design School: Reconsidering the Basic Premises of Strategic Planning". Strategic Management Journal*, 12, Nr. 6, S. 449–461.

Arrow, K. (1962): *The Economic Implications of Learning by Doing. Review of Economic Studies*, 29, Nr. 2, S. 155–173.

Backhaus, K. (2000): *Viel Papier, wenig Wissen. Manager Magazin*, 30, Nr. 12, S. 253.

Backhaus, K. et al. (2006): *Multivariate Analysemethoden – Eine anwendungsorientierte Einführung.* Berlin: Springer.

Baetge, J. und Fischer, R. (1988): *Externe Erfolgsanalyse auf der Grundlage des Umsatzkostenverfahrens. Betriebswirtschaftliche Forschung und Praxis*, 40, Nr. 1, S. 1–21.

Bamford, C., Dean, T. und McDougall, P. (2000): *An Examination of the Impact of Initial Founding Conditions and Decisions upon the Performance of New Bank Start-Ups. Journal of Business Venturing*, 15, Nr. 3, S. 253–277.

Bartelt, N. und Brandts, S. (2002): *Anforderungen und Gestaltungskriterien eines integrativen Geschäftskonzeptes.* In **Hommel, U. und Knecht, T.C. (Hrsg.):** Wertorientiertes Start-Up Management. München: Verlag Vahlen, S. 59–84.

Bates, T. (1990): *Entrepreneur Human Capital Inputs and Small Business Longevity. Review of Economics and Statistics*, 72, Nr. 2, S. 551–559.

Baum, J. und Silverman, B. (2004): *Picking Winners or Building Them? Alliance, Intellectual, and Human Capital as Selection Criteria in Venture Financing and Performance of Biotechnology Start-Ups. Journal of Business Venturing*, 19, Nr. 3, S. 411–436, Evolutionary approaches to entrepreneurship: Honoring Howard Aldrich.

Beck, J. (2002): *Patentstrategien für Gründer.* In **Dowling, M. und Drumm, H.-J. (Hrsg.):** Gründungsmanagement – Vom erfolgreichen Unternehmensstart zu dauerhaftem Wachstum. Berlin: Springer, S. 227–245.

Becker, G. (1994): *Human Capital: A Theoretical and Empirical Analysis with Special Reference to Education.* Chicago: University of Chicago Press.

Beckman, C., Burton, D. und O'Reilly, C. (2007): *Early Teams: The Impact of Team Demography on VC Financing and Going Public. Journal of Business Venturing*, 22, Nr. 2, S. 147–173.

Bhide, A. (2000): *The Origin and Evolution of New Business.* New York: Oxford University Press.

Bihn, W. und Gröhn, E. (1997): *Deskriptive Statistik – Ein Leitfaden für Wirtschaftswissenschaftler.* Köln: Witsch Verlag.

Birley, S. (1985): *The Role of Networks in the Entrepreneurial Process. Journal of Business Venturing*, 1, Nr. 1, S. 107–117.

Bischof, F. (2000): *Der professionelle Businessplan – Geschäftsideen erfolgreich umsetzen.* München: Koch Media.

Blancke, W. (2000): *Der Businessplan – Leitfaden einer Unternehmensgründung.* Schmalkaden: fhs-prints.

Block, Z. und MacMillan, I. (1985): *Milestones for Successful Venture Planning. Harvard Business Review*, 63, Nr. 5, S. 84–90.

Boegenhold, D. (1989): *Die Berufspassage in das Unternehmertum. Zeitschrift für Soziologie*, 18, Nr. 4, S. 263–281.

Boeker, W. (1988): *Organizational Origins: Entrepreneurial and Environmental Imprinting at Time of Founding.* In **Carroll, G. (Hrsg.):** Ecological Models of Organizations. Cambridge: Ballinger.

Boissevain, J., Blaschke, J. und Grotenberg, H. (1990): *Ethnic Entrepreneurs and Ethnic Strategies.* In **Waldinger, R., Aldrich, E. und Ward, R. (Hrsg.):** Ethnic Entrepreneurs. Newbury Park: Sage.

Bol, G. (1998): *Deskriptive Statistik.* München: Oldenbourg Verlag.

Bol, G. (2001): *Wahrscheinlichkeitstheorie.* München: Oldenbourg Verlag.

Boocock, G. und Woods, M. (1997): *The Evaluation Criteria Used by Venture Capitalists: Evidence from a UK Venture Fund. International Small Business Journal*, 16, Nr. 1, S. 36–57.

Borman, S. und Loew, J. (2007): *Markenschutz.* Berlin: Cornelsen.

Bortz, J. (2005): *Statistik für Human- und Sozialwissenschaftler.* Heidelberg: Springer Verlag.

Bortz, J. und Döhring, N. (2006): *Forschungsmethoden und Evaluation für Human- und Sozialwissenschaftler.* Berlin: Springer.

Bosch, K. (1998): *Statistik-Taschenbuch.* München: Oldenbourg Verlag.

Bourdiue, P. (1983): *Ökonomisches Kapital – Kulturelles Kapital – Soziales Kapital.* In **Kreckel, R. (Hrsg.):** Soziale Ungleichheiten. Göttingen: Schwartz, S. 183–198.

Brüderl, J. und Preisendörfer, P. (2000): *Fast-Growing Businesses. International Journal of Sociology*, 30, Nr. 3, S. 45–70.

Brüderl, J., Preisendörfer, P. und Baumann, A. (1991): *Überlebenschancen neugegründeter Unternehmen. Die Betriebswirtschaft*, 51, Nr. 2, S. 499–509.

Brüderl, J., Preisendörfer, P. und Ziegler, R. (1998): *Der Erfolg neugegründeter Betriebe: Eine empirische Studie zu den Chancen und Risiken von Unternehmensgründungen.* 2. Auflage. Berlin: Duncker & Humblot.

Brettel, M., Jaugey, C. und Rost, C. (2000): *Business Angels. Der informelle Beteiligungskapitalmarkt in Deutschland.* Wiesbaden: Gabler Verlag.

Brettel, M. (2002): *Entscheidungskriterien von Venture Capitalists – Eine empirische Analyse im internationalen Vergleich. Die Betriebswirtschaft*, 62, Nr. 3, S. 305–325.

Brettel, M. (2004): *Der informelle Beteiligungskapitalmarkt. Eine empirische Analyse.* Wiesbaden: Gabler.

Breuer, R.-E. (1997): *Venture Capital – Besseres Umfeld ist notwendig. Die Bank*, 1, Nr. 6, S. 324–329.

Brinckmann, J., Grichnik, D. und Kapsa, D. (2010): *Should Entrepreneurs Plan or Just Storm the Castle? A Meta-Analysis on Contextual Factors Impacting the Business Planning–Performance Relationship in Small Firms. Journal of Business Venturing*, 25, Nr. 1, S. 24–40.

Bruns, Stephan (2008): *Handbuch – NUK-Businessplan-Wettbewerb 2009.* 9. Auflage. Köln: NUK Neues Unternehmertum Rheinland e. V., 2008.

Buchele, R. (1967): *Business Policy in Growing Firms.* Scranton, PA: Chandler Publishing Company.

Bundesjustizministerium (2006): *Gesetz über elektronische Handelsregister und Genossenschaftsregister sowie das Unternehmensregister (EHUG). Bundesgesetzblatt*, 58, Nr. 52, S. 1–34.

Burt, R. (2000): *The Network Structure of Social Capital. Research in Organisational Behaviour*, 22, Nr. 1, S. 345–423.

Burton, M., Sorensen, J. und Beckman, C. (2002): *Coming from Good Stock: Career Histories and New Venture Formation.* In **Lounsbury, M. und Ventresca, M. (Hrsg.):** Research in the sociology of organizations. Greenwich: JAI Press, S. 229–262.

BW-Con e. V.: *Über Uns.* ⟨URL: `http://www.cyberone.de`⟩ – Zugriff am 09. Juni 2010.

BW-Con e. V.: *Strukturvorgabe für Businesspläne.* ⟨URL: `http://www.cyberone.de/cms/fileadmin/download_files/Businessplanhandbuch2006.pdf`⟩ – Zugriff am 04. Mai 2010.

Bygrave, W. (1997): *The Entrepreneurial Process.* In **Roberts, M. J. und Bhidé, A. (Hrsg.):** The Entrepreneurial Venture. Boston: Harvard Business School Press, S. 1–26.

Castrogiovanni, G. (1996): *Pre-Startup Planning and the Survival of New Small Businesses: Theoretical Linkages. Journal of Management*, 22, Nr. 6, S. 801–822.

Chandler, G. und Hanks, S. (1998): *An Examination of the Substitutability of Founders' Human and Financial Capital in Emerging Business Ventures. Journal of Business Venturing*, 13, Nr. 3, S. 353–369.

Chandler, G., Honig, B. und Wiklund, J. (2005): *Antecedents, Moderators, and Performance Consequences of Membership Change in New Venture Teams. Journal of Business Venturing*, 20, Nr. 3, S. 705–725.

Chattopadhay, P. et al. (1999): *Determinants of Executive Beliefs: Comparing Functional Conditioning and Social Influence. Strategic Management Journal*, 20, Nr. 8, S. 763–789.

Checchi, D. (2006): *The Economics of Education.* Cambridge: Cambridge University Press.

Chotigeat, T., Pandey, I. und Kim, D. (1997): *Venture Capital Investment Evaluation in Emerging Markets. Multinational Business Review*, 5, Nr. 2, S. 54–62.

Chowdhury, S. (2005): *Demographic Diversity for Building an Effective Entrepreneurial Team: Is It Important? Journal of Business Venturing*, 20, Nr. 6, S. 727–746.

Clausen, J. (2004): *Umsteuern oder Neugründen? Die Realisierung ökologischer Produktpolitik im Unternehmen.* Dissertation, Universität Bremen, Bremen.

Coenenberg, A. , Haller, A. und Schultze, W. (2009): *Jahresabschluss und Jahresabschlussanalyse: Betriebswirtschaftliche, handelsrechtliche, steuerrechtliche und internationale Grundsätze – HGB, IFRS, US-GAAP, DRS.* Stuttgart: Schäffer-Poeschel.

Cohen, J. et al. (2003): *Applied Multiple Regression – Correlation Analysis for the Behavioral Sciences.* London: Erlbaum Associates.

Coleman, J. (1988): *Social Capital in the Creation of Human Capital. American Journal of Sociology*, 94, Nr. 1, S. 95–120, Supplement: Organizations and Institutions: Sociological and Economic Approaches to the Analysis of Social Structure.

Collins, O. und Moore, D. (1964): *The Enterprising Man.* Lansing: Business Research.

Cooper, A. (1971): *The Founding of Technology-Based Firms.* Milwaukee, WI: Center for Venture Management.

Cooper, A. (1979): *Strategic Management: New Ventures and Small Business.* In **Schendel, D. E. und Hofer, C. W. (Hrsg.):** Strategic Management. Boston: Little Brown.

Cooper, A. (1993): *Challenges in Predicting New Firm Performance. Journal of Business Venturing*, 8, Nr. 3, S. 241–253.

Cooper, A., Woo, C. und Crosbie, P. (1989): *Survival and Failure: A longitudinal study. Frontiers of Entrepreneurship Research*, 8, S. 225–237.

Cossin, D., Leleux, B. und Saliasi, E. (2002): *Understanding the Economic Value of Legal Covenants in Investment Contracts: A Real Options Approach to Venture Equity Contracts.* Lausanne, Working Paper, University of Lausanne.

Dahremöller, A. (1987): *Existenzgründungsstatistik.* Stuttgart: Poeschel.

De Leon, D. und Guild, P. (2003): *Using Repertory Grids to Identify Intangibles in Business Plans. Journal Of Venture Capital*, 5, Nr. 2, S. 135–160.

Delmar, F. und Shane, S. (2003): *Does Businessplanning Facilitate the Development of New Ventures? Strategic Management Journel*, 24, Nr. 12, S. 1165–1185.

Deutsches Statistisches Bundesamt (2008): *Bevölkerung nach Bildungsabschluss. Pressemitteilung*, Nr. 1.

Deutsches Statistisches Bundesamt (2010): *Ein Fünftel weniger Erwerbstätige in Bauberufen. Pressemitteilung*, Nr. 53.

Dinter, S. (2001): *Netzwerke – Eine Organisationsform moderner Gesellschaften?* Marburg: Tectum Verlag.

Dixon, R. (1991): *Venture Capitalists and the Appraisal of Investments. Omega*, 19, Nr. 5, S. 333–344.

Dominguez, J. R. (1974): *Venture Capital.* Lexington, MA: D. C. Heath.

Dowling, M. (2002): *Businesspläne.* In **Dowling, M. und Drumm, H.-J. (Hrsg.):** Gründungsmanagement – Vom erfolgreichen Unternehmensstart zu dauerhaftem Wachstum. Berlin: Springer, S. 219–225.

Dr. Ing. h.c. F. Porsche AG: *Über Uns.* ⟨URL: `http://www.porsche.com/germany/aboutporsche/porschehistory/milestones/`⟩ – Zugriff am 18. November 2010.

Drucker, P. (1985): *Innovationsmangement für Wirtschaft und Politik.* Düsseldorf: Econon Verlag.

Drumm, H.-J. (2002): *Personalwirtschaft der Gründer.* In **Dowling, M. und Drumm, H.-J. (Hrsg.):** Gründungsmanagement – Vom erfolgreichen Unternehmensstart zu dauerhaftem Wachstum. Berlin: Springer.

Duchesneau, D. und Gartner, W. (1990): *A Profile of New Venture Success and Failure in an Emerging Industry. Journal of Business Venturing*, 5, Nr. 5, S. 297–312.

Edersheim, E. (2006): *McKinsey's Marvin Bower: Vision, Leadership, and the Creation of Management Consulting.* New Jersey: Wiley.

Eisenhardt, K. und Schoonhoven, C. (1990): *Organizational Growth: Linking Founding Team Strategy, Environment, and Growth among U.S. Semiconductor Ventures. Administrative Science Quarterly*, 35, Nr. 2, S. 504–529.

Elsenmüller, B. und Grampp, M. (2002): *Aufgabe und Struktur des Businessplans.* In **Hommel, U. und Knecht, T. C. (Hrsg.):** Wertorientiertes Start-Up Management. München: Verlag Vahlen, S. 86–103.

Ensley, M., Pearson, A. und Amazon, A. (2002): *Understanding the Dynamics of New Venture Top Management Teams: Cohesion, Conflict, and New Venture Performance. Journal of Business Venturing*, 17, Nr. 4, S. 365–386.

Esch, F., Herrmann, A. und Sattler, H. (2006): *Marketing – Eine managementorientierte Einführung.* München: Verlag Vahlen.

Euler, M. (2006): *Soziales Kapital – Ein Brückenschlag zwischen Individuum und Gesellschaft.* Oldenburg: BIS.

Faltin, Günter (2010): *Kopf schlägt Kapital. Die ganz andere Art, ein Unternehmen zu gründen. Von der Lust, ein Entrepreneur zu sein.* München: Hanser Verlag.

Feil, S. (2008): *Basiswissen Aufsichtsrat: Grundlagen einer erfolgreichen Unternehmensüberwachung.* Books on Demand.

Fliaster, A. (2007): *Innovationen in Netzwerken: Wie Humankapital und Sozialkapital zu kreativen Ideen führen.* München: Rainer Hampp Verlag.

Franke, N. et al. (2008): *Venture Capitalists' Evaluations of Start-Up Teams: Trade-Offs, Knock-Out Criteria, and the Impact of VC Experience. Entrepreneurship: Theory & Practice*, 32, Nr. 3, S. 459–483.

Franke, N. et al. (2004): *Die Bewertung von Gründerteams durch Venture-Capital-Geber. Die Betriebswirtschaft*, 64, Nr. 6, S. 651–670.

Fraunhofer Gesellschaft: *Geschichte des Datenformats mp3.* ⟨URL: `http://www.iis.fraunhofer.de/EN/bf/amm/products/mp3/mp3history/index.jsp`⟩ – Zugriff am 1. Dezember 2010.

Freiling, J. (2006): *Entrepreneurship.* München: Verlag Vahlen.

Fritsch, K. (1990): *Arbeitsplatzentwicklung in Industriebetrieben.* Berlin: Gruyter.

Fronja, G. (2000): *Humankapital, Innovation und Evolution: eine Analyse der theoretischen Grundlagen des Edukationssystems.* Berlin: Logos-Verlag.

F.U.N. Netzwerk Nordbayern GmbH: *Wer sind wir.* ⟨URL: `http://www.netzwerk-nordbayern.de`⟩ – Zugriff am 09. Juni 2010.

Furdas, M., Kohn, K. und Ullrich, K. (2009): *Gründungsaktivitäten von Frauen und Männern in Deutschland – Gleiche Voraussetzungen, andere Einstellungen?! WirtschaftsObserver online*, 22, Nr. 48, S. 1–23.

Gabler (2010): *Gabler Wirtschaftslexikon.* 17. Auflage. Wiesbaden, 2010.

Gadenne, D. (1998): *Critical Success Factors for Small Business: An Inter-industry Comparison. International Small Business Journal*, 17, Nr. 1, S. 36–56.

Gartner, W., Starr, J. und Bhat, S. (1999): *Predicting New Venture Survival: An Analysis of "Anatomy of a Start-Up." Cases from Inc. Magazine. Journal of Business Venturing*, 14, Nr. 2, S. 215–232.

Gatewood, E., Shaver, K. und Gartner, W. (1995): *A Longitudinal Study of Cognitive Factors Influencing Start-Up Behaviors and Success at Venture Creation. Journal of Business Venturing*, 10, Nr. 5, S. 371–391.

Gebauer, M. (2005): *Unternehmensbewertung auf der Basis von Humankapital.* Köln: EUL Verlag.

Gibb, A. (2007): *Creating the Entrepreneurial University: Do We Need a Wholly Different Model of Entrepreneurship?* In **Fayolle, A. (Hrsg.):** Handbook of Research in Entrepreneurship Education. Cheltenham: Edward Elgar Publishing, S. 67–103.

Gierl, H. und Helm, R. (2002): *Marktexploration, Marketingstrategien und Preisfindung.* In **Dowling, M. und Drumm, H.-J. (Hrsg.):** Gründungsmanagement – Vom erfolgreichen Unternehmensstart zu dauerhaftem Wachstum. Berlin: Springer, S. 51–68.

Granovetter, M. (1985): *Economic Action and Social Structure: The Problem of Embeddedness. American Journal of Sociology*, 91, Nr. 3, S. 481–510.

Grill, J. (2008): *Die strategische Bedeutung des Human Capital und seine Bewertung.* Dissertation, Universität Koblenz-Landau, Frankfurt am Main.

Gruber, M. und Harhoff, D. (2002a): *Generierung und nachhaltige Sicherung komparativer Wetttbewerbsvorteile.* In **Hommel, U. und Knecht, T. (Hrsg.):** Wertorientiertes Start-Up Management. München: Verlag Vahlen, S. 320–334.

Gruber, M. (2002b): *Business Planning – Aber richtig!* In **Gruber, M. , Henkel, J. und Witzler, R. (Hrsg.):** Gründungsmanagement – Wie Jungunternehmer Ideen finden, Strategien entwickeln und Wachstum erzielen. Frankfurt: F.A.Z. Buch.

Gruber, M. (2002c): *Planen. Planen? Planen! ...für die Unternehmensgründung.* In **Gruber, M. , Henkel, J. und Witzler, R. (Hrsg.):** Gründungsmanagement – Wie Jungunternehmer Ideen finden, Strategien entwickeln und Wachstum erzielen. Frankfurt: F.A.Z. Buch.

Gruber, M. et al. (2002): *Business-Planning in Start-Ups: Wissenschaftliche Erkenntnisse und praktische Erfahrungen. Internationales Gewerbearchiv*, 50, S. 217–237.

Guild, P. und Bachher, J. (1996): *Equity Investment Decisions for Technology Based Ventures. International Journal of Technology Management*, Special Issue on Resources for SME Innovation, Nr. 1, S. 787–795.

Gumpert, D. (2002): *Burn Your Business Plan.* Needham, MA: Lauson Publishing.

Hahn, D. (1993): *Planung in der Unternehmenspraxis.* In **Hauschildt, J. und Grün, O. (Hrsg.):** Ergebnisse empirischer betriebswirtschaftlicher Forschung – Zu einer Realtheorie der Unternehmung (Festschrift für Eberhard Witte). Stuttgart: Schäffer-Poeschel, S. 773–796.

Hall, J. und Hofer, C. (1993): *Venture Capitalists' Decision Criteria in New Venture Evaluation. Journal of Business Venturing*, 8, Nr. 1, S. 25–42.

Hannon, P. und Atherton, A. (1997): *Small Firm Success and the Art of Orienteering: The Value of Plans, Planning, and Strategic Awareness in the Competitive Small Firm. Journal of Small Business and Enterprise Development*, 5, Nr. 2, S. 102–119.

Hans Böckler Stiftung (2005): *Wirtschaft ohne Ältere. Magazin Mitbestimmung*, Nr. 5.

Hargadon, A. (1999): *Group Cognition and Creativity in Organizations.* In **Wageman, R., Neale, A. und Mannix, B. (Hrsg.):** Research on Managing Groups and Teams: Groups in Context. Stamford: JAI Press, S. 137–155.

Harhoff, D. und Reitzig, M. (2001): *Strategien zur Gewinnmaximierung von Patenten – wirtschaftliche und rechtliche Entscheidungsgrößen beim Schutz von F & E. Zeitschrift für Betriebswirtschaft*, 71, Nr. 5, S. 509–529.

Headd, B. (2003): *Redefining Business Success: Distinguishing Between Closure and Failure. Small Business Economics*, 21, Nr. 1, S. 51–64.

Heno, R. (2006): *Jahresabschluss nach Handelsrecht, Steuerrecht und internationalen Standards (ifrs).* Berlin: Springer.

Herzberg, U. (2007): *Mein Businessplan – Strategisch planen, erfolgreich präsentieren.* Freiburg: Haufe Verlag.

High-Tech Gründerfonds: *Über Uns.* ⟨URL: `http://www.high-tech-gruenderfonds.de`⟩ – Zugriff am 09. Juni 2010.

High-Tech Gründerfonds: *Strukturvorgabe für Businesspläne.* ⟨URL: `http://www.high-tech-gruenderfonds.de/finanzierung/businessplan/`⟩ – Zugriff am 04. Mai 2010.

Hindle, K. und Mainprize, B. (2006): *Is the Quality of Entrepreneurial Business Plans Related to the Outcome of a New Venture?* In Regional Frontiers of Entrepreneurship Research., S. 760–777.

Hisrich, R. und Peters, M. (1995): *Entrepreneurship – Starting, Developing, and Managing a New Enterprise.* Chicago: McGraw-Hill.

Hoad, W. und Rosko, P. (1964): *Management Factors Contributing to the Success and Failure of New Small Manufacturers.* Ann Arbor, MI: Bureau of Business Research.

Hodgetts, R. und Kuratko, D. (1995): *Effective Small Business Management.* New York: The Dryden Press.

Honig, B. und Karlsson, T. (2004): *Institutional Forces and the Written Business Plan. Journal of Management*, 30, Nr. 1, S. 29–48.

Hunsdiek, D. (1987): *Unternehmensgründungen als Folgeinnovation – Struktur, Hemmnisse und Erfolgsbedingungen der Gründung industriell innovativer Unternehmen.* Stuttgart: Poeschel.

Hunsdiek, D. und May-Strobl, E. (1986): *Entwicklungslinien und Entwicklungsrisiken neugegründeter Unternehmen.* Stuttgart: Poeschel.

ISIC: *International Standard Industry Classification.* ⟨URL: `http://unstats.un.org/unsd/cr/registry/regct.asp`⟩ – Zugriff am 8. Februar 2010.

Jansen, D. (2003): *Einführung in die Netzwerkanalyse – Grundlagen, Methoden, Forschungsbeispiele.* Opladen: Leske + Budrich.

Jantz, W. (2002): *Venture Capital und Business Angels.* In **Dowling, M. und Drumm, H.-J. (Hrsg.):** Gründungsmanagement – Vom erfolgreichen Unternehmensstart zu dauerhaftem Wachstum. Berlin: Springer.

Jennings, P. und Beaver, G. (1997): *The Performance and Competitive Advantage of Small Firms: A Management Perspective. International Small Business Journal*, 15, Nr. 2, S. 63–75.

Jost, P. (2001): *Die Prinzipal-Agenten-Theorie in der Betriebswirtschaftslehre.* Stuttgart: Schäffer-Poeschel.

Jung, V. (2004): *Markteintrittsgestaltung neugegründeter Unternehmen – Situationsspezifische und erfolgsbezogene Analyse.* Frankfurt a. M.: Peter Lang Verlag.

Jungbauer-Gans, M. und Preisendörfer, P. (1991): *Verbessern eine gründliche Vorbereitung und sorgfältige Planung die Erfolgschancen neugegründeter Betriebe? Schmalenbachs Zeitschrift für betriebswirtschaftliche Forschung*, 43, Nr. 11, S. 987–996.

Karlsson, T. und Honig, B. (2009): *Judging a Business by Its Cover: An Institutional Perspective on New Ventures and the Business Plan. Journal of Business Venturing*, 24, Nr. 1, S. 27–45.

Keck, S. (1997): *Top Management Team Structure: Differential Effects by Environmental Context. Organization Science*, 8, Nr. 1, S. 143–156.

Kharbanda, O. und Stallworthy, E. (1985): *Corporate Failure: Prediction, Panacea and Prevention.* London: McGraw-Hill.

Kähler, W. (2010): *Statistische Datenanalyse: Verfahren verstehen und mit SPSS gekonnt einsetzen.* Wiesbaden: Vieweg + Teubner.

Kirsch, D., Goldfarb, B. und Gera, A. (2009): *Form or Substance: The Role of Business Plans in Venture Capital Decision Making. Strategic Management Journal*, 30, Nr. 5, S. 487–515.

Kirsch, W. und Trux, W. (1981): *Perspektiven eines strategischen Managements.* In **Kirsch, W. (Hrsg.):** Unternehmenspolitik: Von der Zielforschung zum Strategischen Management. München: Verlag Barbara Kirsch, S. 290–396.

Kisswin – Information und Beratung zur wissenschaftlichen Karriere: *Stichwort Habilitation.* ⟨URL: `http://www.kisswin.de/de/karrierewege/wege-zur-professur/habilitation.html`⟩ – Zugriff am 22. November 2010.

Klandt, H. (1984): *Aktivität und Erfolg des Unternehmensgründers. Eine empirische Analyse unter Einbeziehung des mikro-sozialen Umfeldes.* Bergisch Gladbach: Eul Verlag.

Klandt, H. (2006): *Gründungsmanagement – Der integrierte Unternehmensplan.* München: Oldenburg Verlag.

Knight, R. (1994): *Criteria Used by Venture Capitalists: A Cross Cultural Analysis. International Small Business Journal*, 13, Nr. 1, S. 26–37.

Kohn, K. und Spengler, H. (2009): *KfW-Gründungsmonitor 2009.* Frankfurt am Main: KfW Bankengruppe – Technischer Bericht.

Kotler, P., Keller, K. und Bliemel, F. (2007): *Marketing-Management: Strategien für wertschaffendes Handeln.* München: Pearson Studium.

Kotler, P. und Bliemel, F. (2006): *Marketing-Management.* Stuttgart: Schäffer-Poeschel.

Kremp, M.: *Facebook-Gründer im Geldrausch.* ⟨URL: `http://www.spiegel.de/netzwelt/web/0,1518,513529,00.html`⟩ – Zugriff am 01. Dezember 2010.

Körner, Helmut (2007): *Der Business-Plan aus ökonomischer Sicht.* München: GRIN Verlag.

Kußmaul, H. (2006): *Venture Capital in der Existenzgründung. Finanzbetrieb*, 8, Nr. 3, S. 198–202.

Kuratko, D. und Welsch, H. (2004): *Strategic Entrepreneurial Growth.* Mason: Thomson.

Laitinen, E. (1992): *Prediction of Failure of a Newly Founded Firm. Journal of Business Venturing*, 7, Nr. 4, S. 323–340.

Lamont, L. (1972): *What Entrepreneurs Learn from Experience. Journal of Small Business Management*, 10, Nr. 3, S. 36–41.

Lange, J. et al. (2007): *Pre-start-up Formal Business Plans and Post-start-up Performance: A Study of 116 New Ventures. Venture Capital*, 9, Nr. 4, S. 237–256.

Lange, J. et al. (2005): *Business plans and Post Start-Up Performance: A Study of 116 New Ventures.* In **Zahra, L. (Hrsg.):** Frontiers of Entrepreneurship Research

– Proceedings of the Twenty-Fifth Annual Entrepreneurship Research Conference. Wellesley: Babson College, S. 1–20.

Leana, C. und Buren, H. van (1999): *Organizational Social Capital and Employment Practices. Academy of Management Review*, 24, Nr. 3, S. 538–555.

Leslie, L. und Brinkman, P. (1988): *The Economic Value of Higher Education.* New York: Macmillan.

Likert, R. (1932): *A Technique for the Measurement of Attitudes. Archives of Psychology*, 22, Nr. 140, S. 1–55.

Macmillan, I., Siegel, R. und Narasimha, P. (1985): *Criteria Used by Venture Capitalists to Evaluate New Venture Proposals. Journal of Business Venturing*, 1, Nr. 1, S. 119–128.

Mainprize, B. et al. (2003): *Caprice Versus Standardization in Venture Capital Decision Making. Journal of Private Equity*, 7, Nr. 1, S. 15–25.

Mancuso, J. (1983): *How to read and write a business plan.* Eaglewood Cliffs: Amacom.

Marshall, A. (1947): *Principles of Economics.* London: Macmillan.

Marx, K. und Engels, F. (1990): *Marx-Engels-Werke: Band 3.* Berlin: Dietz.

Mas, A., Whinston M. und Green, J. (1995): *The Principal-Agent Problem.* In Microeconomic Theory. Oxford: Oxford University Press.

Mason, C. und Harrison, R. (1992): *The Supply of Equity Finance in the UK: A Strategy for Closing the Equity Gap. Entrepreneurship and Regional Development*, 4, Nr. 4, S. 357–380.

Mason, C. und Harrison, R. (1994): *The Informal Venture Capital Market in the UK.* In **Huges, A. und Storey, D. (Hrsg.):** Finance and the Small Firm. London: Routledge, S. 64–111.

Massachusetts Institute of Technology: *MIT 100K Alumni Companies.* ⟨URL: `http://www.mit100k.org/alumni/alumni-companies/`⟩ – Zugriff am 24. November 2010.

Mayring, P. (1989): *Qualitative Inhaltsanalyse.* In **Jüttemann, G. (Hrsg.):** Qualitative Forschung in der Psychologie. Heidelberg: Asanger Verlag, S. 187–211.

Mayring, P. (1993): *Qualitative Inhaltsanalyse: Grundzüge und Techniken.* Weinheim: Deutscher Studien Verlag.

McCarthy, J. (1960): *Basic Marketing: A Managerial Approach.* Homewood: R. D. Irwin.

Meffert, H. (2000): *Marketing: Grundlagen marktorientierter Unternehmensführung.* Wiesbaden: Gabler.

Mintzberg, H. und Waters, J. (1982): *Tracking Strategy in an Entrepreneurial Firm. The Academy of Management Journal*, 25, Nr. 3, S. 465–499.

Mintzberg, H. und Waters, J. (1985): *Of Strategies, Deliberate and Emergent. Strategic Management Journal*, 6, Nr. 3, S. 257–272.

Mischon, C. und Mortsiefer, H.-J. (1981): *Zum Stand der Insolvenzprophylaxe in mittelständischen Betrieben. Eine empirische Analyse.* Göttingen: Institut für Mittelstandsforschung.

Müller, C. und Gruber, M. (2001): *Synergiefelder bei Unternehmensgründungen: Managementteams und die Rolle von Universitäten. Journal für Management und Entwicklung*, 14, Nr. 6, S. 73–78.

Müller-Böling, D. und Klandt, H. (1993): *Unternehmensgründung.* In **Hauschildt, J. und Grün, O. (Hrsg.):** Ergebnisse empirischer betriebswirtschaftlicher Forschung – Zu einer Realtheorie der Unternehmung (Festschrift für Eberhard Witte). Stuttgart: Schäffer-Poeschel.

Mugler, J. und Plaschka, G. (1987): *Stand und Perspektiven der empirischen Gründungsforschung in Österreich. Journal für Betriebswirtschaft*, 37, Nr. 2, S. 164–177.

Muzyka, D., Birley, S. und Leleux, B. (1996): *Trade-Offs in the Investment Decisions of European Venture Capitalists. Journal of Business Venturing*, 11, Nr. 2, S. 273–287.

NAICS: *North American Industry Classification System.* ⟨URL: `http://www.census.gov/eos/www/naics/`⟩ – Zugriff am 8. Februar 2010.

Nathusius, K. (1989): *Gründungsplanung.* In **Szyperski, N. (Hrsg.):** Handwörterbuch der Planung. Stuttgart: Poeschel, S. 610–618.

Neumann, K. und Morlock, M. (1993): *Operations Research.* München: Hansa Fachverlag.

Nieschlag, R., Dichtl, E. und Hörschgen, H. (2002): *Marketing.* Berlin: Duncker & Humblot.

Opitz, M. (1990): *Venture Capital: Pioniere gesucht. Harvard Business Manager,* 12, Nr. 1, S. 132–137.

Osnabrugge, M. van (1998): *Comparison of Business Angels and Venture Capitalists. Financiers of Entrepreneurial Firms.* Oxford: Said Business School.

Pearce, J., Freeman, E. und Robinson, R. (1987a): *The Tenuous Link between Formal Strategic Planning and Financial Performance. Academy of Management Review,* 12, Nr. 4, S. 658–675.

Pearce, J., Robbins, K. und Robinson, R. (1987b): *The Impact of Grand Strategy and Planning Formality on Financial Performance. Strategic Management Journal,* 8, Nr. 2, S. 125–134.

Perkins, T. (2008): *Valley Boy: The Education of Tom Perkins.* New York: Gotham.

Perry, S. (2001): *The Relationship between Written Business Plans and the Failure of Small Businesses in the U.S. Journal of Small Business Management,* 39, Nr. 3, S. 201–208.

Pfeffer, J. und Salancik, G. (1978): *The External Control of Organizations: A Resource Dependence Perspective.* New York: Harper & Row.

Pfeiffer, F. und Falk, M. (1999): *Der Faktor Humankapital in der Volkswirtschaft: Berufliche Spezialisierung und Leistungsfähigkeit.* Baden-Baden: Nomos Verlag.

Philips, B. und Kirchhoff, B. (1989): *Formation Growth and Survival: Small Firm Dynamics in the U.S. Economy. Small Business Economics*, 1, Nr. 1, S. 65–74.

Pichotta, A. (1990): *Die Prüfung der Beteiligungswürdigkeit von innovativen Unternehmungen durch Venture-Capital Gesellschaften.* Lohmar: EUL Verlag.

Picot, A., Laub, U. und Schneider, D. (1989): *Innovative Unternehmensgründungen. Eine ökonomisch empirische Analyse.* Springer.

Politis, D. (2008): *Business Angels and Value Added: What Do We Know and Where Do We Go? Venture Capital: An International Journal of Entrepreneurial Finance*, 10, Nr. 2, S. 127–147.

Porter, M. (2010): *Microeconomics of Competitiveness – Kursskriptum.* Boston, Harvard Business School.

Porter, M. E. (1980): *Competitive Strategy: Techniques for Analyzing Industries and Competitors.* New York: Free Press.

Preisendörder, P. (2007): *Sozialkapital und unternehmerisches Handeln: Das sozial Netzwerk von Unternehmensgründern als Erfolgsfaktor.* In **Franzen, A. und Freitag, M. (Hrsg.):** Sozialkapital – Grundlagen und Anwendungen. Wiesbaden: VS Verlag, S. 272–293.

Preisendörfer, P. und Voss, T. (1990): *Organizational Mortality of Small Firms: The Effects of Entrepreneurial Age and Human Capital. Organization Studies*, 11, Nr. 1, S. 107–129.

Randel, A. und Jaussi, K. (2003): *Functional Background Identity, Diversity, and Individual Performance in Crossfunctional Teams. Academy of Management Journal*, 46, Nr. 2, S. 763–774.

Rauch, A., Frese, M. und Sonnentag, S. (2000): *Cultural Differences in Planning-Success Relationships: A Comparison of Small Enterprises in Ireland, West Germany and East Germany. Journal of Small Business Management*, 38, Nr. 4, S. 28–41.

Raueiser, T. (2007): *Syndizierungsstrategien von Business Angels: Eine fallstudiengestützte Analyse.* Lohmar: EUL Verlag.

Räbel, D. (1986): *Venture Capital als Instrument für Innovationsfinanzierung – Eine kritische Analyse unter besonderer Berücksichtigung des Projektbewertungsproblems.* Köln: Deutscher Wirtschaftsdienst.

Reagans, R., Zuckerman, E. und McEvily, B. (2004): *How to Make the Team: Social Networks versus Demography as Criteria for Designing Effective Teams. Administrative Science Quarterly*, 40, Nr. 1, S. 101–133.

Reichmann, T. (1997): *Controlling mit Kennzahlen und Managementberichten.* München: Verlag Vahlen.

Reynolds, P. et al. (2000): *Global Entrepreneurship Monitor.* Wellesley: Blank Center for Entrepreneurship, S. 1–59.

Rich, S. und Gumpert, D. (1999): *How to Write a Winning Business Plan.* In **Sahlman, W. et al. (Hrsg.):** The Entrepreneurial Venture. Boston: Harvard Business School Press, S. 177–188.

Rifai, K. (2009): *Bootstrap-Instrumente und Unternehmensgründungen – Eine Untersuchung von Grundlagen, Einflussfaktoren und Erfolgsrelevanz.* Lohmar: EUL Verlag.

Riordan, C. (2000): *Relational demography within groups. Past developments, contradictions, and new directions.* In **Ferris, G., Rowland K. (Hrsg.):** Research in Personnel and Human Resources Management. Greenwich: JAI Press, S. 131–173.

Ripsas, S., Zumholz H. und Kolata, C. (2008): *Der Businessplan als Instrument der Gründungsplanung – Möglichkeiten und Grenzen.* Berlin, Unpublished Working Paper.

Riquelme, H. und Rickards, T. (1992): *Hybrid Conjoint Analysis: An Estimation Probe in New Venture Decisions. Journal of Business Venturing*, 7, Nr. 3, S. 505–518.

Roberts, E. (1968): *A Basic Study of Innovators: How to Keep and Capitalize Their Talents. Research Management*, 11, S. 249–266.

Roberts, E. (1991a): *Entrepreneurs in High-Technology – Lessons from MIT and beyond.* Oxford: Oxford University Press.

Roberts, E. (1991b): *High Stakes for High-Tech Entrepreneurs: Understanding Venture Capital Decision Making. Sloan Management Review*, 32, Nr. 2, S. 9–20.

Robinson Jr., R. und Pearce III., J. (1983): *The Impact of Formalized Strategic Planning on Financial Performance in Small Organizations. Strategic Management Journal*, 4, Nr. 3, S. 197 – 207.

Roure, J. und Keeley, R. (1990): *Predictors of Success in New Technology Based Ventures. Journal of Business Venturing*, 5, Nr. 4, S. 201–220.

Roure, J. und Maidique, M. (1986): *Linking Prefunding Factors and High-Technology Venture Success: An Exploratory Study. Journal of Business Venturing*, 1, Nr. 3, S. 295–306.

Ruef, M., Aldrich E. und Carter, N. (2003): *The Structure of Founding Teams: Homophily, Strong Ties, and Isolation among U.S. Entrepreneurs. American Sociological Review*, 68, Nr. 2, S. 195–222.

Ruhnka, J., Feldman, H. und Dean, T. (1992): *The Living Dead Phenomenon in Venture Capital Investments. Journal of Business Venturing*, 7, Nr. 2, S. 137–155.

Sahlman, W. (1997): *How to Write a Great Business Plan. Harvard Business Review*, 75, Nr. 4, S. 98–108.

Sahlman, W. (2003): *A Method for Valuing High Risk, Long-Term Investments: The Venture Capital Method.* Boston: Harvard Business School (288-006). – Technischer Bericht.

Sandberg, W. (1986): *New Venture Performance – The Role of Strategy and Industry Structure.* Lexington, MA: Lexington Books.

Scarborough, N. und Zimmerer, T. (2003): *Effective Small Business Management – An Entrepreneurial Approach.* New Jersey: Prentice Hall.

Schefczyk, M. und Gerpott, T. (2000): *Qualifications and Turnover of Managers and Venture Capital-Financed Firm Performance: An Empirical Study of German Venture Capital Investments. Journal of Business Venturing*, 16, Nr. 2, S. 145–163.

Schildbach, T. (2009): *Der handelsrechtliche Jahresabschluss.* Herne: NWB Verlag.

Schinkel, S. und Steiner, J. (1980): *Auswirkungen der Existenzgründungsprogramme – Erfahrungen der Betriebe in der Praxis.* Göttingen: Otto Schwanz.

Schmidt, A. (2002): *Indikatoren für Erfolg und Überlebenschancen junger Unternehmen. Zeitschrift für Betriebswirtschaft*, 72, Nr. 5, S. 21–53.

Schmidtke, A. (1985): *Praxis des Venture Capital-Geschäfts.* Landsberg am Lech: Verlag Moderne Industrie.

Schmude, J. (2002): *Standortwahl und Netzwerke von Unternehmensgründern.* In **Dowling, Michael und Drumm, Hans Jürgen (Hrsg.):** Gründungsmanagement – Vom erfolgreichen Unternehmensstart zu dauerhaftem Wachstum. Berlin: Springer.

Schnaars, S. (1989): *Megamistakes – Forecasting and the Myth of Rapid Technological Change.* New York: Free Press.

Schneider, S. und De Meyer, A. (1991): *Interpreting and Responding to Strategic Issues: The Impact of National Culture. Strategic Management Journal*, 12, Nr. 4, S. 307–320.

Schröder, C. (1992): *Strategien und Management von Beteiligungsgesellschaften: Ein Einblick in Organisationsstrukturen und Entscheidungsprozesse von institutionellen Eigenkapitalinvestoren.* Baden-Baden: Nomos.

Schultz, T. (1963): *The Economic Value of Education. Studies in the Economics of Education.* Aldershot: Elgar Books.

Schwenk, C. und Shrader, C. (1993): *The Effects of Formal Strategic Planning on Financial Perforamnce in Small Firms: A Meta-Analysis. Entrepreneurship: Theory and Practice*, 17, Nr. 1, S. 53–64.

Schwetje, G. und Vaseghi, S. (2004): *Der Businessplan – Wie Sie Kapitalgeber überzeugen.* Berlin: Springer.

Shane, S. und Khurana, R. (2003): *Bringing Individuals Back in: The Effects of Career Experience on New Firm Founding. Industrial and Corporate Change*, 12, Nr. 3, S. 519–544.

Shane, S. und Stuart, T. (2002): *Organizational Endowments and the Performance of University Start-Ups. Management Science*, 48, Nr. 1, S. 154–170.

Sharma, S. und Mahajan, V. (1980): *Early Warning Indicators of Business Failure. Journal of Marketing*, 44, Nr. 4, S. 80–89.

Shepherd, D. (1999): *Venture Capitalists' Assessment of New Venture Survival. Management Science*, 45, Nr. 5, S. 621–632.

Shepherd, D. und Zacharakis, A. (2002): *Venture Capitalists' Expertise: A Call for Research into Decision Aids and Cognitive Feedback. Journal of Business Venturing*, 17, Nr. 1, S. 1–20.

Shrader, R. und Siegel, D. (2007): *Assessing the Relationship between Human Capital and Firm Performance: Evidence from Technology-Based New Ventures. Entrepreneurship: Theory & Practice*, 31, Nr. 6, S. 893–908.

Siegel, S. (1956): *Nonparametric Statistics for the Behavioral Sciences.* New York: McGraw-Hill.

Silva, J. (2004): *Venture Capitalists' Decision-Making in Small Equity Markets: A Case Study Using Participant Observation. Venture Capital*, 6, Nr. 2, S. 125–145.

Simon, H. und Fassnacht, M. (2009): *Preismanagement.* Wiesbaden: Gabler.

Smalibone, D. (1990): *Success and Failure in New Business Start-Ups. International Small Business Journal*, 8, Nr. 2, S. 34–37.

Solow, R. (1956): *A Contribution to the Theory of Economic Growth. Quarterly Journal of Economics*, 70, Nr. 1, S. 65–94.

Spearman, C. (1904): *General Intelligence, Objectively Determined and Measured. American Journal of Psychology*, 15, Nr. 3, S. 201–293.

Stahlecker, P. und Trenkler, G. (1993): *Some Further Results on the Use of Proxy Variables in Prediction. The Review of Economics and Statistics*, 75, Nr. 2, S. 707–711.

Stahlecker, T. (2006): *Regionale Bindungen im Gründungs- und Entwicklungsprozess wissensintensiver Dienstleistungsunternehmen.* Berlin: Lit-Verlag.

Stearns, T. et al. (1995): *New Firm Survival: Industry, Strategy, and Location. Journal of Business Venturing*, 10, Nr. 1, S. 23–42.

Stinchcombe, A. (1965): *Social Structure and Organizations.* In **March, J. G. (Hrsg.):** Handbook of Organizations. Chicago: Rand McNally.

Struck, U. (2001): *Geschäftspläne für erfolgreiche Expansions- und Gründungsfinanzierung.* 3. Auflage. Stuttgart: Schäffer-Poeschel.

Stuart, R. und Abetti, P. (1987): *Start-Up Ventures: Towards the Prediction of Initial Success. Journal of Business Venturing*, 2, Nr. 3, S. 215–230.

Stutely, R. (2006): *Der professionelle Businessplan. Der Praxisleitfaden für Manager und Unternehmensgründer.* 2. Auflage. München: Pearson Studium.

Szyperski, N. und Nathusius, K. (1977): *Probleme der Unternehmensgründung – Eine betriebswirtschaftliche Analyse unternehmerischer Startbedingungen.* Stuttgart: Schäffer-Poeschel.

Tallau, C. (2007): *Bewertung von Venture-Capital-Investitionen – Verfahren der Unternehmensbewertung und Beteiligungsquotenbestimmung unter Berücksichtigung der Finanzierungsstrukturierung.* Books on Demand.

Tamasy, C. (2005): *Determinanten des regionalen Gründungsgeschehens.* Berlin: Lit-Verlag.

Theis, M. (1995): *Finanzierung mit Beteiligungsgesellschaften.* In **Henerkes und Brun-Hagen (Hrsg.):** Unternehmenshandbuch Familiengesellschaften. Köln: Verlag Heymanns, S. 151–165.

Thurow, L. (1970): *Investment in Human Capital.* Belmont: Waldsworth Publishing.

Timmermann, D. (1997): *Bildungsökonomie.* In Gabler Wirtschaftslexikon. Wiesbaden: Gabler Verlag, S. 640–650.

Timmons, J. (1999): *New Venture Creation.* Boston: McGraw Hill.

Timmons, J. et al. (1987): *Opportunity Recognition: The Core of Entrepreneurship.* In Frontiers of Entrepreneurial Research: Proceedings of the 1987 Annual Babson College Entrepreneurship Research Conference. Wellesley, S. 109–123.

Toutenburg, H. (1998): *Deskriptive Statistik.* Berlin: Springer-Verlag.

Trezzini, L. (2005): *Finanzierungsstrukturen im Venture Capital.* Bern: Haupt Verlag.

Tucker, D., Singh, J. und Meinhard, A. (1990): *Founding Characteristics, Imprinting, and Organizational Change.* In **Singh, J. (Hrsg.):** Organizational Evolution. New Directions. Newbury Park: Sage, S. 182–200.

Tyebjee, T. und Bruno, A. (1984): *A Model of Venture Capitalist Investment Activity. Management Science*, 30, Nr. 9, S. 1051–1066.

Varian, H. (2001): *Grundzüge der Mikroökonomik.* München: Oldenbourg.

Ven, A., Hudson, R. und Schroeder, D. (1984): *Designing New Business Start-Ups: Entrepreneurial, Organizational and Ecological Considerations. Journal of Management*, 10, Nr. 1, S. 87–94.

Vesper, K. (1993): *New Venture Mechanics.* Englewood Cliffs: Prentice Hall.

Vockel, J. (2004): *Der Business Plan – Kern des Controllings.* Köln: PapyRossa Verlag.

Voigt, K.-I. (2002): *Der Businessplan als Controlling-Instrument.* In **Männel, W. (Hrsg.):** Controlling in mittelständischen Unternehmen. Lauf a. d. Pegnitz, S. 49–59.

Voigt, K.-I. (2008): *Handbuch zur Businessplan-Erstellung.* 6. Auflage. Nürnberg: Netzwerk Nordbayern und Universität Erlangen-Nürnberg, 2008.

Volkmann, C. und Tokarski, K. (2006): *Entrepreneurship – Gründung und Wachstum von jungen Unternehmen.* Stuttgart: Lucius & Lucius.

Wallisch, M. (2009): *Der informelle Beteiligungsmarkt in Deutschland – Rahmenbedingungen, Netzwerke und räumliche Investitionsmuster.* München: Herbert Utz Verlag.

Watson, J. und Everett, J. (1993): *Defining Small Business Failure. International Small Business Journal*, 11, Nr. 3, S. 35–48.

Watson, J. und Everett, J. (1999): *Small Business Failure Rates: Choice of Definition and Industry Effects. International Small Business Journal*, 17, Nr. 2, S. 31–47.

Watson, W., Steward, W. und Barnir, A. (2003): *The Effects of Human Capital, Organizationl Demography and Interpersonal Processes on Venture Partner Perceptions of Firm Profit and Growth. Journal of Business Venturing*, 18, Nr. 2, S. 145–164.

Weber, C. und Dierkes, M. (2002): *Risikokapitalgeber in Deutschland.* Berlin: edition Sigma Verlag.

Weiber, R. und Adler, J. (1995): *Informationsökonomisch begründete Typologisierung von Kaufprozessen. Zeitschrift für betriebswirtschaftliche Forschung*, 47, Nr. 1, S. 43–65.

Weihe, J., Laufner, W. und Schüler, S. (2001): *Bedingungen erfolgreicher Existenzgründungen - Ergebnisse einer Längsschnittuntersuchung im Landkreis Lüneburg.* In **Merz, J. (Hrsg.):** Existenzgründung 2 - Erfolgsfaktoren und Rahmenbedingungen. Baden-Baden: Nomos Verlag, S. 113–134.

Weitzel, G. (1986): *Beschäftigungswirkungen von Existenzgründungen.* München: Ifo-Institut für Wirtschaftsforschung.

Welge, M. und Al-Laham, A. (2008): *Strategisches Management.* Wiesbaden: Gabler.

Westhead, P., Ucbasaran, D. und Wright, M. (2005): *Experience and Cognition: Do Novice, Serial and Portfolio Entrepreneurs Differ? International Small Business Journal*, 23, Nr. 1, S. 72–98.

Wetzel, W. (1993): *Angels and Informal Risk Capital. Sloan Management Review*, 24, Nr. 4, S. 23–24.

Wickham, P. (2001): *Strategic Entrepreneurship: A Decision-Making Approach to New Venture Creation and Management.* Harlow: Pearson.

Willer, P. (2007): *Businessplan und Markterfolg eines Geschäftskonzepts.* Wiesbaden: Deutscher Universitäts-Verlag.

Wiltbank, R. et al. (2006): *What to do next? The case for non-predicitve strategy. Strategic Management Journal*, 27, Nr. 10, S. 981–998.

Witt, P. (2003): *Grundlagen der Businessplan-Erstellung in der Net Economy.* In **Kollmann, T. (Hrsg.):** E-Venture-Management. Wiesbaden: Gabler Verlag, S. 189–200.

Wolken, P. (1984): *Erfahrungen mit Wagnisfinanzierung in den USA.* In **Riesenhuber, H. (Hrsg.):** Wagnisfinanzierung und technologieorientierte Unternehmensgründung. Melle: Verlag Ernst Knoth.

Wupperfeld, U. (1994): *Strategien und Management von Beteiligungsgesellschaften im deutschen Seed-Capital-Markt.* Karlsruhe: Fraunhofer Institut.

Zacharakis, A. und Meyer, G. (2000): *The Potential of Actuarial Decision Models: Can They Improve the Venture Capital Investment Decision? Journal of Business Venturing*, 15, Nr. 4, S. 323–346.

Zemke, I. (1995): *Die Unternehmensverfassung von Beteiligungskapitalgesellschaften: Analyse des institutionellen Designs deutscher Venture Capital-Gesellschaften.* Wiesbaden: Deutscher Universitäts-Verlag.

Zider, B. (1998): *How Venture Capital Works. Harvard Business Review*, 77, Nr. 4, S. 131–139.

Zimmerer, T. und Scarborough, N. (1994): *Essentials of Small Business Management.* New York: Macmillan College Publishing Company.

CORPORATE LIFE CYCLE MANAGEMENT

Herausgegeben von Prof. Dr. Klaus Nathusius

Band 1
Norbert Fischl
Unternehmenskultur und radikale Innovation – Eine Analyse von jungen und mittelständischen Unternehmen
Lohmar – Köln 2008 ♦ 492 S. ♦ € 63,- (D) ♦ ISBN 978-3-89936-668-6

Band 2
Katrin Stefan
Professoren als Gründungspromotoren – Eine theoretische und empirische Analyse
Lohmar – Köln 2008 ♦ 242 S. ♦ € 46,- (D) ♦ ISBN 978-3-89936-705-8

Band 3
Patrick Simon
Frühindikatoren der wirtschaftlichen Entwicklung von Jungunternehmen – Eine empirische Untersuchung von Businessplänen
Lohmar – Köln 2012 ♦ 384 S. ♦ € 65,- (D) ♦ ISBN 978-3-8441-0162-1

JOSEF EUL VERLAG